"十二五"普通高等教育本科国家级规划教材

数据库系统概论

（第6版）

王　珊　杜小勇　陈　红　编著

U0247429

中国教育出版传媒集团

高等教育出版社·北京

内容提要

本书自 1983 年出版第 1 版至今，40 年间始终紧跟数据库技术发展，适时修订，不断与时俱进，得到广大读者的认可与肯定，为全国数百所高校所采用，并三次荣获国家/教育部优秀教材奖（1988 年、2002 年、2021年）。本书作者团队以教材为蓝本建设的相应课程先后入选北京市精品课程、国家级精品课程、国家级精品资源共享课程、国家级精品在线开放课程和国家级一流本科课程。

本书系统全面地阐述了数据库系统的基础理论、基本技术和基本方法。全书分为 4 篇共 18 章。其中：

第一篇基础篇，包括绪论、关系模型、关系数据库标准语言 SQL、数据库安全性和数据库完整性，共 5 章。

第二篇设计与应用开发篇，包括关系数据理论、数据库设计和数据库编程，共 3 章。

第三篇系统篇，包括关系数据库存储管理、关系查询处理和查询优化、数据库恢复技术、并发控制和数据库管理系统概述，共 5 章。

第四篇新技术篇，包括数据库发展概述、大数据管理系统、数据仓库与联机分析处理、内存数据库系统、区块链与数据库，共 5 章。

本书可作为高等学校计算机科学与技术、软件工程、数据科学与大数据技术、信息系统与信息管理等相关专业数据库课程的教材，也可供从事数据库系统研究、开发和应用的研究人员和工程技术人员参考。

图书在版编目（CIP）数据

数据库系统概论 / 王珊，杜小勇，陈红编著 . --6
版 . --北京 ：高等教育出版社，2023.3（2024.5重印）
 ISBN 978-7-04-059125-5

Ⅰ.①数… Ⅱ.①王… ②杜… ③陈… Ⅲ.①数据库
系统-概论 Ⅳ.①TP311.13

中国版本图书馆 CIP 数据核字（2022）第 141995 号

Shujuku Xitong Gailun

策划编辑	倪文慧	责任编辑	倪文慧	封面设计	李卫青	责任绘图 于 博
版式设计	王艳红	责任校对	马鑫蕊	责任印制	朱 琦	

出版发行	高等教育出版社	网　址	http://www.hep.edu.cn
社　址	北京市西城区德外大街 4 号		http://www.hep.com.cn
邮政编码	100120	网上订购	http://www.hepmall.com.cn
印　刷	唐山市润丰印务有限公司		http://www.hepmall.com
开　本	787 mm×1092 mm 1/16		http://www.hepmall.cn
印　张	31.25	版　次	1983 年 4 月第 1 版
字　数	710 千字		2023 年 3 月第 6 版
购书热线	010-58581118	印　次	2024 年 5 月第 8 次印刷
咨询电话	400-810-0598	定　价	59.00 元

数据库系统概论

（第6版）

王珊 杜小勇 陈红

1 计算机访问http://abook.hep.com.cn/187537，或手机扫描二维码、下载并安装Abook应用。

2 注册并登录，进入"我的课程"。

3 输入封底数字课程账号（20位密码，刮开涂层可见），或通过Abook应用扫描封底数字课程账号二维码，完成课程绑定。

4 单击"进入课程"按钮，开始本数字课程的学习。

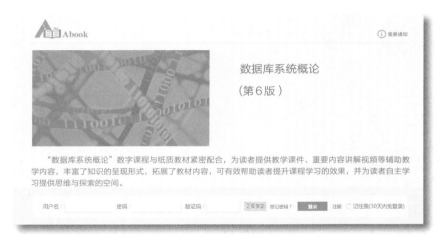

　　课程绑定后一年为数字课程使用有效期。受硬件限制，部分内容无法在手机端显示，请按提示通过计算机访问学习。

　　如有使用问题，请发邮件至 abook@hep.com.cn。

扫描二维码
下载 Abook 应用

http://abook.hep.com.cn/187537

第 6 版前言

数据库技术从 20 世纪 60 年代产生至今，已跨越一甲子。其间数据库技术发展迅速，成果丰厚，建立了一门以数据建模和数据库管理系统核心技术为主，内容丰富、领域宽广的学科；带动了一个巨大的软件产业——数据库管理系统产品及其相关工具和解决方案。数据库系统已成为现代信息系统不可或缺的基石。

《数据库系统概论》教材始终紧跟数据库技术发展，适时修订，不断**保持科学性、先进性和实用性**。教材第 1 版~第 5 版分别于 1983 年、1991 年、2000 年、2006 年和 2014 年出版，并于 1988 年、2002 年、2021 年先后荣获"全国高等学校优秀教材奖""全国普通高等学校优秀教材奖"和"全国优秀教材奖"。

1. 第 6 版教材架构和主要内容

第 6 版教材秉承前版一贯风格，结构严谨、层次分明，概念清晰、循序渐进，语言精练、通俗易懂。全书总体架构不变，分为基础篇、应用篇（设计与应用开发篇）、系统篇和新技术篇，共 4 篇 18 章。每一篇均设有篇首语，概要介绍本篇的主要内容。

第 1 章~第 12 章是基础教程，为本科生必读内容，标题前有 * 号的部分可作为选讲/选读内容。第 13 章~第 18 章是高级教程，供本科生、研究生选读。

本科生必读	1. 绪论 2. 关系模型 3. 关系数据库标准语言 SQL 4. 数据库安全性 5. 数据库完整性	基础篇	第 1 章实验　实验准备 第 3 章实验　SQL 查询与操纵 第 4 章实验　安全性控制 第 5 章实验　完整性控制		数据库管理员和数据库应用系统设计开发人员
	6. 关系数据理论 7. 数据库设计 8. 数据库编程	设计与应用开发篇	第 7 章实验　数据库设计 第 8 章实验　数据库编程与大作业		
	9. 关系数据库存储管理 10. 关系查询处理和查询优化 11. 数据库恢复技术 12. 并发控制	系统篇	第 10 章实验　性能监视与调优 第 11 章实验　数据库备份与恢复 第 12 章实验　并发控制		
本科生、研究生选读	*13. 数据库管理系统概述				
	14. 数据库发展概述 15. 大数据管理系统 16. 数据仓库与联机分析处理 17. 内存数据库系统 18. 区块链与数据库	新技术篇			

第6版在保持系统性的基础上，力求使内容模块化、可裁剪，以满足不同类型、不同层次、不同专业学生的需求，也方便教师在讲授时根据学生情况进行内容选择。我们努力做到既全面讲解数据库的基本概念和关键技术，又注重引导学生了解和掌握数据库方法的核心与精华，使其在掌握具体技术的基础上能够举一反三，创造性地把所学知识应用到计算机相关领域和应用领域，如大数据系统的管理和应用之中。

2. 第6版教材修订的主要内容

为了保持科学性、先进性和实用性，我们在第5版教材基础上对全书内容进行了修改、更新和充实。

在**科学性**方面，我们在系统篇中**增加了第9章关系数据库存储管理**，讲解数据库的逻辑与物理组织方式及索引结构。增加这部分内容有助于学生更好地理解关系数据库查询优化的原理，也有助于其在应用开发中更好地进行数据库物理设计。

在**先进性**方面，我们主要做了如下修订。

① 根据数据库技术发展及数据库应用系统开发实践，对前三篇包含的章节内容进行了更新。例如，

● 对于第1章绪论，在1.2.1小节引入**数据建模概念**，介绍数据建模过程，引出概念模型和数据模型；增加1.2.7小节数据库领域中不断涌现的数据模型，这是大数据时代带来的特色；增加1.5节数据库系统的体系结构，让学生从多角度认识数据库系统——从数据库系统内部的三级模式结构到数据库系统外部的体系结构。

● 对于第3章关系数据库标准语言SQL，根据SQL标准的发展进行相应更新和扩展。在介绍SQL的同时，进一步讲解关系数据库系统的基本概念，加深学生对前两章中关系数据库有关概念的认识，并使其更加丰富；增加对新的SQL语句的介绍；本章主要示例和SQL语句都以贯穿全书的实例为应用场景。

● 对于第4章数据库安全性和第5章数据库完整性，根据当前数据安全性和完整性的要求对有关内容进行了调整、补充和修改。

● 对于第7章数据库设计，以**"高校本科教务管理"信息系统**为例介绍数据库设计步骤，并概括了计算机学科中抽象、理论和设计三个学科形态。

● 对于第8章数据库编程，以实际应用任务需求为牵引，从两方面介绍数据库编程技术：一是扩展SQL语言自身的功能，二是在高级语言程序中使用SQL。这是对众多数据库编程技术的分析和归纳，使学生更容易理解数据库编程技术，掌握开发复杂业务逻辑的技术和方法。

② 根据数据库新技术的应用和发展，**重新撰写了第四篇(新技术篇)有关章节的内容**，为读者进一步学习和研究做必要的准备和铺垫。由于区块链技术已成为重要的研究和应用方向，**增加了第18章区块链与数据库**。

在**实用性**方面，我们主要做了如下修订。

① 设计了**一个贯穿全书的实例**。用一个实例把基础篇、设计与应用开发篇、系统篇中的知识点讲解和设计样例(如SQL语言、E-R图设计、数据库设计、应用系统开发、数据存储与

索引、查询处理等)贯穿起来。

这个实例以教师和学生熟悉的"高校本科教务管理"信息系统为主线,抽象了"学生选课管理""学生学籍管理""教师教学管理"三个应用场景。从第 1 章起就以学生选课管理为主要示例讲解数据库的基本概念、关系数据模型和 SQL 语句。在第 7 章讲解 E-R 图设计,介绍如何在理论指导下抽象出"高校本科教务管理"信息系统的分 E-R 图,并对分 E-R 图进行集成和优化。第 9 章和第 10 章则以学生选课管理为例,介绍关系数据库存储管理、关系查询处理和查询优化的基本方法。实例内容由简到繁,由浅入深。

本书附录给出了"高校本科教务管理"信息系统完整的 E-R 图和相应的关系模式。

② 在每一章的开始部分增加了**导读**。导读概要介绍本章讲解的主要内容、学习重点和难点,具有纲举目张的作用,引导学生更好地理解本章的知识点以及知识点之间的有机联系。

③ 以**二维码**形式展示知识点讲解视频等数字化内容,作为学生的扩展阅读和学习参考。例如,数据库领域 5 位图灵奖得主的介绍、文件系统和数据库系统操作比较示例、ALPHA 语言例题解析、不同产品 DROP TABLE 处理策略比较、信息安全标准发展简述、求解关系模式 $R(U,F)$ 所有候选码的方法、若干数据库产品的常用内置函数、B+树索引的查找和维护、查询执行示例、冲突可串行化判断演示等,使教材内容更加丰富多样,更好地辅助学生学习相关内容。

④ 修订出版配套的教辅用书《**数据库系统概论(第 6 版)习题解析与实验指导**》(高等教育出版社出版)。辅导书对教材各章习题做了解析,提供了补充习题;根据教材章节内容安排了必修实验和选修实验,进一步加强了实验教学环节。

3. 第 6 版教材教学建议

《数据库系统概论》(以下简称《概论》)有众多学校选用,不同类型的学校培养目标不尽相同。讲授的对象不同,讲授的内容也应该有所差别。因此,任课教师应根据学生的实际情况对教材内容进行选择与裁剪,设计适合本校教学要求的数据库课程,做到有的放矢。这里,我们首先介绍数据库系统的知识体系与《概论》教材的知识范畴,在其基础上给出教学内容选择与裁剪建议。

(1) 数据库系统的知识体系与《概论》的知识范畴

数据库系统的知识体系包括基础知识、关系数据库、数据库设计、数据库管理系统和数据库新技术等,按研究范畴可以分为理论、方法、技术和应用 4 个方面,按学习的深度和广度可以分为使用、管理和设计三个层次,如图 1 所示。由此可见,数据库系统的内容覆盖了本科生阶段和研究生阶段。数据库使用者、应用系统开发人员、数据库管理人员、数据库管理系统研发人员和数据库研究者等不同类型的人员,应该了解和掌握的数据库技术的侧重点是不一样的。

对照图 1,《概论》教材的知识范畴如下:

① 基础篇从使用者的角度讲解数据库的基本概念和基本方法,介绍关系数据库的概念和关系数据库标准语言 SQL。

② 设计与应用开发篇讲解如何在选定的数据库管理系统上设计应用系统的数据库模式,并介绍数据库编程技术。

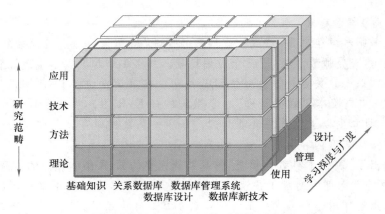

图 1 数据库系统知识体系结构示意图

③ 系统篇讲解数据库管理系统中数据的存储管理方法、查询处理和查询优化技术、数据库恢复技术、并发控制。这些技术和方法是数据库管理系统中最基本的技术，其目的是使读者更好地使用数据库，而不是设计开发数据库管理系统。因为研发数据库管理系统需要的技术更多、更深入，属于研究生或本科生高年级的"数据库管理系统实现"课程应讲授的内容。

（2）如何进行教学内容的选择和裁剪

依据《概论》教材的知识范畴，任课教师可以根据不同的培养目标和课程学时安排**首先对教学内容进行宏观选择**。

① 基础篇应为必选部分。

② 设计与应用开发篇可以进一步培养学生基于数据库进行应用系统开发的能力，其中数据库设计和数据库编程两部分是需要讲解的。

③ 系统篇讲解的技术和方法对于运行维护数据库管理系统、更高效地使用数据库和优化数据库设计有着重要作用，教师可以酌情选择有关内容进行讲解。

其次对具体章节中的知识点进行选择。主要有以下一些建议。

① 知识点讲解的次序有一定的灵活性。数学有严格的逻辑关联性，讲乘法除法一定要先讲加法减法，而数据库技术则没有这么严格的先后次序。例如，在讲解数据模型时一般按照数据库技术发展进程先讲层次模型、网状模型，再讲关系模型。但是，**课时较少时也可以只讲关系模型**。

② 知识点讲解的详细程度有一定的灵活性。以数据库完整性约束的讲解为例，可以由浅入深，由点到面逐步展开：第 1 章提及完整性概念；第 2 章从数据模型角度讲解关系模型必须满足的完整性约束；第 3 章讲解如何用 SQL 语句定义完整性约束；第 5 章则系统地讲解什么是数据库的完整性，数据库完整性实现的机制，包括完整性约束的定义机制、检查方法和违背完整性约束时应采取的动作等。因此，教师在了解教材关于完整性约束的知识点后，可以对讲解的详细程度进行适当裁剪。

③ **知识点的掌握程度可以"因地制宜"灵活要求。** 我们在教材每一章的导读中把知识点分为需要了解的、需要牢固掌握的和需要举一反三的。教师可以根据学生情况进行适度调整。

（3）加强教辅用书的学习参考

《概论》的教辅用书《数据库系统概论（第 6 版）习题解析与实验指导》对难度较大的习题做了解析，并在实验部分提供了实验报告。这些内容对于学生自然可以起到辅学作用，而对于教师则更值得借鉴参考。

4. 致谢

许多教师和学生参与了第 6 版教材的资料收集和整理、实例上机验证、动画演示制作、图表修改等工作。

中国人民大学的卢卫教授一直参加每周一次的教材修订工作会，他提出了许多中肯、有益的修改建议，并协助撰写了设计与应用开发篇部分章节。大连海事大学的张俊教授在教材修订过程中与作者同步进行书稿审阅，他细致认真，给出了许多具体的建议，使我们能够及时进行修改。

新技术篇的撰写凝聚了许多教师的智慧和辛劳。中国人民大学陈跃国教授、卢卫教授、柴云鹏教授、覃雄派博士、李翠平教授、张延松博士、陈晋川博士，清华大学黄向东博士，PingCAP 公司首席技术官黄东旭先生和校友廖朝晖等参加了该部分内容的修订工作。

第 6 版教材中的 SQL 语句均在金仓数据库管理系统上测试通过，北京人大金仓信息技术股份有限公司高级工程师王建华和冯玉，中国人民大学博士生刘鹏举、张县婷等参加了测试工作。

第 6 版教材修订过程中，曾在中国计算机学会计算课程改革导教班和中国高校计算机教育 MOOC 联盟数据库工作组会议期间召开多次座谈会和研讨会，全国数十所高校的百余名教师对教材内容提出了许多中肯的建议。中国计算机学会数据库专业委员会也对本书的修订工作给予了支持，专委会主任西北工业大学李战怀教授，委员北京交通大学王宁教授、东北大学杨晓春教授等都提出了有益建议。第 6 版教材内容中的许多修订就是来自这些宝贵的建议。

此外，很多高校教师和学生、社会读者在使用本书时通过邮件、课程网站和慕课讨论区对本书内容和习题提出的问题和建议，也是本书修订中非常宝贵的参考资料。

在此，一并向上述人员表示衷心的感谢。

第 6 版教材由王珊教授、杜小勇教授和陈红教授执笔修改。王珊教授审定了全书。

在修订过程中，作者阅读参考了大量国内外教材、专著、论文和资料，努力跟踪数据库学科的新发展、新技术，并有选择地将其纳入教材，但因学科发展速度快，书中必有许多不足之处，希望学术同人不吝赐教。

王珊　杜小勇　陈红
2023 兔年春节

第 5 版前言

为了反映数据库学科的新成果和应用的新方向，适应数据库技术的进展，保持本书的先进性、科学性和实用性，我们对本书第 4 版进行了修订。本书第 1 版、第 2 版、第 3 版和第 4 版分别于 1983 年、1991 年、2000 年和 2006 年出版。第 5 版是"十二五"普通高等教育本科国家级规划教材。

本书分为 4 篇 16 章，如下表所示。第 1 章至第 11 章(表中序号 1~11)是本科专业的基本教程(书中有 * 号的部分除外)，第 12 章至第 16 章(表中序号 12~16)是高级教程。

本科生必读	1. 绪论 2. 关系数据库 3. 关系数据库标准语言 SQL 4. 数据库安全性 5. 数据库完整性	基础篇	实验准备 实验 1　数据库定义与操作语言 实验 2　安全性语言 实验 3　完整性语言 实验 4　触发器	DBA 和数据库应用系统设计开发人员
	6. 关系数据理论 7. 数据库设计 8. 数据库编程	设计与应用开发篇	实验 5　数据库设计 实验 6　存储过程 实验 7　数据库应用开发 实验 8　数据库设计与应用开发大作业	
	9. 关系查询处理和查询优化 10. 数据库恢复技术 11. 并发控制	系统篇	实验 9　数据库监视与性能优化 实验 10　数据库恢复技术 实验 11　并发控制	
本科生、研究生选读	12. 数据库管理系统			
	13. 数据库技术发展概述 14. 大数据管理 15. 内存数据库系统 16. 数据仓库与联机分析处理技术	新技术篇		

第 5 版主要修改的内容包括：

① 在基础篇中保持重点讲解关系数据库系统的传统，对 SQL 的内容根据标准的发展做了相应更新。随着数据的安全性、完整性越来越重要，对数据库安全性和完整性的内容进行了补充修改。

② 在设计与应用开发篇中把原来第 4 版第 1 章的 E-R 图设计移到了第 7 章 7.3 概念结构

设计一节中，成为概念结构设计的重要知识点。作为选读，增加了扩展 E-R 图的内容。修改补充了第 8 章数据库编程中 PL/SQL、存储过程和函数、ODBC、OLE DB、JDBC 等概念和方法。

③ 在系统篇的第 11 章并发控制中增加了三级封锁协议的内容，并在 11.8 其他并发控制机制一节(作为选读内容)概要介绍了多版本并发控制(MVCC)技术。

④ 在新技术篇中修改了第 13 章数据库技术发展概述和第 16 章数据仓库与联机分析处理技术的内容，增加了反映数据管理最新发展的重要技术，如大数据管理、内存数据库系统等章节，限于篇幅删去了第 4 版中分布式数据库系统、对象关系数据库系统和 XML 数据库。

⑤ 提供了作者编写的配套教辅用书《数据库系统概论(第 5 版)习题解析与实验指导》(高等教育出版社出版)。其中根据教材章节内容安排了必修实验和选修实验，进一步加强了实验教学环节；对本书各章习题做了解析，还增加了补充习题。

在高等教育出版社易课程网站和精品课程教学网站上均给出了本书配套的教学资源，包括电子教案、教学视频、实验要求及部分实验报告示例、补充习题及参考答案等，供读者学习参考。这些实验均使用国产金仓数据库管理系统 Kingbase ES 作为实验平台。该系统可以从北京人大金仓信息技术股份有限公司的网站免费下载。

本书内容全面丰富，教师可以针对不同专业和不同类别的学生挑选书中不同章节的内容进行讲解。

全书由王珊教授执笔。大连海事大学张俊教授详细审阅了书稿，提出了许多有益的意见。中国人民大学陈红教授和杜小勇教授根据讲授本书的实际体会，对内容和实验提出了许多中肯有益的修改建议并审阅了书稿。陈红教授、杜小勇教授、张孝副教授、文继荣教授、李翠平教授、中国调查与数据中心(中国人民大学)张延松博士、教育部数据工程与知识工程重点实验室(中国人民大学)陈跃国博士等协助修改和撰写了部分内容，在此向他们表示衷心感谢。

北京人大金仓信息技术股份有限公司任永杰博士、冯玉博士、李海华博士和冷建全高工等提供了金仓数据库产品的技术资料，研究生周宁南和孟庆钟等参与了部分资料的收集工作，在此向他们表示衷心感谢。

还要感谢广大读者、教师和学生在使用本书时通过邮件、课程网站对本书内容和习题提出的问题和建议，这是本书修订中非常宝贵的参考资料。

在本书的修订过程中，作者阅读参考了大量国内外教材、专著、论文和资料，努力跟踪数据库学科的新发展、新技术，有选择地把它们纳入教材中，但因学科发展太快，书中必有许多不足之处，希望学术同人不吝赐教。

王 珊
2014 马年春节

第 4 版前言

数据库技术的发展十分迅速,为适应数据库技术的进展,《数据库系统概论》每隔几年就修订一次,以反映学科的新成果和应用的新方向,保持本书的先进性、科学性和实用性。

本书第 1 版、第 2 版和第 3 版分别于 1983 年、1991 年、2000 年出版。第 4 版是普通高等教育"十五"国家级规划教材与国家精品课程建设的成果。全书分为 4 篇 17 章,如下表所示。第 1 章至第 11 章是本科专业的基本教程(书中有 * 号的部分除外),第 12 章至第 17 章是高级教程。

本科生必读	1. 绪论 2. 关系数据库 3. 关系数据库标准语言SQL 4. 数据库安全性 5. 数据库完整性	基础篇	实验1 认识DBMS 实验2 交互式SQL 实验3 数据控制（完全性部分） 实验4 数据控制（完整性部分）	DBA和数据库应用系统设计开发人员
	6. 关系数据理论 7. 数据库设计 8. 数据库编程	设计与应用开发篇	课堂大作业《数据库设计与应用开发》 实验5 通过嵌入式SQL访问数据库 实验6 使用PL/SQL编写存储过程访问数据库 实验7 通过ODBC访问数据库 实验8 通过JDBC访问数据库	
	9. 关系查询处理和查询优化 10. 数据库恢复技术 11. 并发控制	系统篇	实验9 查询优化	
本科生、研究生选读	12. 数据库管理系统			
	13. 数据库技术新发展 14. 分布式数据库系统 15. 对象关系数据库系统 16. XML数据库 17. 数据仓库与联机分析处理技术	新技术篇		

第 4 版主要修改的内容包括:

① 在基础篇中继续加强关系数据库系统的讲解,特别是 SQL 的内容紧跟标准的发展,更新了数据库安全性和完整性的部分内容。

② 在系统篇中重写了关系查询处理和查询优化一章,内容做了适度的加宽加深。

③ 在设计与应用开发篇中增加数据库编程一章,讲解了应用开发所需的 ODBC、JDBC

等概念和方法。

④ 在新技术篇中修改了数据库技术新发展一章的内容，添加了反映数据库最新发展的重要技术，如对象关系数据库系统、XML 数据库、数据仓库和联机分析处理等章节。限于篇幅删去了第 3 版中并行数据库一章。

⑤ 最为关键的是第 4 版提供了实验环境和实验指导，进一步加强实验和课程设计等教学环节。根据教材章节的内容安排了 9 个实验和 1 个大作业。在我们的教学网站上给出了本书每个实验的详细要求和部分实验的报告示例，供读者学习参考。这些实验均使用国产金仓数据库管理系统 Kingbase ES(Kingbase Enterprise Server)作为实验平台，本书中所讲解的 SQL 例子都在 Kingbase ES 上运行通过。该系统可以从人大金仓公司的网站上免费下载。

本书内容全面丰富，教师可以针对不同专业和不同类别的学生，挑选本书中不同章节的内容进行讲解。

本书由王珊教授执笔。中国科学技术大学研究生院罗晓沛教授、北京工商大学姜同强副教授详细审阅了书稿，并提出了许多有益的意见，陈红教授、杜小勇教授等根据他们讲授本书的实际体会，对内容和实验提出了修改建议。在此向他们表示衷心的感谢。

硕士研究生龚玮薇在金仓数据库 Kingbase ES 平台上运行通过了书中所有 SQL 语句，并完成了作业中的上机实验。王秋月博士、博士研究生张俊、彭朝晖、栾华，硕士研究生郑肇万、陈瑞文等参与了部分资料的收集整理工作。在此向他们表示感谢。

在修订本书的过程中，我参考了大量国内外教材、专著、论文和资料，努力跟踪数据库学科的新发展、新技术，有选择地把它们纳入教材中来。书中也包含了我 20 多年来教学中的经验体会和研究开发成果。但由于学科发展太快，本人才疏学浅，必有许多不足之处，希望学术同人不吝赐教。

王 珊

2005 年岁末于中国人民大学

第 3 版前言

数据库技术从 20 世纪 60 年代中期产生到今天仅仅 30 多年的历史，已经历了三代演变，造就了 C. W. Bachman、E. F. Codd 和 James Gray 三位图灵奖得主；发展了以数据建模和 DBMS 核心技术为主，内容丰富的一门学科；带动了一个巨大的软件产业——DBMS 产品及其相关工具和解决方案。30 多年成就辉煌。

数据库技术是计算机科学技术中发展最快的领域之一，也是应用最广的技术之一，它已成为计算机信息系统与应用系统的核心技术和重要基础。本书系统地阐述数据库系统的理论、技术和方法，是《数据库系统概论》的第 3 版。第一版 1983 年出版（1988 年获国家级优秀教材奖），第 2 版 1991 年出版。

针对数据库技术的发展和我国应用水平的提高，我们对第 2 版做了较大的调整、修改和增删，但原书的基本宗旨和风格不变，保持讲述数据库的基本概念、基本理论和基本技术为主的特点。第 3 版主要的修改是：

① 根据我国实际情况，网状、层次数据库系统已很少使用，因此把它们删去了，有关的主要概念放在第 1 章数据模型中介绍。

② 进一步加强了关系数据库系统的讲解，特别是 SQL 语言的介绍，以适应当前广泛使用关系数据库系统的需要。

③ 把第 2 版第 8 章数据库保护中的安全性、完整性、并发控制和恢复 4 节扩展为系统篇中的 4 章，内容做了适度的加宽和加深。随着大型数据库系统的普遍使用，这些知识和技术是运行和维护数据库系统必不可少的。本书**从使用和管理的角度**讲解这些知识而不是讨论实现这些功能的内部技术。

④ 为了反映数据库技术的发展，**增加了新技术篇**。第 12 章全面介绍了数据库发展的总体轮廓，从数据模型、新技术内容、应用领域三个方面阐述新一代数据库系统及其相互关系，并选择当前较重要的新技术在后面三章中介绍，它们是面向对象数据库系统、分布式数据库系统和并行数据库系统。

⑤ 每章后配有小结、习题及阅读参考文献，并对许多文献做了**简要的注释**，以便读者进一步参考。

此外，为了辅助教学和加强上机实习，我们编写了与本书配套的《**数据库系统概论学习指导与习题解答**》，该书**附有光盘**。人大金仓信息技术有限公司开发了"人大金仓数据库管理系统 Kingbase ES"，该系统的工作组版可以从人大金仓公司的网站免费下载，作为你的实验平台。

全书分为 4 篇共 15 章。第 1 章至第 10 章是计算机软件专业本科生的基本教程（书中有 *

号的部分除外），第 11 章至第 15 章是高级教程。

下图给出了本书各章之间的联系和读者对象示意。

本科生	1. 绪论 2. 关系数据库 3. 关系数据库标准语言SQL 4. 关系系统及其查询优化 5. 关系数据理论	基础篇	DBA和数据库系统设计人员
	6. 数据库设计	设计篇	
	7. 数据库恢复技术 8. 并发控制 9. 数据库安全性 10. 数据库完整性 11. 数据库管理系统	系统篇	
本科生、研究生选读	12. 数据库技术新发展 13. 面向对象数据库系统 14. 分布式数据库系统 15. 并行数据库	新技术篇	

本书内容丰富，讲授时可根据学生及专业情况酌情取舍。例如，对于计算机专业本科学生，第 2 章 2.5 关系演算、第 5 章 5.4 模式分解可适当压缩；新技术篇中的章节，教师可以选择部分内容进行讲解。

本书由王珊教授执笔，萨师煊教授审定，陈红副教授和研究生曹会萍、王静等参与了内容讨论和书稿校阅工作。

中国科学技术大学研究生院邵佩英教授和北京大学杨冬青教授详细审阅了全稿并提出了许多有益的意见，在此向她们表示衷心的感谢。

我们在编写本书的过程中，努力跟踪数据库学科的新发展、新技术，把它们纳入教材中来，力求反映当代新技术，以保持本书的先进性和实用性。但由于学识浅陋，见闻不广，必有许多不足之处，希望学术同人不吝赐教。

萨师煊　王珊
1999 年仲夏于中国人民大学

第 2 版前言

《数据库系统概论》第 1 版出版于 1983 年，距今已 6 年。在这 6 年中，不仅数据库技术有了很大进展，而且国内计算机专业的学生和技术人员的水平也有显著提高。因此在第 2 版中，我们针对这些情况对原书从结构到内容做了较大的调整、修改和增删，但基本宗旨和风格不变，仍以国家教育委员会颁布的《数据库系统概论教学大纲》作为本书编写的基本依据，保持讲述数据库的基本概念、基本理论和基本技术为主的特点。

全书分为两大部分，共 11 章。第一部分包括第 1 章至第 9 章，是计算机软件专业本科生的基本教程。第二部分包括第 10 章、第 11 章，是高级教程。

第 1 章绪论，概述了数据管理的进展、数据模型和数据库系统构成的一般概念。第 2 章至第 7 章介绍三种重要的数据库系统：网状数据库 DBTG 系统、层次数据库 IMS 和关系数据库系统。鉴于关系数据库具有许多优点并已在应用中日趋成熟，我们把重点放在这一部分，进一步充实了关系数据库的内容，共计有 4 章（第 4 章至第 7 章）。第 4 章概述关系模型的基本概念、关系代数和关系演算，第 5 章详细介绍关系数据库标准语言 SQL，第 6 章讨论关系系统及其查询优化，第 7 章讲述关系数据理论。

第 8 章数据库保护（包括数据库的安全性、完整性、并发控制和恢复）和第 9 章数据库设计都做了较大的变动，充实了内容，增强了实用性。

第二部分是新增的。包括第 10 章数据库管理系统和第 11 章分布式数据库系统。这是为了加强读者对 DBMS 的了解，适应对"分布处理"日益普遍的需要，引导读者从学习本书开始向某些数据库的重要新领域过渡。下图给出了本书各章之间的联系和读者对象示意。

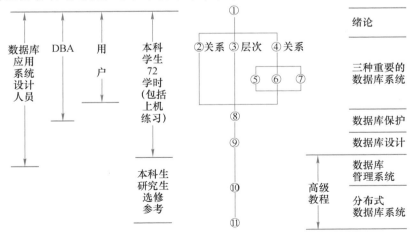

　　第 1 版中有附录 Ⅰ 文件组织与附录 Ⅱ IMAGE 数据库系统。前者是基础性内容，由于读者水平的提高已无存在的必要；后者原作为实习课的参考内容，鉴于近几年引进多种商品化的关系数据库系统且应用甚为广泛，因此我们已另行编写了一本《实用数据库系统汇编》作为实习教材（高等教育出版社 1990 年出版），其中介绍了 5 种关系系统和 IMAGE 系统。因此本书删去了第 1 版中的附录。

　　本书由王珊执笔，萨师煊审定，杜小勇、李曦老师和研究生唐元昌、武志文、任永杰等参与了内容讨论和校阅工作。中国科学技术大学研究生院罗晓沛教授、清华大学俞盘祥副教授和北京大学杨冬青副教授详细审阅了全稿并提出了许多有益的意见，在此向他们致以衷心的感谢。我们在改编过程中，尽可能引入新的观点和方法，力求能反映当代技术水平。但由于学识浅陋，见闻不广，必有许多不足之处，希望同行指正。

萨师煊　王珊

1989 年 12 月

于中国人民大学数据工程与知识工程研究所

第 1 版前言

数据库是数据管理的最新技术，是计算机科学的重要分支。十余年来，数据库管理系统已从**专用的应用程序包**发展成为**通用的系统软件**。由于数据库具有数据结构化、最低冗余度、较高的程序与数据独立性、易于扩充、易于编制应用程序等优点，较大的信息系统都是建立在数据库设计之上的。因此，不仅大型计算机及中小型计算机，甚至微型机都配有数据库管理系统。目前，对数据库各种模型的研究以及理论上的探讨都还在蓬勃开展，其应用也从一般管理扩大到计算机辅助设计、人工智能以及科技计算等领域。国外高等学校计算机科学系、计算机应用与信息系统系等都开设有数据库系统方面的课程。今年来，我国在计算机科学教育中也对数据库予以应有的重视。1983 年教育部部属高等学校计算机软件专业教学方案将数据库概论列为**四年制本科的必修课程**，并已于**1983 年 6 月通过了教学大纲**，我们这本书便是按照该大纲编写的一本教材。

全书共分 10 章和两个附录。附录 I 的"文件组织"系学习数据库的预备知识，但已散见于数据结构等先行课中，列在这里，仅供参阅用，一般不必作为正式讲授内容。第 1、2、3 章为有关数据库的一般概念；第 4 至 8 章介绍三种重要数据库模型。其中第 8 章的公理系统与模式分解的大部分内容已超出大纲范围，讲授时可酌情取舍。第 9 章为数据库控制，第 10 章为数据库设计。附录 II 的"IMAGE 3000 数据库系统"介绍了如何在 HP-3000 计算机的 IMAGE 3000数据库管理系统上建立数据库和使用数据库。对于能够用到 HP-3000 计算机的单位，这一部分可作为实习教材；对于不能用上 HP-3000 计算机的单位则可作为参考，借以从中了解如何在一个实际的数据库管理系统上建立一个数据库应用系统。本书是编者根据多年来进行数据库讲演及在高等学校为研究生、本科生开设数据库系统概论课程的经验，并在多次编写的内部交流讲义的基础上修改而成的，由于我们水平不高，而数据库作为计算机科学中的一个新兴分支发展又非常迅速，因此，在本书中存在的问题一定不少，希望读者提出批评意见。

中国科学技术大学研究生院罗晓沛同志，清华大学计算机科学与工程系杨德元同志、俞盘祥同志与沈金发同志详细阅读了全稿，并提出许多有益的意见，在此谨向他们致以衷心的感谢。

本书作为内部交流讲义阶段，有 50 余所兄弟院校采用作为教本，其中不少同志在使用以后曾以口头或书面形式提出意见，我们也对他们表示感谢。

在讲稿整理过程中，我校信息管理系的刘怡同志，前 78 级、79 级研究生吴鸥琦等同志，82 级研究生张秉训、刘伶、杨明伟等同志以及资料室的王小平等同志，都从不同方面分别做了一些工作，对此作者一并表示诚挚的谢意。

萨师煊　王珊

1983 年 4 月于中国人民大学

目　　录

第一篇　基　础　篇

第二篇　设计与应用开发篇

第 四 篇 新 技 术 篇

第一篇 | 基 础 篇

本篇介绍数据库系统的基本概念和基础知识，这些概念和知识是读者进一步学习后面各个章节以及数据库系统其他课程的基础。

本篇包括5章。

第1章绪论，初步讲解数据库若干基本概念，介绍数据建模和数据模型的概念、数据库系统的三级模式结构和数据库系统的组成等基本知识。

第2章关系模型，系统讲解关系模型的数据结构、关系操作和三类完整性约束等重要概念以及关系代数和关系演算。

第3章关系数据库标准语言SQL，系统而详尽地讲解SQL的数据定义、数据查询和数据更新等主要功能。还讲解了索引的创建、空值的处理、视图的定义和作用等。

第4章数据库安全性，全面讲解实现数据库安全性的技术和方法，包括用户身份鉴别、自主存取控制方法、强制存取控制方法、视图机制、审计、数据存储加密和传输加密等。

第5章数据库完整性，系统而详尽地讲解用SQL实现实体完整性、参照完整性和用户定义的完整性，包括这些完整性约束的定义方法、完整性检查机制和违约处理，并介绍了触发器的作用和使用方法等。

第 1 章 \ 绪 论

数据库技术产生于 20 世纪 60 年代，是数据管理的核心技术。数据库管理系统（database management system，DBMS）是大型复杂的基础软件，也是现代信息系统的核心和基础。

数据库技术在发展过程中不断被证明是从应用需求出发开展理论研究与技术创新，再扎扎实实进行产品开发与广泛应用，**从而形成良性循环的典范**。数据库技术不仅发展成为一门学科，诞生了 5 位图灵奖得主（参见二维码内容），而且催生并推动了一个巨大的数据库软件产业。

扩展阅读：5 位图灵奖得主介绍

数据库技术是计算机科学与技术的重要分支，是计算机科学与技术中发展最快的领域之一，也是应用最广的技术之一，它极大地促进了计算机应用向各行各业的渗透。随着互联网的发展，广大用户可以通过互联网应用来访问数据库中的数据，例如通过京东、淘宝订购图书、食品和日用品，通过携程订购机票、火车票和酒店，通过网上银行或手机银行转账、检索和管理自己的账户等。小至个人使用的手机 APP、车载导航系统，大到各个学校、银行、医院、商店的信息系统，再大到跨国企业和公司的大型信息管理系统，几乎所有的应用系统都是建立在数据库之上，依靠数据库系统存储、管理、处理和分析各类数据。数据库已成为每个人生活中不可或缺的部分。今天大数据应用、云计算技术的迅猛发展，更加凸显出数据库技术的重要性。因此，**无论是信息系统的开发者，还是信息系统的运维管理者，或者是信息系统的最终使用者，都须具备一定的数据库基础知识。**

本章导读

本章采用"**盲人摸象**"的方式勾画出数据库系统的轮廓，初步介绍数据库的若干基本概念与发展历史、数据建模与数据模型、数据库系统的模式结构和数据库系统组成等基本知识。目的是让读者了解本课程学什么，以及**学习数据库系统的必要性和重要性**。

本章首先介绍数据库 4 个最基本的概念，即数据、数据库、数据库管理系统和数据库系统；讲解数据管理技术的产生和发展过程，从中可以了解数据库系统和文件系统的区别以及数据库系统的优点。接着讲解数据建模的概念、概念模型、数据模型的基本要素，以及层次模型、网状模型、关系模型的基本知识，讨论数据库系统的三级模式结构和两级映像。最后介绍数据库系统的组成以及数据库系统的体系结构。

学习本章应把注意力放在掌握基本概念和基本知识方面，为进一步学习后面的章节打好基础。**本章的难点是读者要在短时间内接触数据库领域诸多基本概念**，有些概念对于刚步入数据库领域的读者来说会感到比较抽象，不易理解。但不要紧，随着学习的循序渐进，后续章节将继续深入讲解这些概念，使读者逐步掌握和理解。

1.1　数据库系统概述

在系统地介绍数据库的基本概念之前，这里首先介绍一些数据库最常用的术语和基本概念。

1.1.1　数据库的 4 个基本概念

数据、数据库、数据库管理系统和数据库系统，是与数据库技术密切相关的 4 个基本概念。

1. 数据

数据（data）是数据库中存储的基本对象。对于数据，大多数人的第一个反应就是数字，例如 93、1 000、99.5、−330.86、￥6 880、$726 等。其实数字只是最常见的一种数据，是对数据的一种传统和狭义的理解。广义的理解认为数据的种类很多，例如文本（text）、图形（graph）、图像（image）、音频（audio）、视频（video）、互联网上的博客、微信中的聊天记录、学生的档案记录、个人的网购记录、医院的患者病历等，都是数据。

为了认识世界，交流信息，人们需要描述事物。可以对数据做如下定义：**描述事物的符号记录称为数据**。描述事物的符号可以是数字，也可以是文字、图形、图像、音频、视频等。数据有多种表现形式，它们都可以经过数字化后存入计算机。

在现代计算机系统中数据的概念是广义的。早期的计算机系统主要用于科学计算，处理的数据是数值型数据，如整数、实数、浮点数等。现在的计算机存储和处理的对象十分广泛，用于表示这些对象的数据也随之变得越来越复杂。

数据的表现形式还不能完全表达其内容，需要经过解释，数据和关于数据的解释是不可分的。例如，93 是一个数据，它可以是一个学生某门课程的考试成绩，也可以是某个人的体重，还可以是计算机科学与技术专业 2018 级的学生人数。数据的解释是指对数据含义的说明，**数据的含义称为数据的语义，数据与其语义是不可分的**。

在日常生活中，人们可以直接用自然语言（如汉语）描述事物。例如，可以这样描述某校一个计算机科学与技术专业学生的基本情况：学号为 20180002、姓名为刘晨的女生，1999 年 9 月 1 日出生，计算机科学与技术专业。在计算机中则常用如下的形式描述：

（20180002，刘晨，女，1999-9-1，计算机科学与技术）

即把学生的学号、姓名、性别、出生日期、主修专业等组织在一起，构成一条记录。这里的学生记录就是描述学生的数据，这样的数据是有结构的。记录是计算机中表示和存储数据的一种格式或一种方法。

2. 数据库

数据库(database，DB)，顾名思义，是存放数据的仓库。只不过这个仓库是在计算机存储设备上，而且数据是按一定的格式存放的。

人们采集一个应用所需要的大量数据之后，应将其保存起来以供进一步加工处理，并从中抽取有用信息。在数据采集手段越来越方便的今天，数据量急剧增加，过去人们把数据存放在文件柜里，现在存储在数据库中是最佳选择。借助数据库技术保存和管理大量复杂的数据，可以充分地利用这些宝贵的信息资源。

所谓**数据库**，就是**长期存储在计算机内有组织、可共享的大量数据的集合**。数据库中的数据按一定的数据模型组织、描述和存储，具有较小的数据冗余(data redundancy)、较高的数据独立性(data independency)和可扩展性(scalability)，并可为各种用户共享。数据库的这些特性将在 1.1.2 小节继续讲解。

3. 数据库管理系统

了解数据和数据库的初步概念之后，下一个问题就是如何科学地组织和存储这些数据，以及如何高效地处理和维护数据。完成该任务的即为数据库管理系统。

数据库管理系统是位于用户与操作系统之间的数据管理软件。它和操作系统一样是**计算机的基础软件**，也是一类大型复杂的软件系统。它的主要功能包括以下几个方面。

① 数据定义功能。数据库管理系统提供**数据定义语言(data definition language，DDL)**，用户通过它可以方便地对存储在数据库中的数据对象的组成与结构进行定义。

② 数据组织、存储和管理功能。数据库管理系统要分类组织、存储和管理各种数据，包括数据字典、用户数据、数据存取路径等。要确定以何种文件结构和存取方式在存储器上组织这些数据，以及如何实现数据之间的联系。数据组织和存储的基本目标是提高存储空间利用率和方便存取，可提供多种存取方法(如索引查找、哈希查找、顺序查找等)来提高存取效率。

③ 数据操纵功能。数据库管理系统还提供**数据操纵语言(data manipulation language，DML)**，用户可以使用它操纵数据，实现对数据库的基本操作，如查询、插入、删除和修改等。

④ 数据库的事务管理和运行管理功能。数据库在建立、运行和维护时由数据库管理系统统一管理和控制，以保证事务的正确运行、数据的安全性与完整性、多用户对数据的并发使用，以及发生故障后的系统恢复。

⑤ 数据库的建立和维护功能。数据库的建立和维护功能包括数据库初始数据的输入和转换功能，数据库的转储和恢复功能，数据库的重组、性能监视和数据分析等功能。这些功能通常是由一些实用程序或管理工具完成的。

⑥ 其他功能。其他功能包括数据库管理系统与网络中其他软件系统的通信功能、一个数

据库管理系统与另一个数据库管理系统或文件系统的数据转换功能、异构数据库之间的互访和互操作功能等。

4. 数据库系统

数据库系统（database system，DBS）是指引入数据库后的计算机系统，一般**是指由数据库、数据库管理系统（及其应用开发工具）、应用系统和数据库管理员**（database administrator，DBA）**组成的存储、管理、处理和维护数据的系统**。应当指出的是，数据库的建立、使用和维护等工作只靠一个数据库管理系统远远不够，还要有专门的人员来完成，这些人被称为数据库管理员。

数据库系统可以用图 1.1 表示。其中数据库提供数据的存储功能，数据库管理系统提供数据的组织、存取、管理和维护等基础功能，应用系统根据应用需求使用数据库，数据库管理员负责数据库管理系统的运行。图 1.2 是引入数据库管理系统后计算机系统的层次结构。

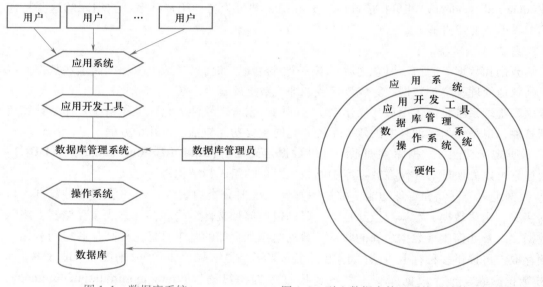

图 1.1　数据库系统　　　　　图 1.2　引入数据库管理系统后计算机系统的层次结构

在不引起混淆的情况下，人们常常把数据库系统简称为数据库。

1.1.2　数据管理技术的产生和发展

数据库技术是为满足数据管理任务的需要而产生的。数据管理是指对数据进行分类、组织、编码、存储、检索和维护，它是数据处理的中心问题。而数据处理是指对各种数据进行收集、存储、加工和传播的一系列活动的总和。

在应用需求的推动下，在计算机硬软件发展的基础上，数据管理技术经历了人工管理、文件系统、数据库系统三个阶段。这三个阶段的比较如表 1.1 所示。

表 1.1 数据管理技术三个阶段的比较

对比项	人工管理阶段	文件系统阶段	数据库系统阶段
应用领域	科学计算	科学计算、数据管理	大规模数据管理
主要硬件	无直接存取存储设备	磁盘、磁鼓	大容量磁盘、磁盘阵列
主要软件	没有操作系统，没有管理数据的专门软件	有文件系统	有数据库管理系统
数据处理方式	批处理	联机实时处理、批处理	联机实时处理、分布处理、批处理
数据管理者	人（程序员）	文件系统	数据库管理系统
数据面向对象	某一应用程序	某一应用	现实世界（部门、企业、跨国组织等）
数据共享程度	不共享，冗余度极高	共享性弱，冗余度高	共享性强，冗余度低且易扩充
数据独立性	不独立，完全依赖应用程序	独立性弱	具有较强的物理独立性和一定的逻辑独立性
数据结构化	无结构	记录内有结构、整体无结构	整体结构化，用数据模型描述
数据控制能力	应用程序自己控制	应用程序自己控制	由数据库管理系统提供数据安全性、完整性、并发控制和数据库恢复功能

1. 人工管理阶段

20 世纪 50 年代中期以前，计算机主要用于科学计算。当时的硬件状况是外存只有纸带、卡片、磁带，没有磁盘等直接存取存储设备；软件状况是没有操作系统，没有管理数据的专门软件；数据处理方式是批处理。

人工管理数据具有如下特点：

① 数据不保存。当时的计算机主要用于科学计算，一般不需要长期保存数据，只是在计算时将数据输入，用完就撤走。不仅对用户数据如此处置，对系统软件有时也是这样处置。

② 应用程序管理数据。数据需要由程序员在应用程序中设计、说明（定义）和管理，没有相应的软件系统负责数据的管理工作。应用程序不仅要规定数据的逻辑结构，而且要规定数据的物理结构，包括存储结构、存取方法、输入方式等。因此程序员的负担很重。

③ 数据不共享。数据是面向应用程序的，一组数据只能对应一个程序。当多个应用程序涉及某些相同的数据时必须各自定义，无法互相利用、互相参照，因此程序与程序之间有大量的冗余数据。

④ 数据不具有独立性。**数据独立性**是指数据与应用程序相互独立，即数据的结构发生变化后，应用程序不必做相应的修改。

在人工管理阶段，数据由程序员在应用程序中定义，数据结构一旦发生变化，就需要修改应用程序，数据完全依赖于应用程序，称之为数据缺乏独立性，这就加重了程序员的负担。

在人工管理阶段，应用程序与数据（表现为数据集）之间的一一对应关系可用图 1.3 表示。

2. 文件系统阶段

20 世纪 50 年代后期~20 世纪 60 年代中期，这时硬件方面已有磁盘、磁鼓等直接存取存储设备；软件方面表现为操作系统中已有专门的数据管理软件，一般称为文件系统；处理方式不仅能够进行批处理，而且能够进行联机实时处理。

用文件系统管理数据具有如下特点：

① 数据可以长期保存。由于计算机主要用于数据处理，一般将数据长期保留在外存上以反复进行查询、修改、插入和删除等操作。

② 数据由专门的软件进行管理，文件系统把数据组织成相互独立的数据文件，利用"按文件名访问，按记录进行存取"的管理技术，提供了对文件进行打开与关闭、对记录进行读取和写入等存取方式。

文件系统实现了记录内的结构性。但是，文件系统仍存在以下缺点：

① 数据共享性弱，冗余度高。在文件系统中，一个（或一组）文件基本上对应于一个应用程序，即文件仍然是面向应用的。当不同的应用程序具有部分相同的数据时也必须建立各自的文件，而不能共享相同的数据，因此数据的冗余度高，浪费存储空间。同时，相同数据的重复存储与各自管理容易造成数据的不一致性，给数据的修改和维护带来困难。

② 数据独立性弱。文件系统中的文件是为某一特定应用服务的，文件的逻辑结构针对具体的应用设计和优化，因此要想对文件中的数据再增加一些新的应用会很困难。而且，当数据的逻辑结构改变时，应用程序中文件结构的定义必须修改，应用程序中对数据的使用也要改变，因此数据依赖于应用程序，缺乏独立性。可见，文件系统仍然是一个不具有弹性的无整体结构的数据集合，即文件之间是孤立的，不能反映现实世界事物之间的内在联系。

在文件系统阶段，应用程序与数据（表现为文件组）之间的关系如图 1.4 所示。

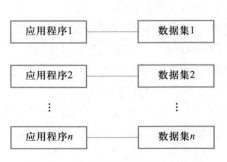

图 1.3   人工管理阶段应用程序与
数据之间的一一对应关系

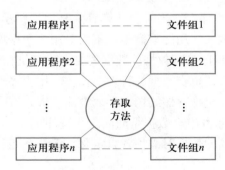

图 1.4   文件系统阶段应用程序与
数据之间的对应关系

3. 数据库系统阶段

20 世纪 60 年代后期以来，计算机管理的对象规模越来越大，应用范围越来越广泛，数据量急剧增长。同时，多种应用、多种语言互相交错地共享数据集的要求越来越强烈。

这时硬件方面已有大容量磁盘和磁盘阵列，硬件价格下降；软件方面则表现为软件价格上升，编制和维护系统软件及应用程序所需的成本相对增加；在处理方式上更多地应用联机实时处理，并开始提出和考虑分布式处理。在这种背景下，以文件系统作为数据管理手段已不能满足应用的需求，于是为解决多用户、多应用共享数据的需求，使数据为尽可能多的应用服务，数据库技术便应运而生，出现了统一管理数据的专门软件系统——数据库管理系统。

数据库系统阶段的数据具有如下特点。

（1）整体数据的结构化

数据库系统阶段实现了整体数据的结构化，这是数据库的主要特征之一，也是数据库系统阶段与文件系统阶段的本质区别。

在文件系统中，文件中的记录具有结构，但是记录的结构和记录之间的联系被固化在程序中，需要由程序员加以维护。这种工作模式既加重了程序员的负担，又不利于结构的变动。二维码所示内容通过一个例子来比较文件系统操作与数据库系统操作的差异，从中可看到数据库系统的优点。

扩展阅读：文件系统与数据库系统操作比较示例

所谓整体数据的结构化，是指数据库中的数据不再是仅仅针对某一个应用，而是面向整个组织或企业的多种应用需求；不仅数据本身是结构化的，而且整体数据也是结构化的，即数据之间具有联系。也就是说，不仅要考虑某个应用的数据结构，还要考虑整个组织的数据结构。

例如，一个学校的信息系统不仅要考虑教务处的课程管理、学生选课管理、成绩管理，还要考虑学生处的学生学籍管理、研究生院的研究生管理、人事处的教师人事管理、科研处的科研管理等。因此，学校信息系统中的学生数据就要面向各个部门的应用，而不仅仅是面向教务处的一个学生选课应用。图 1.5 为"高校本科教务管理"信息系统①中与学生有关的数据结构。

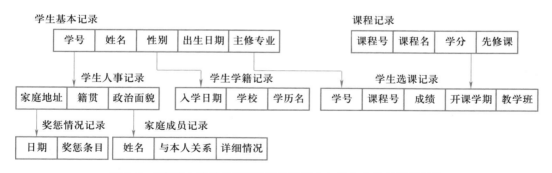

图 1.5　"高校本科教务管理"信息系统中与学生有关的数据结构

---

①　本书用一个实例——"高校本科教务管理"信息系统将数据库系统知识点讲解和设计样例贯穿起来，随着知识点讲解的深入，该实例的内容也将根据实际情况不断丰富和变化。相关介绍详见附录。

图 1.5 所示的数据组织方式为各部门的应用提供了必要的记录，使整体数据结构化了。这就要求在描述数据时不仅要描述数据本身，还要描述数据之间的联系。

记录的结构和记录之间的联系由数据库管理系统维护，从而减轻了程序员的负担，提高了工作效率。

在数据库系统中，不仅整体数据是结构化的，而且存取数据的方式也很灵活，可以存取数据库中的某一个或一组数据项、一条记录或一组记录；而在文件系统中，数据的存取单位是记录，粒度不能细到数据项。

（2）数据的共享性强、冗余度低且易于扩充

数据库系统从整体角度看待和描述数据，数据不再是面向某个应用，而是面向整个系统。因此，数据可以被多个用户或多个应用通过不同的接口、不同的编程语言共享使用。这种较强的数据共享性可以大大降低数据的冗余度，节省存储空间，还能避免数据的不相容性与不一致性。

所谓数据的不一致性，是指同一数据不同副本的值不一样。采用人工管理或文件系统管理时，由于数据被重复存储，不同的应用使用和修改不同的副本就很容易造成数据的不一致；而在数据库中数据共享则减少了由数据冗余造成的不一致现象。

数据库数据的共享性强还使其易于增加新的应用，易于扩充，这也是数据库系统“弹性大”的原因。我们可以选取整体数据的各种子集用于不同的应用系统，当应用需求改变或增加时，只要重新选取不同的子集或加上一部分数据即可满足新的需求。

（3）数据的独立性强

数据的独立性强是数据库数据的一个显著优点。数据独立性已成为数据库领域的一个常用术语和重要概念，其目标是应用程序与数据（定义）相分离。数据的独立性包括数据的物理独立性和数据的逻辑独立性。

数据的物理独立性，是指用户的应用程序与数据库中数据的物理存储是相互独立的。也就是说，数据在数据库中怎样存储是由数据库管理系统管理的，用户程序不需要了解，这样当数据的物理存储改变时应用程序不用改变。

数据的逻辑独立性，是指用户的应用程序与数据库的逻辑结构是相互独立的。也就是说，数据的逻辑结构改变时用户程序也可以不变。

数据的独立性是由数据库管理系统提供的两级映像功能来保证的，相关内容将在 1.3.3 小节进行讨论。

数据的独立性把数据的定义从应用程序中分离出去，而存取数据的方法又由数据库管理系统负责提供，从而简化了应用程序的编制，大大减少了应用程序的维护和修改工作。

（4）数据由数据库管理系统统一管理和控制

数据库数据的共享将会带来数据库的安全隐患，且因这种共享是并发性的，即多个用户可以同时存取数据库中的数据，甚至可以同时存取数据库中的同一个数据，这又会带来不同用户间相互干扰的隐患。另外，数据库中数据的正确性与一致性也必须得到保障。为此，数据库管理系统还必须提供以下几方面的数据管理功能。

① 数据的安全性(security)保护。数据的安全性是指保护数据以防不合法使用造成数据泄露和破坏。每个用户只能依照规定对某些数据按指定方式进行使用和处理，相关内容将在第 4 章进行讲解。

② 数据的完整性(integrity)检查。数据的完整性是指数据的正确性、有效性和相容性。完整性检查将数据控制在有效的范围内，并保证数据之间满足一定的关系，相关内容将在第 5 章进行讲解。

③ 数据的并发性(concurrency)控制。当多个用户的并发进程同时存取、修改数据库时，可能会因相互干扰而得到错误的结果或使数据库的完整性遭到破坏。因此，必须对多用户的并发操作加以控制和协调，以保证一个用户事务的执行不受其他事务的干扰，从而避免造成数据的不一致性。相关内容将在第 12 章进行讲解。

④ 数据库的恢复(recovery)。计算机系统的硬件/软件故障、操作失误以及蓄意破坏等会影响数据库中数据的正确性，甚至造成数据库部分或全部数据的丢失。数据库管理系统必须具有将数据库从错误状态恢复到某一已知的正确状态(亦称为完整状态或一致状态)的功能，即数据库的恢复功能。相关内容将在第 11 章进行讲解。

在数据库系统阶段，应用程序与数据(表现为数据库)之间的对应关系可用图 1.6 表示。

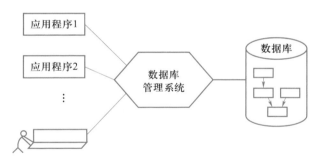

图 1.6　数据库系统阶段应用程序与数据之间的对应关系

综上所述，**数据库是长期存储在计算机内的有组织、可共享的大量数据的集合。它可以供各种用户共享，具有最小的冗余度和较强的数据独立性。数据库管理系统在数据库建立、运维时对数据库进行统一控制，以保证数据的完整性和安全性，并在多用户同时使用数据库时进行并发控制，在发生故障后对数据库进行恢复。**

数据库系统的出现，使信息系统从**以加工数据的程序为中心转向以共享的数据库为中心的新阶段，即以软件为中心向以数据为中心的计算平台的迁移。**这样既便于数据的集中管理，又能简化应用系统的研制和维护，提高了数据的利用率和决策的可靠性。

数据库技术的发展经历了 20 世纪 60 年代的网状数据库、层次数据库，20 世纪 70 年代的关系数据库，以及 20 世纪 80 年代的以面向对象模型为主要特征的数据库系统。随着大数据应用的迅猛发展，又陆续出现了众多新型的数据模型和数据库管理系统。

数据库技术与网络通信技术、面向对象程序设计技术、并行/分布式计算技术、云计算技术、人工智能技术、新硬件技术等互相渗透、互相结合，成为当前数据库技术发展的主要特征。我们将在新技术篇的第 14 章中介绍数据库技术的最新发展。

1.2 数据模型

数据库技术是计算机领域中发展最快的技术之一，其发展是沿着数据模型的主线推进的。模型，特别是具体模型对人们来说并不陌生。一张地图、一组建筑设计沙盘、一架精致的航模飞机都是具体的模型，一眼望去就会使人联想到真实生活中的事物。模型是对现实世界中某个对象特征的模拟和抽象。例如，航模飞机是对生活中飞机的一种模拟和抽象，它可以模拟飞机的起飞、飞行和降落，并抽象了飞机的基本特征——机头、机身、机翼、机尾等。

数据模型(data model)也是一种模型，它是对现实世界数据特征的抽象。也就是说，数据模型是用来描述数据、组织数据和对数据进行操作的。

由于计算机不可能直接处理现实世界中的具体事物，所以人们必须事先把具体事物转换成计算机能够处理的数据，也就是首先要数字化，把现实世界中具体的人、物、活动等用数据模型这个工具来抽象、表示和处理。通俗地讲，数据模型就是现实世界的模拟。

现有的数据库系统均是基于某种数据模型的，**数据模型是数据库系统的核心和基础。**因此，了解数据模型的基本概念是学习数据库的基础。

1.2.1 数据建模

把现实世界中的具体事物抽象、组织为某一数据库管理系统支持的数据模型，这个过程称为数据建模(data modeling)。

在数据库系统中，数据建模过程通常分为两步进行。

1. 建立概念模型

首先将现实世界抽象为信息世界。也就是把现实世界中的客观对象抽象为某一种信息结构，这种信息结构并不依赖于具体的计算机系统，不是某一个数据库管理系统支持的数据模型，而是概念级的模型，因此称为概念模型(conceptual model)。

概念模型是按用户的观点来对数据建模，主要用于数据库设计。从现实世界到概念模型的建模任务由数据库设计人员完成，也可以通过数据库设计工具辅助设计人员完成。

2. 将概念模型转换为数据模型

接下来将信息世界转换为机器世界，即把概念模型转换为计算机上某一数据库管理系统支持的数据模型。

数据模型是按计算机系统的观点对数据建模，是数据库管理系统支持的，用于数据库管理系统的实现。从概念模型到数据模型的转换由数据库设计人员完成，也可以通过数据库设计工具辅助设计人员完成。

上述抽象过程如图 1.7 所示。

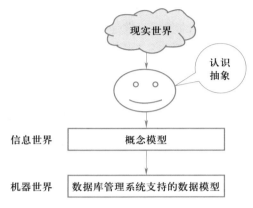

图 1.7　现实世界中客观对象的抽象过程

下面首先介绍概念模型，然后讲解数据模型的基本要素，并介绍几种不同的数据模型。

1.2.2　概念模型

由图 1.7 可以看出，概念模型实际上是现实世界到机器世界的一个中间层次。

概念模型用于信息世界的建模，是现实世界到信息世界的第一层抽象，是数据库设计人员进行数据库设计的有力工具，也是数据库设计人员和用户之间进行交流的语言。因此，概念模型一方面应具有较强的语义表达能力，能够方便、直接地表达应用中的各种语义知识，另一方面还应简单、清晰、易于用户理解。

1. 信息世界中的基本概念

信息世界主要涉及以下一些概念。

① 实体(entity)。客观存在并可相互区别的事物称为实体。实体可以是具体的人、事、物，也可以是抽象的概念或联系。例如，一个职工、一个学生、一个部门、一门课等都是实体。

② 属性(attribute)。实体所具有的某一特性称为属性。一个实体可以由若干个属性来刻画。例如，"学生"实体可以由"学号""姓名""性别""出生日期""主修专业"等属性组成，属性组合(20180003，王敏，女，2001-8-1，计算机科学与技术)即表征了一个学生。

③ 码(key)。唯一标识实体的属性集称为码。例如，"学号"是"学生"实体的码。

④ 实体类型(entity type)。具有相同属性的实体必然具有共同的特征和性质。用实体名及其属性名集合来抽象和刻画同类实体，称为实体类型，或称实体型。例如，学生(学号，姓名，性别，出生日期，主修专业)就是一个实体型。

⑤ 实体集(entity set)。同一类型实体的集合称为实体集。例如，全体学生就是一个实

体集。

⑥ 联系(relationship)。在现实世界中，事物内部以及事物之间是有联系的，这些联系在信息世界中反映为实体(型)内部的联系和实体(型)之间的联系。实体内部的联系通常是指组成实体的各属性之间的联系，实体之间的联系通常是指不同实体集之间的联系。

实体之间的联系有一对一、一对多和多对多等多种类型(具体内容将在第 7 章 7.3.2 小节 E-R 模型中进行介绍)。

2. 概念模型的一种表示方法：实体-联系模型

概念模型是对信息世界建模，所以概念模型应该能够方便、准确地表示上述信息世界中的常用概念。概念模型的表示方法很多，其中最为常用的是 P. P. S. Chen 于 1976 年提出的**实体-联系模型**(entity-relationship model)，**简称 E-R 模型**。该方法用 E-R 图(E-R diagram)来描述现实世界的概念模型。图 1.8 是学生选课 E-R 图示例。

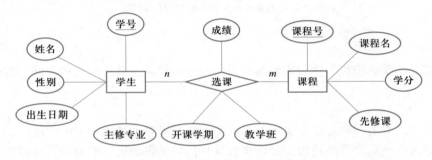

图 1.8　学生选课 E-R 图示例

图 1.8 抽象了学校中的"学生"和"课程"两个客观事物："学生"实体和"课程"实体；还抽象了现实世界中事物之间的联系：一门课程可以有多个学生选修，一个学生可以选修多门课程，用"课程"实体与"学生"实体的多对多($m:n$)联系来描述。

有关如何认识和分析现实世界，从中抽取实体、实体的属性和实体之间的联系，建立概念模型，画出 E-R 图等方法，将在第 7 章数据库设计中详细讲解。

1.2.3　数据模型的三要素

一般地讲，数据模型是严格定义的一组概念的集合。这些概念精确地描述了系统的静态特性、动态特性和完整性约束(integrity constraint)。因此数据模型通常由数据结构、数据操纵和完整性约束三部分组成，称为数据模型的三要素。

1. 数据结构

数据结构描述数据库的组成对象以及对象之间的联系。也就是说，数据结构描述的内容有两类：一类是与对象的类型、内容、性质有关的，如网状模型中的数据项、记录，关系模型中的域、属性、关系等；一类是与数据之间的联系有关的对象，如网状模型中用**系(set)**表示记录之间的联系。

数据结构是刻画一个数据模型性质的最重要的方面。因此，在数据库系统中人们通常按照其数据结构的类型来命名数据模型。例如，层次结构、网状结构和关系结构的数据模型分别命名为层次数据模型、网状数据模型和关系数据模型，简称为层次模型、网状模型和关系模型。

总之，数据结构是所描述的对象类型的集合，是对系统静态特性的描述。

2. 数据操纵

数据操纵是指对数据库中各种对象（型）的实例（值）允许执行的操作的集合，包括操作及有关的操作规则。

数据库主要有查询和更新（包括插入、删除、修改）两大类操作。数据模型必须定义这些操作的确切含义、操作符号、操作规则（如优先级）以及实现操作的语言。

数据操纵是对系统动态特性的描述。

3. 完整性约束

完整性约束是一组完整性规则。完整性规则是给定的数据模型中的数据及其联系所具有的制约和依存规则，用以限定符合数据模型的数据库状态以及状态的变化，以保证数据的正确、有效和相容。

数据模型应该反映和规定其必须遵守的基本和通用的完整性约束。例如，在关系模型中，任何关系必须满足实体完整性和参照完整性。本书第 2 章关系模型、第 5 章数据库完整性将详细讨论这两类完整性约束。

注意，这里讲的**数据模型**都是逻辑上的，它们都能用某种语言描述，使数据库管理系统能够理解。被数据库管理系统支持的数据视图，也是用户可以用这种语言描述和处理的数据结构。

这些数据模型将以一定的组织方式存储在数据库管理系统中，是数据模型在数据库管理系统内部的物理存储结构，人们称之为**数据的物理模型**。

物理模型描述数据在数据库管理系统内部的数据组织和存取方法的实现，包括存储结构和索引结构的物理实现。例如，记录的表示、记录如何在一个物理块中组织存储、有哪些索引结构、索引的组织方式和查找方法等。常用的索引有顺序表索引、B+树索引和哈希索引等，本书第 9 章关系数据库存储管理将详细讲解。

数据结构、数据操纵和完整性约束这三方面内容完整地描述了一个数据模型，其中数据结构是刻画模型性质的最基本的内容。为了使读者对数据模型有一个初步认识，下面简要介绍层次模型（hierarchical model）、网状模型（network model）和关系模型（relational model）。

1.2.4 层次模型

在层次模型中实体用记录表示，实体的属性对应记录的字段（或数据项）。这样可以将实体之间的联系转换成记录之间的两两联系。

在层次模型中，数据结构的单位是基本层次联系。所谓**基本层次联系**是指两个记录及其之间的一对多(包括一对一)联系,如图 1.9 所示。

图中 R_i 位于联系 L_{ij} 的始点,称为**双亲**(parent)**结点**,R_j 位于联系 L_{ij} 的终点,称为**子女**(child)**结点**。

层次模型是数据库系统中最早出现的数据模型,层次数据库系统采用层次模型作为数据的组织方式。层次数据库系统的典型代表是 IBM 公司的 IMS(information management system),这是 1968 年 IBM 公司推出的第一个大型商用数据库管理系统,曾经得到广泛的使用。

层次模型用树形结构表示各类实体以及实体间的联系。现实世界中许多实体之间的联系本来就呈现出一种很自然的层次关系,如行政机构、家族关系等。

1. 层次模型的数据结构

在数据库中,满足下面两个条件的基本层次联系的集合为层次模型:

① 有且只有一个结点没有双亲结点,这个结点称为根结点。

② 根以外的其他结点有且只有一个双亲结点。

在层次模型中,每个结点表示一个记录类型,记录类型之间的联系用结点之间的连线(有向边)表示,这种联系是双亲结点与子女结点之间的一对多联系。这就使得层次数据库系统只能处理一对多的实体联系。

每个记录类型可包含若干个字段,这里记录类型描述的是实体型,字段描述实体的属性。各个记录类型及其字段都必须命名。各个记录类型、同一记录类型中的各个字段不能同名。每个记录类型可以定义一个排序字段,也称为码字段,如果定义该排序字段的值是唯一的,则它能唯一地标识一个记录值。

一个层次模型在理论上可以包含任意有限个记录类型和字段,但任何实际的系统都会因为存储容量或实现复杂度而限制模型中包含的记录类型和字段的数量。

在层次模型中,同一双亲结点的子女结点称为兄弟(twin 或 sibling)结点,没有子女结点的结点称为叶(leaf)结点。图 1.10 给出了一个层次模型示例,其中,R_1 为根结点;R_2 和 R_3 为兄弟结点,且是 R_1 的子女结点;R_4 和 R_5 为兄弟结点,且是 R_2 的子女结点;R_3、R_4 和 R_5 为叶结点。

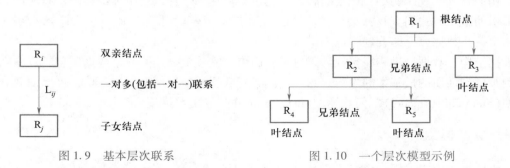

图 1.9   基本层次联系   图 1.10   一个层次模型示例

从图 1.10 中可以看到层次模型像一棵倒立的树,每个结点的双亲结点都是唯一的。

层次模型的一个基本的特点是,任何一个给定的记录值只能按其层次路径查看,没有一个子女记录值能够脱离双亲记录值而独立存在。

图 1.11 是"高校本科教务管理"信息系统中"学生学籍管理"子系统的层次模型示意图。该层次模型有 4 个记录类型,其中记录类型"学院"是根结点,由三个字段(学院编号、学院名、建院时间)组成,它有两个子女结点"系"和"学生"。记录类型"系"是"学院"的子女结点,同时又是"教师"的双亲结点,它由 4 个字段(系编号、系名、联系人、联系方式)组成。记录类型"学生"由 5 个字段(学号、姓名、性别、出生日期、主修专业)组成。记录类型"教师"由 4 个字段(职工号、姓名、职称、出生日期)组成。"学生"与"教师"是叶结点,它们没有子女结点。由"学院"到"系"、由"系"到"教师"、由"学院"到"学生"均是一对多的联系。

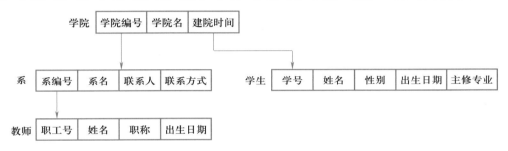

图 1.11 "学生学籍管理"子系统的层次模型示意图

图 1.12 是图 1.11 所示层次模型对应的一个值。该值是由"信息学院"一个记录值及其所有后代记录值组成的一棵树。其中,"信息学院"有三个系记录值和三个学生记录值,"计算机系"有 4 个教师记录值,"数学系"有两个教师记录值。

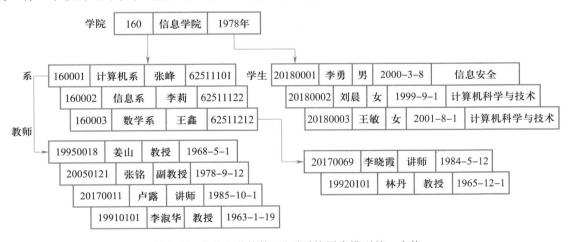

图 1.12 "学生学籍管理"子系统层次模型的一个值

2. 层次模型的数据操纵与完整性约束

层次模型的数据操纵主要有查询、插入、删除和更新操作。在进行插入、删除和更新操作时要满足层次模型的完整性约束。

进行插入操作时，如果没有相应的双亲结点值就不能插入其子女结点值。例如在图 1.12 所示的层次数据库中，若新调入一名教师，但尚未分配到某个系，这时就不能将新教师插入数据库。

进行删除操作时，如果删除双亲结点值，则相应的子女结点值也将被同时删除。例如在图 1.12 所示的层次数据库中，若删除"数学系"，则"数学系"所有教师的数据将全部丢失。

3. 层次模型的优缺点

层次模型的优点主要有：

① 层次模型的数据结构比较简单清晰。

② 层次数据库的查询效率高。 层次模型中记录之间的联系用有向边表示，这种联系在数据库管理系统中常用指针来实现，因此这种联系也就是记录之间的存取路径。当要存取某个结点的记录值时，数据库管理系统沿着这条路径很快就能找到该记录值，所以层次数据库的性能优良，存取效率高。

③ 层次数据模型提供了良好的完整性约束支持。

层次模型的缺点主要有：

① 现实世界中很多联系是非层次性的，如结点之间具有多对多联系，不适合用层次模型表示。

② 如果一个结点具有多个双亲结点，用层次模型表示这类联系就很笨拙，只能通过引入冗余数据（易产生不一致性）或创建非自然的数据结构（引入虚拟结点）来解决，对插入和删除操作的限制比较多，因此应用程序的编写比较复杂。

③ 查询子女结点必须通过双亲结点。

④ 由于结构严密，层次命令趋于程序化。

可见，用层次模型对具有一对多层次联系的部门描述非常自然、直观，容易理解。这是层次数据库的突出优点。

1.2.5   网状模型

在现实世界中事物之间的联系更多为非层次关系，用层次模型表示非树形结构很不直接，而网状模型则可以克服这一弊端。

网状数据库系统采用网状模型作为数据的组织方式，其典型代表是 DBTG 系统，亦称 CODASYL 系统。这是 20 世纪 70 年代数据系统语言会议（conference on data system language，CODASYL）下属的数据库任务组（data base task group，DBTG）提出的一个系统方案。DBTG 系统虽然不是实际的数据库系统软件，但是它的基本概念、方法和技术具有普遍意义，对于网状数据库系统的研制和发展产生了重大的影响。后来不少系统都采用 DBTG 系统或者简化的 DBTG 系统模型，如 Cullinet Software 公司的 IDMS、Univac 公司的 DMS-1100、Honeywell 公司的 IDS/2、HP 公司的 IMAGE 等。

1. 网状模型的数据结构

在数据库中，**把满足以下两个条件的基本层次联系集合称为网状模型：**

① 允许一个以上的结点无双亲结点。

② 一个结点可以有多于一个的双亲结点。

网状模型是一种比层次模型更具普遍性的结构。它去掉了层次模型的两个限制，允许多个结点没有双亲结点，且允许结点有多个双亲结点；此外它还允许两个结点之间有多种联系（称之为复合联系）。因此，网状模型可以更直接地描述现实世界，而层次模型实际上是网状模型的一个特例。

与层次模型一样，网状模型中每个结点表示一个记录类型（实体型），每个记录类型可包含若干个字段（实体的属性），结点间的连线表示记录类型（实体型）之间一对多的联系。

从网状模型的定义可以看出，层次模型中子女结点与双亲结点的联系是唯一的，而在网状模型中这种联系可以不唯一。因此要为每个联系命名，并指出与该联系有关的双亲结点和子女结点。例如，图 1.13(a) 中 R_3 有两个双亲结点 R_1 和 R_2，因此把 R_1 与 R_3 之间的联系命名为 L_1，R_2 与 R_3 之间的联系命名为 L_2。图 1.13(a)(b)(c) 都是网状模型的例子。

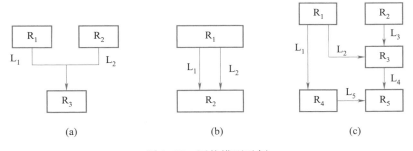

图 1.13　网状模型示例

下面以"学生选课"子系统为例，观察网状数据库是怎样组织数据的。

按照常规语义，一个学生可以选修若干门课程，某一课程可以被多个学生选修，因此学生与课程之间是多对多的联系。因为 DBTG 系统模型不能表示记录之间多对多的联系，为此引进一个"学生选课"的连接记录，它由 5 个字段（学号、课程号、成绩、开课学期，教学班）组成，表示某个学生在某个学期的某个教学班选修了某一门课程及其成绩。这样，"学生选课"子系统共包含 3 个记录类型"学生""课程"和"学生选课"（如图 1.14 所示）。

每个学生可以选修多门课程，显然对"学生"记录类型中的一个值，"学生选课"记录类型中可以有多个值与之联系，而"学生选课"记录类型中的一个值，只能与"学生"记录类型中的一个值联系。"学生"与"学生选课"之间的联系是一对多的联系，联系名为"S-SC"。同样，"课程"与"学生选课"之间的联系也是一对多的联系，联系名为"C-SC"。

2. 网状模型的数据操纵与完整性约束

一般来说，网状模型没有层次模型那样严格的完整性约束，但具体的网状数据库系统对数

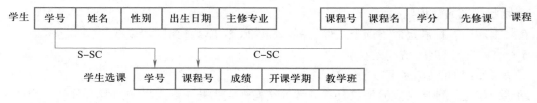

图 1.14   "学生选课"子系统的网状模型

据操纵都加了一些限制，提供了一定的完整性约束。

例如，DBTG 系统在模式数据定义语言中提供了定义 DBTG 数据库完整性的若干概念和语句，主要有：

① 支持记录类型中"码"的概念，码即唯一标识记录类型的数据项的集合。例如，图 1.14 的"学生"记录类型中"学号"是码，因此数据库中不允许"学号"出现重复值。

② 保证一个联系中双亲结点和子女结点之间是一对多的联系。

③ 可以支持双亲结点和子女结点之间的某些约束条件。例如，有些子女结点值要求双亲结点值存在才能插入，双亲结点值删除时也连同删除。例如图 1.14 中"学生选课"记录类型就应该满足这种约束条件，学生选课的记录值必须是数据库中存在的某一学生选修存在的某一门课的记录。DBTG 系统提供了"属籍类别"(membership class)的概念来描述这类约束条件。

3. 网状模型的优缺点

网状模型的优点主要有：

① **能够更为直接地描述现实世界**，如一个结点可以有多个双亲结点，结点之间可以有多种联系。

② **具有良好的性能，存取效率较高。**

网状模型的缺点主要有：

① 结构比较复杂，而且随着应用环境的扩大数据库的结构变得越来越复杂，不利于最终用户掌握。

② 数据定义语言和数据操纵语言比较复杂，并且要嵌入某一种高级语言(如 COBOL、C)中，用户不容易掌握和使用。

③ 由于记录类型之间的联系是通过存取路径实现的，应用程序在访问数据时必须选择适当的存取路径，因此用户必须了解系统结构的细节，加重了编写应用程序的负担。

1.2.6   关系模型

关系模型是最重要的一种数据模型。关系数据库系统采用关系模型作为数据的组织方式。

1970 年，美国 IBM 公司 San Jose 研究室的研究员 Edgar F. Codd 首次提出了数据库系统的关系模型，开创了数据库关系方法和关系数据理论的研究，为关系数据库技术奠定了理论基础。Edgar F. Codd 也因该项杰出工作于 1981 年获得图灵奖。

20 世纪 80 年代以来，计算机厂商新推出的数据库管理系统几乎都支持关系模型，非关系数据库系统的产品也大都加上了关系接口。因此本书的重点将放在关系数据库上，后面有关章节将详细介绍关系数据库。

1. 关系模型的数据结构

关系模型与以往的模型不同，它建立在严格的数学概念基础之上。其严格的定义将在第 2 章给出，这里仅结合实例进行简单勾画。从用户观点看，关系模型由一组关系组成，每个关系的数据结构是一张规范化的二维表。例如，表 1.2 所示的学生表即为一个典型的关系模型的数据结构。下面以该表为例，介绍关系模型中的一些术语。

表 1.2 关系模型的数据结构示例：学生表

学号 Sno	姓名 Sname	性别 Ssex	出生日期 Sbirthdate	主修专业 Smajor
20180001	李勇	男	2000-3-8	信息安全
20180002	刘晨	女	1999-9-1	计算机科学与技术
20180003	王敏	女	2001-8-1	计算机科学与技术
20180004	张立	男	2000-1-8	计算机科学与技术
20180005	陈新奇	男	2001-11-1	信息管理与信息系统
20180006	赵明	男	2000-6-12	数据科学与大数据技术
20180007	王佳佳	女	2001-12-7	数据科学与大数据技术

① 关系(relation)：一个关系对应通常说的一张二维表，如表 1.2 所示。

② 元组(tuple)：表中的一行即为一个元组。

③ 属性：表中的一列即为一个属性，每列的名称即为属性名。如表 1.2 中共有 5 列，对应 5 个属性(学号，姓名，性别，出生日期，主修专业)。

④ 码：又称为码键或键，是表中的某一个属性或一组属性，其值可以唯一确定一个元组。如表 1.2 中的属性"学号"可以唯一确定一个学生，该属性也就成为本关系的码。

⑤ 域(domain)：在表 1.2 中，域表示某一属性的取值范围。例如，属性"性别"的域是(男，女)，"主修专业"的域是学生所在学院所有专业名称的集合。

⑥ 分量(component)：元组中的一个属性值。例如，表 1.2 中的"李勇"即为元组(20180001，李勇，男，2000-3-8，信息安全)的一个分量。

⑦ 关系模式：对关系的描述，一般表示为：关系名(属性 1,属性 2,…,属性 n)。例如，表 1.2 的关系可描述为：学生(学号,姓名,性别,出生日期,主修专业)。

关系模型要求关系必须是规范化(normalization)的，即要求关系必须满足一定的规范条件，这些规范条件中最基本的一条就是，**关系的每一个分量必须是一个不可分的数据项**。也就是说，不允许表中还有表。例如，表 1.3 中"联系方式"是可分的数据项，即"联系方式"又分为"手机号""Email""微信号"三个数据项，所以表1.3不符合关系模型要求。

表1.3　非规范化的表示例：表中有表

学号	姓名	性别	出生日期	主修专业	联系方式		
					手机号	Email	微信号
20180001	李勇	男	2000-3-8	信息安全	18301200745	liyong@ qq. com	liyong@ ruc
⋮	⋮	⋮	⋮	⋮	⋮	⋮	⋮

可以把关系术语和现实生活中的表格所使用的术语做一个粗略对比，如表1.4所示。

表1.4　关系术语与现实生活中表格使用的术语对比

关系术语	现实生活中表格的术语
关系名	表名
关系模式	表头（表格的描述）
关系	（一张）二维表
元组	记录或行
属性	列
属性名	列名
属性值	列值
分量	一条记录中的一个列值
非规范关系	表中有表（大表中嵌有小表）

2. 关系模型的数据操纵与完整性约束

关系模型的数据操纵主要包括查询、插入、删除和更新数据，这些操作必须满足关系的完整性约束。关系的完整性约束包括实体完整性、参照完整性和用户定义的完整性三大类，其具体含义将在后续内容中介绍。

关系模型中的数据操纵是集合操作，操作对象和操作结果都是关系，即若干元组的集合；而层次模型和网状模型中的数据操纵则是单记录操作。另一方面，关系模型把存取路径向用户隐蔽起来，用户只要指出"干什么"或"找什么"，不必详细说明"怎么干"或"怎么找"，从而大大地增强了数据的独立性，提高了用户生产率。

3. 关系模型的优缺点

关系模型具有下列优点：

① **关系模型建立在严格的数学概念基础上。**

② **关系模型的概念单一。** 无论实体还是实体之间的联系都用关系来表示，对数据的检索和更新结果也是关系，所以其数据结构简单、清晰，用户易懂易用。关系模型标准语言 SQL

简洁易用，推动了关系数据库的广泛应用。

③ **关系模型的存取路径对用户隐蔽**。它具有更强的数据独立性、更好的安全保密性，也简化了程序员的工作和数据库开发建立的工作。

关系模型的上述优点使其在诞生之后发展迅速，深受用户的喜爱。

当然，关系模型也有缺点，例如，由于存取路径对用户是隐蔽的，其查询效率往往不如层次模型和网状模型。为了提高性能，关系数据库管理系统必须对用户的查询请求进行优化，因此增加了开发关系数据库管理系统的难度。不过用户不必考虑这些系统内部的优化技术细节，数据库管理系统的查询优化器会自动选择优化的查询执行计划，为用户提供较高的查询性能。

1.2.7 数据库领域中不断涌现的数据模型

数据模型是数据库系统的核心，数据模型按照数据库系统的发展进程可分为层次模型、网状模型、关系模型、面向对象数据模型（object-oriented data model）、对象关系数据模型（object relational data model）、半结构化的 XML（semi-structured extensible markup language）数据模型等。

随着大数据技术的发展和数据采集手段的便利多样，产生了众多需要管理和处理的不同类型的数据，如图数据、多媒体数据、网页数据等。为了管理这些数据，满足大数据应用的实际需要，人们研究和提出了多种新型数据结构和存储结构，并称其为新型数据模型。这些新型数据模型主要有键值对（key value，KV）数据模型、文档数据模型、图数据模型、时序数据模型、时空数据模型，流数据模型、多媒体数据模型等。

需要指出的是，相比于关系模型，这些模型按照数据模型应具备的三个基本要素（数据结构、数据操纵和完整性约束）来衡量是不严格的。例如，对这些数据的完整性约束就需要进一步研究和发展。

这些新型的数据结构或数据模型将在新技术篇中介绍部分内容。

数据模型小结

以上介绍了数据模型的初步概念，在数据库系统中针对不同的应用目的和对象采用了不同的数据模型，可以按照数据建模的过程将这些模型划分为概念模型和数据模型两个层次。概念模型是按用户的观点对数据和信息建模。数据模型是按计算机系统的观点对数据建模。数据模型是对现实世界客观对象的抽象，"抽象"是十分重要的概念，希望读者初步了解数据抽象的概念和方法。

不同的数据模型实际上提供了模型化数据和信息的不同工具。它们都应尽量满足三方面要求：一是能比较真实地模拟现实世界，二是容易为人所理解，三是便于在计算机上实现。

1.3 数据库系统的三级模式结构

考察数据库系统的结构可以有多种层次或角度。从数据库管理系统角度来看，数据库系统通常采用模式、外模式和内模式三级模式结构。这是**数据库系统内部的体系结构**。

1.3.1 数据库系统中模式的概念

在数据模型中有"类型"(或称型)和"值"的概念。型是指对某一类数据的结构和属性的说明,值是型的一个具体赋值。例如,学生(学号,姓名,性别,出生日期,主修专业)表示"学生"记录类型,而(20180003,王敏,女,2001-8-1,计算机科学与技术)则是该记录类型的一个记录值。

模式(schema)也称逻辑模式,是数据库中全体数据的逻辑结构和特征的描述,它仅仅涉及型的描述,不涉及具体的值。模式的一个具体值称为模式的一个实例(instance)。同一个模式可以有很多实例。

例如,在"学生选课"数据库模式中包含"学生"记录、"课程"记录和"学生选课"记录。现有一个具体的"学生选课"数据库实例,该实例包含了2020年学校中所有学生的记录(如果某校有10 000个学生,则有10 000条学生记录)、学校开设的所有课程的记录和所有学生选课的记录。

"2019年学生选课"数据库实例与"2020年学生选课"数据库实例是不同的。实际上"2020年学生选课"数据库实例也会随时间变化,因为在该年度可能会有学生退学或转专业等情况发生。不同时刻"学生选课"数据库实例是不同的和变化的,不变的是"学生选课"数据库模式。

模式是相对稳定的,而实例是相对变动的,因为数据库中的数据是在不断更新的。**模式反映的是数据的结构及其联系,而实例反映的是数据库某一时刻的状态**。

1.3.2 数据库系统的三级模式结构

虽然实际的数据库管理系统产品种类很多,它们支持不同的数据模型,使用不同的数据库语言,建立在不同的操作系统之上,数据的存储结构也各不相同,但它们在体系结构上通常都具有相同的特征,即采用三级模式结构并提供两级映像功能。

数据库系统的三级模式结构是指数据库系统是由模式、外模式和内模式三级构成,如图1.15所示。

1. 模式

模式是所有用户的公共数据视图。它是数据库系统模式结构的中间层,不涉及数据的物理存储细节和硬件环境,且与具体的应用程序、所使用的应用开发工具及高级程序设计语言无关。

模式实际上是数据库数据在逻辑级上的视图。一个数据库对应一个模式。数据库模式以某一种数据模型为基础,综合考虑了所有用户的需求,并将这些需求有机地结合成一个逻辑整体。定义模式时不仅要定义数据的逻辑结构,例如数据记录由哪些数据项构成,数据项的名称、类型、取值范围等,而且要定义数据之间的联系,以及与数据有关的安全性、完整性要求。

数据库管理系统提供模式数据定义语言来严格地定义模式。

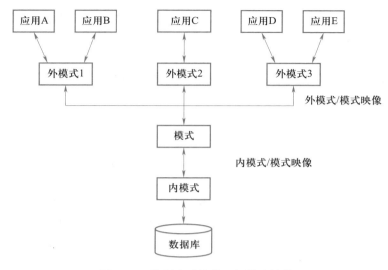

图 1.15　数据库系统的三级模式结构

2. 外模式(external schema)

外模式也称子模式(subschema)或用户模式，它是**数据库用户**(包括应用程序员和最终用户)**能够看见和使用的局部数据的逻辑结构和特征的描述**。外模式是数据库用户的数据视图，是与某一应用有关的数据的逻辑表示。

一个数据库可以有多个外模式。由于它是各个用户的数据视图，如果不同的用户在应用需求、看待数据的方式、对数据保密的要求等方面存在差异，则其外模式描述就是不同的。即使模式中的同一数据，在不同的外模式中的结构、类型、长度、保密级别等都可能不同。此外，同一外模式也可以为某一用户的多个应用系统所使用，但一个应用程序只能使用一个外模式。

外模式是保证数据库安全性的一个有力措施。每个用户只能看见和访问所对应的外模式中的数据，数据库中的其余数据是不可见的。

数据库管理系统提供外模式数据定义语言来严格地定义外模式。

3. 内模式(internal schema)

内模式也称物理模式(physical schema)或存储模式(storage schema)，一个数据库只有一个内模式。它是**对数据物理结构和存储方式的描述，是数据在数据库内部的组织方式**。例如，记录采用哪种方式存储，是堆存储还是按照某个(些)属性值的升(降)序存储，或按照属性值聚簇存储；索引采用什么方式组织，是 $B+$ 树索引还是哈希索引；数据是否压缩存储，是否加密；数据的存储记录结构有何规定，如采用定长结构或变长结构、一个记录不能跨物理页存储，等等。

1.3.3　数据库的两级映像与数据独立性

数据库系统的三级模式是数据的三个抽象级别，它把数据的具体组织留给数据库管理系统管理，使用户能逻辑、抽象地处理数据，而不必关心数据在计算机中的具体表示方式与存储方式。为了能够在系统内部实现这三个抽象层次的联系和转换，数据库管理系统在这三级模式之间提供了两级映像：外模式/模式映像和模式/内模式映像。

正是这**两级映像保证了数据库系统中的数据能够具有较强的逻辑独立性和物理独立性**。

1. 外模式/模式映像

前已提及，模式描述的是数据的全局逻辑结构，外模式描述的是数据的局部逻辑结构。对于同一个模式，可以有任意多个外模式。对于每一个外模式，数据库系统都有一个外模式/模式映像来定义该外模式与模式之间的对应关系。这些映像定义通常包含在各自外模式的描述中。

当模式改变时（如增加新的关系、新的属性，改变属性的数据类型等），由数据库管理员对各个外模式/模式的映像做相应改变，可以使外模式保持不变。应用程序是依据数据的外模式编写的，因而应用程序不必修改，保证了数据与程序的逻辑独立性，简称数据的逻辑独立性。

2. 模式/内模式映像

数据库只有一个模式，也只有一个内模式，所以模式/内模式映像是唯一的，它定义了数据全局逻辑结构与存储结构之间的对应关系。例如，说明逻辑记录和字段在内部是如何表示的。该映像定义通常包含在模式描述中。当数据库的存储结构改变时（如选用了另一种存储结构），由数据库管理员对模式/内模式映像做相应改变，可以使模式保持不变，因而应用程序也不必改变，保证了数据与程序的物理独立性，简称数据的物理独立性。

数据库系统的三级模式结构小结

在数据库的三级模式结构，其中，模式（即全局逻辑结构）是数据库的核心与关键，它独立于数据库的其他层次。因此设计数据库模式结构时应首先确定数据库的逻辑模式。

内模式依赖于数据库的全局逻辑结构，但独立于数据库的用户视图（即外模式），也独立于具体的存储设备。它将全局逻辑结构中所定义的数据结构及其联系按照一定的物理存储策略进行组织，以达到较好的时间与空间效率。

外模式面向具体的应用程序，它定义在逻辑模式之上，但独立于存储模式和存储设备。当应用需求发生较大变化，相应的外模式不能满足其视图要求时，该外模式就得做相应改动。所以设计外模式时应充分考虑到应用的扩充性。

特定的应用程序是在外模式描述的数据结构上编制的，它依赖于特定的外模式，与数据库的模式和存储结构独立。不同的应用程序有时可以共用同一个外模式。数据库的两级映像保证了数据库外模式的稳定性，从而从底层保证了应用程序的稳定性，除非应用需求本身发生变化，否则应用程序一般不需修改。数据与程序之间的独立性，使得数据的定义和描述可以从应用程序中分离出去。另外，数据的组织和存取交由数据库管理系统负责，简化了应用程序的编制，大大减少了应用程序的开发和维护成本。

1.4 数据库系统的组成

在 1.1 节中已经讲到，数据库系统是指引入数据库后的计算机系统，一般由数据库、数据库管理系统（及其应用开发工具）、应用系统和数据库管理员组成（参见图 1.1）。本节从支撑数据库系统的硬件平台、软件平台及人员三方面对数据库系统的组成进行介绍。

1. 硬件平台

数据库存放在计算机存储设备中。从数据库技术的发展来看，硬件平台中存储器与处理器技术的升级推动了数据库技术从磁盘数据库到内存数据库的技术升级。特别是随着大数据应用的日益广泛，海量存储设备与高速处理器的硬件特性成为新型数据库存储引擎和查询引擎设计的重要因素。

2. 软件平台

支撑数据库系统的软件平台主要包括操作系统、数据库管理系统、开发应用系统的高级语言及其编译系统、各种各样的应用开发工具，以及为特定应用背景开发的数据库应用系统等。它们共同为数据库系统的开发和应用提供了良好的软件生态环境。

3. 人员

开发、管理和使用数据库系统的人员主要包括数据库管理员、系统分析员和数据库设计员、应用程序员和最终用户。不同角色的人员各司其职，涉及不同的数据抽象级别，具有不同的数据视图，如图 1.16 所示。

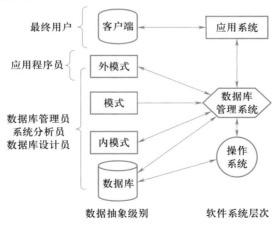

图 1.16 数据库系统各种人员的数据视图

（1）数据库管理员（DBA）

其主要职责包括：

① 设计与定义数据库。数据库管理员必须参与数据库设计的全过程，与最终用户、应用

程序员、系统分析员密切结合，设计概念模式、数据库模式以及各个应用的外模式；还要熟悉所使用的数据库管理系统产品，决定数据库的存储结构和存取策略，设计数据库的内模式。

② 帮助最终用户使用数据库系统。数据库管理员要担负起培训最终用户的责任，并负责解答最终用户日常使用数据库系统时遇到的问题。

③ 负责数据库系统的运维工作。数据库管理员负责监视数据库系统的运行情况，及时处理运行过程中出现的问题，控制不同用户访问数据库的权限，收集数据库的审计信息，保证数据库的安全性和完整性。

④ 改进和重组数据库系统，调优数据库系统的性能。数据库管理员负责监视、分析数据库系统的性能，包括空间利用率和处理效率。虽然在系统设计时已经充分考虑了性能要求，但性能的好坏只能通过实际运行结果来检验，所以数据库管理员必须对运行状况进行记录、统计和分析，并根据实际应用环境不断改进数据库设计，例如根据实际情况修改某些系统参数和环境变量值来改善系统性能。另一方面，数据库运行过程中会不断地插入、删除、修改数据，这样在一段时间后必然会影响数据的物理布局，导致系统性能下降，因此数据库管理员要定期或按一定的策略对数据库进行重组。

⑤ 转储与恢复数据库。为了减少硬件、软件或人为故障对数据库系统的破坏，数据库管理员必须定义和实施适当的后援和恢复策略。例如，周期性地转储数据、维护日志文件等。一旦系统发生故障，数据库管理员必须能够在最短时间内把数据库恢复到某一正确状态，并且尽可能不影响或少影响计算机系统其他部分的正常运行。

⑥ 重构数据库。当用户的应用需求增加或改变时，数据库管理员需要对数据库进行较大的改造，包括修改内模式或模式，即重新构造数据库。

(2) 系统分析员和数据库设计员

其主要职责为应用系统的需求分析与规范说明，进行总体设计。因此他们必须与用户及数据库管理员相结合，进行数据库各级模式的设计，确定系统的软硬件配置。

(3) 应用程序员

其主要职责为以外模式为基础开发应用系统，编制具体的应用程序。数据库的两级映像保证了他们不必考虑数据的存储细节。

(4) 最终用户

其主要职责为具体操作应用系统，通过应用系统客户端的用户界面使用数据库以完成业务活动。

*1.5 数据库系统的体系结构

根据计算机的系统结构，从数据库最终用户角度来看，数据库系统可分为集中式数据库系统、客户-服务器(浏览器/应用服务器/数据库服务器)数据库系统、并行数据库系统、分布式数据库系统和云计算环境下的数据库系统(云数据库系统)等。这是数据库系统外部的体系结构。

1. 集中式数据库系统

集中式数据库系统的数据库管理系统、数据库和应用程序都在一台计算机上。在小型机和大型机上的集中式数据库系统一般是多用户系统，即多个用户通过各自的终端运行不同的应用系统，共享数据库。微型计算机上的数据库系统一般是单用户的。

2. 客户–服务器数据库系统

在客户–服务器数据库系统中，数据库管理系统、数据库驻留在服务器上，而应用程序放置在客户机上（微型计算机或工作站），客户机和服务器通过网络进行通信。在这种结构中，客户机负责提供业务数据处理流程和应用程序界面，当要存取数据库中的数据时就向服务器发出请求，服务器接收客户机的请求后进行处理，并将客户要求的数据返回给客户机。

随着互联网技术的应用，客户–服务器两层结构已经发展为三层或多层结构。三层结构一般是指浏览器/应用服务器/数据库服务器结构。用户界面采用统一的浏览器方式，应用服务器上安装应用系统或应用模块，数据库服务器上安装数据库管理系统和数据库。两层或三层结构对数据库管理系统的功能进行了合理的分配，减轻了数据库服务器的负担，从而使服务器有更多的能力完成事务处理和数据访问控制，支持更多的用户，提高系统的性能。

3. 并行数据库系统

并行数据库系统是在并行计算机上运行的具有并行处理能力的数据库系统，是数据库技术与并行计算技术相结合的产物。并行计算机系统有共享内存型、共享磁盘型、非共享型以及混合型等。并行计算技术利用多处理机并行处理产生的规模效益来提高系统的整体性能。并行数据库系统发挥了多处理机的优势，采用并行查询处理技术和并行数据分布与管理技术，具有高性能、高可用性、高扩展性等优点。

4. 分布式数据库系统

分布式数据库系统是指数据库中的数据在逻辑上是一个整体，但物理地分布在计算机网络的不同节点上。网络中的每个节点独立处理本地数据库中的数据（称为场地自治），执行局部应用；也可以执行全局应用，即通过网络通信系统同时存取和处理多个节点上数据库的数据。

分布式数据库系统适用于企业部门分布的组织结构，可以降低费用，提高系统的可靠性和可用性，具有良好的可扩展性。

5. 云数据库系统

近年来大数据应用飞速发展，数据量激增，用户对性能的要求越来越高，并发用户数在峰值和低谷时差距明显，这使得企业自己运营和维护数据库的成本越来越高。如果按峰值配置设备，平时会造成很大的浪费，但如果按低谷值配置设备，又会出现无法应对峰值的情形。于是伴随云计算（cloud computing）技术的发展，云数据库系统应运而生。

云数据库系统把数据库部署或虚拟化在云计算环境下，通过计算机网络以服务的形式提供数据库的功能，包括数据存储、数据更新、查询处理、事务管理等。早期的云数据库主要运行在单个节点上，该节点有多处理器、大内存和大磁盘容量。现在的云数据库是运行在集群上的并行数据库系统，能够较好地进行动态伸缩、按需分配计算资源和存储资源。但是，云数据库存储的安全可信、隐私保护等问题不可忽视，亟待研究解决。

本 章 小 结

　　本章概述了数据库的基本概念，并通过对数据管理技术进展情况的介绍阐述了数据库技术产生和发展的背景，说明了数据库系统的优点。

　　数据模型是数据库系统的核心和基础。本章简要介绍了概念模型、组成数据模型的三要素（数据结构、数据操纵、完整性约束）和三种数据模型（层次模型、网状模型、关系模型）。

　　本章介绍了数据库系统的三级模式和两级映像，这样的系统架构保证了数据库系统能够具有较强的逻辑独立性和物理独立性。

　　本章还介绍了数据库系统的组成，使读者了解数据库系统不仅是一个计算机系统，而且是一个人机系统（man-machine system）。最后根据计算机的系统结构，本章简要介绍了集中式数据库系统、客户-服务器（浏览器/应用服务器/数据库服务器）数据库系统、并行数据库系统、分布式数据库系统和云数据库系统等。

习 题 1

1. 试述数据、数据库、数据库管理系统、数据库系统的概念。
2. 试述文件系统与数据库系统之间的区别和联系。
3. 分别举出适合用文件系统的应用例子，以及适合用数据库系统的应用例子。
4. 试述数据库系统的特点。
5. 数据库管理系统的主要功能有哪些？
6. 什么是概念模型？试述概念模型的作用。
7. 定义并解释概念模型中以下术语：
　　实体，实体型，实体集，实体之间的联系
8. 试述数据模型的概念、作用及其包含的三个要素。
9. 试述层次模型的概念，举出三个层次模型的实例。
10. 试述网状模型的概念，举出三个网状模型的实例。
11. 试述网状数据库、层次数据库的优缺点。
12. 试述关系模型的概念，定义并解释以下术语：
　　关系，属性，域，元组，码，分量，关系模式
13. 试述关系模型的优缺点。
14. 试述数据库系统的三级模式结构，并说明这种结构的优点是什么。
15. 试述数据与程序的物理独立性和逻辑独立性。为什么数据库系统具有较强的数据与程序的独立性？
16. 试述数据库系统的组成。

第1章实验　实验准备

实验准备主要包括关系数据库管理系统选择、实验环境配置和实验数据准备等工作。

推荐使用国产的金仓数据库管理系统，例如金仓数据库 KingbaseES。也可以使用任何一种关系数据库管理系统产品或开源数据库管理系统。

建议学生亲自安装选用的关系数据库管理系统产品，观察数据库安装过程，记录和理解安装配置参数，熟悉数据库管理系统的客户端图形管理工具。

我们在《数据库系统概论(第6版)习题解析与实验指导》(以下简称《概论辅导书》)中详细介绍了各章实验内容与实验目的，并提供有实验报告样例等，供读者上机实验参考。

参考文献1

[1] BRODIE M L, SCHMIDT J W. Final report of the ANSI/X3/SPARC DBS–SG relational database task group [J]. ACM SIGMOD Record, 1982, 12(4):1-62..

[2] Interim report：ANSI/X3/SPARC study group on data base management systems[R].FDT-ACM SIGMOD bulletin, 1975, 7(2).

文献[1][2]介绍了 ANSI/X3/SPARC 及数据库系统三级模式结构。

[3] 萨师煊, 王珊. 数据库系统概论[M]. 2 版. 北京：高等教育出版社, 1991.

文献[3]中第 2、3 章比较详细地介绍了层次数据库系统和网状数据库系统的基本概念和一般原理。

[4] BACHMAN C W, WILLIAMS S B. A general purpose programming system for random access memories[C]. Proceedings of the Fall Joint Computer Conference, AFIPS'64, 1964：411-422.

文献[4]描述的是 Charles Bachman 在第一个商业数据库管理系统的开发期间进行的网状数据模型早期研究工作。

[5] BACHMAN C W. Data structure diagrams[J]. ACM SIGMIS Database：the DATABASE for Advances in Information Systems, 1969, 1(2)：4-10.

文献[5]最早提出了用数据结构简图表示数据之间联系的思想。

[6] BACHMAN C W. The programmer as navigator[J]. CACM–Communications of the ACM, 1973, 16(11)：635-638.

Bachman 的成就使他于 1973 年荣获了 ACM 最高荣誉——图灵奖。他在图灵奖演说中把数据库看作基本资源，把程序设计者看作数据库中的领航员。

[7] BACHMAN C W. The data structure set model[C]. Proceedings of the 1974 ACM SIGMOD Workshop on Data Description, Access and Contorl：Data Structure Set Versus Relation, 1974, 2.

在 1974 年支持和反对关系模型研究的讨论中，Bachman 持反对态度。

[8] Data Base task group report to the CODASYL programming language committee[J], ACM SIGMIS Database：the DATABASE for Advances in Information Systems, 1971, 2(2).

CODASYL 的数据库任务组(DBTG)对网状数据库系统进行了系统研究，在本报告中提出了模式数据定义语言、子模式数据定义语言和嵌入 COBOL 的数据操纵语言，以后又发表了多篇报告。

本章知识点讲解微视频：

数据库发展概述

数据库的 4 个
基本概念

数据模型与数据
建模

数据库的三级
模式结构

第 2 章　　　　关 系 模 型

　　关系模型应用数学方法来处理数据库中的数据。1962 年 CODASYL 发表的"信息代数"最早提出将这类方法用于数据处理，1968 年 David Child 在 IBM 7090 机上实现了集合论数据结构，但系统、严格地提出关系模型的是 Edgar F. Codd。

　　1970 年，Edgar F. Codd 在美国计算机学会（ACM）会刊上发表了题为 *A Relational Model of Data for Large Shared Data Banks* 的论文，开创了数据库系统的新纪元。1983 年，该论文被 ACM 列为 1958 年以来的 **1/4 世纪中具有里程碑意义的 25 篇研究论文之一**。此后，Edgar F. Codd 又陆续发表了多篇论文，奠定了关系数据库的理论基础。

　　20 世纪 70 年代末，关系方法的理论研究和软件系统的研制紧密结合，均取得了丰硕的成果。例如，IBM 公司的 San Jose 实验室在 IBM 370 系列机上研制的关系数据库实验系统 System R 历时 6 年获得成功。1981 年，IBM 公司宣布具有 System R 全部特征的新的数据库软件产品 SQL/DS 问世。

　　与 System R 同期，1973 年美国加州大学伯克利分校的 Michael Stonebraker 和 Eugene Wong 研制了 INGRES 关系数据库实验系统，并由 INGRES 公司发展成为 INGRES 数据库产品。在 IN-GRES 的基础上，20 世纪 80 年代中期 PostgresSQL 系统发布并成功开放其源代码。

　　在此期间 Oracle 公司成立，1978 年发布了 Oracle 1.0，以后短短十几年中 Oracle 产品不断成熟，Oracle 公司也逐渐发展成为著名的数据库软件及服务供应商。

　　此后数据库领域又涌现出许多优秀的关系数据库产品，关系数据库系统逐渐从实验室走入社会，得到了广泛的应用和快速的发展。

本章导读

　　本章基于第一章对关系模型及其基本术语的介绍，进一步深入讲解关系模型的有关内容。

　　本章按照数据模型的三要素，介绍关系模型的数据结构及形式化定义、关系操作和关系数据语言的大致分类、关系的三类完整性约束。希望读者能牢固掌握关系模型三个组成部分的内涵，为学习 SQL 和数据库安全性与完整性打下基础。

　　本章还讲解了关系代数和关系演算。关系代数用对关系的运算来表达查询要求，关系代数表达式是关系数据库管理系统查询优化中代数优化的依据，读者应掌握关系代数表达查询的方法。关系演算是以数理逻辑中的谓词演算为基础，用谓词来表达查询要求。本章讲解了元组关系演算语言 ALPHA 和域关系演算语言 QBE，希望读者基本掌握关系演算语言的概念和使用方法，并通过习题加强练习。

2.1　关系模型的数据结构及形式化定义

本书第 1 章 1.2.6 小节非形式化地介绍了关系模型的基本概念。由于关系模型是建立在集合代数基础上的，本节从集合论角度给出关系数据结构的形式化定义，以及关系模式的形式化表示，并简要介绍关系数据库和关系模型的存储结构。

2.1.1　关系

关系模型的数据结构非常简单，只包含单一的数据结构——关系。在用户看来，关系模型中数据的逻辑结构是一张二维表。

关系模型的数据结构虽然简单却能够表达丰富的语义，描述现实世界的实体以及实体间的各种联系。也就是说，在关系模型中，现实世界的实体以及实体间的各种联系均用**单一的结构类型**，即关系来表示。

1. 域

定义 2.1　域是一组具有相同数据类型的值的集合。

例如，自然数、整数、实数、长度小于 25 B 的变长字符串集合、{0,1}、{男,女}、0～100 之间的正整数等，都可以是域。

2. 笛卡儿积

笛卡儿积(Cartesian product)是域上的一种集合运算。

**定义 2.2　**给定一组域 $D_1, D_2, \cdots, D_n$，允许其中某些域是相同的，$D_1, D_2, \cdots, D_n$ 的笛卡儿积为

$$D_1 \times D_2 \times \cdots \times D_n = \{(d_1, d_2, \cdots, d_n) \mid d_i \in D_i, i = 1, 2, \cdots, n\}$$

其中，每一个元素 $(d_1, d_2, \cdots, d_n)$ 叫作一个 **n 元组**(n-tuple)，简称**元组**。元组中的每一个值 d_i 叫作一个**分量**。

一个域允许的不同取值个数称为这个域的**基数**(cardinal number)。

若 $D_i(i=1,2,\cdots,n)$ 为有限集，其基数为 $m_i(i=1,2,\cdots,n)$，则 $D_1 \times D_2 \times \cdots \times D_n$ 的基数 M 为

$$M = \prod_{i=1}^{n} m_i$$

笛卡儿积可表示为一张二维表。表中的每一行对应一个元组，表中的每一列的值来自一个域。例如，给出三个域：

$$D_1 = 导师(\text{SUPERVISOR}) = \{张清玫, 刘逸\}$$

$$D_2 = 专业(\text{MAJOR}) = \{计算机科学与技术, 信息管理与信息系统\}$$

$$D_3 = 研究生(\text{POSTGRADUATE}) = \{李勇, 刘晨, 王敏\}$$

则 D_1、D_2、D_3 的笛卡儿积如下:

$D_1 \times D_2 \times D_3 = \{$(张清玫, 计算机科学与技术, 李勇), (张清玫, 计算机科学与技术, 刘晨),

(张清玫, 计算机科学与技术, 王敏), (张清玫, 信息管理与信息系统, 李勇),

(张清玫, 信息管理与信息系统, 刘晨), (张清玫, 信息管理与信息系统, 王敏),

(刘逸, 计算机科学与技术, 李勇), (刘逸, 计算机科学与技术, 刘晨),

(刘逸, 计算机科学与技术, 王敏), (刘逸, 信息管理与信息系统, 李勇),

(刘逸, 信息管理与信息系统, 刘晨), (刘逸, 信息管理与信息系统, 王敏)$\}$

其中,"(张清玫, 计算机科学与技术, 李勇)""(张清玫, 计算机科学与技术, 刘晨)"等都是元组,"张清玫""计算机科学与技术""李勇""刘晨"等都是元组的分量。

该笛卡儿积的基数为 $2 \times 2 \times 3 = 12$。也就是说,$D_1 \times D_2 \times D_3$ 共有 $2 \times 2 \times 3 = 12$ 个元组。这 12 个元组可列成一张二维表,如表 2.1 所示。

表 2.1　笛卡儿积示例

导师 SUPERVISOR	专业 MAJOR	研究生 POSTGRADUATE
张清玫	计算机科学与技术	李勇
张清玫	计算机科学与技术	刘晨
张清玫	计算机科学与技术	王敏
张清玫	信息管理与信息系统	李勇
张清玫	信息管理与信息系统	刘晨
张清玫	信息管理与信息系统	王敏
刘逸	计算机科学与技术	李勇
刘逸	计算机科学与技术	刘晨
刘逸	计算机科学与技术	王敏
刘逸	信息管理与信息系统	李勇
刘逸	信息管理与信息系统	刘晨
刘逸	信息管理与信息系统	王敏

3. 关系

一般来说,在关系模型中 $D_1, D_2, \cdots, D_n$ 的笛卡儿积是没有实际语义的,只有它的某个真子集才有实际含义。

例如，可以发现表 2.1 的笛卡儿积中许多元组是没有意义的。因为在学校中一个专业方向有多个导师，而一个导师只在一个专业方向带研究生；一个导师可以带多个研究生，而一个研究生只有一个导师，学习某一个专业。因此，表 2.1 中的一个子集才是有意义的，可以表示导师与研究生的关系。把该关系取名为 SMP，如表 2.2 所示，李勇和刘晨是计算机科学与技术专业张清玫老师的研究生，王敏是信息管理与信息系统专业刘逸老师的研究生。

表 2.2　导师–研究生关系 SMP

导师 SUPERVISOR	专业 MAJOR	研究生 POSTGRADUATE
张清玫	计算机科学与技术	李勇
张清玫	计算机科学与技术	刘晨
刘逸	信息管理与信息系统	王敏

关系 SMP 包含的属性为 SUPERVISOR、MAJOR 和 POSTGRADUATE，则其关系模式可以表示为

SMP(SUPERVISOR,MAJOR,POSTGRADUATE)

下面给出关系及关系模式的形式化定义和相关概念。

定义 2.3　给定一组域 $D_1,D_2,\cdots,D_n$，允许其中某些域是相同的，$D_1,D_2,\cdots,D_n$ 的笛卡儿积 $D_1\times D_2\times\cdots\times D_n$ 的子集称为这组域上的**关系**，表示为

$$R(D_1,D_2,\cdots,D_n)$$

这里 R 表示关系名，n 是关系的**目**或**度**(degree)。

当 $n=1$ 时，称该关系为**一元关系**(unary relation)或单元关系、单目关系。

当 $n=2$ 时，称该关系为**二元关系**(binary relation)或二目关系。

关系中的每个元素是关系中的元组，通常用 t 表示。

关系是笛卡儿积的有限子集，所以关系是一张二维表，表的每一行对应一个元组，表的每一列对应一个域。由于域可以相同，为了加以区分，必须对每一列起一个名字，称为属性。n 目关系必有 n 个属性。

例如，SMP(SUPERVISOR,MAJOR,POSTGRADUATE)有三个属性，是一个三目关系。

(张清玫,计算机科学与技术,李勇)、(张清玫,计算机科学与技术,刘晨)和(刘逸,信息管理与信息系统,王敏)是 SMP 关系的三个元组。

关系可以有三种类型：基本关系(通常又称为基本表或基表)、查询结果和视图。其中，基本关系是实际存在的表，它是实际存储数据的逻辑表示；查询结果是查询执行产生的结果对应的临时表；视图是由基本表或其他视图导出的虚表，不存储实际数据。

按照定义 2.2，关系可以是一个无限集合。例如，某个域是整数，而整数是个无限集合。此外，在数学上组成笛卡儿积的域不满足交换律，所以按照数学定义，$(d_1,d_2,\cdots,d_n)\neq(d_2,$

$d_1, \cdots, d_n$）。因此，**当关系作为数据模型的数据结构时，需要给予如下的限定和扩充**。

① 无限关系在数据库系统中是无意义的。因此，限定**关系模型中的关系必须是有限集合**。

② 通过为关系的每个列附加一个属性名的方法取消关系属性的有序性，使得列的次序可以任意交换：

$$(d_1, d_2, \cdots, d_i, d_j, \cdots, d_n) = (d_1, d_2, \cdots, d_j, d_i, \cdots, d_n) \quad (i, j = 1, 2, \cdots, n)$$

因此，**基本关系具有以下 6 条性质**。

① 列是同质的（homogeneous），即每一列中的分量是同一类型的数据，来自同一个域。

② 不同的列可出自同一个域，称其中的每一列为一个属性，不同的属性要给予不同的属性名。例如，在上面的例子中，也可以只给出两个域：

$$人（PERSON）= \{张清玫, 刘逸, 李勇, 刘晨, 王敏\}$$
$$专业（MAJOR）= \{计算机科学与技术, 信息管理与信息系统\}$$

SMP 关系的导师属性和研究生属性都是从 PERSON 域中取值。为了避免混淆，必须给这两个属性取不同的属性名，而不能直接使用域名。因此，定义导师属性名为 SUPERVISOR，研究生属性名为 POSTGRADUATE。

③ 列的顺序无所谓，即列的次序可以任意交换。由于列顺序是无关紧要的，因此在许多实际的关系数据库产品中增加新属性时，永远是将其插至最后一列。

④ 任意两个元组的码不能取相同的值。

⑤ 行的顺序无所谓，即行的次序可以任意交换。

⑥ 分量必须取原子值，即每一个分量都必须是不可分的数据项。

关系模型要求关系必须满足一定的规范条件，其中最基本的一条就是元组的每一个分量必须是一个不可分的数据项。仍以导师-研究生关系为例，表 2.3 虽然很好地表达了两者之间的一对多联系，即一个导师可以指导多个研究生，但是由于属性"POSTGRADUATE"中分量取了两个值"PG1""PG2"，不符合规范化的要求，因此这样的关系在关系数据库中是不允许的。直观地描述，表 2.3 中还有一个小表，不符合规范化的条件。

表 2.3　非规范化关系

SUPERVISOR	MAJOR	POSTGRADUATE	
		PG1	PG2
张清玫	计算机科学与技术	李勇	刘晨
刘逸	信息管理与信息系统	王敏	

小表

规范化的关系简称为范式（normal form，NF），将在第 6 章关系数据理论中做进一步讲解。

2.1.2　关系模式

第 1 章 1.3.1 小节已经简单介绍了数据库系统中模式的概念。强调了在数据库中要区分数据模型的型和值。在关系模型中，关系是元组的集合，关系是值；关系模式是对关系的描述，关系模式是型。

那么关系模式需要描述关系的哪些方面呢？

首先，关系模式必须描述关系元组集合的结构，即它由哪些属性构成，这些属性来自哪些域，以及属性与域之间的映像关系。

其次，关系模式要描述关系的完整性约束。现实世界随着时间在不断地变化，因而在不同的时刻关系模式所描述的关系也会不断变化。例如，在"学生"关系中，2020 年某校的在校生与 2019 年就不同。但是，现实世界的许多已有事实和规则限定了关系模式所有可能的关系必须满足一定的完整性约束条件。这些约束条件或者通过对属性取值范围进行限定来描述，或者通过属性与属性之间的相互关联和相互约束反映出来。

定义 2.4   关系的描述称为**关系模式**(relation schema)。它可以形式化地表示为

$$R(U,D,\text{DOM},F)$$

其中 R 为关系名，U 为组成该关系的属性的属性名集合，D 为 U 中属性所来自的域，DOM 为属性向域的映像集合，F 为属性间数据依赖关系的集合。

属性间的数据依赖将在第 6 章讨论，本章中关系模式仅涉及关系名、属性名、域名、属性向域的映像 4 部分，即 $R(U,D,\text{DOM})$。

例如，在上面例子中，由于导师和研究生出自同一个域——人：

$$\text{DOM}(\text{SUPERVISOR}) = \text{DOM}(\text{POSTGRADUATE}) = \text{PERSON}$$

所以要取不同的属性名，并在模式中定义属性向域的映像，即说明它们分别出自哪个域。

关系模式通常简记为

$$R(U)$$

或

$$R(A_1, A_2, \cdots, A_n)$$

其中 R 为关系名，$A_1, A_2, \cdots, A_n$ 为属性名；而域名及属性向域的映像则常**直接说明为属性的类型、长度**。

若关系模式中的某一个属性或一组属性的值能唯一地标识一个元组，而它的真子集不能唯一地标识一个元组，则称该属性或属性组为**候选码**(candidate key)。

若一个关系有多个候选码，则选定其中一个为**主码**(primary key)，或称主键。

例如，在导师-研究生关系 SMP(SUPERVISOR, MAJOR, POSTGRADUATE)中，假设研究生不会重名(这在实际生活中可能做不到，这里只是为了举例方便)，则 POSTGRADUATE 属性的每一个值都唯一地标识了一个元组，因此可以作为 SMP 关系的主码，用在其名称下加下划线表示。

候选码的诸属性称为**主属性**(prime attribute)。不包含在任何候选码中的属性称为**非主属性**(non prime attribute)或**非码属性**(non-key attribute)。

在最简单的情况下，候选码只包含一个属性。在最极端的情况下，关系模式的所有属性是这个关系模式的候选码，称为**全码**(all-key)。

关系是关系模式在某一时刻的状态或内容。关系模式是静态的、稳定的，而关系是动态的、随时间不断变化的，这是因为关系操作在不断地更新着数据库中的数据。例如，"学生"关系模式在不同的学年是相同的，而"学生"关系是不同的。在实际工作中，**人们常常把关系模式和关系都笼统地称为关系，这可以根据上下文加以区别，希望读者注意。**

2.1.3 关系数据库

支持关系模型的数据库系统称为关系数据库系统。在关系模型中，实体以及实体间的联系都是用关系来表示的。例如，"学生"实体、"课程"实体、学生与课程之间选修课程的多对多联系都可以分别用一个关系模式来描述。

"学生"关系模式：Student(Sno , Sname , Ssex , Sbirthdate , Smajor)，包括学号、姓名、性别、出生日期和主修专业等属性。

"课程"关系模式：Course(Cno , Cname , Ccredit , Cpno)，包括课程号、课程名、学分、先修课(直接先修课)等属性。

"学生选课"关系模式：SC(Sno , Cno , Grade , Semester , Teachingclass)，包括学号、课程号、成绩、开课学期、教学班等属性。

在一个关系数据库中，某一时刻所有关系模式对应的关系的集合构成一个关系数据库。例如图 2.1 就是一个"学生选课"数据库示例，该数据库包含 3 个关系。

关系数据库也有类型和值之分。关系数据库的类型就是关系数据库中所有关系模式的集合，是对关系数据库的描述，通常称为**关系数据库模式**。关系数据库的值是这些关系模式在某一时刻对应的关系的集合，通常称为**关系数据库**。

2.1.4 关系模型的存储结构

关系模型是关系数据的逻辑结构，用关系数据定义语言描述，例如第 3 章将介绍的关系数据库标准语言 SQL。

支持关系模型的关系数据库管理系统(relational database management system，RDBMS)将以一定的组织方式存储和管理数据，即设计和实现关系模型的存储结构，这是关系数据库管理系统的重要职责之一。

例如，有的关系数据库管理系统中一个表对应一个操作系统文件，将物理数据组织的许多任务交给操作系统完成；有的关系数据库管理系统则从操作系统那里申请若干个大的文件，自己划分文件空间，组织表、索引等存储结构并进行存储管理。

本书第 9 章将专门讲解关系数据库存储管理，重点介绍基于磁盘的数据库的组织与存储。

Student

学号 Sno	姓名 Sname	性别 Ssex	出生日期 Sbirthdate	主修专业 Smajor
20180001	李勇	男	2000-3-8	信息安全
20180002	刘晨	女	1999-9-1	计算机科学与技术
20180003	王敏	女	2001-8-1	计算机科学与技术
20180004	张立	男	2000-1-8	计算机科学与技术
20180005	陈新奇	男	2001-11-1	信息管理与信息系统
20180006	赵明	男	2000-6-12	数据科学与大数据技术
20180007	王佳佳	女	2001-12-7	数据科学与大数据技术

(a)

Course

课程号 Cno	课程名 Cname	学分 Ccredit	先修课 Cpno
81001	程序设计基础与C语言	4	
81002	数据结构	4	81001
81003	数据库系统概论	4	81002
81004	信息系统概论	4	81003
81005	操作系统	4	81001
81006	Python语言	3	81002
81007	离散数学	4	
81008	大数据技术概论	4	81003

(b)

SC

学号 Sno	课程号 Cno	成绩 Grade	开课学期 Semester	教学班 Teachingclass
20180001	81001	85	20192	81001-01
20180001	81002	96	20201	81002-01
20180001	81003	87	20202	81003-01
20180002	81001	80	20192	81001-02
20180002	81002	98	20201	81002-01
20180002	81003	71	20202	81003-02
20180003	81001	81	20192	81001-01
20180003	81002	76	20201	81002-02
20180004	81001	56	20192	81001-02
20180004	81002	97	20201	81002-02
20180005	81003	68	20202	81003-01

(c)

图 2.1 "学生选课"数据库示例

2.2 关系操作

　　关系模型给出了关系操作能力的说明,但不对关系数据库管理系统语言做具体的语法要求,也就是说不同的关系数据库管理系统可以定义和开发不同的语言来实现关系操作。

2.2.1　基本的关系操作

关系模型中常用的关系操作包括查询(query)操作和更新操作两大部分,而更新操作又可分为插入(insert)、删除(delete)、修改(update)等操作。

关系的查询表达能力很强,因此查询操作是关系操作中最主要的部分。查询操作又可进一步分为选择(select)、投影(project)、连接(join)、除(divide)、并(union)、差(difference)、交(intersection)、笛卡儿积等操作。其中**选择、投影、并、差、笛卡儿积是 5 种基本操作,**其他操作可以用基本操作来定义和导出,就像乘法可以用加法来定义和导出一样。

关系操作的特点是集合操作方式,即操作的对象和结果都是集合。这种操作方式也称为成组数据处理(set-at-a-time processing),即一次一个集合的操作方式。相应地,层次模型和网状模型的数据操作方式则为一次一个记录(record-at-a-time)的方式。这里强调一下,关系操作的所有输入和输出均是关系,包括关系操作的中间结果也是关系。

2.2.2　关系数据语言的分类

早期的关系操作能力通常用代数方式或逻辑方式来表示,分别称为关系代数(relational algebra)和关系演算(relational calculus)。关系代数用对关系的运算来表达查询要求,关系演算则用谓词来表达查询要求。关系演算又可按谓词变元的基本对象是元组变量还是域变量分为元组关系演算和域关系演算。一个关系数据语言能够表示关系代数可以表示的查询,称为具有完备的表达能力,简称**关系完备性**。已经证明关系代数、元组关系演算和域关系演算三种关系数据语言在表达能力上是等价的,都具有完备的表达能力。

关系代数、元组关系演算和域关系演算均是抽象的查询语言,这些抽象的语言与具体的关系数据库管理系统中实现的实际语言并不完全一样。但它们能用作评估实际系统中查询语言能力的标准或基础。实际的查询语言除了提供关系代数或关系演算的功能外,还提供了许多附加功能,例如聚集函数(aggregation function)、关系赋值、算术运算等,使得目前实际数据库系统中查询语言的功能十分强大。

此外,还有一种结构化查询语言(structured query language,SQL)。SQL 不仅具有丰富的查询功能,而且具有数据定义和数据控制功能,是集数据查询语言(data query language,DQL)、数据定义语言(DDL)、数据操纵语言(DML)和数据控制语言(data control language,DCL)于一体的关系数据语言。它充分体现了关系数据语言的特点和优点,自 20 世纪 80 年代起成为关系数据库的标准语言。

综合来看,关系数据语言可以分为以下几类:

关系数据语言
- 关系代数(如 ISBL)
- 关系演算
  - 元组关系演算语言(如 ALPHA、QUEL)
  - 域关系演算语言(如 QBE)
- 结构化查询语言(SQL),具有关系代数和关系演算双重特点特别地，SQL 是一种高度非过程化的语言，用户不必请求数据库管理员为其建立特殊的存取路径，存取路径的选择由关系数据库管理系统的优化机制来完成。例如，在一个存储有千百万条记录的关系中查找符合条件的某一条记录或某一些记录，从原理上讲可以有多种查找方法。例如，可以顺序扫描这个关系，也可以通过某一种索引来查找。不同的查找路径(也称为存取路径)的效率是不同的，有的完成某一个查询可能很快，有的可能极慢。关系数据库管理系统研究和开发了查询优化方法，系统可以自动选择较优的存取路径，以提高查询效率。

2.3   关系的完整性

关系模型的完整性约束是对关系的某种约束条件。也就是说关系的值随着时间变化时应该满足一些约束条件，这些约束条件实际上是现实世界的要求。任何关系在任何时刻都要满足这些语义约束。

关系模型中有三类完整性约束：**实体完整性**(entity integrity)、**参照完整性**(referential integrity)**和用户定义的完整性**(user-defined integrity)。其中实体完整性和参照完整性是关系模型必须满足的完整性约束，被称作是**关系的两个不变性**，应该由关系系统自动支持。用户定义的完整性是应用领域需要遵循的约束条件，体现了具体领域中的语义约束。

2.3.1   实体完整性

关系数据库中每个元组应该是可区分的，是唯一的。这样的约束条件用实体完整性来保证。

规则 2.1   实体完整性约束   若属性(指一个或一组属性)A 是基本关系 R 的主属性，则 A 不能取空值(null value)。所谓空值就是"不知道"或"不存在"或"无意义"的值。有关空值的处理将在第 3 章 3.5 节空值的处理中详细讲解。

例如，学生(<u>学号</u>,姓名,性别,出生日期,主修专业)关系中"学号"为主码并用下划线标识，则学号取值唯一，且不能取空值。

按照实体完整性约束的规定，如果主码由若干属性组成，则所有这些属性都不能取空值。例如，学生选课(<u>学号,课程号</u>,成绩,开课学期,教学班)关系中，"学号,课程号"为主码，则"学号"和"课程号"两个属性都不能取空值。

对于实体完整性约束说明如下：

① 实体完整性约束是针对基本关系而言的。一个基本表通常对应现实世界的一个实体集。例如，"学生"关系对应学生的集合。

② 现实世界中的实体是可区分的，即它们具有某种唯一性标识。例如，每个学生都是独立的个体，是不一样的。

③ 相应地，关系模型中以主码作为唯一性标识。

④ 主码中的属性不能取空值，如果取了空值，就说明存在某个不可标识的实体，即存在

不可区分的实体，这与②相矛盾。因此这个规则称为实体完整性。

2.3.2 参照完整性

现实世界中的实体之间往往存在某种联系，在关系模型中实体及实体间的联系都是用关系来描述的，这样就自然存在着关系与关系间的引用。下面先来看三个示例。

[**例 2.1**]"学生"实体和"专业"实体可以用下面的关系模式来表示。其中，"专业"实体有 2 个候选码"专业编号"和"专业名"，可以选其中一个为主码，即"专业名"。

> 学生(<u>学号</u>,姓名,性别,出生日期,主修专业)
> 专业(<u>专业名</u>,专业编号)   /＊专业名、专业编号都是候选码,取专业名为主码＊/

这两个关系之间存在着属性的引用，即"学生"关系引用了"专业"关系的主码"专业名"。显然，学生关系中的"主修专业"值必须是确实存在的专业名，即"专业"关系中有该专业的记录。也就是说，"学生"关系中"主修专业"属性的取值需要参照"专业"关系中"专业名"属性的取值。

[**例 2.2**]"学生""课程"关系以及两者之间的多对多联系可以用如下三个关系模式表示。

> 学生(<u>学号</u>,姓名,性别,出生日期,主修专业)
> 课程(<u>课程号</u>,课程名,学分,先修课)
> 学生选课(<u>学号</u>,<u>课程号</u>,成绩,开课学期,教学班)

这三个关系模式之间也存在着属性之间的引用，即"学生选课"关系引用了"学生"关系的主码"学号"和"课程"关系的主码"课程号"。同样，"学生选课"关系中的"学号"值必须是确实存在的学生的学号，即"学生"关系中有该学生的记录；"学生选课"关系中的"课程号"值也必须是确实存在的课程的编号，即"课程"关系中有该课程的记录。换句话说，"学生选课"关系中某些属性的取值需要参照其他关系的属性取值。

不仅两个或两个以上的关系间可能存在引用关系，同一关系的内部属性间也可能存在引用关系。

[**例 2.3**]在课程(<u>课程号</u>,课程名,学分,先修课)关系中，"课程号"属性是主码，"先修课"属性表示选修该门课程之前需要完成先修课程的课程号。它引用了本关系的"课程号"属性，即"课程号"必须是确实存在的课程的编号。

这三个例子说明关系与关系之间、同一关系内部属性之间存在相互引用、相互约束的情况。下面先引入外码的概念，然后给出表达关系之间相互引用约束的参照完整性的定义。

定义 2.5　设 F 是基本关系 R 的一个或一组属性，但不是关系 R 的码，K_S 是基本关系 S 的主码。如果 F 与 K_S 相对应，则称 F 是 R 的**外码**(foreign key)，并称基本关系 R 为**参照关系**(referencing relation)，基本关系 S 为**被参照关系**(referenced relation)或目标关系(target relation)。关系 R 和 S 不一定是不同的关系。如图 2.2 所示。

显然，目标关系 S 的主码 K_S 和参照关系 R 的外码 F 必须定义在同一个(或同一组)域上。

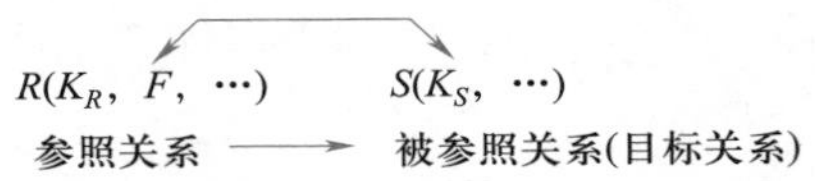

$$R(K_R, \; F, \; \cdots) \qquad S(K_S, \; \cdots)$$

参照关系 $\longrightarrow$ 被参照关系(目标关系)

图 2.2　参照关系与被参照关系示意图

　　在例 2.1 中，"学生"关系的"主修专业"属性与"专业"关系的主码"专业名"相对应，因此"主修专业"属性是"学生"关系的外码。这里"专业"关系是被参照关系，**"学生"关系为参照关系**。如图 2.3(a)所示。

　　在例 2.2 中，"学生选课"关系的"学号"属性与"学生"关系的主码"学号"相对应，"学生选课"关系的"课程号"属性与"课程"关系的主码"课程号"相对应，因此"学号"和"课程号"是"学生选课"关系的外码。这里"学生"关系和"课程"关系均为被参照关系，**"学生选课"关系为参照关系**。如图 2.3(b)所示。

　　在例 2.3"课程"关系中，"先修课"属性与本身的主码"课程号"属性相对应，因此"先修课"是外码。这里，"课程"关系既是参照关系也是被参照关系。如图 2.3(c)所示。

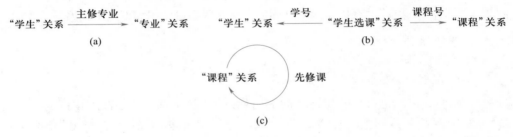

图 2.3　关系的参照图

　　需要指出的是，外码并不一定要与相应的主码同名，如例 2.1 中"专业"关系的主码为"专业名"，外码为"主修专业"；例 2.3 中"课程"关系的主码为"课程号"，外码为"先修课"。

　　在实际应用中为了便于识别，当外码与相应的主码属于不同关系时，往往给它们取相同的名字，例如"学生选课"关系中的外码"课程号"与"课程"关系中的主码取相同属性名。

　　参照完整性约束就是定义外码与主码之间的引用规则。

　　规则 2.2　参照完整性约束　若属性(或属性组) F 是基本关系 R 的外码，它与基本关系 S 的主码 K_S 相对应(基本关系 R 和 S 不一定是不同的关系)，则对于 R 中每个元组在 F 上的值必须：

　　① 或者取空值(F 的每个属性值均为空值)。

　　② 或者等于 S 中某个元组的主码值。

　　例如，对于例 2.1，"学生"关系中每个元组的"主修专业"属性只能取下面两类值：

　　① 空值，表示该学生尚未选择主修专业。

　　② 非空值，这时该值必须是"专业"关系中某个元组的"专业名"值，表示该学生不可能选

一个不存在的专业。即被参照关系"专业"中一定存在一个元组，它的主码值等于该参照关系"学生"中的外码值。

对于例 2.2，按照参照完整性约束，"学号"和"课程号"属性也可以取两类值：空值或目标关系中已经存在的值。但由于这两个属性是"学生选课"关系中的主属性，按照实体完整性约束，它们均不能取空值，所以"学生选课"关系中的"学号"和"课程号"属性实际上只能取相应被参照关系中已经存在的主码值。

在参照完整性约束中，R 与 S 可以是同一个关系。

例如对于例 2.3，按照参照完整性约束，"先修课"属性值可以取两类值：

① 空值，表示该门课程不存在先修课。

② 非空值，这时该值必须是本关系中某个元组的课程号。

2.3.3　用户定义的完整性

任何关系数据库系统都应该支持实体完整性和参照完整性，这是关系模型所要求的。除此之外，不同的关系数据库根据其应用场景不同，往往还需要一些特殊的约束条件。用户定义的完整性就是针对某一具体关系数据库的约束条件，它反映某一具体应用所涉及的数据必须满足的语义要求。例如，某个属性必须取唯一值，某个非主属性不能取空值等。例如，在例 2.1 的"学生"关系中，若要求学生必须有姓名，则可以定义"姓名"属性不能取空值；"学生选课"关系中"成绩"的取值范围可以定义为 0~100 等。

关系模型应提供定义和检验这类完整性约束的机制，以便用统一的系统的方法处理它们，而不需要由应用程序承担这一功能。

2.4　关系代数

关系代数是一种抽象的查询语言，它用对关系的运算来表达查询。

任何一种运算都是将一定的运算符作用于一定的运算对象上，得到预期的运算结果。所以运算对象、运算符、运算结果是运算的三大要素。

关系代数的运算对象是关系，运算结果亦为关系。关系代数用到的运算符包括两类：集合运算符和专门的关系运算符，如表 2.4 所示。

按运算符的不同，关系代数的运算可分为传统的集合运算和专门的关系运算两类。其中，传统的集合运算将关系看成元组的集合，其运算是从关系的"水平"方向，即行的角度来进行；专门的关系运算不仅涉及行，而且涉及列。比较运

表 2.4　关系代数运算符

运算符		含义
集合运算符	∪	并
	−	差
	∩	交
	×	笛卡儿积
专门的关系运算符	σ	选择
	∏	投影
	⋈	连接
	÷	除

算符和逻辑运算符用于辅助专门的关系运算符进行操作。

2.4.1 传统的集合运算

传统的集合运算是二目运算，包括并、差、交、笛卡儿积 4 种运算。

设关系 R 和关系 S 具有相同的目 n（即两个关系都有 n 个属性），且相应的属性取自同一个域，t 是元组变量（$t \in R$，表示 t 是 R 的一个元组）。

可以定义并、差、交、笛卡儿积运算如下。

1. 并

关系 R 与关系 S 的并记作

$$R \cup S = \{t | t \in R \lor t \in S\}$$

其结果仍为 n 目关系，由属于 R 或属于 S 的元组组成。

2. 差

关系 R 与关系 S 的差记作

$$R - S = \{t | t \in R \land t \notin S\}$$

其结果关系仍为 n 目关系，由属于 R 而不属于 S 的所有元组组成。

3. 交

关系 R 与关系 S 的交记作

$$R \cap S = \{t | t \in R \land t \in S\}$$

其结果关系仍为 n 目关系，由既属于 R 又属于 S 的元组组成。关系的交可以用差来表示，即 $R \cap S = R - (R - S)$。

4. 笛卡儿积

这里的笛卡儿积严格地讲应该是广义笛卡儿积，因为这里笛卡儿积的元素是元组。

两个分别为 n 目和 m 目的关系 R 和 S，其笛卡儿积是一个 $n+m$ 列的元组的集合。元组的前 n 列是关系 R 的一个元组，后 m 列是关系 S 的一个元组。若 R 有 k_1 个元组，S 有 k_2 个元组，则关系 R 和关系 S 的笛卡儿积有 $k_1 \times k_2$ 个元组。记作

$$R \times S = \{\widehat{t_r t_s} | t_r \in R \land t_s \in S\}$$

图 2.4 为关系 R、S 以及两者之间的传统集合运算示例。

2.4.2 专门的关系运算

专门的关系运算包括选择、投影、连接、除等运算。为了叙述上的方便，这里先引入几个记号。

① 设关系模式为 $R(A_1, A_2, \cdots, A_n)$，它的一个关系设为 R。$t \in R$，表示 t 是 R 的一个元组。$T[A_i]$ 则表示元组 t 中相应于属性 A_i 的一个分量。

② 若 $A = \{A_{i1}, A_{i2}, \cdots, A_{ik}\}$，其中 $A_{i1}, A_{i2}, \cdots, A_{ik}$ 是 $A_1, A_2, \cdots, A_n$ 的一部分，则称 A 为属性列或属性组。$T[A] = (T[A_{i1}], T[A_{i2}], \cdots, T[A_{ik}])$ 表示元组 t 在属性列 A 上诸分量的集合，$\overline{A}$ 则

R

A	B	C
a_1	b_1	c_1
a_1	b_2	c_2
a_2	b_2	c_1

(a)

S

A	B	C
a_1	b_2	c_2
a_1	b_3	c_2
a_2	b_2	c_1

(b)

$R \cup S$

A	B	C
a_1	b_1	c_1
a_1	b_2	c_2
a_2	b_2	c_1
a_1	b_3	c_2

(c)

$R \cap S$

A	B	C
a_1	b_2	c_2
a_2	b_2	c_1

(d)

$R \times S$

R.A	R.B	R.C	S.A	S.B	S.C
a_1	b_1	c_1	a_1	b_2	c_2
a_1	b_1	c_1	a_1	b_3	c_2
a_1	b_1	c_1	a_2	b_2	c_1
a_1	b_2	c_2	a_1	b_2	c_2
a_1	b_2	c_2	a_1	b_3	c_2
a_1	b_2	c_2	a_2	b_2	c_1
a_2	b_2	c_1	a_1	b_2	c_2
a_2	b_2	c_1	a_1	b_3	c_2
a_2	b_2	c_1	a_2	b_2	c_1

$R - S$

A	B	C
a_1	b_1	c_1

(e)

(f)

图 2.4　关系 R、S 以及两者之间的传统集合运算举例

表示 $\{A_1, A_2, \cdots, A_n\}$ 中去掉 $\{A_{i1}, A_{i2}, \cdots, A_{ik}\}$ 后剩余的属性列。

③ R 为 n 目关系，S 为 m 目关系。$t_r \in R$，$t_s \in S$，$\widehat{t_r t_s}$ 称为元组的连接（concatenation）或元组的串接。它是一个 $n+m$ 列的元组，前 n 个分量为 R 中的一个 n 元组，后 m 个分量为 S 中的一个 m 元组。

④ 给定一个关系 $R(X, Z)$，X 和 Z 为属性列。当 $t[X] = x$ 时，**x 在 R 中的象集**（images set）定义为

$$Z_x = \{t[Z] \mid t \in R, t[X] = x\}$$

它表示 R 中属性列 X 上值为 x 的诸元组在 Z 上分量的集合。

例如，图 2.5 中，

$$x_1 \text{在} R \text{中的象集} Z_{x1} = \{Z_1, Z_2, Z_3\}$$
$$x_2 \text{在} R \text{中的象集} Z_{x2} = \{Z_2, Z_3\}$$
$$x_3 \text{在} R \text{中的象集} Z_{x3} = \{Z_1, Z_3\}$$

R

x_1	Z_1
x_1	Z_2
x_1	Z_3
x_2	Z_2
x_2	Z_3
x_3	Z_1
x_3	Z_3

图 2.5　象集举例

下面给出这些专门的关系运算的定义。

1. 选择(selection)

选择又称为限制(restriction)。它是在关系 R 中选择满足给定条件的诸元组,记作

$$\sigma_F(R) = \{t \mid t \in R \wedge F(t) = '真'\}$$

其中 F 表示选择条件,它是一个逻辑表达式,取逻辑值"真"或"假"。

逻辑表达式 F 的基本形式为

$$X_1 \theta Y_1$$

其中 θ 表示比较运算符,它可以是>,$\geqslant$,<,$\leqslant$,=或<>。X_1,Y_1 是属性名,或为常量,或为简单函数;属性名也可以用其序号来代替。在基本的选择条件上可以进一步进行逻辑运算,即进行求非($\neg$)、与($\wedge$)、或($\vee$)运算。条件表达式中的运算符如表 2.5 所示。

表 2.5　条件表达式中的运算符

运算符		含义
比较运算符	>	大于
	$\geqslant$	大于或等于
	<	小于
	$\leqslant$	小于或等于
	=	等于
	<>	不等于
逻辑运算符	$\neg$	非
	$\wedge$	与
	$\vee$	或

选择运算实际上是从关系 R 中选取使逻辑表达式 F 为真的元组。这是从行的角度进行的运算。下面对 2.1.3 小节中图 2.1 的"学生选课"数据库中关系 Student、Course 和 SC 进行运算。

[**例 2.4**]查询信息安全专业的全体学生。

$$\sigma_{\text{Smajor}='信息安全'}(\text{Student})$$

结果如图 2.6(a)所示。

[**例 2.5**]查询 2001 年之后(包含 2001 年)出生的学生。

$$\sigma_{\text{Sbirthdate}>=2001-1-1}(\text{Student})$$

结果如图 2.6(b)所示。

2. 投影(projection)

关系 R 上的投影是从 R 中选择若干属性列组成新的关系。记作

$$\prod_A(R) = \{t[A] \mid t \in R\}$$

其中 A 为 R 中的属性列。

投影操作是从列的角度进行的运算。

Sno	Sname	Ssex	Sbirthdate	Smajor
20180001	李勇	男	2000-3-8	信息安全

(a) 查询信息安全专业的全体学生

Sno	Sname	Ssex	Sbirthdate	Smajor
20180003	王敏	女	2001-8-1	计算机科学与技术
20180005	陈新奇	男	2001-11-1	信息管理与信息系统
20180007	王佳佳	女	2001-12-7	数据科学与大数据技术

(b) 查询2001年之后（包含2001年）出生的学生

图 2.6　选择运算示例

[例 2.6] 查询学生的学号和主修专业，即求关系 Student 在"学号"和"主修专业"两个属性上的投影。

$$\prod_{\text{Sno, Smajor}}(\text{Student})$$

结果如图 2.7(a) 所示。

投影不仅取消了原关系中的某些属性列，还可能取消某些元组，因为取消了某些属性列后就可能出现重复行，应取消这些完全相同的行。

[例 2.7] 查询关系 Student 中的学生都主修了哪些专业，即查询关系 Student 在"主修专业"属性上的投影。

$$\prod_{\text{Smajor}}(\text{Student})$$

结果如图 2.7(b) 所示。关系 Student 原来有 7 个元组，而投影结果取消了重复的元组，因此最终结果只有 4 个元组。

学号 Sno	专业 Smajor
20180001	信息安全
20180002	计算机科学与技术
20180003	计算机科学与技术
20180004	计算机科学与技术
20180005	信息管理与信息系统
20180006	数据科学与大数据技术
20180007	数据科学与大数据技术

(a) 查询学生的学号和主修专业

专业 Smajor
信息安全
计算机科学与技术
信息管理与信息系统
数据科学与大数据技术

(b) 查询学生主修的专业

图 2.7　投影运算示例

3. 连接(join)

连接也称为 θ 连接，指从两个关系的笛卡儿积中选取其属性间满足一定条件的元组。记作

$$R \underset{A\theta B}{\bowtie} S = \{ \widehat{t_r t_s} \mid t_r \in R \land t_s \in S \land t_r[A] \theta t_s[B] \}$$

其中，A 和 B 分别为关系 R 和 S 上列数相等且可比的属性列，θ 是比较运算符。具体来说，连接运算是从笛卡儿积 $R \times S$ 中选取关系 R 在属性列 A 上的值与关系 S 在属性列 B 上的值满足比较关系 θ 的元组。

连接运算中有两种最为重要也最为常用的连接，一种是等值连接（equijoin），另一种是自然连接（natural join）。

θ 为"＝"的连接运算称为等值连接。它是从关系 R 与 S 的广义笛卡儿积中选取 A、B 属性值相等的那些元组，即

$$R \underset{A=B}{\bowtie} S = \{\widehat{t_r t_s} \mid t_r \in R \wedge t_s \in S \wedge t_r[A] = t_s[B]\}$$

自然连接是一种特殊的等值连接。它要求两个关系中进行比较的分量必须是同名的属性列，并且在结果中把重复的属性列去掉。即若 R 和 S 中具有相同的属性列 B，U 为 R 和 S 的全体属性集合，则自然连接可记作

$$R \bowtie S = \{\widehat{t_r t_s}[U-B] \mid t_r \in R \wedge t_s \in S \wedge t_r[B] = t_s[B]\}$$

一般的连接操作是从行的角度进行运算，但自然连接还需要取消重复属性列，所以是同时从行和列的角度进行运算。

[**例 2.8**] 对于图 2.8（a）（b）所示的关系 R 和 S，图 2.8（c）（d）（e）分别给出了非等值连接 $R \underset{C<E}{\bowtie} S$、等值连接 $R \underset{R.B=S.B}{\bowtie} S$ 和自然连接 $R \bowtie S$ 的结果。

R

A	B	C
a_1	b_1	5
a_1	b_2	6
a_2	b_3	8
a_2	b_4	12

(a) 关系 R

S

B	E
b_1	3
b_2	7
b_3	10
b_3	2
b_5	2

(b) 关系 S

$R \underset{C<E}{\bowtie} S$

A	$R.B$	C	$S.B$	E
a_1	b_1	5	b_2	7
a_1	b_1	5	b_3	10
a_1	b_2	6	b_2	7
a_1	b_2	6	b_3	10
a_2	b_3	8	b_3	10

(c) 非等值连接

$R \underset{R.B=S.B}{\bowtie} S$

A	$R.B$	C	$S.B$	E
a_1	b_1	5	b_1	3
a_1	b_2	6	b_2	7
a_2	b_3	8	b_3	10
a_2	b_3	8	b_3	2

(d) 等值连接

$R \bowtie S$

A	B	C	E
a_1	b_1	5	3
a_1	b_2	6	7
a_2	b_3	8	10
a_2	b_3	8	2

(e) 自然连接

图 2.8　连接运算举例

　　两个关系 R 和 S 在做自然连接时，选择两个关系在公共属性上值相等的元组构成新的关系。此时，关系 R 中某些元组有可能在 S 中不存在公共属性上值相等的元组，从而造成 R 中这些元组在操作时被舍弃了；同样，S 中某些元组也可能被舍弃。这些**被舍弃的元组称为悬浮元组**（dangling tuple）。例如，在图 2.8(e) 的自然连接中，R 中的第 4 个元组、S 中的第 5 个元组都是被舍弃的悬浮元组。

　　如果把悬浮元组也保存在结果关系中，而在其他属性上填空值（NULL），那么这种连接就叫作**外连接**（outer join），记作 $R \bowtie S$；如果只保留左边关系 R 中的悬浮元组就叫作**左外连接**（left outer join 或 left join），记作 $R \rtimes\!\!\!\bowtie S$；如果只保留右边关系 S 中的悬浮元组就叫作**右外连接**（right outer join 或 right join），记作 $R \bowtie\!\!\!\ltimes S$。

　　例如，图 2.9(a) 是图 2.8 中关系 R 和关系 S 的外连接，图 2.9(b) 是左外连接，图 2.9(c) 是右外连接。

A	B	C	E
a_1	b_1	5	3
a_1	b_2	6	7
a_2	b_3	8	10
a_2	b_3	8	2
a_2	b_4	12	NULL
NULL	b_5	NULL	2

(a) 外连接

A	B	C	E
a_1	b_1	5	3
a_1	b_2	6	7
a_2	b_3	8	10
a_2	b_3	8	2
a_2	b_4	12	NULL

(b) 左外连接

A	B	C	E
a_1	b_1	5	3
a_1	b_2	6	7
a_2	b_3	8	10
a_2	b_3	8	2
NULL	b_5	NULL	2

(c) 右外连接

图 2.9　外连接运算举例

4. 除（division）

　　设关系 R 除以关系 S 的结果为关系 T，则 T 包含所有在 R 但不在 S 中的属性及其值，且 T 的元组与 S 的元组的所有组合都在 R 中。

　　下面用**象集**来定义除法。

　　给定关系 $R(X,Y)$ 和 $S(Y,Z)$，其中 X、Y、Z 为属性列。R 中的 Y 与 S 中的 Y 可以有不同的属性名，但必须出自相同的域。

　　R 与 S 的除运算得到一个新的关系 $P(X)$，P 是 R 中满足下列条件的元组在 X 属性列上的投影：元组在 X 上分量值 x 的象集 Y_x 包含 S 在 Y 上投影的集合。记作

$$R \div S = \{t_r[X] \mid t_r \in R \wedge \textstyle\prod_Y(S) \subseteq Y_x\}$$

其中 Y_x 为 x 在 R 中的象集，$x = t_r[X]$。

　　除操作是同时从行和列角度进行运算。

　　[例 2.9] 设关系 R、S 分别为图 2.10 中的 (a) 和 (b)，$R \div S$ 的结果为图 2.10(c)。

　　在关系 R 中，A 可以取 4 个值 $\{a_1, a_2, a_3, a_4\}$。其中：

$$a_1 \text{的象集为} \{(b_1,c_2),(b_2,c_3),(b_2,c_1)\}$$

a_2 的象集为 $\{(b_3,c_7),(b_2,c_3)\}$
a_3 的象集为 $\{(b_4,c_6)\}$
a_4 的象集为 $\{(b_6,c_6)\}$

S 在 (B,C) 上的投影为 $\{(b_1,c_2),(b_2,c_1),(b_2,c_3)\}$。

显然只有 a_1 的象集 $(B,C)_{a_1}$ 包含了 S 在 (B,C) 属性列上的投影，所以

$$R \div S = \{a_1\}$$

<table>
<tr><th colspan="3">R</th></tr>
<tr><th>A</th><th>B</th><th>C</th></tr>
<tr><td>a_1</td><td>b_1</td><td>c_2</td></tr>
<tr><td>a_2</td><td>b_3</td><td>c_7</td></tr>
<tr><td>a_3</td><td>b_4</td><td>c_6</td></tr>
<tr><td>a_1</td><td>b_2</td><td>c_3</td></tr>
<tr><td>a_4</td><td>b_6</td><td>c_6</td></tr>
<tr><td>a_2</td><td>b_2</td><td>c_3</td></tr>
<tr><td>a_1</td><td>b_2</td><td>c_1</td></tr>
</table>

(a)

<table>
<tr><th colspan="3">S</th></tr>
<tr><th>B</th><th>C</th><th>D</th></tr>
<tr><td>b_1</td><td>c_2</td><td>d_1</td></tr>
<tr><td>b_2</td><td>c_1</td><td>d_1</td></tr>
<tr><td>b_2</td><td>c_3</td><td>d_2</td></tr>
</table>

(b)

$R \div S$

A
a_1

(c)

图 2.10　除运算举例

图 2.11 为例 2.9 的除运算过程示意。

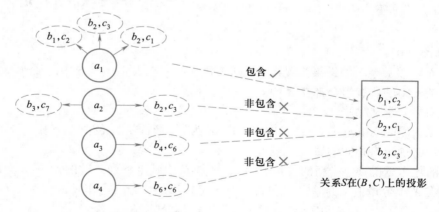

图 2.11　例 2.9 的除运算过程示意图

下面仍以 2.1.3 小节图 2.1"学生选课"数据库为例，给出几个综合应用多种关系代数运算进行查询的例子。

[**例 2.10**]查询至少选修 81001 号课程和 81003 号课程的学生的学号。

首先建立一个临时关系 K：

$$K$$

Cno
81001
81003

然后求：

$$\prod\nolimits_{\text{Sno, Cno}}(\text{SC}) \div K = \{20180001, 20180002\}$$

求解过程与例 2.9 类似，先对关系 SC 在（Sno,Cno）属性上投影，然后逐一求出每一学生（Sno）的象集，并依次检查这些象集是否包含 K。

[例 2.11] 查询选修了 81002 号课程的学生的学号。

$$\prod\nolimits_{\text{Sno}}(\sigma_{\text{Cno}='81002'}(\text{SC})) = \{20180001, 20180002, 20180003\}$$

[例 2.12] 查询至少选修了一门其直接先修课为 81003 号课程的学生的姓名。

$$\prod\nolimits_{\text{Sname}}(\sigma_{\text{Cpno}='81003'}(\text{Course}) \bowtie \text{SC} \bowtie \prod\nolimits_{\text{Sno, Sname}}(\text{Student}))$$

或

$$\prod\nolimits_{\text{Sname}}(\prod\nolimits_{\text{Sno}}(\sigma_{\text{Cpno}='81003'}(\text{Course}) \bowtie \text{SC}) \bowtie \prod\nolimits_{\text{Sno, Sname}}(\text{Student}))$$

[例 2.13] 查询选修了全部课程的学生的学号和姓名。

$$\prod\nolimits_{\text{Sno, Cno}}(\text{SC}) \div \prod\nolimits_{\text{Cno}}(\text{Course}) \bowtie \prod\nolimits_{\text{Sno, Sname}}(\text{Student})$$

关系代数小结

本节介绍了 8 种关系代数运算，其中并、差、笛卡儿积、选择和投影这 5 种运算为基本的运算。其他三种运算，即交、连接和除，均可以用这 5 种基本运算来表达。引进它们并不增加语言的运算能力，但可以简化表达。

关系代数中，这些运算经有限次复合而形成的表达式称为**关系代数表达式**。

此外，还有扩展的关系代数，如关系的重新命名、查询结果的去重操作、分组操作、排序操作和聚集函数等，这里就不介绍了。

*2.5　关系演算

关系演算是以数理逻辑中的谓词演算为基础的。按谓词变元的不同，关系演算可分为元组关系演算和域关系演算。本节通过元组关系演算语言 ALPHA 和域关系演算语言 QBE 来介绍关系演算的基本概念和查询方法。

*2.5.1　元组关系演算语言 ALPHA

元组关系演算以元组变量作为谓词变元的基本对象。一种典型的元组关系演算语言是 Edgar F. Codd 提出的 ALPHA。这一语言虽然没有实际实现，但关系数据库管理系统 INGRES 最初所用的 QUEL 语言就是参照 ALPHA 研制的，与其十分类似。

ALPHA 语言主要有 GET、PUT、HOLD、UPDATE、DELETE、DROP 这 6 条语句。其语句的基本格式如下。

操作语句 工作空间名(表达式):操作条件

其中,"表达式"用于指定语句的操作对象,它可以是关系名或(和)属性名,一条语句可以同时操作多个关系或多个属性。"操作条件"是一个逻辑表达式,用于将操作结果限定在满足条件的元组中,操作条件可以为空。除此之外,还可以在基本格式的基础上加上排序要求以及指定返回元组的条数等。

1. 检索操作

检索操作用 GET 语句实现。

(1)简单检索(即不带条件的检索)

[**例 2.14**]查询所有被选修的课程的课程号。

GET W(SC. Cno)

其中,"W"为工作空间名。这里条件为空,表示没有限定条件。

[**例 2.15**]查询所有学生的数据。

GET W(Student)

(2)限定的检索(即带条件的检索)

[**例 2.16**]查询计算机科学与技术专业 2000 年之前出生的学生的学号和出生日期。

GET W(Student. Sno,Student. Sbirthdate):Student. Smajor='计算机科学与技术'
$\land$ Student. Sbirthdate<'2000-1-1'

(3)带排序的检索

[**例 2.17**]查询计算机科学与技术专业学生的学号和出生日期,结果按出生日期降序排序。

GET W(Student. Sno,Student. Sbirthdate):StudentSmajo='计算机科学与技术'
DOWN Student. Sbirthdate

其中,"DOWN"表示降序排序。

(4)指定返回元组的条数的检索

[**例 2.18**]取出一个信息安全专业学生的学号。

GET W(1)(Student. Sno):Student. Smajor='信息安全'

其中,"W"后括号中的数量就是指定的返回元组的个数。

[**例 2.19**]查询选修了 81003 号课程、成绩在前三名的学生的学号及其成绩。

GET W(3)(SC. Sno,SC. Grade):SC. Cno='81003' DOWN SC. Grade

(5)用元组变量的检索

前面已讲到,元组关系演算是以元组变量作为谓词变元的基本对象。元组变量是在某一关系范围内变化的，所以也称为**范围变量**（range variable），一个关系可以设多个元组变量。

元组变量主要有两方面的用途：

① 简化关系名。如果关系名很长，使用起来感到不方便，则可以设一个较短名字的元组变量来代替关系名。

② 操作条件中使用量词时必须用元组变量。

［例 2.20］ 查询信息安全专业学生的姓名。

> RANGE Student X
>
> GET W(X. Sname) : X. Smajor = '信息安全'

ALPHA 语言用 RANGE 来说明元组变量。本例中 X 是关系 Student 上的元组变量，用途是简化关系名，即用 X 代表 Student。

（6）用存在量词（existential quantifier）的检索

例 2.21、例 2.22、例 2.23 中的元组变量都是为存在量词而设的。其中例 2.23 需要对两个关系使用存在量词，所以设了两个元组变量。

［例 2.21］ 查询选修了 81002 号课程的学生的姓名。

> RANGE SC X
>
> GET W(Student. Sname) : ∃X(X. Sno = Student. Sno ∧ X. Cno = '81002')

［例 2.22］ 查询选修了直接先修课程是 81002 号课程的学生的学号。

> RANGE Course CX
>
> GET W(SC. Sno) : ∃CX(CX. Cno = SC. Cno ∧ CX. Cpno = '81002')

［例 2.23］ 查询至少选修一门其先修课为 81002 号课程的学生的姓名。

> RANGE Course CX
>
>   SC SCX
>
>   GET W(Student. Sname) : ∃SCX(SCX. Sno = Student. Sno ∧
>
>   ∃CX (CX. Cno = SCX. Cno ∧ CX. Cpno = '81002'))

在本例中的元组关系演算公式可以变换为前束范式（prenex normal form）的形式：

> RANGE Course CX
>
>   SC SCX
>
>   GET W(Student. Sname) : ∃SCX ∃CX(SCX. Sno = Student. Sno ∧
>
>   CX. Cno = SCX. Cno ∧ CX. Pcno = '81002')

（7）带有多个关系的表达式的检索

上面所举的各个例子中，虽然查询时可能会涉及多个关系，即公式中可能涉及多个关系，但查询结果表达式中只有一个关系。实际上表达式中是可以有多个关系的。

［例 2.24］ 查询成绩为 90 分以上的学生姓名与课程名称。

本查询所要求的结果是学生姓名和课程名称，分别在 Student 和 Course 两个关系中。

RANGE SC SCX

GET W(Student. Sname, Course. Cname)：∃SCX(SCX. Grade≥90∧
SCX. Sno＝Student. Sno∧Course. Cno＝SCX. Cno)

（8）用全称量词（universal quantifier）的检索

[**例 2. 25**]查询不选 81004 号课程的学生的姓名。

RANGE SC SCX

GET W(Student. Sname)：∀SCX(SCX. Sno≠Student. Sno∨SCX. Cno≠'81004')

本例也可以用存在量词来表示：

RANGE SC SCX

GET W(Student. Sname)：¬∃SCX(SCX. Sno＝Student. Sno∧SCX. Cno＝'81004')

（9）用两种量词的检索

[**例 2. 26**]查询选修了全部课程的学生姓名。

RANGE Course CX

SC SCX

GET W(Student. Sname)：∀CX∃SCX(SCX. Sno＝Student. Sno∧SCX. Cno＝CX. Cno)

（10）用蕴涵（implication）的检索

[**例 2. 27**]查询至少选修了 20180003 号学生所选课程的学生的学号。

本例题的求解思路是，对 Course 中的所有课程依次检查每一门课程，看 20180003 是否选修了该课程，如果选修了，则再看某一个学生是否也选修了该门课。如果对于 20180003 所选的每门课程该学生都选修了，则该学生为满足要求的学生。把所有这样的学生全都找出来即完成了本题。

RANGE Course CX

SC SCX   ／∗ 注意,这里 SC 设了两个元组变量 ∗／

SC SCY

GET W(Student. Sno)：∀CX(∃SCX(SCX. Sno＝'20180003'∧SCX. Cno＝CX. Cno)
⇒∃SCY(SCY. Sno＝Student. Sno∧SCY. Cno＝CX. Cno))

（11）聚集函数

用户在使用查询语言时经常要做一些简单的计算，例如要计算符合某一查询要求的元组数，计算某个关系中所有元组在某属性上的值的总和或平均值等。为了方便用户，关系数据语言中建立了有关这类运算的标准函数库供用户选用。这类函数通常称为聚集函数或内置函数（built-in function）。关系演算中提供了 COUNT、TOTAL、MAX、MIN、AVG 等聚集函数，其含义如表 2.6 所示。

表 2.6　关系演算中的聚集函数

函数名	功能
COUNT	对元组计数
TOTAL	求总和
MAX	求最大值
MIN	求最小值
AVG	求平均值

[例 2.28]查询学生所选的专业的数目。

    GET W(COUNT(Student.Smajor))

COUNT 函数在计数时会自动排除重复值。

[例 2.29]查询 2020 年第二学期选修了 81003 号课程的学生的平均成绩。

    GET W(AVG(SC.Grade)): SC.Cno='81003' ∧ SC.Semester='20202'

2. 更新操作

（1）修改操作

修改操作用 UPDATE 语句实现。其步骤是：

① 用 HOLD 语句将要修改的元组从数据库读到工作空间中。

② 用宿主语言修改工作空间中元组的属性值。

③ 用 UPDATE 语句将修改后的元组送回数据库。

需要注意的是，单纯检索数据使用 GET 语句即可，但为修改数据而读元组时必须使用 HOLD 语句，HOLD 语句是带并发控制的 GET 语句。有关并发控制的概念将在第 12 章并发控制中详细介绍。

[例 2.30]把学号为 20180004 的学生从计算机科学与技术专业转到信息管理与信息系统专业。

    HOLD W(Student.Sno,Student Smajor): Student.Sno='20180004'
                        /* 从 Student 关系中读出学号为 20180004 的学生的数据 */
    MOVE '信息管理与信息系统' TO W.Smajor /* 用宿主语言进行修改 */
    UPDATE W   /* 把修改后的元组送回 Student 关系 */

在该例中用 HOLD 语句来读 20180004 号学生的数据，而不是用 GET 语句。

如果修改操作涉及两个关系，就要执行两次 HOLD-MOVE-UPDATE 操作序列。

在 ALPHA 语言中，修改关系主码的操作是不允许的，例如不能用 UPDATE 语句将学号"20180004"改为"20180009"。如果需要修改主码值，只能先用删除操作删除该元组，然后再把具有新主码值的元组插入关系。

（2）插入操作

插入操作用 PUT 语句实现。其步骤是：

① 用宿主语言在工作空间中建立新元组。

② 用 PUT 语句把该元组插入指定的关系。

[例 2.31]学校新开设了一门 2 学分的课程"计算机组织与结构"，其课程号为 81009，直接先行课为 81005 号课程。插入该课程元组。

    MOVE '81009' TO W.Cno
    MOVE '计算机组织与结构' TO W.Cname

MOVE '2' TO W. Ccredit

MOVE '81005' TO W. Cpno

PUT W（Course）　　　/＊把 W 中的元组插入指定关系 Course ＊/

PUT 语句只对一个关系操作，也就是说表达式必须为单个关系名。

（3）删除

删除操作用 DELETE 语句实现。其步骤为：

① 用 HOLD 语句把要删除的元组从数据库读到工作空间中。

② 用 DELETE 语句删除该元组。

[**例 2. 32**]20180007 号学生因故退学，删除该学生元组。

HOLD W（Student）：Student. Sno＝'20180007'

DELETE W

[**例 2. 33**]将学号 20180001 改为 20180010。

HOLD W（Student）：Student. Sno＝'20180001'

DELETE W

MOVE '20180010' TO W. Sno

MOVE '李勇' TO W. Sname

MOVE '男' TO W. Ssex

MOVE '2000-3-8' TO W. Sbirthdate

MOVE '信息安全' TO W. Smajor

PUT W（Student）

[**例 2. 34**]删除全部学生。

HOLD W（Student）

DELETE W

由于 SC 关系与 Student 关系之间具有参照关系，为保证参照完整性，删除 Student 中的元组时要相应地删除 SC 中的元组（手工删除或由数据库管理系统自动删除）。

扩展阅读：ALPHA
语言例题解析

HOLD W（SC）

DELETE W

ALPHA 语言例题解析可参见二维码内容。

*2.5.2　域关系演算语言 QBE

关系演算的另一种形式是域关系演算。**域关系演算以元组变量的分量（即域变量）作为谓词变元的基本对象。**1975 年由 M. M. Zloof 提出的 QBE 就是一个很有特色的域关系演算语言，该语言于 1978 年在 IBM 370 上得以实现。

　　QBE 是 Query By Example(即通过例子进行查询)的简称，它最突出的特点是操作方式。它是一种高度非过程化的基于屏幕表格的查询语言，用户通过终端屏幕编辑程序，以填写表格的方式构造查询要求，而查询结果也是以表格形式显示，因此非常直观、易学易用。

　　QBE 用示例元素来表示查询结果可能的情况，示例元素实质上就是域变量。QBE 的操作框架如图 2.12 所示。

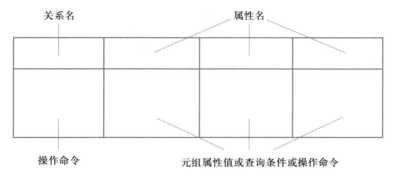

图 2.12　QBE 的操作框架

下面仍以 2.1.3 小节图 2.1 所示的"学生选课"关系数据库为例，说明 QBE 的用法。

1. 检索操作

（1）简单查询

[**例 2.35**]求信息安全专业全体学生的姓名。

操作步骤如下：

① 用户提出要求。

② 屏幕显示如下空白表格。

③ 用户在最左边一栏输入关系名 Student。

Student					

④ 系统显示该关系的属性名。

Student	Sno	Sname	Ssex	Sbirthdate	Smajor

⑤ 用户在上面构造查询要求。

Student	Sno	Sname	Ssex	Sbirthdate	Smajor
		P. <u>T</u>			信息安全

这里"T"是示例元素,即域变量。QBE 要求示例元素下面一定要加下划线。"信息安全"是查询条件,不用加下划线。"P."是操作符,表示打印(print),实际上是显示。

查询条件中可以使用比较运算符>、≥、<、≤、=和≠,其中=可以省略。

示例元素是这个域中可能的一个值,它不必是查询结果中的元素。比如若求信息系的学生,只要给出任意的一个学生名即可,而不必真是信息系的某个学生名。

对于例 2.35,可构造查询要求如下:

Student	Sno	Sname	Ssex	Sbirthdate	Smajor
		P. 刘晨			信息安全

这里的查询条件是 Smajor='信息安全',其中" = "被省略。

⑥ 屏幕显示查询结果。

Student	Sno	Sname	Ssex	Sbirthdate	Smajor
		李勇			信息安全

即根据用户的查询要求找出信息系的学生姓名。

[**例 2.36**]查询全体学生的全部数据。

Student	Sno	Sname	Ssex	Sbirthdate	Smajor
	P. <u>20180002</u>	P. 刘晨	P. 女	P. 1999-9-1	P. 计算机科学与技术

显示全部数据也可以简单地把 P. 操作符作用在关系名上。因此本查询也可以简单地表示如下:

Student	Sno	Sname	Ssex	Sbirthdate	Smajor
P.					

(2)条件查询

[**例 2.37**]求出生日期晚于 1999-9-1 的学生的学号。

Student	Sno	Sname	Ssex	Sbirthdate	Smajor
	P. <u>20180002</u>			>1999-9-1	

[**例 2.38**]求计算机科学与技术专业出生日期晚于 1999-9-1 的学生的学号。

本查询的条件是 Smajor='计算机科学与技术'和 Sbirthdate>'1999-9-1'两个条件的"与"。在 QBE 中,表示两个条件的"与"有两种方法:

① 把两个条件写在同一行上。

Student	Sno	Sname	Ssex	Sbirthdate	Smajor
	P. 20180002			>1999-9-1	计算机科学与技术

② 把两个条件写在不同行上，但使用相同的示例元素值。

Student	Sno	Sname	Ssex	Sbirthdate	Smajor
	P. 20180002				计算机科学与技术
	P. 20180002			>1999-9-1	

[例2.39] 查询计算机科学与技术专业或者出生日期晚于1999-9-1的学生的学号。

本查询的条件是 Smajor='计算机科学与技术' 和 Sbirthdate>'1999-9-1' 两个条件的"或"。在 QBE 中把两个条件写在不同行上，并且使用不同的示例元素值，即表示条件的"或"。

Student	Sno	Sname	Ssex	Sbirthdate	Smajor
	P. 20180002				计算机科学与技术
	P. 20180003			>1999-9-1	

对于多行条件的查询，先输入哪一行是任意的，不影响查询结果。这就允许用户以不同的思考方式进行查询，十分灵活、自由。

[例2.40] 查询既选修了81001号课程又选修了81002号课程的学生的学号。

本查询条件是在一个属性中的"与"关系，它只能用"与"条件的方法②表示，即写两行，但示例元素相同。

SC	Sno	Cno	Grade	Semester	Teachingclass
	P. 20180002	81001			
	P. 20180002	81002			

[例2.41] 查询选修81001号课程的学生的姓名。

本查询涉及 SC 和 Student 两个关系。在 QBE 中实现这种查询的方法是通过相同的连接属性值把多个关系连接起来。这里示例元素 Sno 是连接属性，其值在两个表中要相同。

Student	Sno	Sname	Ssex	Sbirthdate	Smajor
	20180002	P. 李勇			

SC	Sno	Cno	Grade	Semester	Teachingclass
	20180002	81001			

[例2.42] 查询未选修81001号课程的学生的姓名。

这里的查询条件中用到逻辑"非"。在 QBE 中表示逻辑"非"的方法是将运算符号"┐"写在关系名下面。

Student	Sno	Sname	Ssex	Sbirthdate	Smajor
	2018002	P. 李勇			
	2018002	P. 李勇			

SC	Sno	Cno	Grade	Semester	Teachingclass
¬	2018002	81001			
¬	2018002				

这个查询就是显示学号示例为"2018002"的学生的姓名，而该学生选修 81001 号课程的情况为假或者什么课程都没有选修。

[例 2.43]查询有两个人以上选修的课程的课程号。

本查询是在一个表内连接。这个查询就是要显示这样的课程号"81001"，它不仅被学生"2018002"选修，而且也被另一个学生"¬ 2018002"选修了。

SC	Sno	Cno	Grade	Semester	Teachingclass
	2018002	P. 81001			
	¬ 2018002	81001			

（3）聚集函数

为了方便用户，QBE 提供了一些聚集函数，主要包括 CNT、SUM、AVG、MAX、MIN 等，其含义如表 2.7 所示。

表 2.7   QBE 中的聚集函数

函数名	功能
CNT	对元组计数
SUM	求总和
AVG	求平均值
MAX	求最大值
MIN	求最小值

[例 2.44]查询信息安全专业学生的总人数。

Student	Sno	Sname	Ssex	Sbirthdate	Smajor
	P. CNT			.	信息安全

（4）对查询结果排序

对查询结果按某个属性值的升序排序，只需在相应列中填入"AO."，按降序排序则填"DO."。如果按多列排序，用"AO(i)."或"DO(i)."表示，其中 i 为排序的优先级，i 值越小，优先级越高。

[例 2.45]查询全体男生的姓名，要求查询结果按专业名升序排序，对同一专业的学生按出生日期降序排序。

Student	Sno	Sname	Ssex	Sbirthdate	Smajor
		P. 李勇	男	DO(2).	AO(1).

2. 更新操作

（1）修改操作

修改操作符为"U."。QBE 不允许修改关系的主码，如果需要修改某个元组的主码，只能先删除该元组，然后再插入新主码的元组。

[**例 2.46**]把学号为 20180001 的学生的出生日期改为"2001-3-8"。

这是一个简单修改操作，不包含算术表达式，因此可以有两种表示方法：

① 将操作符"U."放在值上。

Student	Sno	Sname	Ssex	Sbirthdate	Smajor
	20180001			U. 2001-3-8	

② 将操作符"U."放在关系上。

Student	Sno	Sname	Ssex	Sbirthdate	Smajor
U.	20180001			2001-3-8	

这里，码"20180001"标明要修改的元组。"U."标明是修改后的新值。由于主码是不能修改的，所以即使在第二种写法中，系统也不会混淆要修改的属性值。

[**例 2.47**]将学号为 20180004 的学生在 2019 年第 2 学期选修 81001 号课程的成绩增加 6 分。

这个修改操作涉及表达式，所以只能将操作符"U."放在关系上。

SC	Sno	Cno	Grade	Semester	Teachingclass
	20180004	81001	56	20192	
U.	20180004		56+6		

[**例 2.48**]将 2019 年第 2 学期选修 81001 号课程的学生的成绩都增加 5 分。

SC	Sno	Cno	Grade	Semester	Teachingclass
	20180001	81001	70	20192	
U.	20180001		70+5	20192	

（2）插入操作

插入操作符为"I."。新插入的元组必须具有主码值，其他属性值可以为空。

[**例 2.49**]把计算机科学与技术专业的学生"高大卫，男，学号 20190006，出生日期 2001-6-28"存入数据库。

Student	Sno	Sname	Ssex	Sbirthdate	Smajor
I.	20190006	高大卫	男	2001-6-28	计算机科学与技术

（3）删除操作

删除操作符为"D."。

[例 2.50] 删除学号为 20180006 的学生。

Student	Sno	Sname	Ssex	Sbirthdate	Smajor
D.	20180006				

由于 SC 关系与 Student 关系之间具有参照关系，为保证参照完整性，删除学号为 20180006 的学生后，通常还应删除该学生选修的全部课程。

SC	Sno	Cno	Grade	Semester	Teachingclass
D.	20180006				

本 章 小 结

关系模型是关系数据库的核心概念和基础，关系数据库系统是目前使用最广泛的数据库系统。20 世纪 70 年代以后开发的数据库管理系统产品几乎都是基于关系模型的。在数据库发展的历史上，最重要的创新成果之一就是关系模型。

关系模型与层次模型、网状模型最重要的区别是，关系模型只有"表"这一种数据结构，而层次模型、网状模型还有其他数据结构，以及对这些数据结构的操作。关系模型的数据结构简单清晰，用户容易理解，又具有坚实的数学基础。

扩展阅读：元组关系演算表达式

本章系统地讲解了关系模型的重要概念，包括关系模型的数据结构、关系操作以及关系的三类完整性约束；介绍了用代数方式和逻辑方式来表达的关系语言，即关系代数、元组关系演算和域关系演算。在关系演算中介绍了元组关系演算语言 ALPHA 和域关系演算语言 QBE。有关元组关系演算表达式的内容，感兴趣的读者可参见二维码介绍。

习 题 2

1. 试述关系模型的三个组成部分。
2. 简述关系数据语言的特点和分类。
3. 定义并理解下列术语，说明它们之间的联系与区别：
① 域，笛卡儿积，关系，元组，属性；
② 主码，全码，候选码，外码，主属性、非主属性；
③ 关系模式，关系，关系数据库。
4. 举例说明关系模式和关系的区别。
5. 试述关系模型的完整性约束。在参照完整性中，什么情况下外码属性的值可以为空值？
6. 设有一个 SPJ 数据库，包括 4 个关系模式 S、P、J 和 SPJ。

    S(SNO,SNAME,STATUS,CITY)；

    P(PNO,PNAME,COLOR,WEIGHT)；

J(JNO,JNAME,CITY)；

SPJ(SNO,PNO,JNO,QTY)。

供应商表 S 由供应商代码(SNO)、供应商姓名(SNAME)、供应商状态(STATUS)、供应商所在城市(CITY)组成。

零件表 P 由零件代码(PNO)、零件名(PNAME)、颜色(COLOR)、重量(WEIGHT)组成。

工程项目表 J 由工程项目代码(JNO)、工程项目名(JNAME)、工程项目所在城市(CITY)组成。

供应情况表 SPJ 由供应商代码(SNO)、零件代码(PNO)、工程项目代码(JNO)、供应数量(QTY)组成，表示某供应商供应某种零件给某工程项目的数量为 QTY。

今有若干数据如图 2.13 所示。

S

SNO	SNAME	STATUS	CITY
S1	精益	20	天津
S2	盛锡	10	北京
S3	东方红	30	北京
S4	丰泰盛	20	天津
S5	为民	30	上海

P

PNO	PNAME	COLOR	WEIGHT
P1	螺母	红	12
P2	螺栓	绿	17
P3	螺丝刀	蓝	14
P4	螺丝刀	红	14
P5	凸轮	蓝	40
P6	齿轮	红	30

J

JNO	JNAME	CITY
J1	三建	北京
J2	一汽	长春
J3	弹簧厂	天津
J4	造船厂	天津
J5	机车厂	唐山
J6	无线电厂	常州
J7	半导体厂	南京

SPJ

SNO	PNO	JNO	QTY
S1	P1	J1	200
S1	P1	J3	100
S1	P1	J4	700
S1	P2	J2	100
S2	P3	J1	400
S2	P3	J2	200
S2	P3	J4	500
S2	P3	J5	400
S2	P5	J1	400
S2	P5	J2	100
S3	P1	J1	200
S3	P3	J1	200
S4	P5	J1	100
S4	P6	J3	300
S4	P6	J4	200
S5	P2	J4	100
S5	P3	J1	200
S5	P6	J2	200
S5	P6	J4	500

图 2.13　SPJ 数据库数据

试用关系代数、元组关系演算语言 ALPHA 和域关系演算语言 QBE 完成如下查询：

① 求供应工程 J1 零件的供应商代码 SNO。

② 求供应工程 J1 零件 P1 的供应商代码 SNO。

③ 求供应工程 J1 零件为红色的供应商代码 SNO。

④ 求没有使用天津供应商生产的红色零件的工程号 JNO。

⑤ 求至少使用了与供应商 S1 所供应的全部零件相同零件号的工程号 JNO。

7. 试述等值连接与自然连接的区别和联系。

8. 关系代数的基本运算有哪些？如何用这些基本运算来表示其他运算？

参考文献 2

［1］CODD E F. A relational model of data for large shared data banks［J］. CACM-Communications of the ACM, 1970, 13(6)：377-387.

1970 年，Edgar F. Codd 在文献［1］中首先提出了关系数据模型，以后 Codd 又提出了关系代数和关系演算的概念，以及函数依赖的概念，1972 年提出了关系的第一、第二、第三范式，1974 年提出了 BC(Boyce-Codd)范式，为关系数据库系统奠定了理论基础。由于对关系数据库理论的突出贡献，1981 年 Codd 获得了图灵奖。

［2］CODD E F. A data base sublanguage founded on the relational calculus［C］. Proceedings of the ACM SIGMOD Workshop on Data Description, Access and Control, 1971：35-68.

［3］CODD E F. Relational completeness of database sublanguages in data base systems［R］. Courant Computer Science Symposia Series, 1972(6).

［4］CODD E F. Further normalization of the data base relational model［M］. Data Base Systems. Prentice-Hall, 1972.

［5］ULLMAN J D. Principles of database systems［M］. 2nd ed. Computer Science Press, 1982.

Ullman 在文献［5］中给出了关系代数、元组关系演算和域关系演算的等价性证明。

［6］ZLOOF M M. Query By Example［C］. Proceeding of the National Computer Coference and Exposition(AFIPS' 75), 1975：431-438.

［7］LACROIX M, PIROTTE A. Domain-oriented relational language. Proceedings of the 3rd International Conference on Very Large Data Bases［C］, 1977：370-378.

［8］LACROIX M, PIROTTE A. ILL：an English structured query language for relational data bases［J］. ACM SIGART Bulletin, 1977, 61：61-63.

域关系演算的思想出现在文献［7］描述的 QBE 语言中，形式化定义由 Lacroix 和 Pirotte 在文献［8］中给出。文献［8］给出了一个域关系演算语言 ILL。

［9］STONEBRAKER M, WONG E, KREPS P, et al. The design and implementation of INGRES［J］. ACM Transactions on Database Systems, 1976, 1(3)：189-222.

［10］DATE C J. Referential integrity［C］. Proceedings of the 7th International Conference on Very Large Data Bases, 1981, 7：2-12.

［11］DATE C J. Why relations should have exactly one primary key［R］. ANSI Database Committee (X3H2) Working Paper X3H2-84-118, 1984.

本章知识点讲解微视频：

关系模型

关系代数
除法运算

关系演算

第 3 章　关系数据库标准语言 SQL

结构化查询语言(SQL)是关系数据库的标准语言，包括数据查询、数据库模式创建、数据库数据的增删改、数据库安全性和完整性定义与控制等一系列功能。

本章导读

本章详细介绍 SQL 的基本功能，并进一步讲述关系数据库的基本概念，关系数据库管理系统(RDBMS)对数据库三级模式的支持。

本章首先讲述了 SQL 的产生与发展、SQL 的特点，非过程化 SQL 和过程化语言的区别。读者可以从中进一步了解关系数据库技术和关系数据库管理系统产品的发展过程，从而体会关系数据库系统能够减轻用户负担，提高用户开发数据库应用系统生产率的优点。然后通过实例详细讲解 SQL 的功能、语法和使用要点。

SQL 功能丰富、简洁易懂，不过根据需求正确无误地写出 SQL 语句并不容易，特别是使用 SQL 完成复杂查询更需要认真练习才能掌握。

希望读者通过上机实际操作掌握 SQL 的运用，包括数据表定义、数据的查询、插入、删除、更新，以及索引和视图的创建和删除等操作。

本章的难点是正确写出 SQL 语句并完成各种查询，学习方法就是反复训练，通过在具体的数据库产品上进行实际练习，才能举一反三牢固掌握。

3.1　SQL 概述

自 SQL 成为数据库国际标准语言以来，几乎所有数据库厂商都采用了 SQL，而且许多软件厂商也纷纷推出与 SQL 接口的软件，使不同数据库系统之间、数据库系统与其他软件系统之间的互操作有了共同的基础。其意义重大，因此有人把确立 SQL 为关系数据库标准语言及其后的发展称为是一场革命。

3.1.1　SQL 的产生与发展

SQL 是在 1974 年由 Boyce 和 Chamberlin 提出的，最初的名称是 SEQUEL(structured English query language），并在 IBM 公司研制的关系数据库管理系统原型 System R 上实现，后改名为更容易记忆的 SQL。

　　SQL 是一种非过程化语言，用户只要说明需要的数据库内容，不必说明存取所需数据的具体过程和操作。通俗地讲，即用户只需提出"要什么"，无须具体指明"怎么干"，存取路径选择和具体处理操作均由关系数据库管理系统自动完成。SQL 简单易学，功能丰富，深受用户及计算机工业界欢迎。

　　1986 年 10 月，美国国家标准学会（American National Standard Institute，ANSI）的数据库委员会 X3H2 批准将 SQL 作为关系数据库语言的美国标准，同年公布了 SQL 标准文本（简称 SQL 86）。1987 年，国际标准化组织（International Organization for Standardization，ISO）也通过了这一标准。

　　SQL 标准从公布以来随数据库技术的发展而不断发展、不断丰富，如表 3.1 所示。

表 3.1　SQL 标准的发展过程

标准	篇幅（约）/页	发布日期/年	标准	篇幅（约）/页	发布日期/年
SQL 86		1986	SQL 2003	3 600	2003
SQL 89（FIPS 127-1）	120	1989	SQL 2008	3 777	2008
SQL 92（SQL2）	622	1992	SQL 2011	3 817	2011
SQL 99（SQL 3）	1 700	1999	SQL 2016	4 035	2016

　　SQL 86 和 SQL 89 都是单个文档。

　　SQL 92 和 SQL 99 已扩展为一系列开放的部分。例如，SQL 92 除了 SQL 基本部分外，还增加了 SQL 调用接口、SQL 永久存储模块。

　　SQL 99 则进一步扩展为框架、SQL 基础部分、SQL 调用接口、SQL 永久存储模块、SQL 宿主语言绑定、SQL 外部数据的管理和 SQL 对象语言绑定等多个部分。

　　SQL 2016 已扩展到 12 个部分，陆续引入了 XML 类型、Window 函数、TRUNCATE 操作、时序数据以及 JSON（JavaScript object notation）类型等。

　　可以发现，SQL 标准的内容越来越丰富，也越来越复杂。目前，没有一个关系数据库管理系统能够支持 SQL 标准的所有概念和特性，都只实现了 SQL 标准的一个子集。同时，许多厂商又对 SQL 基本命令集进行了不同程度的扩充和修改，支持标准以外的一些功能特性。因此，在使用具体的关系数据库管理系统时**一定要查阅相应产品的用户手册**。

3.1.2　SQL 的特点

　　SQL 之所以能够为用户和业界所接受并成为国际标准，是因为它是一个综合性、功能极强同时又简洁易学的语言。SQL 集数据定义（data definition）、数据查询（data query）、数据操纵（data manipulation）和数据控制（data control）等功能于一体，其主要特点包括以下几部分。

　　1. 功能综合且风格统一

　　数据库系统的主要功能是通过数据库支持的数据语言来实现的。

层次模型和网状模型的数据语言一般都分为模式数据定义语言（DDL）、外模式数据定义语言、数据存储描述语言（data storage description language，DSDL）、数据操纵语言（DML）等。它们分别用于定义模式、外模式、内模式和进行数据的存取与处置。当用户数据库投入运行后，如果需要修改模式，必须停止现有数据库的运行，转储数据、修改模式并编译后再重装数据库，十分麻烦。

而 SQL 语言则集数据定义语言、数据操纵语言和数据控制语言的功能于一体，语言风格统一，可以独立完成数据库生命周期中的全部活动，包括：

① 创建和删除数据库模式。

② 创建基本表，创建视图。

③ 使用数据库，如查询和增、删、改数据、事务处理等。

④ 数据库控制，如安全性控制、完整性控制和并发控制等。

⑤ 数据库维护和重构，如修改和删除基本表、数据库备份与恢复等。

这就为数据库应用系统开发提供了良好的环境。例如，用户在数据库投入运行后，还可根据需要随时或逐步创建模式，并不影响数据库整体的运行，从而使系统具有良好的可扩展性。

另外，在关系模型中实体和实体间的联系均用关系表示，这种数据结构的单一性带来了数据操作符的统一性，查找、插入、删除、更新等每一种操作都只需一种操作符，从而克服了层次模型和网状模型由于信息表示方式的多样性带来的操作复杂性。

例如，在 DBTG 网状数据库系统中需要两种插入操作符：STORE 和 CONNECT。其中，STORE 用来把记录存入数据库，CONNECT 用来把记录插入系值（系值是网状数据库中记录之间的一种联系方式），以建立数据之间的联系。

2. 数据操纵高度非过程化

层次模型和网状模型的数据操纵语言是面向过程的语言，用过程化语言完成某项请求必须指定存取路径。而用 SQL 进行数据操纵时只要提出"做什么"，无须指明"怎么做"，因此不需要了解存取路径，存取路径的选择以及 SQL 的操作过程由系统自动完成。这不但大大减轻了用户负担，而且当数据存储结构变化时，数据操纵语句一般不用改变，提高了数据独立性。

3. 面向集合的操作方式

层次模型和网状模型采用的是面向记录的操作方式，操作对象是一条记录。例如查询所有平均成绩在 80 分以上的学生姓名，用户必须一条一条地把满足条件的学生记录找出来（通常要说明具体处理过程，即按照哪条路径、如何循环等）。而 SQL 采用集合操作方式，不仅操作对象、查找结果可以是元组的集合，而且一次插入、删除、更新操作的对象也可以是元组的集合。

4. 以统一的语法结构提供多种使用方式

SQL 既是独立的语言，又是嵌入式语言。作为独立的语言，它能够独立用于联机交互的使用方式，用户可以在终端键盘上直接键入 SQL 命令对数据库进行操作；作为嵌入式语言，SQL 语句能够嵌入高级语言（如 C、C++、Java、Python 等）程序，供程序员设计程序时使用。在两种不同的使用方式下，SQL 的语法结构基本上是一致的。这种以统一的语法结构提供多种不同使用方式的做法，提高了易用性与方便性。

5. 语言简洁且易学易用

SQL 的功能极强，但由于其设计巧妙，语言十分简洁，即可只用 9 个动词完成核心功能，如表 3.2 所示。SQL 接近英语口语，因此易于学习和使用。

表 3.2　SQL 完成核心功能的 9 个动词

SQL 功能	动词
数据定义	CREATE，DROP，ALTER
数据查询	SELECT
数据操纵	INSERT，UPDATE，DELETE
数据控制	GRANT，REVOKE

3.1.3　SQL 的基本概念

SQL 同样支持数据库系统的三级模式结构，如图 3.1 所示。其中外模式是用户能够看见和使用的数据结构，对应视图（view）和部分基本表（base table），模式对应基本表，内模式对应存储文件（stored file）。

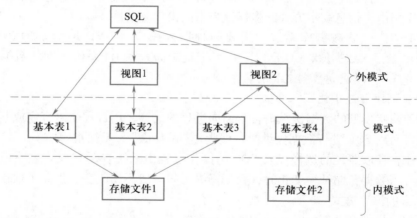

图 3.1　SQL 对关系数据库三级模式的支持

用户可以用 SQL 对基本表和视图进行查询和其他操作。基本表和视图一样，都是关系。

基本表是本身独立存在的表，在关系数据库管理系统中一个关系就对应一个基本表，一个或多个基本表对应一个存储文件。一个表可以带若干索引，索引也存放在存储文件中。

存储文件的逻辑结构和物理结构组成了关系数据库的内模式。存储文件的物理结构是由数据库管理系统设计确定的。

视图是从基本表或其他视图中导出的表。它本身不独立存储在数据库中，即数据库中只存放视图的定义而不存放视图对应的数据。这些数据仍存放在导出视图的基本表中，因此视图是一个虚表。

　　用户可以用 SQL 对视图和基本表进行查询。在用户眼中，视图和基本表都是关系，用户可以在视图上再定义视图。

　　本书从 3.2 节起，将逐一介绍 SQL 语句的功能和语法。为了突出基本概念和基本功能，将会略去许多语法细节。不同关系数据库管理系统产品在实现标准 SQL 时各有差别，与 SQL 标准的符合程度也不相同(一般符合的百分比在 85% 以上)。因此，读者在使用时还应参阅具体产品的用户手册。

3.2　数据定义

　　本节介绍 SQL 的数据定义功能，包括数据库模式、表、视图和索引的定义等。SQL 的数据定义语句如表 3.3 所示。

表 3.3　SQL 的数据定义语句

操作对象	操作方式		
	创建	删除	修改
数据库模式	CREATE SCHEMA	DROP SCHEMA	*SQL 标准无修改语句
表	CREATE TABLE	DROP TABLE	ALTER TABLE
视图	CREATE VIEW	DROP VIEW	
索引	*CREATE INDEX	*DROP INDEX	*ALTER INDEX

　　SQL 标准没有提供修改数据库模式定义的语句。用户如果想修改此对象，只能先将它删除然后再重建。SQL 标准也没有提供索引相关的语句，但为了提高查询效率，商用关系数据库管理系统通常都提供了索引机制和相关的语句，如表 3.3 中创建、删除和修改索引等。

　　在早期的数据库系统中，所有数据库对象都属于一个数据库，也就是说只有一个命名空间。所以在第 1 章图 1.15 中一个数据库只对应一个内模式、一个模式。

　　当前的关系数据库管理系统提供了层次结构的数据库对象命名机制，如图 3.2 所示。一个关系数据库管理系统的实例可以建多个数据库，一个数据库中又可以建多个模式，一个模式下通常包含多个表、视图和索引等数据库对象。

数据库(有的系统称为目录)

模式

表以及视图、索引等

图 3.2　数据库对象命名机制的层次结构

本节仅介绍如何定义模式、基本表和索引，视图的概念及其定义方法将在 3.6 节专门讨论。

3.2.1   模式的定义与删除

1. 定义模式

在 SQL 中，定义模式语句如下：

CREATE SCHEMA [<模式名>] **AUTHORIZATION** <用户名>;

如果没有指定<模式名>，那么<模式名>隐含为<用户名>。

要创建模式，调用该命令的用户必须拥有数据库管理员（DBA）权限，或者获得了 DBA 授予的 CREATE SCHEMA 权限。

[**例 3.1**]为用户 WANG 定义一个"学生选课"模式 S-C-SC。

CREATE SCHEMA "S-C-SC" AUTHORIZATION WANG;

注意：标识符要么加双引号，要么没有任何引号。这里"S-C-SC"是加了双引号的。

[**例 3.2**]未指定模式名的模式定义示例。

CREATE SCHEMA AUTHORIZATION WANG;

该语句没有指定<模式名>，所以<模式名>隐含为用户名"WANG"。

定义模式实际上定义了一个命名空间，在这个空间中可以进一步定义该模式包含的数据库对象，如基本表、视图、索引等。

这些数据库对象可以用表 3.3 中相应的 CREATE 语句来定义。

目前，在 CREATE SCHEMA 中可以接受 CREATE TABLE、CREATE VIEW 和 GRANT 子句。也就是说，用户可以在创建模式的同时在该模式定义中进一步创建基本表、视图，定义授权。即

CREATE SCHEMA <模式名> AUTHORIZATION <用户名>
    [<表定义子句> |<视图定义子句>| <授权定义子句>];

[**例 3.3**]为用户 ZHANG 创建一个模式 Test，并且在其中定义一个表 Tab1。

CREATE SCHEMA Test AUTHORIZATION Zhang
CREATE TABLE Tab1(Col1 SMALLINT,
                   Col2 INT,
                   Col3 CHAR(20),
                   Col4 NUMERIC(10,3),
                   Col5 DECIMAL(5,2)
                   );

2. 删除模式

在 SQL 中，删除模式语句如下：

DROP SCHEMA <模式名><CASCADE |RESTRICT>;

其中 CASCADE 和 RESTRICT 两者必选其一。选择了 CASCADE(级联)，表示在删除模式的同时把该模式中所有的数据库对象全部删除。选择了 RESTRICT(限制)，表示如果该模式中已经定义了数据库对象(如表、视图等)，则拒绝该删除语句的执行；只有当该模式中没有任何数据库对象时才能执行 DROP SCHEMA 语句。

[例 3.4]删除例 3.3 中建立的模式 Test。

```
DROP SCHEMA Test CASCADE；
```

该语句删除了模式 Test，同时也将该模式中已经定义的表 Tab1 删除了。

3.2.2 基本表的定义、删除与修改

1. 定义基本表

创建了一个模式就建立了一个数据库的命名空间，一个框架。在这个空间中首先要定义的是该模式包含的数据库基本表。

SQL 使用 CREATE TABLE 语句定义基本表，其基本格式如下：

CREATE TABLE <表名>(<列名><数据类型>[列级完整性约束]
            [,<列名><数据类型>[列级完整性约束]]
            …
            [,<表级完整性约束>])；

建表的同时，通常还可以定义与该表有关的完整性约束，这些完整性约束被存入系统的数据字典。当用户操作表中数据时，由关系数据库管理系统自动检查该操作是否违背这些完整性约束。如果完整性约束涉及该表的多个属性列，则必须定义在表级上，否则既可以定义在列级也可以定义在表级。

本章以"学生选课"数据库为例来讲解 SQL 语句。为此，首先要定义一个"学生选课"模式 S-C-SC，该模式中包含以下三个表。

示例数据：学生选课模式 3 个表的示例数据

① "学生"表：Student(Sno,Sname,Ssex,Sbirthdate,Smajor)。

② "课程"表：Course(Cno,Cname,Ccredit,Cpno)。

③ "学生选课"表：SC(Sno,Cno,Grade,Semester,Teachingclass)。

注意：关系的主码加下划线表示。

这三个基本表的定义如下，其示例数据可参见二维码内容(即第 2 章图 2.1)。

[例 3.5]建立一个"学生"表 Student。

```
CREATE TABLE Student
    (Sno CHAR(8) PRIMARY KEY,    /*列级完整性约束条件,Sno 是主码*/
    Sname VARCHAR(20) UNIQUE,  /* Sname 取唯一值 */
    Ssex CHAR(6),
    Sbirthdate Date,
```

```
        Smajor VARCHAR(40)
    );
```

系统执行该 CREATE TABLE 语句后，就在数据库中建立一个新的空"学生"表 Student，并将该表及有关约束的定义存放在数据字典中。

[例 3.6] 建立一个"课程"表 Course。

```
CREATE TABLE Course
    ( Cno CHAR(5) PRIMARY KEY,              /*列级完整性约束,Cno 是主码*/
      Cname VARCHAR(40) NOT NULL,           /*列级完整性约束,Cname 不能取空值*/
      Ccredit SMALLINT,
      Cpno CHAR(5),
      FOREIGN KEY (Cpno) REFERENCES Course(Cno)
          /*表级完整性约束,Cpno 是外码,被参照表是 Course,被参照列是 Cno */
    );
```

参照表和被参照表可以是同一个表。Cpno 是 Cno 课程的直接先修课，并且只列出一门直接先修课①。

[例 3.7] 建立"学生选课"表 SC。

```
CREATE TABLE SC
    ( Sno CHAR(8),
      Cno CHAR(5),
      Grade SMALLINT,                /*成绩*/
      Semester CHAR(5),              /*开课学期*/
      Teachingclass CHAR(8),         /*学生选修某一门课所在的教学班*/
      PRIMARY KEY(Sno,Cno),
          /*主码由两个属性构成,必须作为表级完整性进行定义*/
      FOREIGN KEY(Sno) REFERENCES Student(Sno),
          /*表级完整性约束,Sno 是外码,被参照表是 Student */
      FOREIGN KEY(Cno) REFERENCES Course(Cno)
          /*表级完整性约束,Cno 是外码,被参照表是 Course */
    );
```

2. 数据类型

关系模型中一个很重要的概念是域。每一个属性来自一个域，它的取值必须是域中的值。

在 SQL 中域的概念用数据类型来实现。定义表的各个属性时需要指明其数据类型及长度。SQL 标准支持多种数据类型，表 3.4 列出了几种常用的数据类型。要注意，不同的关系数据库

---

① 实际情况会复杂些，一门课程可能会有几门直接先修课，我们将在第 7 章数据库设计中进一步讲解。

管理系统中支持的数据类型会有细微差别，读者使用时要参考具体产品的手册。

表 3.4　SQL 标准常用的数据类型

数据类型	含义
CHAR(n)，CHARACTER(n)	长度为 n 的定长字符串
VARCHAR(n)，CHARACTERVARYING(n)	最大长度为 n 的变长字符串
CLOB	字符串大对象
BLOB	二进制大对象
INT，INTEGER	整数(4 字节)，取值范围是[−2 147 483 648, 2 147 483 647]
SMALLINT	短整数(2 字节)，取值范围是[−32 768, 32 767]
BIGINT	大整数(8 字节)，取值范围是[$-2^{63}, 2^{63}-1$]
NUMERIC(p, d)	定点数，由 p 位数字(不包括符号、小数点)组成，小数点后面有 d 位数字
DECIMAL(p, d)，DEC(p, d)	同 NUMERIC 类似，但数值精度不受 p 和 d 的限制
REAL	取决于机器精度的单精度浮点数
DOUBLE PRECISION	取决于机器精度的双精度浮点数
FLOAT(n)	可选精度的浮点数，精度至少为 n 位数字
BOOLEAN	逻辑布尔量
DATE	日期，包含年、月、日，格式为 YYYY-MM-DD
TIME	时间，包含一日的时、分、秒，格式为 HH：MM：SS
TIMESTAMP	时间戳类型
INTERVAL	时间间隔类型

　　一个属性选用哪种数据类型要根据实际情况来决定。一般从两个方面来考虑，即取值范围和要做的运算。例如，对于学生选修某一门课程的成绩(Grade)属性，可以采用 CHAR(3)作为数据类型，但考虑到要在成绩上做算术运算(如求平均成绩)，而 CHAR(n)数据类型不能进行算术运算，所以采用整数作为数据类型。整数又有大整数、整数和短整数三种，通常课程的成绩采用百分制，所以选用短整数作为成绩的数据类型。

　　3. 模式与表

　　每一个基本表都属于某一个模式，一个模式包含多个基本表。当定义基本表时一般可以有三种方法定义它所属的模式。例如，在例 3.1 中定义了一个"学生选课"模式 S-C-SC。现在要在该模式中定义 Student、Course、SC 等基本表。

方法一：在表名中明显地给出模式名。

CREATE TABLE "S-C-SC". Student(…)；　　/* Student 所属的模式是 S-C-SC */
CREATE TABLE "S-C-SC". Course(…)；　　/* Course 所属的模式是 S-C-SC */
CREATE TABLE "S-C-SC". SC(…)；　　　　/* SC 所属的模式是 S-C-SC */

方法二：在创建模式语句中同时创建表，如例 3.3 所示。

方法三：设置所属的模式，这样在创建表时表名中不必给出模式名。

当用户创建基本表（其他数据库对象也一样）时若没有指定模式，系统根据搜索路径来确定该对象所属的模式。

搜索路径包含一组模式列表，关系数据库管理系统会使用模式列表中第一个存在的模式作为数据库对象的模式名。若搜索路径中的模式名都不存在，系统将给出错误提示。

使用下面的语句可以显示当前的搜索路径：

SHOW SEARCH_PATH；

搜索路径的当前默认值是"$user，PUBLIC"，表示首先搜索与用户名相同的模式名，如果该模式名不存在，则使用 PUBLIC 模式。

DBA 也可以设置搜索路径，例如：

SET SEARCH_PATH TO "S-C-SC"，PUBLIC；

然后，定义基本表：

CREATE TABLE Student（…）；

实际结果是建立了 S-C-SC. Student 基本表。因为关系数据库管理系统发现搜索路径中第一个模式名是 S-C-SC，就把该模式作为基本表 Student 所属的模式。

4. 修改基本表

随着应用环境和应用需求的变化，有时需要修改已建好的基本表。SQL 用 ALTER TABLE 语句修改基本表，其一般语法如下：

ALTER TABLE <表名>
　　[**ADD**[**COLUMN**]**<新列名><数据类型>**[**完整性约束**]]
　　[**ADD <表级完整性约束>**]
　　[**DROP**[**COLUMN**]**<列名>**[**CASCADE**| **RESTRICT**]]
　　[**DROP CONSTRAINT<完整性约束名>**[**RESTRICT** | **CASCADE**]]
　　[**RENAME COLUMN <列名> TO <新列名>**]
　　[**ALTER COLUMN <列名> TYPE <数据类型>**]；

其中：
① <表名>是要修改的基本表。

② ADD 子句用于增加新列、新的列级完整性约束和新的表级完整性约束。

③ DROP COLUMN 子句用于删除表中的列，如果指定了 CASCADE 短语，则自动删除引用了该列的其他对象，比如视图；如果指定了 RESTRICT 短语，则如果该列被其他对象引用，关系数据库管理系统将拒绝删除该列。

④ DROP CONSTRAINT 子句用于删除指定的完整性约束。

⑤ RENAME COLUMN 子句用于修改列名。

⑥ ALTER COLUMN 子句用于修改列的数据类型。

[例 3.8]向 Student 表增加"邮箱地址"列 Semail，其数据类型为字符型。

```
ALTER TABLE Student ADD Semail VARCHAR(30);
```

注意：不论基本表中原来是否已有数据，新增加的列一律为空值。

[例 3.9]将 Student 表中出生日期 Sbirthdate 的数据类型由 DATE 型改为字符型。

```
ALTER TABLE Student ALTER COLUMN Sbirthdate TYPE VARCHAR(20);
／＊DATE 类型占用 19 字节，所以修改为 VARCHAR 类型时长度要大于或等于 19＊／
```

[例 3.10]增加课程名称必须取唯一值的约束条件。

```
ALTER TABLE Course ADD UNIQUE(Cname);
```

5. 删除基本表

当某个基本表不再使用时，可以使用 DROP TABLE 语句将其删除。其一般格式为：

DROP TABLE <表名>[RESTRICT | CASCADE];

同样，若选择 RESTRICT，则该表的删除有限制条件，即该表不能被其他表的约束所引用（如 CHECK、FOREIGN KEY 等约束），不能有视图，不能有触发器（trigger），不能有存储过程或函数等。如果存在这些依赖该表的对象，则此表不能被删除。

若选择 CASCADE，则该表的删除没有限制条件。在删除基本表的同时，相关的依赖对象，都可能被一起删除。

该语句的默认选项是 RESTRICT。

[例 3.11]删除 Student 表，选择 CASCADE。

```
DROP TABLE Student CASCADE;
```

执行该语句后，Student 基本表定义一旦被删除，不仅表中的数据和此表的定义将被删除，而且此表上建立的索引、约束、触发器等对象一般也都将被删除。有的关系数据库管理系统会同时删除在此表上建立的视图。如果欲删除的基本表被其他基本表所引用，则这些表相应的参照完整性约束也可能被级联删除。因此删除基本表的操作一定要格外小心。

[例 3.12]删除 Student 表，若表上建有视图，选择 RESTRICT 时表不能删除；选择 CAS-

CADE 时可以删除表，视图也自动被删除。

```
CREATE VIEW CS_Student      /＊ 在 Student 表上建立计算机科学与技术专业的学生视图 ＊/
AS
SELECT Sno，Sname，Ssex，Sbirthdate，Smajor
FROM Student
WHERE Smajor='计算机科学与技术';

DROP TABLE Student RESTRICT;                /＊ 采用 RESTRICT 方式删除 Student 表 ＊/
--ERROR：cannot drop table Student because other objects depend on it
/＊ 系统返回错误信息，指出存在依赖该表的对象，此表不能被删除 ＊/
DROP TABLE Student CASCADE;                 /＊ 采用 CASCADE 方式删除 Student 表 ＊/
--NOTICE：drop cascades to view CS_Student    /＊ 系统返回提示，此表上的视图也被删除 ＊/

SELECT ＊ FROM CS_Student;                   /＊ CS_Student 视图不存在 ＊/
--ERROR：relation "CS_Student" does not exist
```

注意：不同的数据库产品，在遵循 SQL 标准的基础上，其具体实现和处理 DROP TABLE 语句的策略会与标准有差别。所以，在实际应用中一定要阅读相应的产品手册。

扩展阅读：不同产品 DROP TABLE 处理策略比较

我们对比了 DROP TABLE 的 SQL 标准与 Kingbase ES、Oracle、MS SQL Server 三种数据库产品的不同处理策略。读者可以扫描二维码进行阅读。

3.2.3　索引的建立与删除

当表的数据量很大时，查询操作会比较耗时。建立索引是加快查询速度的有效手段。数据库索引类似于图书的目录，能快速定位到需要查询的内容。用户可以根据应用环境的需要在基本表上建立一个或多个索引，以提供多种存取路径，加快查找速度。

数据库索引有多种类型，常见的索引结构包括顺序表（sequential list）索引、$B+$ 树索引、哈希索引（hash index）、位图索引（bitmap index）等。顺序表索引是针对按指定属性值升序或降序存储的关系，在该属性上建立一个顺序索引文件，索引文件由属性值和相应的元组指针组成。$B+$ 树索引是将索引属性组织成 $B+$ 树形式，其叶结点为属性值和相应的元组指针。$B+$ 树索引具有动态平衡的优点。哈希索引是建立若干个桶，将索引属性按照其哈希函数值映射到相应桶中，桶中存放索引属性值和相应的元组指针。哈希索引具有查找速度快的特点。位图索引是用位向量记录索引属性中可能出现的值，每个位向量对应一个可能值。第 9 章中将详细介绍索引技术。

索引虽然能够加速数据库查询，但需要占用一定的存储空间，当基本表更新时，索引也要进行相应的维护，这些都会增加数据库的负担，因此要根据实际应用的需要有选择地创建索引。

目前 SQL 标准中没有涉及索引，但商用关系数据库管理系统一般都支持索引机制，只是不同的关系数据库管理系统支持的索引类型不尽相同。

一般说来，建立与删除索引由数据库管理员或表的属主(owner，即建立表的人)负责完成。关系数据库管理系统在执行查询时会自动选择是否使用索引或使用哪个索引作为存取路径，用户不必也不能自主地选择索引。索引是关系数据库管理系统的内部实现技术，属于内模式的范畴。

1. 建立索引

在 SQL 语言中，建立索引使用 CREATE INDEX 语句，其一般格式如下：

> **CREATE**[**UNIQUE**][**CLUSTER**]**INDEX** <索引名>
> **ON** <表名>(<列名>[<次序>][,<列名>[<次序>]]…) ;

其中，<表名>是要建索引的基本表的名称。索引可以建立在该表的一列或多列上，各列名之间用逗号分隔。每个<列名>后面还可以用<次序>指定索引值的排列次序，可选 ASC(升序)或 DESC(降序)，默认值为 ASC。

UNIQUE 表明此索引的每一个索引值只对应唯一的数据记录。

CLUSTER 表示要建立的索引是聚簇索引。一张表上只能建立一个聚簇索引，多个有联系的表可以建立聚簇索引。有关聚簇索引将在第 7 章 7.5.2 小节关系模式存取方法选择中进一步介绍。

[**例 3.13**]为"学生选课"数据库中的 Student、Course 和 SC 三个表建立索引。其中 Student 表按学生姓名升序建唯一索引，Course 表按课程名升序建唯一索引，SC 表按学号升序和课程号降序建唯一索引(即先按照学号升序，对同一个学号再按课程号降序)。

```
CREATE UNIQUE INDEX Idx_StuSname ON Student(Sname);
    /*保证了 Sname 取唯一值的约束*/
CREATE UNIQUE INDEX Idx_CouCname ON Course(Cname);
    /*加上 Cname 取唯一值的约束*/
CREATE UNIQUE INDEX Idx_SCCno ON SC(Sno ASC,Cno DESC);
```

2. 修改索引

对于已经建立的索引，如果需要对其重新命名，可以使用 ALTER INDEX 语句。其一般格式如下：

> **ALTER INDEX** <旧索引名> **RENAME TO** <新索引名>;

[**例 3.14**]将 SC 表的 Idx_SCCno 索引名改为 Idx_SCSnoCno。

```
ALTER INDEX Idx_SCCno RENAME TO Idx_SCSnoCno;
```

3. 删除索引

索引一经建立就由系统使用和维护，无须用户干预。建立索引是为了减少查询操作的时间，但如果数据更新(增、删、改)频繁，系统会花费许多时间来维护索引，从而降低了查询效率。这时可以删除一些不必要的索引。

在 SQL 中，删除索引使用 DROP INDEX 语句，其一般格式如下：

DROP INDEX <索引名>;

[**例 3.15**]删除 Student 表的 Idx_StuSname 索引。

DROP INDEX Idx_StuSname;

删除索引时，系统会同时从数据字典中删去有关该索引的描述。

3.2.4   数据字典

数据字典是关系数据库管理系统内部的一组系统表，它记录了数据库中所有的定义信息，包括关系模式定义、视图定义、索引定义、完整性约束定义、各类用户对数据库的操作权限、统计信息等。关系数据库管理系统在执行 SQL 的数据定义语句时，实际上就是把这些定义信息存入系统的数据字典以更新其中的相应信息。在进行查询处理和查询优化时，关系数据库管理系统要根据数据字典中的信息执行处理算法和优化算法，因此数据字典是关系数据库管理系统运行的重要依据。

3.3   数 据 查 询

数据查询是数据库的核心操作。SQL 提供了 SELECT 语句进行数据查询，该语句具有灵活的使用方式和丰富的功能。

SELECT 语句的一般格式如下：

SELECT[**ALL**|**DISTINCT**]<目标列表达式>[别名][,<目标列表达式>[别名]]…
FROM <表名或视图名>[别名][,<表名或视图名>[别名]]…|(<SELECT 语句>)[**AS**]<别名>
[**WHERE** <条件表达式>]
[**GROUP BY** <列名 1>[**HAVING** <条件表达式>]]
[**ORDER BY** <列名 2>[**ASC**|**DESC**]]
[**LIMIT** <行数 1>[**OFFSET** <行数 2>]];

SELECT 语句的含义是，根据 WHERE 子句的条件表达式从 FROM 子句指定的基本表、视图或派生表中找出满足条件的元组，再按 SELECT 子句中的目标列表达式选出元组中的属性值形成结果表。

如果有 GROUP BY 子句，则将结果按<列名 1>的值进行分组，该属性列值相等的元组为一个组，通常会在每组中作用聚集函数。如果 GROUP BY 子句带 HAVING 短语，则只有满足指定条件的组才予以输出。

如果有 ORDER BY 子句，则结果表还要按<列名 2>的值的升序或降序排序。

如果有 LIMIT 子句，则限制 SELECT 语句查询结果的数量为<行数 1>行，OFFSET <行数 2>表示在计算<行数 1>行前忽略<行数 2>行。OFFSET 子句可省略，代表不忽略任何行。LIMIT 是和 GROUP BY、ORDER BY 并列的子句。

SELECT 语句既可以完成简单的单表查询，也可以完成复杂的连接查询和嵌套查询。下面以"学生选课"数据库为例，说明 SELECT 语句的各种用法。

3.3.1　单表查询

单表查询是指仅涉及一个表的查询。

1. 选择表中的若干列

选择表中的全部或部分列为关系代数的投影运算。

（1）查询指定列

在很多情况下，用户只对表中的一部分属性列感兴趣，这时可以通过在 SELECT 子句的<目标列表达式>中指定要查询的属性列。

[**例 3.16**]查询全体学生的学号与姓名。

```
SELECT Sno,Sname FROM Student;
```

该语句的执行过程可以是这样的：从 Student 表中取出一个元组，取出该元组在属性 Sno 和 Sname 上的值，形成一个新的元组作为输出。对 Student 表中的所有元组做相同的处理，最后形成一个结果关系作为输出。

[**例 3.17**]查询全体学生的姓名、学号、主修专业。

```
SELECT Sname,Sno,Smajor FROM Student;
```

<目标列表达式>中各个列的先后顺序可以与表中的顺序不一致。用户可以根据应用的需要改变列的显示顺序。本例中先列出姓名，再列出学号和主修专业。

（2）查询全部列

将表中的所有属性列都选出来有两种方法，一种方法就是在 SELECT 关键字后列出所有列名；如果列的显示顺序与其在基表中的顺序相同，也可以简单地将<目标列表达式>指定为"＊"。

[**例 3.18**]查询全体学生的详细记录。

```
SELECT ＊ FROM Student;
```

等价于

```
SELECT Sno,Sname,Ssex,Sbirthdate,Smajor FROM Student;
```

（3）查询经过计算的值

SELECT 语句的<目标列表达式>可以是算术表达式、字符串常量、函数等。

[例 3.19] 查询全体学生的姓名及其年龄。

查询要求中"年龄"不能在学生表中直接查到，需要通过计算得到。

如果使用 KingbaseES 数据库系统，其 SQL 语句如下：

    SELECT Sname，（extract（year from current_date）-extract（year from Sbirthdate）） "年龄"
    FROM Student；   / * SELECT 语句的第 2 列是表达式，起了别名"年龄" * /

extract（year from current_date）是 Kingbase 提供的内置函数，其功能是获取当前日期的年份，extract（year from Sbirthdate）为获取表中出生日期的年份。

学生的出生年份是从属性列"出生日期"中计算得到的，不同的数据库管理系统提供的内置函数不同，语法也不尽相同。所以，**读者在书写 SQL 语句时一定要参考所使用的产品手册**。本书对部分数据库管理系统产品的主要函数进行了整理，放在**第 8 章的二维码 8.1** 中，供读者参考。

本例查询结果如图 3.3 所示。

注意：CURRENT_DATE 为实际上机实验的日期，读者的实际操作结果与这里的输出结果会有出入。此外，本例计算年龄仅考虑年份，如果以具体出生日期为界限的话就可能有误差了。本章后面的示例也均作此考虑。

用户还可以通过指定别名来改变查询结果的列标题，这对于含算术表达式、常量、函数名的目标列表达式尤为有用。在例 3.19 中就定义了"年龄"别名。

用户也可以在 SELECT 语句中加上说明含义的一个列标题。例如在例 3.20 中加上'Date of Birth：'，表明右边一列是出生日期。

Sname	年龄
李勇	21
刘晨	22
王敏	20
张立	21
陈新奇	20
赵明	21
王佳佳	20

图 3.3   例 3.19 查询结果

[例 3.20] 查询全体学生的姓名、出生日期和主修专业。

    SELECT Sname，'Date of Birth：'，Sbirthdate，Smajor
    FROM Student；

查询结果如图 3.4 所示。

Sname	Date of Birth：	Sbirthdate	Smajor
李勇	Date of Birth：	2000-3-8	信息安全
刘晨	Date of Birth：	1999-9-1	计算机科学与技术
王敏	Date of Birth：	2001-8-1	计算机科学与技术
张立	Date of Birth：	2000-1-8	计算机科学与技术
陈新奇	Date of Birth：	2001-11-1	信息管理与信息系统
赵明	Date of Birth：	2000-6-12	数据科学与大数据技术
王佳佳	Date of Birth：	2001-12-7	数据科学与大数据技术

图 3.4   例 3.20 查询结果

2. 选择表中的若干元组

（1）消除取值重复的行

两个本来并不完全相同的元组在投影到指定的某些列上后，可能会变成相同的行。可以用 DISTINCT 消除它们。

[**例 3.21**] 查询选修了课程的学生学号。

```
SELECT Sno
FROM SC;
```

该查询结果里包含了许多重复的行。如想去掉结果表中的重复行，必须指定 DISTINCT：

```
SELECT DISTINCT Sno
FROM SC;
```

查询结果如图 3.5 所示。

如果没有指定 DISTINCT 关键词，则默认值为 ALL，即保留结果表中取值重复的行。

```
SELECT Sno
FROM SC;
```

等价于

```
SELECT ALL Sno
FROM SC;
```

Sno
20180001
20180002
20180003
20180004
20180005

图 3.5 例 3.21 查询结果

（2）查询满足条件的元组

查询满足指定条件的元组可以通过 WHERE 子句实现。WHERE 子句常用的查询条件如表 3.5 所示。

表 3.5 常用的查询条件

查询条件	谓词
比较	=，>，<，>=，<=，!=，<>，!>，!<；NOT+上述比较运算符
确定范围	BETWEEN AND，NOT BETWEEN AND
确定集合	IN，NOT IN
字符匹配	LIKE，NOT LIKE
空值	IS NULL，IS NOT NULL
多重条件（逻辑运算）	AND，OR，NOT

① 比较大小

用于进行比较的运算符一般包括=（等于），>（大于），<（小于），>=（大于或等于），<=

（小于或等于），!=或<>（不等于），!>（不大于），!<（不小于）。

[例 3.22]查询主修计算机科学与技术专业全体学生的姓名。

```
SELECT Sname
FROM Student
WHERE Smajor='计算机科学与技术';  /*字符串常数要用单引号(英文符号)括起来*/
```

关系数据库管理系统执行该查询的一种可能过程是：对 Student 表进行全表扫描，取出一个元组，检查该元组在 Smajor 列的值是否等于"计算机科学与技术"，如果相等，则取出 Sname 列的值形成一个新的元组输出；否则跳过该元组，取下一个元组。重复该过程，直到处理完 Student 表的所有元组。

如果全校有数万个学生，主修计算机科学与技术专业的学生人数约是全校学生的 9%，则可以在 Student 表的 Smajor 列上建立索引，系统会利用该索引找出 Smajor='计算机科学与技术' 的元组，从中取出 Sname 列值形成结果关系。这就避免了对 Student 表的全表扫描，加快了查询速度。

注意：如果全校学生较少，索引查找不一定能提高查询效率，系统仍会使用全表扫描。这由查询优化器按照算法规则或估计执行代价来做出选择。

[例 3.23]查询 2000 年及 2000 年后出生的所有学生的姓名及其性别。

```
SELECT Sname,Ssex
FROM Student
WHERE extract(year from Sbirthdate) >= 2000;
                    /*函数 extract(year from Sbirthdate)用于从出生日期中抽取出年份*/
```

[例 3.24]查询考试成绩不及格的学生的学号。

```
SELECT DISTINCT Sno
FROM SC
WHERE Grade<60;
```

这里使用了 DISTINCT 短语，当一个学生有多门课程不及格时，其学号也只列一次。

② 确定范围

谓词 BETWEEN…AND…和 NOT BETWEEN…AND…可以用来查找属性值在（或不在）指定范围内的元组，其中 BETWEEN 后是范围的下限（即低值），AND 后是范围的上限（即高值）。

[例 3.25]查询年龄在 20~23 岁（包括 20 岁和 23 岁）之间的学生的姓名、出生日期和主修专业。

```
SELECT Sname,Sbirthdate,Smajor
FROM Student
```

```
WHERE extract( year from current_date) − extract( year from Sbirthdate)
        BETWEEN 20 AND 23;
```

[例3.26] 查询年龄不在 20~23 岁范围内的学生的姓名、出生日期和主修专业。

```
SELECT Sname, Sbirthdate, Smajor
FROM Student
WHERE extract( year from current_date) − extract( year from Sbirthdate)
        NOT BETWEEN 20 AND 23;
```

③ 确定集合

谓词 IN 可以用来查找属性值属于指定集合的元组。

[例3.27] 查询计算机科学与技术专业和信息安全专业的学生的姓名及性别。

```
SELECT Sname, Ssex
FROM Student
WHERE Smajor IN ( '计算机科学与技术','信息安全' );
```

与 IN 相对的谓词是 NOT IN，用于查找属性值不属于指定集合的元组。

[例3.28] 查询非计算机科学与技术专业和信息安全专业的学生的姓名和性别。

```
SELECT Sname, Ssex
FROM Student
WHERE Smajor NOT IN ( '计算机科学与技术','信息安全' );
```

④ 字符匹配

谓词 LIKE 可以用来进行字符串的匹配。其一般语法格式如下：

[**NOT**] **LIKE** '<匹配串>' [ESCAPE ' <换码字符>']

即查找指定的属性列值与<匹配串>相匹配的元组。<匹配串>可以是一个完整的字符串，也可以含有通配符%和_。其中：

　　a. %(百分号)代表任意长度(长度可以为 **0**)的字符串。例如"a%b"表示以 a 开头，以 b 结尾的任意长度的字符串。如 acb、addgb、ab 等都满足该匹配串。

　　b. _(下划线)代表任意单个字符。例如"a_b"表示以 a 开头，以 b 结尾的长度为 3 的任意字符串，如 acb、afb 等都满足该匹配串。

[例3.29] 查询学号为 20180003 的学生的详细情况。

```
SELECT *
FROM Student
WHERE Sno LIKE '20180003';
```

等价于

```
SELECT  *
FROM Student
WHERE Sno ='20180003';
```

如果 LIKE 后面的匹配串中不含通配符，则可以用"="（等于）运算符取代 LIKE 谓词，用
"!="或"<>"（不等于）运算符取代 NOT LIKE 谓词。

[**例 3.30**] 查询所有姓刘的学生的姓名、学号和性别。

```
SELECT Sname,Sno,Ssex
FROM Student
WHERE Sname LIKE '刘%';
```

[**例 3.31**] 查询 2018 级学生的学号和姓名。

```
SELECT Sno,Sname
FROM Student
WHERE Sno LIKE '2018%';            /＊学号的数据类型是字符,用字符匹配＊/
```

[**例 3.32**] 查询课程号为 81 开头，最后一位是 6 的课程名称和课程号。

```
SELECT Cname,Cno
FROM Course
WHERE Cno LIKE '81__6';           /＊ 注意课程关系中课程号为固定长度,占 5 个字符大小 ＊/
```

[**例 3.33**] 查询所有不姓刘的学生的姓名、学号和性别。

```
SELECT Sname,Sno,Ssex
FROM Student
WHERE Sname NOT LIKE '刘%';
```

如果用户要查询的字符串本身就含有通配符%或_，这时就要使用 ESCAPE '<换码字符>'短
语对通配符进行转义了。

[**例 3.34**] 查询 DB_Design 课程的课程号和学分。

```
/＊假设已插入了一条数据库设计课程元组,课程名称为 DB_Design ＊/
SELECT Cno,Ccredit
FROM Course
WHERE Cname LIKE 'DB\_Design' ESCAPE '\';
```

"ESCAPE '\'"表示"\"为换码字符。这样匹配串中紧跟在"\"后面的字符"_"不再具有通配
符的含义，转义为普通的"_"字符。

[**例 3.35**] 查询以"DB_"开头，且倒数第三个字符为 i 的课程的详细情况。

```
SELECT  *
```

```
FROM Course
WHERE Cname LIKE 'DB\_%i__' ESCAPE '\';
```

这里的匹配串为'DB_%i__' ESCAPE '\'。第一个"_"前有换码字符"\"，所以它被转义为普通的"_"字符。而"i"后的两个"_"的前面均没有换码字符"\"，所以它们仍作为通配符。

⑤ 涉及空值的查询

[**例 3.36**] 某些学生选修课程后没有参加考试，所以有选课记录但没有考试成绩。查询缺少成绩的学生的学号和相应的课程号。

```
SELECT Sno,Cno
FROM SC
WHERE Grade IS NULL;            /*分数 Grade 是空值*/
```

注意这里的"IS"不能用等号(=)代替。

[**例 3.37**] 查所有有成绩的学生的学号和选修的课程号。

```
SELECT Sno,Cno
FROM SC
WHERE Grade IS NOT NULL;
```

⑥ 多重条件查询

逻辑运算符 AND 和 OR 可用来连接多个查询条件。AND 的优先级高于 OR，但用户可以用括号改变优先级。

[**例 3.38**] 查询主修计算机科学与技术专业，在 2000 年(包括 2000 年)以后出生的学生的学号、姓名和性别。

```
SELECT Sno,Sname,Ssex
FROM Student
WHERE Smajor='计算机科学与技术' AND extract(year from Sbirthdate)>=2000;
```

在例 3.27 中的 IN 谓词实际上是多个 OR 运算符的缩写，因此该例中的查询也可以用 OR 运算符写成如下等价形式：

```
SELECT Sname,Ssex
FROM Student
WHERE Smajor='计算机科学与技术' OR Smajor='信息安全';
```

3. ORDER BY 子句

用户可以用 ORDER BY 子句对查询结果按照**一个或多个属性列的升序(ASC)或降序(DE-SC)排列**，默认值为升序。

[**例 3.39**] 查询选修了 81003 号课程的学生的学号及其成绩，查询结果按分数的降序排列。

```
SELECT Sno,Grade
FROM SC
WHERE Cno='81003'
ORDER BY Grade DESC;
```

对于空值,排序时显示的次序由具体系统实现来决定。例如按升序排,含空值的元组最后显示;按降序排,含空值的元组则最先显示。各个系统的实现可以不同,请读者参考产品手册。

[**例3.40**]查询全体学生选修课程情况,查询结果先按照课程号升序排列,同一课程中按成绩降序排列。

```
SELECT *
FROM SC
ORDER BY Cno,Grade DESC;
    /*排序字段的说明默认为升序 ASC,可以省略,而 DESC 需要明确写出来。*/
```

注意:这里是对查询结果进行排序,不影响基本表中数据的存储状况。

4. 聚集函数

为了进一步方便用户,增强检索功能,SQL 提供了许多聚集函数,主要有:

COUNT(*)	统计元组个数
COUNT([DISTINCT|ALL]<列名>)	统计一列中值的个数
SUM([DISTINCT|ALL]<列名>)	计算一列值的总和(此列必须是数值型)
AVG([DISTINCT|ALL]<列名>)	计算一列值的平均值(此列必须是数值型)
MAX([DISTINCT|ALL]<列名>)	求一列值中的最大值
MIN([DISTINCT|ALL]<列名>)	求一列值中的最小值

如果指定 DISTINCT 短语,则表示在计算时要取消指定列中的重复值。如果不指定 DISTINCT 短语或指定 ALL 短语(ALL 为默认值),则表示不取消重复值。

当遇到空值时,聚集函数中除 COUNT(*)函数外,其他函数都跳过空值而只处理非空值。COUNT(*)是对元组进行计数,某个元组的一个或部分列取空值不影响其统计结果。

[**例3.41**]查询学生总人数。

```
SELECT COUNT(*)
FROM Student;
```

[**例3.42**]查询选修了课程的学生人数。

```
SELECT COUNT(DISTINCT Sno)
FROM SC;
```

学生每选修一门课,在 SC 中都有一条相应的记录。一个学生可选修多门课程,为避免重复计算学生人数，必须在 COUNT 函数中用 DISTINCT 短语。

[**例 3.43**]计算选修 81001 号课程的学生平均成绩。

    SELECT AVG(Grade)
    FROM SC
    WHERE Cno='81001';

[**例 3.44**]查询选修 81001 号课程的学生最高分数。

    SELECT MAX(Grade)
    FROM SC
    WHERE Cno='81001';

[**例 3.45**] 查询学号为 20180003 的学生选修课程的总学分数。

    SELECT SUM(Ccredit)
    FROM SC, Course
    WHERE Sno='20180003' AND SC. Cno=Course. Cno;

注意：WHERE 子句不能直接用聚集函数作为条件表达式。聚集函数只能用于 SELECT 子句和 GROUP BY 子句中的 HAVING 短语。

5. GROUP BY 子句

GROUP BY 子句将查询结果**按某一列或多列的值分组**，值相等的为一组，如果是多列，则先对第一列的值分组，然后对每一组中的值按照第二列值分组，以此类推。结果集中如果有重复的列组值，则将其合并为一行输出。

例如，若对 A，B 两列进行如下分组：

    (1,2)
    (1,2)
    (1,3)
    (2,4)

那么，最后的分组结果为

    (1,2)
    (1,3)
    (2,4)

对查询结果分组的目的之一是细化聚集函数的作用对象。如果未对查询结果分组，聚集函数将作用于整个查询结果，如前面的例 3.41~3.45。分组后聚集函数将作用于每一个组，即每组都有一个聚集函数值。

[**例 3.46**]求各个课程号及选修该课程的人数。

```
SELECT Cno,COUNT(Sno)
FROM SC
GROUP BY Cno;
```

该语句对查询结果按 Cno 的值分组，所有具有相同 Cno 值的元组为一组，然后对每一组应用聚集函数 COUNT 进行计算，以求得该组的学生人数。

查询结果可能如图 3.6 所示。

如果分组后还要求按一定的条件对这些组进行筛选，最终只输出满足指定条件的组，则可以使用 HAVING 短语指定筛选条件。

[例 3.47]查询 2019 年第 2 学期选修课程数超过 10 门的学生学号。

Cno	COUNT(Sno)
81001	42
81002	44
81003	44
81004	33
81005	48
81006	45
81007	48
81008	39

图 3.6   例 3.46 查询结果

```
SELECT Sno
FROM SC
WHERE Semester='20192'      /* 先求出 2019 年第 2 学期选课的所有学生 */
GROUP BY Sno                /* 用 GROUP BY 子句按 Sno 进行分组 */
HAVING COUNT( * ) >10;      /* 用聚集函数 COUNT 对每一组进行计数  */
```

HAVING 短语给出了选择组的条件，只有满足条件(即一个组中元组个数>10，表示此学生 2019 年第 2 学期选修的课超过 10 门)的组才会被选出来。

WHERE 子句与 HAVING 短语的区别在于作用对象不同。WHERE 子句作用于基本表或视图，从中选择满足条件的元组。HAVING 短语作用于组，从中选择满足条件的组。

关系数据库管理系统在处理 SQL 语句时，先处理 WHERE 子句，根据条件选出合格元组，生成一个临时表，本例中选出了 2019 年第 2 学期选课的所有学生，再使用 GROUP BY 子句对临时表按照学号分组，最后用 HAVING 条件中的聚集函数 COUNT 对每一组进行计数，选出 COUNT >10 的组，输出该组的 Sno。

[例 3.48]查询平均成绩大于或等于 90 分的学生学号和平均成绩。

```
SELECT Sno,AVG(Grade)
FROM SC
GROUP BY Sno
HAVING AVG(Grade)>=90;
```

下面的语句是错误的：

```
SELECT Sno,AVG(Grade)
FROM SC
WHERE AVG(Grade)>=90
GROUP BY Sno;
```

因为 WHERE 子句不能用聚集函数作为条件表达式。

6. LIMIT 子句

LIMIT 子句用于限制 SELECT 语句查询结果的(元组)数量,其一般形式如下:

> **LIMIT <行数 1>[OFFSET <行数 2>];**

语义是取<行数 1>,忽略前<行数 2>行,作为查询结果数据。OFFSET 可以省略,代表不忽略任何行。

实际应用中 LIMIT 子句经常和 ORDER BY 子句一起使用。

[例 3.49]查询选修数据库系统概论课程且成绩排名在前 10 名的学生的学号。

```
SELECT Sno
FROM SC,Course
WHERE Course. Cname='数据库系统概论' AND SC. Cno=Course. Cno
ORDER BY Grade DESC
LIMIT 10;              /* 取前 10 行数据为查询结果 */
```

[例 3.50]查询平均成绩排名在第 3~7 名的学生的学号和平均成绩。

```
SELECT Sno,AVG(Grade)
FROM SC
GROUP BY Sno
ORDER BY AVG(Grade) DESC
LIMIT 5 OFFSET 2;    /* 取 5 行数据,忽略前 2 行,之后为查询结果数据 */
```

3.3.2　连接查询

前面的查询都是针对一个表进行的。若一个查询同时涉及两个以上的表,则称之为连接查询。连接查询是关系数据库中最常用的查询,包括等值连接查询、非等值连接查询、自然连接查询、自身连接查询、外连接查询、复合条件连接查询、多表连接查询等。

连接的概念在第 2 章做初步讲解,读者可以复习一下 2.4.2 小节中的有关概念。

1. 等值与非等值连接查询

连接查询的 WHERE 子句中用来连接两个表的条件称为**连接条件**或**连接谓词**,其一般格式如下:

> [<表名 1>.]<列名 1><比较运算符>[<表名 2>.]<列名 2>

其中,比较运算符主要有 = 、>、<、>=、<=、!=(或<>)等。

此外,连接谓词还可以使用下面的形式:

> [<表名 1>.]<列名 1> BETWEEN[<表名 2>.]<列名 2> AND[<表名 2>.]<列名 3>

比较运算符为"="的连接查询称为**等值连接**查询。使用其他比较运算符的连接查询则称为**非等值连接**查询。

连接谓词中的"列名"称为**连接字段**。连接条件中的各连接字段类型必须是可比的，但名字不必相同。

[**例 3.51**] 查询每个学生及其选修课程的情况。

学生情况存放在 Student 表中，学生选课情况存放在 SC 表中，所以本查询实际上涉及 Student 与 SC 两个表。这两个表之间的联系是通过公共属性 Sno 实现的。

```
SELECT Student. * , SC. *
FROM Student,SC
WHERE Student. Sno=SC. Sno        /* 将 Student 与 SC 中同一学生的元组连接起来 */
```

假设 Student 表、SC 表的数据如第 2 章图 2.1 所示，本查询的执行结果如图 3.7 所示。

Student.Sno	Sname	Ssex	Sbirthdate	Smajor	SC.Sno	Cno	Grade	Semester	Teachingclass
20180001	李勇	男	2000-3-8	信息安全	20180001	81001	85	20192	81001-01
20180001	李勇	男	2000-3-8	信息安全	20180001	81002	96	20201	81002-01
20180001	李勇	男	2000-3-8	信息安全	20180001	81003	87	20202	81003-01
20180002	刘晨	女	1999-9-1	计算机科学与技术	20180002	81001	80	20192	81001-02
20180002	刘晨	女	1999-9-1	计算机科学与技术	20180002	81002	98	20201	81002-01
20180002	刘晨	女	1999-9-1	计算机科学与技术	20180002	81003	71	20202	81003-02
…	…	…	…	…	…	…	…	…	…

图 3.7   例 3.51 查询结果示例

说明：为节省篇幅，图 3.7 没有列出查询的全部结果，仅列出了"李勇"和"刘晨"两个学生及其选课情况。

关系数据库管理系统执行该连接操作的一种可能过程是：首先在表 Student 中找到第一个元组，然后从头开始扫描 SC 表，逐一查找与 Student 第一个元组的 Sno 相等的 SC 元组，找到后就将 Student 中的第一个元组与该元组拼接起来，形成结果表中的一个元组。SC 全部查找完后，再找 Student 中第二个元组，然后再从头开始扫描 SC，逐一查找满足连接条件的元组，找到后就将 Student 中的第二个元组与该元组拼接起来，形成结果表中的一个元组。重复上述操作，直到 Student 中的全部元组都处理完毕为止(见图 3.8 所示)。这就是嵌套循环连接算法的基本思想。

Student

学号 Sno	姓名 Sname	性别 Ssex	出生日期 sbirthdate	专业 Smajor
20180001	李勇	男	2000-3-8	信息安全
20180002	刘晨	女	1999-9-1	计算机科学 与技术
20180003	王敏	女	2001-8-1	计算机科学 与技术
20180004	张立	男	2000-1-8	计算机科学 与技术
…	…	…	…	…

SC

学号 Sno	课程号 Cno	成绩 Grade	选课学期 Semester	教学班 Teachingclass
20180001	81001	85	20192	81001-01
20180001	81002	96	20201	81002-01
20180001	81003	87	20202	81003-01
20180002	81001	80	20192	81001-02
20180002	81002	98	20201	81002-01
…	…	…	…	…

图 3.8　关系数据库管理系统执行连接操作的过程示意图

如果在 SC 表的 Sno 上建立了索引，就不需要每次都全表扫描 SC 表了，而是根据 Sno 值通过索引找到相应的 SC 元组。用索引查询 SC 中满足条件的元组一般会比全表扫描快。

2. 自然连接查询

把结果表目标列中重复的属性列去掉的等值连接查询则为自然连接查询，如例 3.52 中去掉了 SC 表中的 Sno。

[**例 3.52**]查询每个学生的学号、姓名、性别、出生日期、主修专业及该学生选修课程的课程号与成绩。

```
SELECT Student. Sno,Sname,Ssex,Sbirthdate,Smajor,Cno,Grade
FROM    Student,SC
WHERE Student. Sno=SC. Sno;
```

本例中，由于 Sname、Ssex、Sbirthdate、Smajor、Cno 和 Grade 属性列在 Student 表与 SC 表中是唯一的，因此引用时可以去掉表名前缀；而 Sno 在两个表都出现了，因此 SELECT 子句和 WHERE 子句在引用时必须加上表名前缀。

3. 复合条件连接查询

使用一条 SQL 语句可以同时完成选择和连接查询，这时 WHERE 子句是由连接谓词和选择谓词组成的复合条件。WHERE 子句中有多个条件的连接查询，称为复合条件连接查询。

[**例 3.53**]查询选修 81002 号课程且成绩在 90 分以上的所有学生的学号和姓名。

```
SELECT Student. Sno,Sname
```

　　　　　　FROM Student,SC

　　　　　　WHERE Student. Sno=SC. Sno　AND　　　　　　　/＊连接谓词＊/

　　　　　　　　　SC. Cno='81002' AND SC. Grade>90;　　　/＊其他选择条件＊/

　　该查询的一种优化(高效)的执行过程是，先从 SC 中挑选出 Cno='81002'并且 Grade>90 的元组形成一个中间关系，再和 Student 中满足连接条件的元组进行连接得到最终的结果关系。

　　4. 自身连接查询

　　连接操作不仅可以在两个表之间进行，也可以是一个表与其自身进行连接，此时的连接查询称为表的**自身连接查询**。

　　[**例 3.54**]查询每一门课的间接先修课(即先修课的先修课)。

　　先来分析一下，题目要求查询每一门课程的先修课的先修课，在 Course 表中只有每门课的直接先修课的课程号 Cpno，而没有先修课的先修课课程号。要查询每一门课的间接先修课，必须先对一门课找到其直接先修课 Cpno，再按此先修课的课程号查找它的先修课程。这相当于将 Course 表与其自身连接后，取第一个副本的课程号与第二个副本的先修课号作为目标列中的属性。

　　具体写 SQL 语句时，为清楚起见，可以为 Course 表取两个别名：FIRST 和 SECOND，也可以在考虑问题时就把 Course 表想成是两个完全一样的表，一个是 FIRST 表，另一个是 SECOND表，然后把这两个表连接。这就是 Course 表与其自身连接。完成该查询的 SQL 语句如下：

　　　　　　SELECT FIRST. Cno,SECOND. Cpno

　　　　　　FROM Course FIRST,Course SECOND

　　　　　　WHERE FIRST. Cpno=SECOND. Cno and SECOND. Cpno IS NOT NULL;

　　在 FROM 子句中为 Course 表定义了两个不同的别名，这样就可以分别在 SELECT 子句和WHERE 子句中的属性名前加这两个别名来进行区分(见图 3.9 所示)。

FIRST表(Course表)

课程号 Cno	课程名 Cname	学分 Ccredit	先修课 Cpno
81001	程序设计基础与 C语言	4	
81002	数据结构	4	81001
81003	数据库系统概论	4	81002
81004	信息系统概论	4	81003
81005	操作系统	4	81001
81006	Python语言	3	81002
81007	离散数学	4	
81008	大数据技术概论	4	81003

SECOND表(Course表)

课程号 Cno	课程名 Cname	学分 Ccredit	先修课 Cpno
81001	程序设计基础与 C语言	4	
81002	数据结构	4	81001
81003	数据库系统概论	4	81002
81004	信息系统概论	4	81003
81005	操作系统	4	81001
81006	Python语言	3	81002
81007	离散数学	4	
81008	大数据技术概论	4	81003

图 3.9　自身连接查询示例

查询结果如图 3.10 所示。

Cno	Cpno
81003	81001
81004	81002
81006	81001
81008	81002

图 3.10　例 3.54 查询结果

注意：在 Course 表中只列出 Cno 课程的一门直接先修课 Cpno，这样才能保证 Cno 是主码。实际情况会复杂些，一门课程可能会有几门直接先修课。这时就需要重新设计 S-C-SC 模式，有关方法将在第二篇设计与应用开发篇中讲解。

5. 外连接查询

在第 2 章 2.4.2 小节也讲解过外连接的有关概念。

在通常的连接操作中，只有满足连接条件的元组才能作为结果输出。如例 3.51 的结果表中就不会有学号为 20180006 和 20180007 的两个学生的信息，原因在于他们还没有选课，在 SC 表中没有相应的元组，导致 Student 中这些元组在连接时被舍弃了（这些被舍弃的元组称为悬浮元组）。

但是，有时我们想以 Student 表为主体列出每个学生的基本情况及其选课情况，若某个学生没有选课，则只输出其基本情况的数据，而把选课信息填为空值 NULL，这时就需要使用外连接查询。

[例 3.55]

```
SELECT Student. Sno,Sname,Ssex,Sbirthdate,Smajor,Cno,Grade
FROM Student LEFT OUTER JOIN SC ON (Student. Sno=SC. Sno);
```

查询结果如图 3.11 所示。

左外连接列出 FROM 子句中左边关系（如本例 Student）所有的元组，**右外连接**列出 FROM 子句中右边关系中（如本例 SC）所有的元组。

6. 多表连接查询

连接查询除了可以是**两表连接**查询、一个表与其自身连接查询外，还可以是两个以上的表进行连接查询，后者通常称为**多表连接**查询。

[例 3.56]查询每个学生的学号、姓名、选修的课程名及成绩。

本例查询涉及 3 个表，存放学生学号和姓名的 Student 表、存放学生选课成绩的 SC 表和存放课程名的 Course 表。完成该查询的 SQL 语句如下：

```
SELECT Student. Sno,Sname,Cname,Grade
FROM Student,SC,Course
WHERE Student. Sno=SC. Sno AND SC. Cno=Course. Cno;
```

Student.Sno	Sname	Ssex	Sbirthdate	Smajor	Cno	Grade
20180001	李勇	男	2000-3-8	信息安全	81001	85
20180001	李勇	男	2000-3-8	信息安全	81002	96
20180001	李勇	男	2000-3-8	信息安全	81003	87
20180002	刘晨	女	1999-9-1	计算机科学与技术	81001	80
20180002	刘晨	女	1999-9-1	计算机科学与技术	81002	98
20180002	刘晨	女	1999-9-1	计算机科学与技术	81003	71
20180003	王敏	女	2001-8-1	计算机科学与技术	81001	81
20180003	王敏	女	2001-8-1	计算机科学与技术	81002	76
20180004	张立	男	2000-1-8	计算机科学与技术	81001	56
20180004	张立	男	2000-1-8	计算机科学与技术	81002	97
20180005	陈新奇	男	2001-11-1	信息管理与信息系统	81003	68
20180006	赵明	男	2000-6-12	数据科学与大数据技术	NULL	NULL
20180007	王佳佳	女	2001-12-7	数据科学与大数据技术	NULL	NULL

图 3.11　例 3.55 查询结果

关系数据库管理系统在执行多表连接查询时，通常是先进行两个表的连接查询，再将其结果与第三个表进行连接查询。本例的一种可能的执行方式是，先将 Student 表与 SC 表进行连接查询，得到每个学生的学号、姓名、所选课程号和相应的成绩，然后再将其与 Course 表进行连接查询，得到最终结果。

关系数据库管理系统执行连接查询时，多个表连接的次序会影响执行效率。这是关系数据库管理系统查询优化算法要考虑的问题，即通过代价估算确定实际执行连接的次序。

3.3.3　嵌套查询

在 SQL 中，一个 SELECT-FROM-WHERE 语句称为一个**查询块**。将一个查询块嵌套在另一个查询块的 WHERE 子句或 HAVING 短语的条件中的查询称为**嵌套查询**（nested query）。例如，查询选修 81003 号课程的所有学生姓名，其 SQL 语句如下：

```
SELECT Sname              /*外层查询或父查询*/
FROM Student
WHERE Sno IN
    (SELECT Sno           /*内层查询或子查询*/
    FROM SC
    WHERE Cno='81003');
```

本例中，下层查询块 SELECT Sno FROM SC WHERE Cno='201803'是嵌套在上层查询块 SE-

LECT Sname FROM Student 的 WHERE 条件中的。上层的查询块称为**外层查询**或**父查询**，下层查询块称为**内层查询**或**子查询**。

SQL 语言允许多层嵌套查询，即一个子查询中还可以嵌套其他子查询。需要特别指出的是，子查询的 SELECT 语句中**不能使用 ORDER BY 子句**，该子句只能对最终查询结果排序。

嵌套查询使得用户可以用多个简单查询构成复杂的查询，从而增强 SQL 的查询能力。以层层嵌套的方式来构造程序正是 SQL 中"结构化"的含义所在。

1. 带有 IN 谓词的子查询

在嵌套查询中，子查询的结果往往是一个集合，所以谓词 IN 是嵌套查询中最经常使用的谓词。

[**例 3.57**] 查询与"刘晨"在同一个主修专业的学生学号、姓名和主修专业。

先分步来完成此查询，然后再构造嵌套查询。

① 确定"刘晨"的主修专业名。

```
SELECT Smajor
FROM Student
WHERE Sname='刘晨';
```

结果为计算机科学与技术。

② 查找所有主修计算机科学与技术专业的学生。

```
SELECT Sno,Sname,Smajor
FROM Student
WHERE Smajor='计算机科学与技术';
```

查询结果如图 3.12 所示。

Sno	Sname	Smajor
20180002	刘晨	计算机科学与技术
20180003	王敏	计算机科学与技术
20180004	张立	计算机科学与技术

图 3.12 例 3.57 查询结果

分步写查询毕竟比较麻烦，上述查询可以用嵌套查询来实现，即将第一步查询嵌入第二步查询的条件，构造嵌套查询语句如下：

```
SELECT Sno,Sname,Smajor    /* 例 3.57 的解法一 */
FROM Student
WHERE Smajor IN
      ( SELECT Smajor
```

                    FROM Student

                    WHERE Sname='刘晨');

    本例中，子查询的查询条件不依赖于父查询，称为**不相关子查询**。

    关系数据库管理系统求解该查询时，实际上也是由里向外分步去做的。即先处理子查询，确定"刘晨"的主修专业，得到结果"计算机科学与技术"，子查询的结果用于建立其父查询WHERE 子句的查找条件，得到如下的语句：

        SELECT Sno,Sname,Smajor

        FROM Student

        WHERE Smajor IN ('计算机科学与技术');

然后执行该语句。

    本例中的查询也可以用自身连接来完成：

        SELECT S1. Sno,S1. Sname,S1. Smajor   /∗ 例 3. 57 的解法二 ∗/

        FROM Student S1,Student S2

        WHERE S1. Smajor=S2. Smajor AND S2. Sname='刘晨';

    [**例 3. 58**]查询选修了课程名为"信息系统概论"的学生的学号和姓名。

    本查询涉及学号、姓名和课程名三个属性。学号和姓名存放在 Student 表中，课程名存放在 Course 表中，但 Student 与 Course 两个表之间没有直接联系，必须通过 SC 表建立它们之间的联系。所以本查询实际上涉及三个关系。

SELECT Sno,Sname	③ 在 Student 关系中
FROM Student	取出 Sno 和 Sname
WHERE Sno IN	
(SELECT Sno	② 在 SC 关系中找出选修
FROM SC	81004 号课程的学生学号
WHERE Cno IN	
(SELECT Cno	① 在 Course 关系中找出
FROM Course	"信息系统概论"的课程号，
WHERE Cname='信息系统概论'	结果为 81004
)	
);	

    本查询同样可以用连接查询实现：

        SELECT Student. Sno,Sname

        FROM Student,SC,Course

        WHERE Student. Sno=SC. Sno AND

SC. Cno = Course. Cno AND

Course. Cname ='信息系统概论';

有些嵌套查询可以用连接查询替代，有些是不能替代的。从例 3.57 和例 3.58 可以看到，查询涉及多个关系时，用嵌套查询逐步求解层次清楚，易于构造，具有结构化程序设计的优点。但是，有的查询使用连接查询可能效率更高些。所以在实际应用中，需要根据关系数据库管理系统的查询处理算法效率来选择使用哪种 SQL 语句。

2. 带有比较运算符的子查询

带有比较运算符的子查询是指父查询与子查询之间用比较运算符进行连接。当用户能确切知道内层查询返回的是单个值时，可以用>、<、=、>=、<=、!=或<>等比较运算符。

例如在例 3.57 中，由于一个学生只可能主修一个专业，也就是说内查询的结果是一个值，因此可以用"="代替"IN"：

SELECT Sno,Sname,Smajor   /＊例 3.57 的解法三 ＊/

FROM Student

WHERE Smajor =

(SELECT Smajor

FROM Student

WHERE Sname ='刘晨');

实现同一个查询请求可以有多种方法，就如上面的例 3.57 分别给出了三种不同的解法。不同的 SQL 语句执行效率会有差别，甚至差别会很大。这就是数据库编程人员应该掌握数据库性能调优技术的原因。

例 3.57 和例 3.58 中子查询的查询条件不依赖于父查询，这类子查询称为**不相关子查询**。不相关子查询是较简单的一类子查询。如果子查询的查询条件依赖于父查询，这类子查询称为**相关子查询**(correlated subquery)，整个查询语句称为**相关嵌套查询**(correlated nested query)语句。

例 3.59 就是一个相关子查询的例子。

[**例 3.59**]找出每个学生超过他自己选修课程平均成绩的课程号。

SELECT Sno,Cno

FROM SC x

WHERE Grade >= (SELECT AVG(Grade)   /＊某学生的平均成绩＊/

FROM SC y

WHERE y. Sno=x. Sno);

x、y 分别是表 SC 的别名，又称为元组变量，可以用来表示 SC 的一个元组。内层查询是求一个学生所有选修课程平均成绩的，至于是哪个学生的平均成绩要看参数 x.Sno 的值，而该值是与父查询相关的，因此这类查询称为**相关子查询**。

该语句的一种可能的执行过程采用以下三个步骤。

① 从外层查询中取出 SC 的一个元组 x，将元组 x 的 Sno 值（20180001）传送给内层查询。

```
SELECT AVG(Grade)
FROM SC y
WHERE y. Sno='20180001';
```

② 执行内层查询，得到值 89.3（近似值），用该值代替内层查询，得到外层查询：

```
SELECT Sno, Cno
FROM SC x
WHERE Grade >= 89.3;
```

③ 执行这个查询，得到（20180001，81002）

然后外层查询取出下一个元组重复做上述步骤①至③的处理，直到外层的 SC 元组全部处理完毕。结果如下：

```
（20180001，81002）
（20180002，81002）
（20180003，81001）
（20180004，81003）
（20180005，81003）
```

求解相关子查询不能像求解不相关子查询那样，先一次将子查询求解出来，然后求解父查询，由于内层查询与外层查询有关，因此必须反复求值。

3. 带有 ANY(SOME) 或 ALL 谓词的子查询

子查询返回单值时可以用比较运算符，但返回多值时要用 ANY（有的系统用 SOME）或 ALL 谓词修饰符。而使用 ANY 或 ALL 谓词时必须同时使用比较运算符。其语义如下所示：

> ANY	大于子查询结果中的某个值
> ALL	大于子查询结果中的所有值
< ANY	小于子查询结果中的某个值
< ALL	小于子查询结果中的所有值
>= ANY	大于或等于子查询结果中的某个值
>= ALL	大于或等于子查询结果中的所有值
<= ANY	小于或等于子查询结果中的某个值
<= ALL	小于或等于子查询结果中的所有值
= ANY	等于子查询结果中的某个值
= ALL	等于子查询结果中的所有值（通常没有实际意义）
!= (或<>)ANY	不等于子查询结果中的某个值
!= (或<>)ALL	不等于子查询结果中的任何一个值

[**例 3.60**] 查询非计算机科学与技术专业中比计算机科学与技术专业任意一个年龄小(出生日期晚)的学生的姓名、出生日期和主修专业。

```
SELECT Sname,Sbirthdate,Smajor
FROM Student
WHERE Sbirthdate>ANY（SELECT Sbirthdate
                      FROM Student
                      WHERE Smajor='计算机科学与技术'）
   AND Smajor <> '计算机科学与技术';              /* 注意这是父查询块中的条件 */
```

查询结果如图 3.13 所示。

Sname	Sbirthdate	Smajor
李勇	2000-3-8	信息安全
陈新奇	2001-11-1	信息管理与信息系统
赵明	2000-6-12	数据科学与大数据技术
王佳佳	2001-12-7	数据科学与大数据技术

图 3.13 例 3.60 查询结果

关系数据库管理系统执行此查询时,首先处理子查询,找出计算机科学与技术专业中所有学生的出生日期,构成一个集合(1999-9-1,2001-8-1,2000-1-8)。然后处理父查询,找所有不是计算机科学与技术专业且出生日期大于集合中任意一个的学生。

本查询也可以用聚集函数来实现,首先用子查询找出计算机科学与技术专业学生中最早出生的日期(1999-9-1),然后在父查询中查所有非计算机科学与技术专业且出生日期比 1999-9-1 晚的学生。SQL 语句如下:

```
SELECT Sname,Sbirthdate,Smajor
FROM Student
WHERE Sbirthdate >
         （SELECT MIN（Sbirthdate）      /*出生的日期最小,就是年龄最大*/
          FROM Student
          WHERE Smajor='计算机科学与技术'）
   AND Smajor <> '计算机科学与技术';
```

[**例 3.61**] 查询非计算机科学与技术专业中比计算机科学与技术专业所有学生年龄都小(出生日期晚)的学生的姓名及出生日期。

SQL 语句如下:

```
SELECT Sname,Sbirthdate
FROM Student
```

```
    WHERE Sbirthdate > ALL
        (SELECT Sbirthdate
        FROM Student
        WHERE Smajor='计算机科学与技术')
    AND Smajor < > '计算机科学与技术';
```

关系数据库管理系统执行此查询时，首先处理子查询，找出计算机科学与技术专业中所有学生的年龄，构成一个集合（1999-9-1，2001-8-1，2000-1-8）。然后处理父查询，找所有不是计算机科学与技术专业且出生日期晚于集合中所有值的学生。

查询结果如图 3.14 所示。

name	birthdate
陈新奇	2001-11-1
王佳佳	2001-12-7

图 3.14　例 3.61 查询结果

本查询同样也可以用聚集函数实现。SQL 语句如下：

```
    SELECT Sname,Sbirthdate
    FROM Student
    WHERE Sbirthdate >
        (SELECT MAX(Sbirthdate)     /*计算机科学与技术专业所有学生中最晚出生日期*/
        FROM Student
        WHERE Smajor='计算机科学与技术')
    AND Smajor < >'计算机科学与技术';
```

关系数据库管理系统执行此查询时，首先处理子查询，找出计算机科学与技术专业所有学生中最晚的出生日期，结果是 2001-8-1，然后处理父查询，找所有不是计算机科学与技术专业且出生日期晚于 2001-8-1 的学生。

用聚集函数实现子查询通常比直接用 ANY 或 ALL 查询效率要高。ANY、ALL 与聚集函数的对应关系如表 3.6 所示。

表 3.6　ANY（或 SOME）、ALL 谓词与聚集函数、IN 谓词的等价转换关系

谓词	=	< >或！=	<	<=	>	>=
ANY	IN	——	<MAX	<=MAX	>MIN	>=MIN
ALL	——	NOT IN	<MIN	<=MIN	>MAX	>=MAX

表 3.6 中，=ANY 等价于 IN 谓词，<ANY 等价于<MAX，<>ALL 等价于 NOT IN 谓词，<ALL等价于<MIN，等等。

4. 带有 EXISTS 谓词的子查询

EXISTS 代表存在量词 ∃。带有 EXISTS 谓词的子查询不返回任何数据，只产生逻辑真值"true"或逻辑假值"false"。

可以利用 EXISTS 来判断 x ∈ S、S ⊆ R、S = R、S ∩ R 非空等是否成立。

[**例 3.62**] 查询所有选修了 81001 号课程的学生姓名。

本查询涉及 Student 和 SC 表。可以在 Student 中依次取每个元组的 Sno 值，用此值去检查 SC 表。若 SC 中存在这样的元组，其 Sno 值等于此 Student. Sno 值，并且其 Cno = '81001'，则取此 Student. Sname 送入结果表。将此想法写成 SQL 语句如下：

```
SELECT Sname
FROM Student
WHERE EXISTS
    (SELECT *
     FROM SC
     WHERE Sno = Student. Sno AND Cno = '81001');
```

使用存在量词 EXISTS 后，若内层查询结果非空，则外层的 WHERE 子句返回真值，否则返回假值。

由 EXISTS 引出的子查询，其目标列表达式通常都用 *，因为带 EXISTS 的子查询只返回真值或假值，给出列名无实际意义。

本例中子查询的查询条件依赖于外层父查询的某个属性值（Student 的 Sno 值），因此也是相关子查询。这个相关子查询的处理过程是：首先取外层查询中 Student 表的第一个元组，根据它与内层查询相关的属性值（Sno 值）处理内层查询，若 WHERE 子句返回值为真，则取外层查询中该元组的 Sname 放入结果表，然后再取 Student 表的下一个元组。重复这一过程，直至外层 Student 表全部检查完为止。

本例中的查询也可以用连接运算来实现，读者可以参照有关的例子自己给出相应的 SQL 语句。

与 EXISTS 谓词相对应的是 NOT EXISTS 谓词。使用存在量词 NOT EXISTS 后，若内层查询结果为空，则外层的 WHERE 子句返回真值，否则返回假值。

[**例 3.63**] 查询没有选修 81001 号课程的学生姓名。

```
SELECT Sname
FROM Student
WHERE NOT EXISTS
    (SELECT *
     FROM SC
     WHERE Sno = Student. Sno AND Cno = '81001');
```

一些带 EXISTS 或 NOT EXISTS 谓词的子查询不能被其他形式的子查询等价替换，但所有带 IN 谓词、比较运算符、ANY 和 ALL 谓词的子查询都能用带 EXISTS 谓词的子查询等价替换。例如带有 IN 谓词的例 3.57 查询与"刘晨"在同一个主修专业的学生。可以用如下带 EXISTS 谓词的子查询替换：

```
SELECT Sno,Sname,Smajor                    /* 例 3.57 的解法 4 */
FROM Student S1
WHERE EXISTS
    (SELECT *
     FROM Student S2
     WHERE S2. Smajor = S1. Smajor AND S2. Sname = '刘晨');
```

由于带 EXISTS 量词的相关子查询只关心内层查询是否有返回值，并不需要查具体值，因此其效率并不一定低于不相关子查询，有时是高效的方法。

[**例 3. 64**] 查询选修了全部课程的学生姓名。

SQL 中没有全称量词（for all），但是可以把带有全称量词的谓词转换为等价的带有存在量词的谓词：

$$(\forall x)P \equiv \neg (\exists x(\neg P))$$

由于没有全称量词，可将题目的意思转换成等价的用存在量词的形式：查询这样的学生，没有一门课程是他不选修的。其 SQL 语句如下：

```
SELECT Sname
FROM Student
WHERE NOT EXISTS
    (SELECT *
     FROM Course
     WHERE NOT EXISTS
        (SELECT *
         FROM SC
         WHERE Sno = Student. Sno AND Cno = Course. Cno));
```

从而用 EXIST/NOT EXIST 来实现带全称量词的查询。

[**例 3. 65**] 查询至少选修了学生 20180002 选修的全部课程的学生的学号。

本查询可以用逻辑蕴涵来表达：查询学号为 x 的学生，对所有的课程 y，只要 20180002 学生选修了课程 y，则 x 也选修了 y。形式化表示如下：

用 p 表示谓词"学生 20180002 选修了课程 y"

用 q 表示谓词"学生 x 选修了课程 y"

则上述查询为

$$(\forall y)p \to q$$

SQL 语言中没有蕴涵(implication)逻辑运算，但是可以利用谓词演算将一个逻辑蕴涵的谓词等价转换为

$$p \rightarrow q \equiv \neg p \lor q$$

该查询可以转换为如下等价形式：

$$(\forall y)p \rightarrow q \equiv \neg(\exists y(\neg(p \rightarrow q))) \equiv \neg(\exists y(\neg(\neg p \lor q))) \equiv \neg \exists y(p \land \neg q)$$

它所表达的语义为：不存在这样的课程 y，学生 20180002 选修了 y，而学生 x 没有选修。用 SQL 语言表示如下：

```
SELECT Sno
FROM Student
WHERE NOT EXISTS
    (SELECT *                          /* 这是一个相关子查询 */
     FROM SC SCX                       /* 父查询和子查询均引用了 SC 表 */
     WHERE SCX. Sno='20180002' AND
         NOT EXISTS
         (SELECT *
          FROM SC SCY                  /* 用别名 SCX、SCY 将父查询 */
          WHERE SCY. Sno=Student. Sno AND/* 与子查询中的 SC 表区分开 */
              SCY. Cno=SCX. Cno));
```

3.3.4　集合查询

SELECT 语句的查询结果是元组的集合，所以对多个 SELECT 语句的结果可进行集合操作。集合操作主要包括并操作 UNION、交操作 INTERSECT 和差操作 EXCEPT。

注意：参加集合操作的各查询结果的列数必须相同，对应项的数据类型也必须相同。

[**例 3.66**]查询计算机科学与技术专业的学生及年龄不大于 19 岁(包括等于 19 岁)的学生。

```
SELECT *
FROM Student
WHERE Smajor='计算机科学与技术'
UNION
SELECT * FROM Student
WHERE (extract(year from current_date) - extract(year from Sbirthdate)) <=19;
```

本查询实际上是求计算机科学系的所有学生与年龄不大于 19 岁的学生的并集。使用 UNION 将多个查询结果合并起来时，系统会自动去掉重复元组。如果要保留重复元组则用 UNION ALL 操作符。

[**例 3.67**]查询 2020 年第 2 学期选修了课程 81001 或 81002 的学生。

本例即查询 2020 年第 2 学期选修课程 81001 的学生集合和选修课程 81002 的学生集合的

并集。

```
SELECT Sno
FROM SC
WHERE Semester='20202' AND Cno='81001'
UNION
SELECT Sno
FROM SC
WHERE Semester='20202' AND Cno='81002';
```

[例 3.68]查询计算机科学与技术专业的学生与年龄不大于 19 岁的学生的交集。

```
SELECT *
FROM Student
WHERE Smajor='计算机科学与技术'
INTERSECT
SELECT *
FROM Student
WHERE(extract(year from current_date)-extract(year from Sbirthdate)) <=19;
```

这实际上就是查询计算机科学与技术专业中年龄不大于 19 岁的学生。

```
SELECT *
FROM Student
WHERE Smajor='计算机科学与技术' AND
        (extract(year from current_date)-extract(year from Sbirthdate))<=19;
```

[例 3.69]查询既选修了课程 81001 又选修了课程 81002 的学生。就是查询选修课程 81001 的学生集合与选修课程 81002 的学生集合的交集。

```
SELECT Sno
FROM SC
WHERE Cno='81001'
INTERSECT
SELECT Sno
FROM SC
WHERE Cno='81002';
```

本例也可以表示为

```
SELECT Sno
FROM SC
WHERE Cno='81001' AND Sno IN
```

```
(SELECT Sno
 FROM SC
 WHERE Cno='81002');
```

[**例 3.70**]查询计算机科学与技术专业的学生与年龄不大于 19 岁的学生的差集。

```
SELECT  *
FROM Student
WHERE Smajor='计算机科学与技术'
EXCEPT
SELECT  *
FROM Student
WHERE(extract(year from current_date)-extract(year from Sbirthdate))<=19;
```

也就是查询计算机科学与技术专业中年龄大于 19 岁的学生。

```
SELECT  *
FROM Student
WHERE Smajor='计算机科学与技术' AND
      (extract(year from current_date)-extract(year from Sbirthdate))>19;
```

3.3.5 基于派生表的查询

子查询不仅可以出现在 WHERE 子句中，还可以出现在 FROM 子句中，这时子查询生成的**临时派生表**(derived table)成为主查询的查询对象。例如，例 3.59 也可以用如下的查询完成：

```
/ * 找出每个学生超过他自己选修课程平均成绩的课程号 */
SELECT Sno,Cno
FROM SC,(SELECT Sno,Avg(Grade) FROM SC GROUP BY Sno)
     AS Avg_SC(Avg_sno,Avg_grade)
WHERE SC.Sno = Avg_SC.Avg_sno AND SC.Grade >= Avg_SC.Avg_grade;
```

这里 FROM 子句中的子查询将生成一个派生表 Avg_SC。该表由 Avg_sno 和 Avg_grade 两个属性组成，记录了每个学生的学号及平均成绩。主查询将 SC 表与派生表 Avg_SC 按学号相等进行连接，选出修课成绩大于其平均成绩的课程号。

如果子查询中没有聚集函数，派生表可以不指定属性列，子查询 SELECT 子句后面的列名为其默认属性。例如例 3.62 可以用如下查询完成：

```
/ * 查询所有选修了 81001 号课程的学生姓名 */
SELECT Sname
FROM   Student,(SELECT Sno FROM SC WHERE Cno='81001') AS SC1
WHERE   Student.Sno=SC1.Sno;
```

需要说明的是，通过 FROM 子句生成派生表时，AS 关键字可以省略，但必须为派生关系指定一个别名；而对于基本表，别名是可选择项。派生表是一个中间结果表，查询完成后派生表将被系统自动清除。

扩展阅读：SELECT 语句的一般格式

SELECT 语句是 SQL 语言的核心语句，从前面的例子可以看到其语句成分丰富多样。本书总结了 SELECT 语句的一般格式，读者可参见二维码内容。

3.4　数 据 更 新

SQL 的数据更新包括插入数据、修改数据和删除数据三类语句。

3.4.1　插入数据

插入数据语句 INSERT 通常有两种形式，一种是插入一个元组，另一种是插入子查询结果。后者可以一次插入多个元组。

1. 插入一个元组

插入一个元组的 INSERT 语句的语法如下：

INSERT INTO <表名>[(<属性列 1>[,<属性列 2 >]…)]
VALUES (<常量 1>[,<常量 2>]…) ;

其功能是将一个新元组插入指定表中。新元组的属性列 1 的值为常量 1，属性列 2 的值为常量 2……INTO 子句中没有出现的属性列，新元组在这些列上将取空值。如果定义表时指定了相应属性列的默认值，则新元组在这些列上将取默认值。但必须注意的是，在表定义时说明了 NOT NULL 的属性列不能取空值，否则会出错。

如果 INTO 子句中没有指明任何属性列名，则新插入的元组必须在每个属性列上均有指定值。

[例 3.71]将一个新学生元组(学号：20180009，姓名：陈冬，性别：男，出生日期：2000-5-22，主修专业：信息管理与信息系统)插入 Student 表。

```
INSERT INTO Student ( Sno，Sname，Ssex，Smajor，Sbirthdate)
VALUES ( '20180009'，'陈冬'，'男'，'信息管理与信息系统'，'2000-5-22');
```

在 INTO 子句中指出了表名 Student，并指出了新增加的元组在哪些属性上要赋值，属性的顺序可以与 CREATE TABLE 中的顺序不一样，就如本例中 Sbirthdate 和 Smajor 次序交换了。VALUES 子句按照 INTO 子句指定的属性次序对新元组的各属性赋值。字符串常数要用单引号(英文符号)括起来。

[例 3.72]将学生张成民的信息插入 Student 表。

```
INSERT INTO Student
```

VALUES ('20180008','张成民','男','2000-4-15','计算机科学与技术');

本例与例 3.71 的不同之处是在 INTO 子句中只指出了表名，没有指出属性名。这表示
VALUES 子句要在表的所有属性列上都指定值，属性列的次序与 CREATE TABLE 中的次序
相同。

[**例 3.73**]插入一条选课记录。

INSERT INTO SC(Sno,Cno,Semester,Teachingclass)
VALUES ('20180005','81004','20202','81004-01');

数据库管理系统将在新插入记录的 Grade 列上自动地赋空值。

或者：

INSERT INTO SC
VALUES ('20180005','81004',NULL,'20202','81004-01');

因为 INTO 子句没有指出 SC 的属性名，所以在 VALUES 子句中对应的 Grade 列上要明确给
出空值。

2. 插入子查询结果

子查询不仅可以嵌套在 SELECT 语句中用以构造父查询的条件(如 3.3.3 小节所述)，也可
以嵌套在 INSERT 语句中用以生成要插入的批量数据。

插入子查询结果的 INSERT 语句格式如下：

INSERT INTO <表名>[(<属性列 1>[,<属性列 2>…])]
子查询;

[**例 3.74**]对每一个专业，求学生的平均年龄，并把结果存入数据库。

首先在数据库中建立一个新表，其中一列存放专业名，另一列存放学生的平均年龄。

CREATE TABLE Smajor_age
(Smajor VARCHAR(20),
 Avg_age SMALLINT);

然后对 Student 表按专业分组求平均年龄，再把专业名和平均年龄存入新表中。

INSERT INTO Smajor_age(Smajor, Avg_age)
SELECT Smajor,AVG(extract(year from current_date) - extract(year from Sbirthdate))
FROM Student
GROUP BY Smajor;

3.4.2 修改数据

修改操作又称为更新操作，其语句的一般语法如下：

UPDATE <表名>
SET <列名>=<表达式>[,<列名>=<表达式>] …
[**WHERE** <条件>] ;

其功能是修改指定表中满足 WHERE 子句条件的元组。其中 SET 子句中<表达式>的值用于取代相应的属性列值。如果省略 WHERE 子句，则表示要修改表中的所有元组。

1. 修改某一个元组的值

[**例 3. 75**]将学生 20180001 的出生日期改为 2001 年 3 月 18 日。

UPDATE Student
SET Sbirthdate='2001−3−18'
WHERE Sno='20180001' ;

2. 修改多个元组的值

[**例 3. 76**]将 2020 年第 1 学期选修 81002 课程所有学生的成绩减少 5 分。

UPDATE SC
SET Grade= Grade−5
WHERE Semester='20201' AND Cno='81002'

3. 带子查询的修改语句

子查询也可以嵌套在 UPDATE 语句中，用以构造修改的条件。

[**例 3. 77**]将计算机科学与技术专业学生的成绩置零。

UPDATE SC
SET Grade=0
WHERE Sno IN
　　　(SELECT Sno
　　　 FROM Student
　　　 WHERE Smajor= '计算机科学与技术') ;

3. 4. 3 删除数据

删除语句的一般格式如下：

DELETE FROM <表名>
[**WHERE** <条件>] ;

其功能是从指定表中删除满足 WHERE 子句条件的所有元组。如果省略 WHERE 子句则表示删除表中全部元组，但表的定义仍在字典中。也就是说，DELETE 语句删除的是表中的数据，而不是关于表的定义。

1. 删除某一个元组的值

[例3.78]删除学号为20180007的学生记录。

```
DELETE FROM Student
WHERE Sno='20180007';
```

2. 删除多个元组的值

[例3.79]删除所有的学生选课记录。

```
DELETE FROM SC;
```

这条DELETE语句将使SC成为空表，它删除了SC的所有元组。

3. 带子查询的删除语句

子查询同样也可以嵌套在DELETE语句中，用以构造执行删除操作的条件。

[例3.80]删除计算机科学与技术专业所有学生的选课记录。

```
DELETE FROM SC
WHERE Sno IN
      (SELECT Sno
       FROM Student
       WHERE Smajor='计算机科学与技术');
```

对某个基本表中数据的更新（增、删、改）操作有可能会破坏参照完整性，第5章5.3节参照完整性将详细讲解如何进行参照完整性检查和控制。

3.5 空值的处理

前面已经多处提到空值（NULL）的概念和处理，这里再系统讲解一下什么是空值，空值如何参与运算等问题。

所谓**空值就是"不知道""不存在"或"无意义"的值**。SQL语言中允许某些元组的某些属性在一定情况下取空值。一般有以下几种情况：

① 该属性应该有一个值，但目前还不知道它的具体值。例如，某学生在填学生登记表时漏了出生日期项，不知道该学生此信息，因此出生日期属性值取空值。

② 该属性不应该有值。例如，缺考学生的成绩为空，因为他没有参加考试。

③ 由于某种原因不便于填写。例如，一个人的电话号码不想让大家知道，则取空值。

因此，空值是一个很特殊的值，含有不确定性，对关系运算带来的特殊问题需要做特殊处理。

1. 空值的产生

[例3.81]向SC表中插入一个元组，学号为"20180006"，课程号为"81004"，选课学期为

2021 年第 1 学期，选课班没有确定，没有课程成绩。

> INSERT INTO SC(Sno,Cno,Grade,Semester,Teachingclass)
> VALUES('20180006', '81004', NULL, '20211', NULL);
> ／＊在插入时该学生还没有选定教学班,没有考试成绩,都要取空值＊／

或

> INSERT INTO SC(Sno,Cno,Semester)
> VALUES('20180006', '81004','20211');
> ／＊在插入语句的 INTO 子句中没有指定的属性,系统自动置空值＊／

[例 3.82]将 Student 表中学号为 20180006 的学生的主修专业改为空值。

> UPDATE Student
> SET Smajor = NULL
> WHERE Sno='20180006';

另外，外连接也会产生空值，参见 3.3.2 小节例 3.55。空值的关系运算也会产生空值。

2. 空值的判断

判断一个属性的值是否为空值，用 IS NULL 或 IS NOT NULL 来表示。

[例 3.83]从 Student 表中找出漏填了数据的学生信息。

> SELECT *
> FROM Student
> WHERE Sname IS NULL OR Ssex IS NULL OR Sbirthdate IS NULL OR Smajor IS NULL;

WHERE 子句中没有属性 Sno，是因为 Sno 是主码，不允许取空值，不能漏填。

3. 空值约束

在创建基本表时，如果属性定义(或者域定义)为 NOT NULL 约束，则该属性不能取空值。

主码的属性不能取空值。例如 SC 表的主码是(Sno,Cno)，Sno 和 Cno 都不能取空值。Student 表的主码是 Sno，不能取空值。

在创建基本表时，如果属性定义(或者域定义)为 UNIQUE 约束，那么该属性能不能取空值呢？对于具有 UNIQUE 约束的属性，是可以取空值的。进一步，是否可以有多个记录在此属性上取空值呢？很遗憾，SQL 标准中对此没有明确规定。各个数据库管理系统在实现时就不尽相同，Oracle、KingbaseES 和 PostgreSQL 允许有多个记录在具有 UNIQUE 约束的列上取空值，而 SQL Server 则不允许。读者需要了解所使用的数据库管理系统的具体规定，实验方法可参考二维码相关内容。

扩展阅读：加了
UNIQUE 约束条
件的属性能否取
空值

4. 空值的算术运算、比较运算和逻辑运算

空值与另一个值(包括另一个空值)的算术运算的结果为空值。

空值与另一个值(包括另一个空值)的比较运算的结果为 UNKNOWN。

有了 UNKNOWN 后,传统的逻辑运算中二值(TRUE,FALSE)逻辑就扩展成了三值逻辑。逻辑运算 AND、OR、NOT 的真值表如表 3.7 所示,其中 T 表示 TRUE, F 表示 FALSE,U 表示 UNKNOWN。

表 3.7 逻辑运算 AND、OR、NOT 真值表

x	y	x AND y	x OR y	NOT x
T	T	T	T	F
T	U	U	T	F
T	F	F	T	F
U	T	U	T	U
U	U	U	U	U
U	F	F	U	U
F	T	F	T	T
F	U	F	U	T
F	F	F	F	T

在查询语句中,只有使 WHERE 子句和 HAVING 短语中的选择条件为 TRUE 的元组才被选出作为输出结果。

[**例 3.84**] 找出选修 81001 号课程且成绩不及格的学生。

```
SELECT Sno
FROM SC
WHERE Grade < 60 AND Cno='81001';
```

选出的学生是那些参加了考试而成绩不及格(Grade 属性为非空值)的学生,不包括缺考(Grade 属性为空值)的学生。因为前者使条件 Grade<60 的值为 TRUE,后者使条件的值为 UNKNOWN。

[**例 3.85**] 选出选修 81001 号课程且成绩不及格的学生以及缺考的学生。

```
SELECT Sno
FROM SC
WHERE Grade < 60 AND Cno='81001'
UNION
SELECT Sno
FROM SC
WHERE Grade IS NULL AND Cno='81001';
```

或

```
SELECT Sno
FROM SC
WHERE Cno='81001' AND (Grade < 60 OR Grade IS NULL);
```

3.6　视　　图

视图是关系数据库系统提供给用户以多种角度观察数据库中数据的重要机制。

视图是从一个或几个基本表(或视图)导出的表。它与基本表不同，是一个虚表。数据库中只存放视图的定义，而不存放视图对应的数据，这些数据仍存放在原来的基本表中。所以一旦基本表中的数据发生变化，从视图中查询出的数据也就随之改变了。从这个意义上讲，视图就像一个窗口，透过它可以看到数据库中自己感兴趣的数据及其变化。

视图一经定义，就可以和基本表一样被查询、被删除。也可以在一个视图之上再定义新的视图，但对视图的更新(增、删、改)操作则有一定的限制。

本节讨论视图的定义、操作及作用。

3.6.1　定义视图

1. 建立视图

SQL 语言用 CREATE VIEW 命令建立视图，其一般语法如下：

> **CREATE VIEW <视图名>[(<列名>[,<列名>]…)]**
> **AS <子查询>**
> [**WITH CHECK OPTION**];

其中，子查询可以是任意的 SELECT 语句，是否包含 ORDER BY 子句和 DISTINCT 短语取决于具体系统的实现。

WITH CHECK OPTION 表示对视图进行 UPDATE、INSERT 和 DELETE 操作时，要保证更新、插入或删除的行满足视图定义中的谓词条件(即子查询中的条件表达式)。

组成视图的属性列名或者全部省略，或者全部指定，没有第三种选择。如果省略了视图的各个属性列名，则隐含该视图由子查询中 SELECT 子句目标列中的诸字段组成。但在下列三种情况下必须明确指定组成视图的所有列名：

① 某个目标列不是单纯的属性名，而是聚集函数或列表达式。

② 多表连接时选出了几个同名列作为视图的字段。

③ 需要在视图中为某个列启用新的更合适的名字。

[例 3.86]建立信息管理与信息系统专业学生的视图。

```
CREATE VIEW IS_Student
AS
SELECT Sno,Sname,Ssex,Sbirthdate, Smajor
FROM Student
WHERE Smajor='信息管理与信息系统';
```

本例中省略了视图 IS_Student 的列名，表示隐含由子查询中 SELECT 子句的 5 个列名组成。

关系数据库管理系统执行 CREATE VIEW 语句的结果**只是把视图的定义存入数据字典**，并不执行其中的 SELECT 语句。只有在对视图查询时，才按视图的定义从基本表中将数据查出。

[**例3.87**]建立信息管理与信息系统专业学生的视图，并要求进行插入、修改和删除操作时，仍需保证该视图只有信息管理与信息系统专业的学生。

```
CREATE VIEW IS_Student
AS
SELECT Sno,Sname,Ssex,Sbirthdate, Smajor
FROM Student
WHERE Smajor='信息管理与信息系统'
WITH CHECK OPTION;
```

由于在定义 IS_Student 视图时加上了 WITH CHECK OPTION 子句，以后对该视图进行插入、修改和删除操作时，关系数据库管理系统会自动检查 Smajor='信息管理与信息系统'的条件。

例如：

```
INSERT INTO IS_Student values ('20180010', '贾明', '男', '2001-11-1', '信息管理与信息系统');
```

插入成功。

```
INSERT INTO IS_Student values ('2018011', '王伟', '男', '2003-11-1', '计算机科学与技术');
```

插入失败。原因是不符合 WITH CHECK OPTION 的条件。

若一个视图是从单个基本表导出的，并且只是去掉了基本表的某些行和某些列，但保留了主码，则称这类视图为**行列子集视图**。IS_Student 视图就是一个行列子集视图。

视图不仅可以建立在单个基本表上，也可以建立在多个基本表上。

[**例3.88**]建立信息管理与信息系统专业选修 81001 号课程的学生的视图（包括学号、姓名、成绩属性）。

```
CREATE VIEW IS_C1(Sno,Sname,Grade)
AS
```

```
SELECT Student. Sno,Sname,Grade
FROM Student,SC
WHERE Smajor='信息管理与信息系统' AND Student. Sno=SC. Sno AND SC. Cno='81001';
```

由于视图 IS_C1 的属性列取自 Student 表与 SC 表的部分属性列,所以必须在 CREATE VIEW IS_C1 后面明确说明视图的各个属性列名。

视图不仅可以建立在一个或多个基本表上,也可以建立在一个或多个已定义好的视图上,或建立在基本表与视图上。

[例 3.89]建立信息管理与信息系统专业选修 81001 号课程且成绩在 90 分以上的学生的视图(包括学号、姓名、成绩属性)。

```
CREATE VIEW IS_C2
AS
SELECT Sno,Sname,Grade
FROM IS_C1
WHERE Grade>=90;
```

这里的视图 IS_C2 就是建立在视图 IS_C1 之上的。

定义基本表时,为了减少数据库中的冗余数据,表中只存放基本数据,由基本数据经过各种计算派生出的数据一般是不存储的。由于视图中的数据并不实际存储,所以定义视图时可以根据应用的需要设置一些派生属性列。这些派生属性由于在基本表中并不实际存在,所以也称为虚拟列。**带虚拟列的视图称为带表达式的视图。**

[例 3.90]将学生的学号、姓名、年龄定义为一个视图。

```
CREATE VIEW S_AGE(Sno,Sname,Sage)
AS
SELECT Sno,Sname,(extract(year from current_date)-extract(year from Sbirthdate))
FROM Student;
```

这里视图 S_AGE 是一个带表达式的视图。视图定义的 AS 子句中 SELECT 语句的学生年龄是通过计算得到的。

还可以用带有聚集函数和 GROUP BY 子句的查询来定义视图,这种视图称为**分组视图**。

[例 3.91]将学生的学号及平均成绩定义为一个视图。

```
CREATE VIEW S_GradeAVG(Sno,Gavg)
AS
SELECT Sno,AVG(Grade)
FROM SC
GROUP BY Sno;
```

由于 AS 子句中 SELECT 语句的目标列平均成绩是通过聚集函数得到的,所以 CREATE

VIEW 中必须明确定义组成 S_GradeAVG 视图的各个属性列名。S_GradeAVG 是一个分组视图。

[**例 3.92**]将 Student 表中所有的女生记录定义为一个视图。

```
CREATE VIEW F_Student(Fsno,Fname,Fsex,Fbirthdate,Fmajor)
AS
SELECT *
FROM Student
WHERE Ssex='女';
```

这里视图 F_Student 是由子查询"SELECT ＊"建立的。F_Student 视图的属性列与 Student 表的属性列一一对应。如果以后修改了基本表 Student 的结构，**则 Student 表与 F_Student 视图的映像关系可能会被破坏**，该视图就不能正常工作了。为避免出现这类问题，最好在修改基本表之后删除由该基本表导出的视图，然后重建这个视图。

2. 删除视图

该语句的格式如下：

```
DROP VIEW <视图名>[CASCADE];
```

视图删除后视图的定义将从数据字典中删除。如果该视图上还导出了其他视图，则使用 CASCADE 级联删除语句把该视图和由它导出的所有视图一起删除。

基本表删除后，由该基本表导出的所有视图均无法使用了，但是视图的定义没有从字典中清除。删除这些视图定义需要显式地使用 DROP VIEW 语句。

[**例 3.93**]删除视图 S_AGE 和视图 IS_C1：

```
DROP VIEW S_AGE;        /＊成功执行＊/
DROP VIEW IS_C1;        /＊报告错误＊/
```

执行 DROP VIEW IS_C1 语句时，由于 IS_C1 视图上还导出了 IS_C2 视图，所以该语句执行时会报告错误，提示视图 IS_C2 依赖于视图 IS_C1。

如果导出视图也确定可以删除，则使用级联删除语句：

```
DROP VIEW IS_C1 CASCADE;
```

执行此语句不仅删除了 IS_C1 视图，还级联删除了由它导出的 IS_C2 视图。

3.6.2　查询视图

视图定义后，用户就可以像对基本表一样对视图进行查询了。

[**例 3.94**]在信息管理与信息系统专业学生的视图中，找出年龄小于或等于 20 岁的学生（包括学生的学号和出生日期）。

```
SELECT Sno,Sbirthdate
```

```
FROM IS_Student
WHERE(extract(year from current_date)-extract(year from Sbirthdate))<=20;
```

关系数据库管理系统执行对视图的查询时，首先进行有效性检查，检查查询中涉及的表、视图等是否存在。如果存在，则从数据字典中取出视图的定义，把定义中的子查询和用户的查询结合起来，转换成等价的对基本表的查询，然后再执行修正了的查询。这一转换过程称为**视图消解**(view resolution)。

本例中，先找到视图 IS_Student 的定义如下：

```
CREATE VIEW IS_Student
AS
SELECT Sno,Sname,Ssex,Sbirthdate
FROM Student
WHERE Smajor='信息管理与信息系统'
WITH CHECK OPTION;
```

然后进行视图消解，转换后的查询语句如下：

```
SELECT Sno,Sbirthdate
FROM Student
WHERE Smajor='信息管理与信息系统' AND
    (extract(year from current_date)-extract(year from Sbirthdate))<=20;
```

[例 3.95]查询选修 81001 号课程的信息管理与信息系统专业学生。

```
SELECT IS_Student.Sno,Sname
FROM IS_Student,SC
WHERE IS_Student.Sno=SC.Sno AND SC.Cno='81001';
```

本查询涉及视图 IS_Student 和基本表 SC 的连接操作，在用户眼里视图如同基本表一样。

关系数据库管理系统先从数据字典中取出视图 IS_Student 的定义，然后进行视图消解，把上面的查询转换为：

```
SELECT Student.Sno,Sname
FROM    Student,SC
WHERE Student.Sno=SC.Sno AND SC.Cno='81001' AND Smajor='信息管理与信息系统';
```

最后，通过这两个基本表的连接来完成用户请求。

在一般情况下，视图查询的转换是直截了当的。但有些情况下，这种转换不能直接进行，查询时就会出现问题，如例 3.96。

[例 3.96]在例 3.91 中定义的视图 S_GradeAVG 视图中，查询平均成绩在 90 分以上的学生学号和平均成绩。

```
SELECT  *
FROM    S_GradeAVG                    /*FROM 后面是视图 S_GradeAVG*/
WHERE Gavg>=90;
```

将本例中的查询语句进行视图消解，与定义 S_GradeAVG 视图的子查询结合，转换成下列查询语句：

```
SELECT Sno,AVG(Grade)
FROM SC
WHERE AVG(Grade)>=90
GROUP BY Sno;
```

因为 WHERE 子句中是不能用聚集函数作为条件表达式的，因此执行此修正后的查询将会出现语法错误。正确转换的查询语句如下：

```
SELECT Sno,AVG(Grade)
FROM SC
GROUP BY Sno
HAVING AVG(Grade)>=90;
```

目前多数关系数据库管理系统对行列子集视图的查询均能进行正确转换。但对非行列子集视图的查询（如例 3.96）就不一定能正确转换了，因此这类查询应该直接对基本表进行。

例 3.96 也可以用如下 SQL 语句完成：

```
SELECT  *
FROM （SELECT Sno,AVG(Grade)         /*子查询生成一个派生表 S_GradeAVG*/
       FROM SC
       GROUP BY Sno ) AS S_GradeAVG(Sno, Gavg)
WHERE Gavg>=90;
```

注意：定义视图后对视图进行查询与基于派生表的查询是有区别的。视图一旦定义，该定义将保存在数据字典中，之后的所有查询都可以直接引用该视图。而派生表只是在语句执行时临时定义，语句执行后该派生表定义即被删除。

3.6.3　更新视图

更新视图是指通过视图来插入、删除和修改数据。由于视图是不实际存储数据的虚表，因此对视图的更新最终要转换为对基本表的更新。像查询视图那样，对视图的更新操作也是通过视图消解，转换为对基本表的更新操作。

为防止用户通过视图对数据进行更新操作时，有意无意地对不属于视图范围内的基本表数据进行操作，可在定义视图时加上 WITH CHECK OPTION 子句。这样在视图上更新数据时，关系数据库管理系统会检查视图定义中的条件，若不满足条件则拒绝执行该操作。

[例 3.97]将信息管理与信息系统专业学生视图 IS_Student 中 20180005 号学生姓名改为"刘新奇"。

```
UPDATE IS_Student
SET Sname='刘新奇'
WHERE Sno='20180005';
```

视图消解后，对视图 IS_Student 的更新语句就转换为对基本表 Student 的更新了：

```
UPDATE Student
SET Sname='刘新奇'
WHERE Sno='20180005' AND Smajor='信息管理与信息系统';
```

[例 3.98]向信息管理与信息系统专业学生视图 IS_Student 中插入一个新的学生记录（20180207，赵新，男，2001-7-19）。

```
INSERT INTO IS_Student
VALUES('20180207','赵新','男','2001-7-19','信息管理与信息系统');
```

转换为对基本表的更新：

```
INSERT INTO Student(Sno,Sname,Ssex,Sbirthdate,Smajor)
VALUES('20180207','赵新','男','2001-7-19','信息管理与信息系统');
```

这里系统自动将'信息管理与信息系统'放入 VALUES 子句。

[例 3.99]删除信息管理与信息系统专业学生视图 IS_Student 中 20180207 号学生的记录。

```
DELETE FROM IS_Student
WHERE Sno='20180207';
```

转换为对基本表的更新：

```
DELETE FROM Student
WHERE Sno='20180207' AND Smajor='信息管理与信息系统';
```

在关系数据库中，并不是所有的视图都是可更新的，因为有些视图的更新不能唯一地有意义地转换成对相应基本表的更新。

例如，例 3.91 定义的视图 S_GradeAVG 是由学号和平均成绩两个属性列组成的，其中平均成绩一项是由 SC 表中对元组分组后计算平均值得来的。

如果想把视图 S_GradeAVG 中学号为"20180001"学生的平均成绩改成 90 分，SQL 语句如下：

```
UPDATE S_GradeAVG
SET Gavg=90
WHERE Sno='20180001';
```

这里对视图的更新无法转换成对基本表 SC 的更新，因为系统无法修改各科成绩以使 20180001 号学生的平均成绩成为 90。所以 S_GradeAVG 视图是不可更新的。

一般地，行列子集视图是可更新的。除行列子集视图外，有些视图理论上是可更新的，还有些视图从理论上就是不可更新的。

应该指出的是，不可更新的视图与不允许更新的视图是两个不同的概念。前者指理论上已证明其是不可更新的视图；后者指实际系统中不支持其更新，但它本身有可能是可更新的视图。

目前，各个关系数据库管理系统一般都只允许对一个表的行列子集视图进行更新，而且各个系统对视图的更新还有更进一步的规定。由于各系统实现方法上的差异，这些规定也不尽相同。读者一定要参考具体的产品手册，正确写出对视图的更新语句。

3.6.4 视图的作用

视图最终是定义在基本表之上的，对视图的一切操作最终也要转换为对基本表的操作，而且对于非行列子集视图进行查询或更新时还有可能出现问题。既然如此，为什么还要定义视图呢？这是因为合理使用视图能够带来许多好处，所以在实际应用开发中经常使用视图。

1. 视图能够对机密数据提供安全保护

有了视图机制，就可以在设计数据库应用系统时对不同的用户定义不同的视图，使机密数据不出现在不应看到这些数据的用户视图上。这样视图机制就自动提供了对机密数据的安全保护功能。假设 Student 表涉及全校 30 个院系的学生数据，可以在其上定义 30 个视图，每个视图只包含一个院系的学生数据，并只允许每个院系的主任查询和修改本院系的学生视图。

2. 视图对重构数据库提供了一定程度的逻辑独立性

第 1 章中已经介绍过数据的物理独立性与逻辑独立性的概念。数据的物理独立性是指用户的应用程序不依赖于数据库的物理结构。数据的逻辑独立性是指当数据库重构时，如增加新的关系或对原有关系增加新的字段等，用户的应用程序不会受影响。层次数据库和网状数据库一般能较好地支持数据的物理独立性，而对于逻辑独立性则不能完全地支持。

在关系数据库中，数据库的重构往往是不可避免的。重构数据库最常见的是将一个基本表"垂直"地分成多个基本表。例如：将学生关系 Student(Sno，Sname，Ssex，Sbirthdate，Smajor) 分为 SX(Sno，Sname，Sbirthdate) 和 SY(Sno，Ssex，Smajor) 两个基本表。这时，原来的表 Student 为 SX 表和 SY 表自然连接的结果。如果建立一个视图 Student：

```
CREATE VIEW Student(Sno,Sname,Ssex,Sbirthdate,Smajor)
AS
SELECT SX. Sno,SX. Sname,SY. Ssex,SX. Sbirthdate,SY. Smajor
FROM SX,SY
WHERE SX. Sno = SY. Sno;
```

这样尽管数据库的逻辑结构改变了，变为 SX 和 SY 两个基本表，但不必修改应用程序。因为我们可以建立视图 Student，它和用户原来创建的 Student 表一模一样。

视图使用户的外模式保持不变，同时无须修改用户的应用程序就能和原来一样进行数据操作。

当然，视图只能在一定程度上提供数据的逻辑独立性，比如上面讲到，对视图的更新是有条件的，因此应用程序中修改数据的语句可能仍会因基本表结构的改变而需要做相应修改。

3. 视图能够简化用户的操作

视图机制使用户可以将注意力集中在所关心的数据上。通过定义视图使数据库看起来结构更加简单、清晰，并且可以简化用户的数据查询操作。

例如，那些定义了若干张表连接的视图就将表与表之间的连接操作对用户隐蔽起来了。换句话说，用户所做的只是对一个虚表的简单查询，而这个虚表是怎样得来的，用户无须了解。

适当利用视图可以更清晰地表达查询，例如，经常需要执行这样的查询"对每个学生找出其获得最高成绩的课程的课程号"。可以先定义一个视图，求出每个同学获得的最高成绩：

```
CREATE VIEW VMGrade
AS
SELECT Sno,MAX(Grade) Mgrade    /*每个学生获得的最高成绩*/
FROM SC
GROUP BY Sno;
```

然后用如下查询语句完成课程号查询：

```
SELECT SC. Sno,Cno
FROM SC，VMGrade
WHERE SC. Sno=VMGrade. Sno AND SC. Grade=VMGrade. Mgrade；
```

4. 视图使用户能以多种角度看待同一数据

视图机制能使不同的用户以不同的方式看待同一数据，当许多不同类型的用户共享同一个数据库时，这种灵活性是非常重要的。例如，有的教师希望了解学生的平均成绩，有的教师希望了解学生的最高成绩和最低成绩，他们都可以在基本表 SC 上定义自己感兴趣的视图，直接对这些视图查询。

由于上述诸多优点，视图被广泛用于实际应用开发中。

本 章 小 结

关系数据库标准语言 SQL 是"数据库系统概论"课程学习和实验的重点。

SQL 可以分为数据定义、数据查询、数据更新、数据控制 4 大部分。人们有时把数据更新称为数据操纵，或把数据查询与数据更新合称为数据操纵。

本章系统而详尽地讲解了前面三部分的内容。数据控制中的数据安全性和完整性控制将在第 4 章和第 5 章中讲解。

本章在讲解 SQL 的同时，进一步讲解了关系数据库系统的基本概念，使关系数据库的许多概念更加具体、更加丰富。

SQL 的数据查询功能非常丰富，也是比较复杂的，读者一定要加强实践练习，举一反三，牢固掌握 SQL 语句。

习　题　3

1. 试述 SQL 的特点。

*2. 说明在 DROP TABLE 时，RESTRICT 和 CASCADE 的区别。

3. 有两个关系 $S(A,B,C,D)$ 和 $T(C,D,E,F)$，写出与下列查询等价的 SQL 表达式：

① $\sigma_{A=10}(S)$。

② $\Pi_{A,B}(S)$。

③ $S \bowtie T$。

④ $S \underset{S.C=T.C}{\bowtie} T$。

⑤ $S \underset{A<E}{\bowtie} T$。

⑥ $\Pi_{C,D}(S) \times T$。

4. 用 SQL 语句建立第 2 章习题 2 第 6 题 SPJ 数据库的 4 个表（S、P、J 和 SPJ），并针对建立的 4 个表用 SQL 语句完成该习题中的查询。

5. 针对第 4 题中的 4 个表 S、P、J 及 SPJ，试用 SQL 完成以下各项操作：

① 找出所有供应商的姓名和所在城市。

② 找出所有零件的名称、颜色、重量。

③ 找出使用供应商 S1 所供应零件的工程代码。

④ 找出工程项目 J2 使用的各种零件的名称及其数量。

⑤ 找出上海厂商供应的所有零件代码。

⑥ 找出使用上海产的零件的工程名称。

⑦ 找出没有使用天津产的零件的工程代码。

⑧ 把全部红色零件的颜色改成蓝色。

⑨ 把由 S5 供给 J2 的零件 P6 改为由 S3 供应。

⑩ 从供应商关系中删除 S2 的记录，并从供应情况关系中删除相应的记录。

⑪ 请将（S2,J6,P4,200）插入供应情况关系。

6. 什么是基本表？什么是视图？两者之间的区别和联系是什么？

7. 试述视图的优点。

8. 哪类视图是可以更新的？哪类视图是不可更新的？各举一例说明。

9. 针对第 4 题中的 4 个表，为三建工程项目建立一个供应情况的视图，包括供应商代码(SNO)、零件代码(PNO)、供应数量(QTY)。针对该视图完成下列查询：

① 找出三建工程项目使用的各种零件代码及其数量。

② 找出供应商 S1 供应三建工程情况。

10. 什么是空值？举例说明。SQL 中如何表示空值？空值如何参加运算？

第 3 章实验　SQL 查询与操纵

实验 3.1　数据库定义。理解数据库对象及其作用，使用 SQL 数据定义语言(DDL)语句创建数据库模式和基本表。参考《概论辅导书》准备好实验数据，插入建立的基本表中。

实验 3.2　SQL 基本查询。掌握 SQL 的基本语法和基本用法，使用 SQL 查询语句完成单表查询和连接查询操作。

实验 3.3　SQL 高级查询。使用 SQL 嵌套查询和集合查询语句完成各类复杂查询操作。

实验 3.4　数据更新。使用 SQL 数据操纵语言(DML)语句完成各类更新操作(包括插入数据、修改数据、删除数据)。

实验 3.5　视图。理解视图的作用，掌握视图的创建、使用和删除等基本功能。

实验 3.6　索引。理解和掌握索引的设计、创建、使用和维护等功能，体验索引对于数据量大时查询效率提高的效果。

参考文献 3

［1］BOYCE R, CHAMBERLIN D D, KING W F, et al. Specifying queries as relational expressions[J]. CACM-Communications of the ACM, 1975, 18(11)：621-628.

［2］CHAMBERLIN D D, BOYCE R F. SEQUEL：A structured English query language[C]. Proceedings of ACM SIGMOD Workshop on Data Description, Access and Control, 1974：249-264.

［3］CHAMBERLIN D D, ASTRAHAN M M, ESWARAN K P, et al. SEQUEL 2：a unified approach to data definition, manipulation and control[J]. IBM Journal of Research and Development, 1976, 20(6)：560-575.

SQL 是 Boyce 等人 1975 年在文献[1]提出的 SQUARE(Specifying Queries as Relational Expressions)语言的基础上发展起来的。文献[2]对 SQUARE 语言的语法进行了修改，形成了 SEQUEL。文献[3]对 SEQUEL 进行了进一步改进，最后形成了 SQL。SEQUEL 最早在关系数据库系统 SYSTEM R 上实现。

［4］REISNER P. Use of psychological experimentation as an aid to development of a query language[J]. TSE-IEEE Transactions on Software Engineering, 1977, 3(3)：218-229.

［5］DATE C J. A critique of the SQL database language[J]. ACM SIGMOD Record, 1984, 14(3)：8-54.

文献[4]和[5]分析了 SQL 的优缺点。

［6］X3H2(ANSI Database Committee). American National Standard Database Language SQL：Working Draft[R]. Document X3H2-85-1, 1984.

［7］ANSI. The Database Language SQL[R]. Document ANSI X3.135, 1986.

［8］GRIFFITHS P P, WADE B W. An authorization mechanism for a relational database system[J]. ACM Transactions on Database Systems, 1976, 1(3): 242-255.

[9] CHAMBERLIN D D. A summary of user experience with the SQL data sublanguage[C]. Proceedings of the International Conference on Databases. Aberdeen, 1980.

[10] DATE C J. The Outer Join[C]. Proceedings of the 2nd International Conference on Database(ICOD-2). Cambridge, 1983.

[11] DAYAL U, BERNSTEIN P A. On the updatability of relational views[C]. Proceedings of the 4th International Conference on Very Large Data Base, 1978: 4368-377.

[12] SHASHA D, BONNET P. Database tuning: principles, experiments, and troubleshooting techniques(part I) [J]. Proceedings of the 2002 ACM SIGMOD International Conference on Management of Data, 2002.

[13] Information technology-database languages-SQL-part2: foundation(SQL/Foundation): ISO/IEC 9075-2 CORR 1-2019[S]. 5th ed. ISO/IEC, 2019.

本章知识点讲解微视频：

SQL 数据定义

基本 SQL 查询

复杂 SQL 查询

空值

第4章 \ 数据库安全性

在第 1 章中已经讲到，数据库的特点之一是由数据库管理系统提供统一的数据保护功能来保证数据的安全可靠和正确有效。数据库的数据保护主要包括数据库的安全性和完整性。本章讲解数据库的安全性，第 5 章将讨论数据库的完整性。

本章导读

数据库的安全性问题和计算机系统的安全性是紧密联系的，计算机系统的安全性问题可大致分为三大类，即技术安全类、管理安全类和政策法律类（详见二维码内容）。

扩展阅读：计算机系统的三类安全性问题

本章讨论数据库技术安全类问题，即从技术上如何保证数据库系统的安全性。

本章主要介绍有关计算机信息安全和数据库安全标准的内容。从 4.2 节起讲解数据库安全性控制的主要技术。希望读者理解和掌握通过 SQL 语句实现自主存取控制权限的授予和收回的方法；掌握创建用户、角色，以及分配权限给角色的方法。要加强实验练习掌握这些方法，还要进一步理解什么是强制存取控制机制，如何利用视图技术、审计技术、数据存储加密和传输加密等技术手段提高数据库的安全性。

本章较难理解的内容是强制存取控制机制中确定主体能否存取客体的存取规则，要理解制定该存取规则的原因。

4.1 数据库安全性概述

数据库的安全性是指保护数据库，以防不合法使用所造成的数据泄露、篡改或破坏。

安全性问题不是数据库系统所独有的，所有计算机系统都存在不安全因素，只是在数据库系统中由于大量数据集中存放，而且为众多用户直接共享，数据成为一个部门、企业乃至一个国家重要的资源，从而使安全性问题更为突出。系统安全保护措施是否有效是数据库系统的主要技术指标之一。

4.1.1   数据库的不安全因素

数据库的安全性事故频发。例如，2016 年初某地多所医院连续遭受勒索软件的侵害，给医院和患者带来了极大的不便，对医院的工作造成了极大的负面影响。

综合来看，对数据库安全性产生威胁的因素主要有以下几方面。

1. 非授权用户对数据库的恶意存取和破坏

一些黑客(hacker)或不法分子在用户存取数据库时窃取用户名和用户口令等信息，然后假冒合法用户获取、修改甚至破坏用户数据。有的黑客还故意锁定并修改数据，进行勒索和破坏等犯罪活动。因此，必须阻止有损数据库安全的非法操作，以保证数据免受未经授权的访问和破坏。

2. 数据库中重要或敏感的数据被泄露

黑客或敌对分子千方百计地盗窃数据库中重要或敏感的机密数据，造成数据泄露。例如，攻击者利用 SQL 注入(SQL injection)技术，在应用程序中事先定义好的查询语句的结尾添加额外的 SQL 语句，在入侵检测不严的情况下欺骗数据库服务器执行非授权的查询和操作，进行 SQL 注入攻击，使得机密数据被泄露、篡改或锁定，数据库数据被破坏。

3. 安全环境的脆弱性

数据库的安全性与计算机系统(包括计算机硬件、操作系统、网络系统等)的安全性是紧密联系的。操作系统安全性脆弱、网络协议安全性保障不足等都会造成数据库安全性的破坏。因此，必须加强计算机系统整体的安全性保护。随着互联网、云计算和大数据技术的发展，计算机系统的安全性问题越来越突出。为此，必须建立一套可信(trusted)计算机系统的概念和标准。只有建立了完善的可信标准，即安全标准，才能规范和指导安全计算机系统部件的生产，较为准确地测定产品的安全性能指标，满足民用和军用的不同需要。

4.1.2   安全标准简介

计算机以及信息安全技术方面有一系列安全标准，最有影响的是可信计算机系统评价标准 TCSEC 和工厂安全通用准则 CC 标准。

1. 可信计算机系统评价标准 TCSEC

1985 年美国国防部(Department of Defense，DoD)正式颁布了《可信计算机系统评价标准》(trusted computer system evaluation criteria，简称 TCSEC 或 DoD85)。1991 年的 TCSEC/Trusted Database Interpretation(TCSEC/TDI)又把 TCSEC 扩展到了数据库系统。

TCSEC/TDI 根据计算机系统对各项指标的支持情况将系统划分为 4 组 7 个等级，依次是 D，C(C1、C2)，B(B1、B2、B3)，A(A1)，其系统可靠或可信程度逐渐增高，如表 4.1 所示。

表 4.1　TCSEC/TDI 安全级别划分

安全级别	安全指标
A1	验证设计（verified design）
B3	安全域（security domain）
B2	结构化保护（structural protection）
B1	标记安全保护（labeled security protection）
C2	受控的存取保护（controlled access protection）
C1	自主安全保护（discretionary security protection）
D	最小保护（minimal protection）

D 级：该级是最低级别。保留 D 级的目的是将一切不符合更高标准的系统都归于 D 组。

C1 级：该级只提供了非常初级的自主安全保护，能够实现对用户和数据的分离，进行自主存取控制（discretionary access control，DAC），保护或限制用户权限的传播。

C2 级：该级是安全产品的最低档，提供受控的存取保护，即将 C1 级的 DAC 进一步细化，以个人身份注册负责，并实施审计和资源隔离。

B1 级：标记安全保护。对系统的数据加以标记，并对标记的主体和客体实施强制存取控制（mandatory access control，MAC）以及审计等安全机制。B1 级别的产品才被认为是真正意义上的安全产品，满足此级别的产品前一般多冠以"安全"（security）或"可信的"字样，作为区别于普通产品的安全产品出售。

B2 级：结构化保护。建立形式化的安全策略模型，并对系统内的所有主体和客体实施 DAC 和 MAC。

B3 级：安全域。该级的可信计算基（trusted computing base，TCB）必须满足访问监控器的要求，审计跟踪能力更强，并提供系统恢复过程。

A1 级：验证设计，即在提供 B3 级保护的同时，给出系统的形式化设计说明和验证，以确信各安全保护真正实现。

表 4.2 列出了不同安全级别对安全指标的支持情况。随着安全级别的由低到高，系统对各项安全指标的支持也从无到有。其中，□表示该级不提供对该指标的支持，■表示该级新增的对该指标的支持，▨表示该级对该指标的支持与相邻低一级的等级一样，▧表示该级对该指标的支持较下一级有所增加或改动。

TCSEC/TDI 从 4 个方面来描述安全性级别划分的指标，即安全策略、责任、保证和文档。每个方面又细分为若干项，如表 4.2 中第一、二行所示。

表 4.2　不同安全级别对安全指标的支持情况

安全指标	安全策略							责任			保证									文档			
	自主存取控制	客体重用	标记完整性	标记信息的扩散	主体敏感度标记	设备标记	强制存取控制	标识与鉴别	可信路径	审计	系统体系结构	系统完整性	屏蔽信道分析	可信设施管理	可信恢复	可安全测试	设计规范和验证	配置管理	可信分配	安全特性用户指南	可信设施手册	测试文档	设计文档
C1																							
C2																							
B1																							
B2																							
B3																							
A1																							

2. IT 安全通用准则 CC

自 1993 年起，多个国家组织了专门的委员会开发 IT 安全通用准则（common criteria，CC）。经过多次讨论和修订后，CC 2.1 版于 1999 年被 ISO 采用为国际标准，2001 年被我国采用作为国家标准。有关国际和我国信息安全标准发展简述，请参见二维码内容。

扩展阅读：信息安全标准发展简述

根据系统对安全保证要求的支持情况，CC 提出了评估保证级（evaluation assurance level，EAL），从 EAL1 至 EAL7 共分为 7 级，按保证程度逐渐增高。粗略而言，CC 的评估保证级与 TCSEC/TDI 的安全级别大致对应如表 4.3 所示。

表 4.3　CC 评估保证级（EAL）的划分及与 TCSEC/TDI 安全级别的对应

评估保证级	定义	TCSEC/TDI 安全级别（近似相当）
EAL1	功能测试（functionally tested）	
EAL2	结构测试（structurally tested）	C1
EAL3	系统地测试和检查（methodically tested and checked）	C2
EAL4	系统地设计、测试和复查（methodically designed，tested and reviewed）	B1
EAL5	半形式化设计和测试（semiformally designed and tested）	B2
EAL6	半形式化验证的设计和测试（semiformally verified design and tested）	B3
EAL7	形式化验证的设计和测试（formally verified design and tested）	A1

4.2 数据库安全性控制

在计算机系统中，安全措施是一级一级层层设置的。例如，在图 4.1 所示的安全模型中，用户要求进入计算机系统时，系统首先根据输入的用户标识进行用户身份鉴别，只有合法的用户才准许进入计算机系统。对已进入系统的用户，数据库管理系统要执行安全保护，采取多种存取控制机制，目的是只允许用户执行合法操作，在用户退出系统后，根据情况还要进行安全审计。操作系统也会有自己的保护措施，读者可参考操作系统的有关书籍。对敏感数据，在传输过程中要进行加密保护，最后还应以密码形式存储到数据库中。

图 4.1 计算机系统的安全模型

本章讨论与数据库有关的安全性技术，对于强力逼迫透露口令、盗窃物理存储设备等行为而采取的保安措施，例如出入机房登记、加锁等，不在讨论之列。

图 4.2 是数据库管理系统的安全性控制模型示例。主要包含以下几部分：

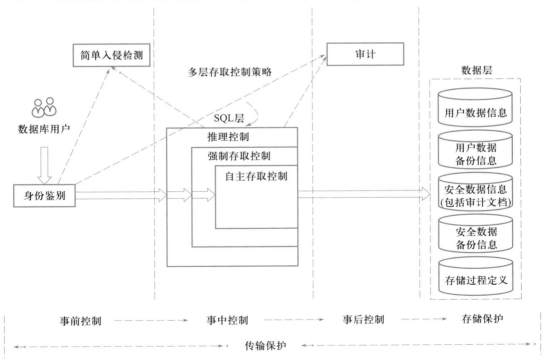

图 4.2 数据库管理系统的安全性控制模型

① 事前控制。通过身份鉴别和简单入侵检测共同实现事前的访问保护。

② 事中控制。数据库管理系统在 SQL 层提供多层存取控制策略，包括自主存取控制、强制存取控制、推理控制等。用户只能按照被授予的权限和安全规则存取合法数据。

③ 事后控制。为监控恶意访问，可根据具体安全需求配置审计规则，对用户访问行为和系统关键操作进行审计，及时发现可疑攻击者，把有关信息返回入侵检测子系统，对异常用户行为进行处理和阻拦。

④ 存储保护。在数据层，对敏感数据、重要的存储过程定义加密存储。数据库管理系统不仅存放用户数据，还存储与安全有关的审计文档，并进行加密存储。

⑤ 传输保护。用户身份信息、SQL 语句和数据等频繁地在客户端与服务器端进行传输，若采用明文方式传输很容易被截获或篡改，存在安全隐患。为了保证这些信息能够安全地进行交换和传输，数据库管理系统提供了传输加密功能。

4.2.1　用户身份鉴别

用户身份鉴别是数据库管理系统提供的最外层安全保护措施。每个用户在系统中都有一个用户标识。每个用户标识由用户名（user name）和用户标识号（user identification number，UID）两部分组成。UID 在系统的整个生命周期内是唯一的。系统内部记录着所有合法用户的标识，系统鉴别是指由系统提供一定的方式让用户标识自己的名字或身份。每次用户要求进入系统时，由系统进行核对，通过鉴定后才提供使用数据库管理系统的权限。

用户身份鉴别的方法有很多种，而且在一个系统中往往也是多种方法结合，以获得更强的安全性。常用的用户身份鉴别方法主要有以下几种。

1. 静态口令鉴别

静态口令一般由用户自己设定，鉴别时只要按要求输入正确的密码，系统即可允许用户使用数据库管理系统。这些密码是静态不变的，方式简单，但容易被攻击，安全性较低。因此通常采用双因子鉴别，即口令+数字证书。提供一套口令策略，包括密码复杂度、密码过期时限、登录失败用户锁定、密码历史保存等。在存储和传输过程中密码信息不可见，均以密文方式存在。

用户身份鉴别可以重复多次。

2. 动态口令鉴别

这种方式的口令是动态变化的，每次鉴别时均需使用动态产生的新口令登录数据库管理系统，即采用一次一密的方法。常用的方式如验证码和动态令牌方式，每次鉴别时要求用户使用验证码或动态令牌登录数据库管理系统。与静态口令鉴别相比，这种认证方式的安全性相对高一些。

3. 生物特征鉴别

它是一种通过生物特征进行认证的技术，其中，生物特征是指生物唯一具有的可测量、识别和验证的稳定生物特征，如指纹、虹膜、掌纹和人脸识别等。这种方式通过采用图像处理和模式识别等技术实现了基于生物特征的认证，与传统的口令鉴别相比，其安全性无疑较高。

4. 智能卡鉴别

智能卡是一种不可复制的硬件，内置集成电路的芯片，具有硬件加密功能。智能卡由用户随身携带，登录数据库管理系统时将智能卡插入专用的读卡器进行身份验证。由于每次从智能卡中读取的数据是静态的，通过内存扫描或网络监听等技术还是可能截取到用户的身份验证信息，存在安全隐患。因此，实际应用中一般采用个人识别号（personal identification number，PIN）和智能卡相结合的方式。这样，即使 PIN 或智能卡中有一种被窃取，用户身份仍不会被冒充。

5. 入侵检测

检测前，管理员应按实际需求定义检测规则。在检测过程中，依据预先设置的检测规则实时进行入侵分析。若发现入侵情况，实时进行处理。

处理方式包括通过邮件报警和断开会话连接、锁定用户进行处罚等。

4.2.2　存取控制

数据库安全控制最重要的一点就是，确保只授权给有资格的用户访问数据库的权限，同时令所有未被授权的人员无法接近数据。这主要通过数据库系统的存取控制机制实现。

存取控制机制主要包括定义用户权限和合法权限检查两部分。

① 定义用户权限，并将用户权限登记到数据字典中。用户对某一数据对象的操作权力称为权限。某个用户应该具有何种权限是管理和政策方面的问题，而不是技术问题。数据库管理系统的功能是保证这些决定的执行。为此，数据库管理系统必须提供适当的语言来定义用户权限，这些定义经过编译后存储在数据字典中，被称作安全规则或授权规则。

② 合法权限检查。每当用户发出存取数据库的操作请求后（请求一般应包括操作类型、操作对象和操作用户等信息），数据库管理系统查找数据字典，根据安全规则进行合法权限检查，若用户的操作请求超出了定义的权限，系统将拒绝执行此操作。

定义用户权限和合法权限检查机制一起组成了数据库管理系统的存取控制子系统。

C2 级的数据库管理系统支持自主存取控制，B1 级的数据库管理系统支持强制存取控制。这两类方法的简单定义是：

① 在**自主存取控制**方法中，用户对于不同的数据库对象有不同的存取权限，不同的用户对同一对象也有不同的权限，而且用户还可将其拥有的存取权限转授给其他用户。因此自主存取控制非常灵活。

② 在**强制存取控制**方法中，每一个数据库对象被标以一定的密级，每一个用户也被授予某一个级别的许可证。对于任意一个对象，只有具有合法许可证的用户才可以存取。强制存取控制因此相对比较严格。

下面介绍这两种存取控制方法。

4.2.3   自主存取控制方法

大型数据库管理系统都支持自主存取控制，SQL 标准也对自主存取控制提供支持。这主要通过 SQL 的 GRANT 语句和 REVOKE 语句来实现。

用户权限是由两个要素组成的：数据库对象和操作类型。 定义一个用户的存取权限就是要定义这个用户可以在哪些数据库对象上进行哪些类型的操作。**在数据库系统中，定义存取权限称为授权**（authorization）。

在非关系数据库系统中，用户只能对数据进行操作，存取控制的数据库对象也仅限于数据本身。

在关系数据库系统中，存取控制的对象不仅有数据本身（基本表和视图中的数据、属性列上的数据），还有数据库与模式、基本表、视图和索引的创建等。表 4.4 列出了不同对象具有的主要存取权限。

表 4.4   关系数据库系统中不同对象具有的主要存取权限

对象类型	对象	操作类型
数据库和模式	数据库和模式	CREATE
	基本表	CREATE TABLE, ALTER TABLE
	视图	CREATE VIEW
	索引	CREATE INDEX
数据	基本表和视图	SELECT, INSERT, UPDATE, DELETE, REFERENCES, ALL PRIVILEGES
	属性列	SELECT, INSERT, UPDATE, REFERENCES, ALL PRIVILEGES

表 4.4 中，创建数据库的权限在 SQL 标准中没有给出明确定义，因此不同的关系数据库管理系统实现的语句和语法不同。4.2.4 小节将介绍 KingabseES 创建数据库的语句。

具有创建数据库权限的用户可以在该数据库上创建模式。

具有创建模式权限的用户可以在该模式中创建表、视图、索引等数据库对象。

表 4.4 中，属性列权限包括 SELECT、INSERT、UPDATE、REFERENCES，其含义与表权限类似。需要说明的是，对列的 UPDATE 权限指对于表中存在的某一列的值可以进行修改。当然，有了这个权限之后，在修改的过程中还要遵守表在创建时定义的主码及其他约束。列上的 INSERT 权限指用户可以插入一个元组，对于插入的元组，授权用户可以插入指定的值，其他列或者为空，或者为默认值。在给用户授予列 INSERT 权限时，一定要包含主码的 INSERT 权限，否则用户的插入动作会因为主码为空而被拒绝。

4.2.4　授予与收回对数据的操作权限

SQL 中使用 GRANT 和 REVOKE 语句向用户授予或收回对数据的操作权限。GRANT 语句向用户授予权限，REVOKE 语句收回已经授予用户的权限。

1. GRANT 语句

GRANT 语句的一般格式如下：

> **GRANT** <权限> [,<权限>]…
> **ON** <对象类型> <对象名> [,<对象类型> <对象名>]…
> **TO** <用户> [,<用户>]…
> [**WITH GRANT OPTION**]；

其语义为：将对指定对象的指定操作权限授予指定的用户。发出该 GRANT 语句的可以是数据库管理员(DBA)，也可以是该数据库的创建者(即数据库属主 owner)，还可以是已经拥有该权限的用户。接受权限的用户可以是一个或多个具体用户，也可以是 PUBLIC，即全体用户。

如果指定了 **WITH GRANT OPTION 子句**，则获得某种权限的用户还可以把这种权限再授予其他的用户。如果没有指定该子句，则获得某种权限的用户只能使用该权限，不能传播。

SQL 标准允许具有 WITH GRANT OPTION 的用户把相应权限或其子集传递授予其他用户，但不允许循环授权，即被授权者不能把权限再授回给授权者或其祖先，如图 4.3 所示。

图 4.3　SQL 标准不允许循环授权

[**例 4.1**]把查询 Student 表的权限授给用户 U1。

> GRANT SELECT
> ON TABLE Student
> TO U1；

[**例 4.2**]把对 Student 表和 Course 表的全部操作权限授予用户 U2 和 U3。

> GRANT ALL PRIVILEGES
> ON TABLE Student, Course
> TO U2,U3；

[**例 4.3**]把对表 SC 的查询权限授予所有用户。

> GRANT SELECT

```
ON TABLE SC
TO PUBLIC;
```

[**例 4.4**]把查询 Student 表和修改学生学号的权限授予用户 U4。

```
GRANT UPDATE(Sno),SELECT
ON TABLE Student
TO U4;
```

这里，实际上要授予 U4 用户的是对基本表 Student 的 SELECT 权限和对属性列 Sno 的 UPDATE 权限。对属性列授权时必须明确指出相应的属性列名。

[**例 4.5**]把对表 SC 的 INSERT 权限授予 U5 用户，并允许将此权限再授予其他用户。

```
GRANT INSERT
ON TABLE SC
TO U5
WITH GRANT OPTION;
```

执行此 SQL 语句后，U5 不仅拥有了对表 SC 的 INSERT 权限，还可以传播此权限，即由 U5 用户发上述 GRANT 命令给其他用户。

[**例 4.6**]用户 U5 将对表 SC 的 INSERT 权限授予用户 U6。

```
GRANT INSERT
ON TABLE SC
TO U6
WITH GRANT OPTION;
```

同样，U6 还可以将此权限继续授予 U7。

[**例 4.7**]用户 U6 将对表 SC 的 INSERT 权限授予用户 U7。

```
GRANT INSERT
ON TABLE SC
TO U7;
```

因为 U6 未给 U7 传播的权限，因此 U7 不能再传播此权限。

由上面的例子可以看到，GRANT 语句可以一次向一个用户授权，如例 4.1 所示，这是最简单的一种授权操作；也可以一次向多个用户授权，如例 4.2、4.3 所示；还可以一次传播多个同类对象的权限，如例 4.2 所示；甚至一次可以完成对基本表和属性列这些不同对象的授权，如例 4.4 所示。表 4.5 是执行了例 4.1~4.7 的语句后"学生选课"数据库中的用户权限定义表。

表 4.5 执行了例 4.1~4.7 语句后"学生选课"数据库中的用户权限定义

授权用户名	被授权用户名	数据库对象名	允许的操作类型	能否转授权
DBA	U1	关系 Student	SELECT	不能
DBA	U2	关系 Student	ALL	不能
DBA	U2	关系 Course	ALL	不能
DBA	U3	关系 Student	ALL	不能
DBA	U3	关系 Course	ALL	不能
DBA	PUBLIC	关系 SC	SELECT	不能
DBA	U4	关系 Student	SELECT	不能
DBA	U4	属性列 Student. Sno	UPDATE	不能
DBA	U5	关系 SC	INSERT	能
U5	U6	关系 SC	INSERT	能
U6	U7	关系 SC	INSERT	不能

2. REVOKE 语句

授予用户的权限可以由数据库管理员或其他授权者用 REVOKE 语句收回。REVOKE 语句的一般格式如下：

> **REVOKE** <权限> [,<权限>]…
> **ON** <对象类型> <对象名> [,<对象类型><对象名>]…
> **FROM** <用户> [,<用户>]…[**CASCADE|RESTRICT**];

若语句指定了 CASCADE，则级联收回授予的权限；若语句指定了 RESTRICT，则转授权限后不能收回。默认值为 RESTRICT。

[**例 4.8**]把用户 U4 修改学生学号的权限收回。

> REVOKE UPDATE(Sno)
> ON TABLE Student
> FROM U4；

[**例 4.9**]收回所有用户对表 SC 的查询权限。

> REVOKE SELECT
> ON TABLE SC
> FROM PUBLIC；

[**例 4.10**]把用户 U5 对 SC 表的 INSERT 权限收回。

> REVOKE INSERT

ON TABLE SC

FROM U5 CASCADE；

执行该语句后，收回了用户 U5 的 INSERT 权限，同时级联收回了 U6 和 U7 的 INSERT 权限。因为在例 4.6 和例 4.7 中，U5 将对 SC 表的 INSERT 权限授予了 U6，而 U6 又将其授予了 U7。

注意：如果 U6 或 U7 还从其他用户处获得了对 SC 表的 INSERT 权限，则他们仍具有此权限，系统只收回直接或间接从 U5 处获得的权限。

表 4.6 是执行了例 4.8~4.10 的语句后"学生选课"数据库的用户权限定义。

表 4.6　执行了例 4.8~4.10 语句后"学生选课"数据库的用户权限定义

授权用户名	被授权用户名	数据库对象名	允许的操作类型	能否转授权
DBA	U1	关系 Student	SELECT	不能
DBA	U2	关系 Student	ALL	不能
DBA	U2	关系 Course	ALL	不能
DBA	U3	关系 Student	ALL	不能
DBA	U3	关系 Course	ALL	不能
DBA	U4	关系 Student	SELECT	不能

SQL 提供了非常灵活的授权机制。数据库管理员拥有对数据库中所有对象的所有权限，并可以根据实际情况将不同的权限授予不同的用户。

用户对自己建立的基本表和视图拥有全部的操作权限，并且可以用 GRANT 语句把其中某些权限授予其他用户。被授权的用户如果获得 WITH GRANT OPTION，还可以把获得的权限再授予其他用户。

所有授予出去的权限，在必要时都可以用 REVOKE 语句收回。

可见，**用户可以"自主"地决定将数据的存取权限授予何人，并决定是否也将"授权"的权限授予别人。**因此，称这样的存取控制是自主存取控制。

* 3. 创建数据库的权限

上面介绍的 GRANT 和 REVOKE 语句是向用户授予或收回对数据库中**数据**的操作权限。这里简单介绍一下表 4.4 中关于创建数据库的语句。因为创建数据库也需要进行安全控制，也是要授权的。但是在 SQL 标准中没有创建数据库的标准定义，因此各个数据库系统实现的语句不同。下面仅以金仓数据库 KingabseES 为例做简要说明。

CREATE USER 语句建立超级用户，再由超级用户创建具有 CREATE 数据库权限的用户。

CREATE USER 语句一般语法格式如下：

CREATE USER <username> [**WITH**]

[**SUPERUSER** | **CREATEDB**] | **PASSWORD** 'password';

具有 SUPERUSER 权限的用户是系统的超级用户，在系统中跳过权限检查，可以执行任何操作。

具有 CREATEDB 权限的用户可以创建数据库，成为数据库的属主，具有在数据库上创建模式的权限，并可以把这些权限授予其他用户。

注意，超级用户是系统初始化时指定的。例如，在安装系统时可以指定一个名称为 system 的超级用户。

[**例 4.11**]创建超级用户 system2。

首先以超级用户 system 登录，然后创建 system2：

    CREATE USER system2 WITH SUPERUSER PASSWORD '123456';

[**例 4.12**]创建具有 CREATEDB 权限的用户 U1 和普通用户 U2。

以超级用户 system 登录，创建用户 U1、U2 如下：

    CREATE USER U1 WITH CREATEDB PASSWORD '123456';
    /* U1 具有创建数据库的权限了 */
    CREATE USER U2 PASSWORD '123456';   /* U2 是普通用户 */

[**例 4.13**]创建数据库 U1DB。

以 U1 用户登录，创建数据库 U1DB：

    CREATE DATABASE U1DB;   /* U1 创建了数据库 */

U1 成为数据库 U1DB 的属主，它可以在 U1DB 数据库上创建 SCHEMA。

4.2.5 数据库角色

数据库角色是被命名的一组与数据库操作相关的权限，**角色是权限的集合**。因此，可以为一组具有相同权限的用户创建一个角色。使用角色来管理数据库权限可以简化授权的过程。

在 SQL 中首先用 CREATE ROLE 语句创建角色，然后用 GRANT 语句给角色授权，用 REVOKE 语句收回授予角色的权限。

1. 角色的创建

创建角色的 SQL 语句格式如下：

    CREATE ROLE <角色名>

刚刚创建的角色是空的，没有任何内容。可以用 GRANT 为角色授权。

2. 给角色授权

    GRANT <权限> [,<权限>]…
    ON <对象类型>对象名
    TO <角色> [,<角色>]…

数据库管理员和用户可以利用 GRANT 语句将权限授予某一个或几个角色。

3. 将一个角色授予其他的角色或用户

> **GRANT <角色 1>** [,**<角色 2>**] …
> **TO <角色 3>** [,**<用户 1>**] …
> [**WITH ADMIN OPTION**]

该语句把角色授予某用户，或授予另一个角色。这样，一个角色(例如角色 3)所拥有的权限就是授予它的全部角色(例如角色 1 和角色 2)所包含的权限的总和。

授予者可以是角色的创建者，或者是在这个角色上的 WITH ADMIN OPTION 权限拥有者。

如果指定了 WITH ADMIN OPTION 子句，则获得某种权限的角色或用户还可以把这种权限再授予其他的角色。

一个角色包含的权限包括直接授予这个角色的全部权限，再加上其他角色授予这个角色的全部权限。

4. 角色权限的收回

> **REVOKE <权限>** [,**<权限>**] …
> **ON <对象类型> <对象名>**
> **FROM <角色>** [,**<角色>**] …

用户可以收回角色的权限，从而修改角色拥有的权限。

REVOKE 动作的执行者可以是角色的创建者，或者是在这个(些)角色上的 WITH ADMIN OPTION 权限拥有者。

[例 4.14] 通过角色来实现将一组权限授予一个用户。

步骤如下：

① 创建一个角色 R1。

> CREATE ROLE R1;

② 使用 GRANT 语句，使角色 R1 拥有 Student 表的 SELECT、UPDATE、INSERT 权限。

> GRANT SELECT,UPDATE,INSERT
> ON TABLE Student
> TO R1;

③ 将这个角色授予王平、张明、赵玲，使他们具有角色 R1 所包含的全部权限。

> GRANT R1
> TO 王平,张明,赵玲;

④ 一次性通过 R1 来收回王平的这三个权限。

REVOKE R1
FROM 王平;

[**例4.15**] 给角色增加新的权限。

GRANT DELETE
ON TABLE Student
TO R1

使角色 R1 在原来的基础上增加了 Student 表的 DELETE 权限。

[**例4.16**] 减少角色的权限。

REVOKE SELECT
ON TABLE Student
FROM R1;

使 R1 减少了 SELECT 权限。

可以看出，数据库角色是一组权限的集合。使用角色来管理数据库权限可以简化授权的过程，使自主授权的执行更加灵活、方便。

4.2.6　强制存取控制方法

自主存取控制能够通过授权机制有效地控制对敏感数据的存取。但是由于用户对数据的存取权限是"自主"的，用户可以自由地决定将数据的存取权限授予何人，以及决定是否也将"授权"的权限授予别人。在这种授权机制下，仍可能存在数据的无意泄露。比如，甲将自己权限范围内的某些数据存取权限授权给乙，甲的意图是仅允许乙本人操纵这些数据。但甲的这种安全性要求并不能得到保证，因为乙一旦获得了对数据的权限，就可以将数据备份，获得自身权限内的副本，并在不征得甲同意的前提下传播副本。造成这一问题的根本原因就在于这种机制仅仅通过对数据的存取权限来进行安全控制，**而数据本身并无安全性标记**。要解决这一问题，就需要对系统控制下的所有主客体实施强制存取控制策略。

所谓强制存取控制，是指系统为保证更高程度的安全性，按照 TCSEC/TDI 标准中安全策略的要求所采取的强制存取检查手段。它不是用户能直接感知或进行控制的。强制存取控制适用于那些对数据严格且固定密级分类的部门，例如军事部门或政府部门。

在强制存取控制方法中，数据库管理系统所管理的全部实体被分为主体和客体两大类。

主体是系统中的活动实体，既包括数据库管理系统所管理的实际用户，也包括代表用户的各进程。**客体**是系统中的被动实体，是受主体操纵的，包括文件、基本表、索引、视图等。对于主体和客体，数据库管理系统为它们的每个实例(值)指派一个**敏感度标记**(label)。

敏感度标记被分成若干级别(或称密级)，例如**绝密级**(top secret，TS)、**机密级**(secret，S)、**秘密级**(confidential，C)、**公开**(public，P)等，次序是 TS >= S >= C >= P。**主体的敏感度标记称为许可证级别**，**客体的敏感度标记称为密级**。强制存取控制机制就是通过对比主体和客体的敏感度标记，最终确定主体是否能够存取客体。

当某一用户（或主体）以敏感度标记注册入系统时，系统要求他对任何客体的存取必须遵循如下规则：

① 仅当主体的许可证级别**大于或等于**客体的密级时，该主体才能读取相应的客体。

② 仅当主体的许可证级别**小于或等于**客体的密级时，该主体才能写相应的客体。

这些系统规定：仅当主体的许可证级别小于或等于客体的密级时，该主体才能写相应的客体，即用户可以为写入的数据对象赋予高于自己许可证级别的密级。

规则①的含义是明显的，而规则②需要解释一下。按照规则②，用户可以为写入的数据对象赋予高于自己的许可证级别的密级。这样一旦数据被写入，该用户自己也不能再读该数据对象了。如果违反了规则②，就有可能把数据的密级从高流向低，造成数据的泄漏。

例如，某个绝密级的用户把一个绝密级别的数据恶意地降低为公开级别，然后把它写回，这样原来是绝密的数据大家都可以读到了，造成了绝密级数据的泄漏。

这两种规则的共同点在于，它们均禁止了拥有高许可证级别的主体更新低密级的数据对象，从而防止了敏感数据的泄漏。

强制存取控制是对数据本身进行密级标记，无论数据如何复制，标记与数据是一个不可分的整体。只有符合密级标记要求的用户才可以操纵数据，从而提供了更高级别的安全性。

前面已经提到，较高安全性级别提供的安全保护包含较低级别的所有保护，因此在实现强制存取控制时要首先实现自主存取控制，即自主存取控制与强制存取控制共同构成数据库管理系统的安全机制。图 4.4 为数据库管理系统的安全检查示意图，系统首先进行自主存取控制（DAC）检查，对通过 DAC 检查的允许存取的数据对象，再由系统自动进行强制存取控制（MAC）检查，只有通过 MAC 检查的数据对象方可存取。

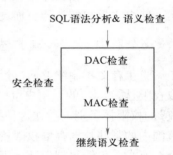

图 4.4　数据库管理系统的安全检查示意图

4.3　视图机制

前已提及，视图具有安全保护的功能。为不同的用户定义不同的视图，就可以把数据对象限制在一定的范围内，通过视图机制把保密的数据对无权存取的用户隐藏起来，从而自动对数据提供一定程度的安全保护。

视图机制还可以和授权机制相配合，间接地实现支持存取谓词的用户权限定义。例如，假定王平老师只能查询计算机科学与技术专业学生的信息，专业负责人张明老师具有查询和增删改该专业学生信息的所有权限。这就要求系统能支持存取谓词的用户权限定义。在不直接支持存取谓词的系统中，可以先建立计算机科学与技术专业学生的视图 CS_Student，然后在视图上进一步定义存取权限。

[**例 4.17**] 建立计算机科学与技术专业学生的视图,把对该视图的 SELECT 权限授予王平,把该视图上的所有操作权限授予张明。

```
CREATE VIEW CS_Student        / * 先建立视图 CS_Student * /
AS
SELECT  *
FROM Student
WHERE Smajor='计算机科学与技术'
WITH CHECK OPTION;            / * 对该视图进行增、删、改时,必须满足 * /
                             / * Smajort='计算机科学与技术'的条件 * /
GRANT SELECT                 / * 王平老师只能查询计算机科学与技术学生的信息 * /
ON CS_Student
TO 王平;
GRANT ALL PRIVILEGES         / * 专业负责人张明具有查询和增、删、改该视图的所有权限 * /
ON CS_Student
TO 张明;
```

4.4 审   计

数据库安全审计系统提供了一种事后检查的安全机制。前面讲的用户身份鉴别、存取控制是数据库安全保护的重要技术(安全策略方面),但不是全部。审计(audit)功能就是数据库管理系统达到 C2 以上安全级别必不可少的一项指标。

任何系统的安全保护措施都不是完美无缺的,蓄意盗窃、破坏数据的人总是想方设法打破控制。**审计功能把用户对数据库的所有操作自动记录下来放入审计日志**(audit log)。审计员可以利用审计日志监控数据库中的各种行为,重现导致数据库现有状况的一系列事件,找出非法存取数据的人、时间和内容等;还可以通过对审计日志分析,对潜在的威胁提前采取措施加以防范。

审计通常是很费时间和空间的,所以数据库管理系统往往都**将审计设置为可选特征**,允许数据库管理员根据具体应用对安全性要求灵活地打开或关闭审计功能。审计功能主要用于安全性要求较高的部门。它能对普通和特权用户行为、各种表操作、身份鉴别、自主和强制访问控制等操作进行审计。它既能审计成功操作,也能审计失败操作。

1. 审计事件

审计事件一般有多种类别,例如:

① 服务器事件。审计数据库服务器发生的事件,包含数据库服务器的启动、停止、数据库服务器配置文件的重新加载等。

② 系统权限。审计对系统拥有的结构或模式对象进行的操作，要求该操作的权限是通过系统权限获得的。

③ 语句事件。审计 SQL 语句，如 DDL、DML 及 DCL 语句。

④ 模式对象事件。审计特定模式对象上进行的 SELECT 或 DML 操作。模式对象包括表、视图、存储过程、函数等，但不包括依附于表的索引、约束、触发器、分区表等。

2. 审计功能

审计功能主要包括以下几方面内容：

① 基本功能。提供多种审计查阅方式：基本、可选、有限等。

② 提供多套审计规则。审计规则一般在数据库初始化时设定，以方便审计员管理。

③ 提供审计分析和报表功能。

④ 提供审计日志管理功能。主要包括为防止审计员误删审计记录，审计日志必须先转储后删除；对转储的审计记录文件提供完整性和保密性保护；只允许审计员查阅和转储审计记录，不允许任何用户新增和修改审计记录等。

系统提供查询审计设置及审计记录信息的专门视图。对于系统权限级别、语句级别及模式对象级别的审计记录，也可通过相关的系统表直接查看。

3. AUDIT 语句和 NOAUDIT 语句

AUDIT 语句用来设置审计功能，NOAUDIT 语句则用来取消审计功能。

审计一般可以分为用户级审计和系统级审计。用户级审计是任何用户可设置的审计，主要是用户针对自己创建的数据库表或视图进行审计，记录所有用户对这些表或视图的一切成功和（或）不成功的访问要求，以及各种类型的 SQL 操作。

系统级审计只能由数据库管理员设置，用以监测成功或失败的登录要求、监测授权和收回操作，以及其他数据库级权限下的操作。

[**例 4.18**] 对修改 SC 表结构或修改 SC 表数据的操作进行审计。

① 先显示当前审计开关状态。

    SHOW AUDIT_TRAIL;

② 打开审计开关。

    SET AUDIT_TRAIL TO ON;

③ 对 SC 表设置审计。

    AUDIT ALTER, UPDATE ON SC BY ACCESS;

BY ACCESS 审计方式表示系统对每个设置的审计操作都要进行记录。BY SESSION 审计方式则表示对于每次会话中涉及的同类审计操作，系统只记录最早的一次。

[**例 4.19**] 取消对 SC 表的 ALTER 和 UPDAE 操作审计。

NOAUDIT ALTER，UPDATE   ON SC；

审计设置以及审计日志一般都存储在数据字典中。必须把审计开关打开，才可以在系统表 SYS_AUDITTRAIL 中查看到审计信息。

安全审计机制将特定用户或特定对象相关的操作记录到系统审计日志中，作为后续对操作的查询分析和追踪的依据。通过审计机制，可以约束用户可能的恶意操作。

4.5　数　据　加　密

数据库的安全性归根结底是要保护数据的安全，特别是高度敏感性数据，例如财务数据、军事数据、国家机密数据等。除前面介绍的安全性措施外，还可以采用数据加密技术。数据加密是防止数据库数据在存储和传输中失密的有效手段。加密的基本思想是根据一定的算法将原始数据——**明文**（plaintext）经过一系列复杂的计算，变换为不可直接识别的格式——**密文**（ciphertext），从而使不知道解密算法的人无法获知数据的内容。

数据加密主要包括存储加密和传输加密。

1. 存储加密

存储加密一般有透明和非透明两种方式。透明存储加密是内核级加密保护方式，对用户完全隐蔽；非透明存储加密则是通过多个加密函数实现的。

透明存储加密是数据在写到磁盘时对数据进行加密，授权用户读取数据时再对其进行解密。由于数据加密对用户隐蔽，即用户不知道数据是被加密的密文，数据库的应用程序不需要做任何修改，只需在创建表语句中说明需加密的字段即可。当对加密数据进行增加、删除、修改和查询操作时，数据库管理系统将自动对数据进行加密、解密工作。基于数据库内核的数据存储加密、解密方法性能较好，安全性较高。

2. 传输加密

数据库在使用过程中通过网络传输登录系统的信息、SQL 语句和数据，若采用明文方式传输，容易被网络中的恶意用户截获或篡改，存在安全隐患。为了保证这些信息能够安全地进行交换和传输，数据库管理系统提供了传输加密功能。常用的传输加密方式如链路加密和端到端加密。其中，链路加密对传输数据在链路层进行加密，它的传输信息由报头和报文两部分组成，前者是路由选择信息，后者则是传送的数据信息。这种方式对报文和报头均加密。相对地，端到端加密对传输数据在发送端加密、接收端解密。它只加密报文，不加密报头。与链路加密相比，它只在发送端和接收端需要密码设备，而中间节点不需要密码设备，因此它所需的密码设备数量相对较少。但这种方式不加密报头，从而容易被非法监听者发现并从中获取敏感信息。

图 4.5 是一种基于安全套接层协议（secure socket layer protocol，SSL protocol）的数据库管理系统可信传输方案。它采用的是一种端到端的传输加密方式。在这个方案中，通信双方协商建

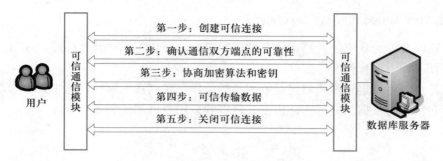

图 4.5　基于 SSL protocol 的数据库管理系统可信传输示意图

立可信连接，一次会话采用一个密钥，传输数据在发送端加密、接收端解密，有效降低了重放攻击和恶意篡改的风险。此外，出于易用性考虑，这个方案的通信加密还对应用程序透明。它的实现思路包含以下三点。

① 确认通信双方端点的可靠性。数据库管理系统采用基于数字证书的服务器和客户端认证方式实现通信双方的可靠性确认。用户和服务器各自持有由外部数字证书认证中心（certificate authority，CA）或企业内建 CA 颁发的数字证书，双方在进行通信时均首先向对方提供己方证书，然后使用本地的 CA 信任列表和证书撤销列表（certificate revocation list，CRL）对接收到的对方证书进行验证，以确保证书的合法性和有效性，进而保证对方确系通信的目的端。

② 协商加密算法和密钥。确认双方端点的可靠性后，通信双方协商本次会话的加密算法与密钥。在此过程中，通信双方利用公钥基础设施（public key infrastructure，PKI）方式确保服务器端和客户端协商过程通信的安全可靠。

③ 可信数据传输。在加密算法和密钥协商完成后，通信双方开始进行业务数据交换。与普通通信路径不同的是，这些业务数据在被发送之前将被用某一组特定的密钥进行加密和消息摘要计算，以密文形式在网络上传输。当业务数据被接收时，需用相同的一组特定的密钥进行解密和摘要计算。所谓特定的密钥是由先前通信双方磋商决定的，为且仅为双方共享，通常称之为会话密钥。第三方即使窃取传输密文，因无会话密钥也无法识别密文信息。一旦第三方对密文进行任何篡改，就会被真实的接收方通过摘要算法识破。另外，会话密钥的生命周期仅限于本次通信，理论上每次通信所采用的会话密钥不同，因此避免了使用固定密钥而引起的密钥存储类问题。

数据加密使用已有的密码技术和算法对数据库中存储的数据和传输的数据进行保护。常见的数据加密算法可以分为对称加密算法（如 AES 算法）和非对称加密算法（如 RSA 算法）。各数据库管理系统还常常自己设计和采用特定的加密算法，使加密后数据的安全性得到进一步提高。即使攻击者获取数据源文件，也很难获取原始数据。但是，数据的加密和解密过程增加了查询处理的复杂性，将使查询效率受到影响。加密数据的密钥管理和数据加密对应用程序的影响，都是数据加密过程中需要考虑和解决的问题。

4.6 其他安全性保护

为满足较高安全等级数据库管理系统的安全性保护要求，在自主存取控制和强制存取控制之外，还有**推理控制**以及数据库应用中的**隐蔽信道**和**数据隐私**等技术。

1. 推理控制

推理控制（inference control）处理的是强制存取控制未解决的问题。例如，利用属性之间的函数依赖关系，用户能从低安全等级信息推导出其无权访问的高安全等级信息，进而导致信息泄露。

数据库推理控制机制用来避免用户利用其能够访问的数据推知更高密级的数据，即用户利用其被允许的多次查询结果，结合相关领域背景知识以及数据之间的约束，推导出其不能访问的数据。在推理控制方面，常用的方法如基于函数依赖的推理控制和基于敏感关联的推理控制等。例如，某公司信息系统中假设姓名和职务属于低安全等级（如公开）信息，而工资属于高安全等级（如机密）信息。用户 A 的安全等级较低，他通过授权可以查询自己的工资、姓名、职务，及其他用户的姓名和职务。由于工资是机密信息，因此用户 A 不应知道其他用户的工资。但是，若用户 B 的职务和用户 A 相同，则利用函数依赖关系职务->工资，用户 A 可通过自己的工资信息（假设 3 000 元），推出 B 的工资也是 3 000 元，从而导致高安全等级的敏感信息泄露。

2. 隐蔽信道

隐蔽信道（covert channel）处理的内容也是强制存取控制未解决的问题。下面的例子就是利用未被强制存取控制的 SQL 语句执行后反馈的信息进行了间接信息传递。

一般情况下，如果 INSERT 语句对 UNIQUE 属性列写入重复值，则系统会报错且操作失败。那么，针对 UNIQUE 约束列，高安全等级用户（发送者）可先向该列插入（或不插入）数据，而低安全等级用户（接收者）后向该列插入相同数据。

如果插入失败，则表明发送者已向该列插入数据，此时二者约定发送者传输信息位为 0；如果插入成功，则表明发送者未向该列插入数据，此时二者约定发送者传输信息位为 1。通过这种方式，高安全等级用户按事先约定方式主动向低安全等级用户传输信息，使得信息流从高安全等级向低安全等级流动，从而导致高安全等级敏感信息泄露。

3. 数据隐私

随着人们对隐私的重视，数据隐私成为数据库应用中新的数据保护模式。

数据隐私是控制不愿被他人知道或他人不便知道的个人数据的能力。数据隐私范围很广，涉及数据管理中的数据收集、数据存储、数据处理和数据发布等各个阶段。例如，在数据存储阶段应避免非授权的用户访问个人的隐私数据。通常可以使用数据库安全技术实现这一阶段的隐私保护。如使用自主访问控制、强制访问控制和基于角色的访问控制以及数据加密等。在数据处理阶段，需要考虑数据推理带来的隐私数据泄露。非授权用户可能通过分析多次查询的结果，或基于完整性约束信息推导出其他用户的隐私数据。在数据发布阶段，应使包含隐私的数据发布结果满足特定的安全性标准。如发布的关系数据表首先不能包含原有表的候选码，同时还要考虑准标识符的影响。

准标识符是能够唯一确定大部分记录的属性集合。在现有安全性标准中，k 匿名（k-anonymization）标准要求每个具有相同准标识符的记录组至少包括 k 条记录，从而控制攻击者判别隐私数据所属个体的概率。还有 l 多样性（l-diversity）标准、t 临近（t-closeness）标准等，从而使攻击者不能从发布数据中推导出额外的隐私数据。数据隐私也是当前研究的热点。

4. "三权分立"的安全管理机制

在传统的数据库安全模型中，数据库管理员通常是具有极大权限的超级用户。而不对数据库管理员进行任何权限检查，实际上为数据库中的数据安全带来了隐患。为了解决数据库管理员权限过于集中的问题，遵照国家标准《信息安全技术 数据库管理系统安全技术要求》（GB/T 20273—2019），引进了"三权分立"的安全管理机制。详细介绍可参见二维码内容。

扩展阅读：三权分立的安全管理机制

要想万无一失地保证数据库安全，使之免于遭到任何蓄意的破坏，几乎是不可能的。但严密的安全措施将使蓄意的攻击者付出高昂的代价，从而迫使攻击者不得不放弃其破坏企图。

本 章 小 结

随着数据库应用的日益广泛和深入，以及计算机网络的发展，数据的安全保密越来越重要。数据库管理系统是管理数据的核心，因而其自身必须具有一整套完整而有效的安全性机制。

实现数据库系统安全性的技术和方法有多种，数据库管理系统提供的安全措施主要包括用户身份鉴别、入侵检测、自主存取控制和强制存取控制技术、视图技术和审计技术、数据存储加密和传输加密等技术。本章全面讲解了这些技术。

当前，数据库新技术的发展和应用使数据库安全性面临新的挑战，数据库安全保护技术的研究、创新和产品研发没有止境。

习 题 4

1. 什么是数据库的安全性？
2. 举例说明对数据库安全性产生威胁的因素。
3. 试述实现数据库安全性控制的常用方法和技术。
4. 什么是数据库中的自主存取控制方法和强制存取控制方法？
5. 对下列两个关系模式：

学生(学号,姓名,年龄,性别,家庭住址,班级号)

班级(班级号,班级名,班主任,班长)

请用 SQL 的 GRANT 语句完成下列授权功能:

① 授予用户 U1 对两个表的所有权限,并可给其他用户授权。

② 授予用户 U2 对"学生"表具有查看权限,对"家庭住址"具有更新权限。

③ 将对"班级"表查看权限授予所有用户。

④ 将对"学生"表的查询、更新权限授予角色 R1。

⑤ 将角色 R1 授予用户 U1,并且 U1 可继续授权给其他角色。

6. 今有以下两个关系模式:

职工(职工号,姓名,年龄,职务,工资,部门号)

部门(部门号,名称,经理名,地址,电话号)

请用 SQL 的 GRANT 语句和 REVOKE 语句(加上视图机制)实现以下授权定义或存取控制功能:

① 用户王明对两个表有 SELECT 权限。

② 用户李勇对两个表有 INSERT 和 DELETE 权限。

③ 每个职工只对自己的记录有 SELECT 权限。

④ 用户刘星对职工表有 SELECT 权限,对"工资"字段具有更新权限。

⑤ 用户张新具有修改这两个表的结构的权限。

⑥ 用户周平具有对两个表的所有权限,并具有给其他用户授权的权限。

⑦ 用户杨兰具有从每个部门职工中 SELECT 最高工资、最低工资、平均工资的权限,但不能查看每个人的工资。

7. 针对第 6 题中①~⑦的每一种情况,撤销各用户所授予的权限。

8. 理解并解释强制存取控制机制中主体、客体、敏感度标记的含义。

9. 举例说明强制存取控制机制是如何确定主体能否存取客体的。

10. 什么是数据库的审计功能,为什么要提供审计功能?

第 4 章实验   安全性控制

实验 4.1   自主存取控制实验。理解和掌握自主存取控制权限的定义和维护方法,包括定义用户、定义角色、分配权限给用户、分配权限给角色和回收权限等基本功能。使用用户名登录数据库,验证权限分配是否正确。

* **实验 4.2   审计实验**。掌握数据库审计的设置和管理方法,以便监控数据库操作,维护数据库安全,包括设置数据库审计开关、审计数据库对象、审计数据库语句、查看数据库审计记录,以及验证审计设置是否生效。

参考文献 4

[1] US Department of Defense. Department of defense trusted computer system evaluation criteria [M]. The 'Or-

ange Book' Series，1985.

[2] NCSC. Trusted database management system interpretation(TDI)[R]，1991.

[3] GRIFFITHS P P，WADE B W. An authorization mechanism for a relational database system[J]. ACM Transactions on Database Systems，1976，1(3)：242-255.

文献[3]讨论了 SYSTEM R 的授权机制。关系数据库系统原型 SYSTEM R 首先提出了授权和收回权力的概念。

[4] 刘启原，刘怡. 数据库与信息系统的安全[M]. 北京：科学出版社，2000.

文献[4]系统讲解了信息系统的安全性问题，包括安全模型、与安全有关的标准、密码学与信息保密、攻击检测技术和理论、数据库的安全性、数据仓库的安全问题、网络安全问题、Java 语言及其安全性问题、信息安全和病毒问题等。

[5] 张孝. 可信 COBASE 的系统强制存取控制的设计与实现[D]. 北京：中国人民大学，1998.

文献[5]系统讨论了数据库系统的安全性问题，给出了可信 COBASE 的系统设计和实现技术。可信 COBASE 是 COBASE 2.0 的安全版本，它依据 TCSEC/TDI 对 B1 级的要求进行设计，实现了强制存取控制和安全审计。

[6] 张俊，彭朝晖，肖艳芹，等. DBMS 安全性评估保护轮廓 PP 的研究与开发[C]//中国计算机学会：第22 届全国数据库学术会议论文集(技术报告篇)，计算机科学，2005：72-75，79.

文献[6]在深入研究 CC 以及国外主流 DBMS CC 安全性评估情况的基础上，总结出 DBMS PP 的开发原则和方法，并初步研究和开发了一个 EAL4 级 DBMS PP。根据该 PP 对 Kingbase ES 进行安全性开发、测试和内部评估，取得了良好的效果。

[7] 张效祥，徐家福. 计算机科学技术百科全书[M]. 3 版. 北京：清华大学出版社，2018.

[8] 国家市场监督管理总局，中国国家标准化管理委员会. 信息安全技术数据库管理系统安全技术要求：GB/T 20273-2019[S]. 北京：中国标准出版社，2019.

本章知识点讲解微视频：

用户身份鉴别

权限的表达与
授权

强制访问控制

第 5 章 ＼ 数据库完整性

　　数据库的完整性是指数据库数据的正确性（correctness）和相容性（compatibility）。数据的正确性是指数据库数据符合现实世界语义且反映当前的实际状况。数据的相容性是指数据库同一对象在不同关系表中的数据是相同的，一致的。

本章导读

　　本章系统地讲解关系数据库管理系统完整性实现的机制，包括完整性约束的定义机制、检查方法和违约处理方法等。

　　实体完整性和参照完整性是关系系统的两个不变性，即关系模型必须具备的完整性约束。其他完整性约束则可以归入用户定义的完整性，由现实世界语义约束确定。

　　完整性约束作为数据库模式的一部分存入数据字典，在数据库数据被修改时，关系数据库管理系统的完整性约束检查机制将按照数据字典中定义的这些约束进行检查和处理。数据库完整性的定义可由 SQL 的数据定义语言（DDL）实现。

　　本章还讲解了触发器（trigger），触发器可以实施更为复杂的完整性定义、检查和违约处理操作，具有更精细和更强大的数据控制能力。因为触发器规则中的动作体可以很复杂，通常是一段过程化 SQL。

　　读者要通过上机实验掌握 SQL 的完整性约束定义功能、属性和元组完整性约束的定义语句，能够验证完整性约束检查机制是否发挥作用，掌握违约处理方法。进一步地，要掌握触发器的概念，并能使用触发器实现更复杂的完整性控制方法。

5.1　数据库完整性概述

　　数据库的完整性是指数据库数据的正确性和相容性。例如，学生的学号必须唯一，学生的性别只能是男或女，百分制的课程成绩取值范围为 0~100，学生所选的课程必须是学校开设的课程，学生所在的院系必须是学校已成立的院系等。

数据库的完整性和数据库的安全性是两个既有联系又不尽相同的概念。

数据库的完整性是防止数据库中存在不符合语义的数据，也就是防止数据库中存在不正确的数据。数据的安全性是保护数据库防止恶意的破坏和非法的存取。因此，完整性检查和控制的防范对象是不合语义的、不正确的数据，防止它们进入数据库。安全性控制的防范对象是非法用户和非法操作，防止他们对数据库数据的非法存取。

为维护数据库的完整性，关系数据库管理系统必须能够实现以下功能。

1. 提供定义完整性约束的机制

完整性约束也称为完整性规则，是数据库中的数据必须满足的语义约束。它表达了给定的数据模型中数据及其联系所具有的制约和依存规则，用以限定符合数据模型的数据库状态以及状态的变化，以保证数据的正确、有效和相容。SQL 标准使用了一系列概念来描述完整性约束，包括关系模型的实体完整性、参照完整性和用户定义的完整性。这些完整性约束一般由 SQL 的数据定义语言语句来实现。它们作为数据库模式的一部分存入数据字典。

2. 提供检查完整性约束的方法

关系数据库管理系统中检查数据是否满足完整性约束的机制称为完整性检查。一般在 INSERT、UPDATE、DELETE 语句执行后开始检查，也可以在事务提交时检查。检查这些操作执行后数据库中的数据是否违背了完整性约束。

3. 提供完整性的违约处理方法

关系数据库管理系统若发现用户的操作违背了完整性约束，就采取一定的动作，如拒绝（NO ACTION）执行该操作或级联（CASCADE）执行其他操作，进行违约处理以保证数据的完整性。

早期的关系数据库管理系统不支持完整性约束检查，因为该项检查费时费资源。现在商用的关系数据库管理系统产品都支持完整性控制，不必由应用程序来完成，从而减轻了应用程序员的负担。

更重要的是，完整性控制已成为关系数据库管理系统核心支持的功能，从而能够为所有用户和应用提供一致的数据库完整性。由应用程序来实现完整性控制是有漏洞的，有的应用程序定义的完整性约束可能会被其他应用程序破坏，因此数据库数据的正确性仍然无法保障。

本书第 2 章 2.3 节已讲解了关系数据库三类完整性约束的基本概念，下面将介绍用 SQL 实现这些完整性控制功能的方法。

5.2　实体完整性

5.2.1　定义实体完整性

关系模型的实体完整性在 CREATE TABLE 中用 PRIMARY KEY 定义。对单属性构成的码有两种说明方法，一种是定义为列级约束，另一种是定义为表级约束。对多个属性构成的码只有一种说明方法，即定义为表级约束。

[**例 5.1**]创建"学生"表 Student，将 Sno 属性定义为主码。

```
CREATE TABLE Student
    (Sno CHAR(8) PRIMARY KEY,            /* 在列级定义主码 */
     Sname CHAR(20) UNIQUE,
     Ssex CHAR(6),
     Sbirthdate Date,
     Smajor VARCHAR(40)
    );
```

或者

```
CREATE TABLE Student
    (Sno CHAR(8),
     Sname CHAR(20) UNIQUE,
     Ssex CHAR(6),
     Sbirthdate Date,
     Smajor VARCHAR(40),
     PRIMARY KEY(Sno)                    /* 在表级定义主码 */
    );
```

[**例 5.2**]创建"学生选课"表 SC，将(Sno,Cno)属性组定义为主码。

```
CREATE TABLE SC
    (Sno CHAR(8),
     Cno CHAR(5),
     Grade SMALLINT,
     Semester CHAR(5),                   /* 开课学期 */
     Teachingclass CHAR(8),              /* 学生选修某一门课所在的教学班 */
     PRIMARY KEY (Sno, Cno)              /* 主码由两个属性构成,必须在表级定义主码 */
    );
```

5.2.2　实体完整性检查和违约处理

用 PRIMARY KEY 短语定义了关系的主码后，每当用户程序对基本表插入一条记录或对主码列进行更新操作时，关系数据库管理系统将按照实体完整性规则自动进行检查。包括：

① 检查主码值是否唯一，如果不唯一则拒绝插入或修改。

② 检查主码的各个属性是否为空，只要有一个为空就拒绝插入或修改。

从而保证了实体完整性。

检查记录中主码值是否唯一的一种方法是进行全表扫描，依次判断表中每一条记录的主码值与将插入记录的主码值(或修改的新主码值)是否相同，如图 5.1 所示。

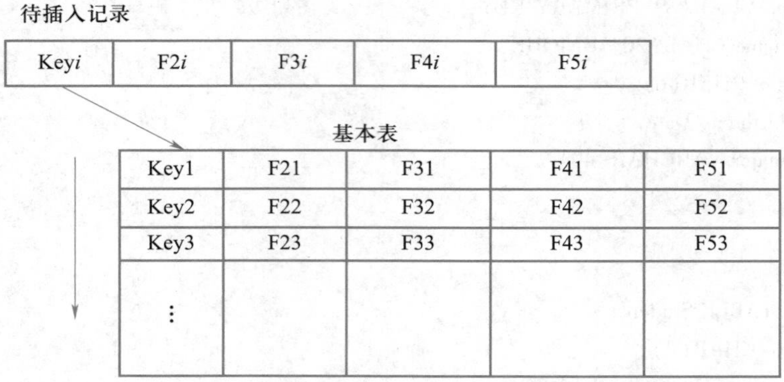

待插入记录
Keyi F2i F3i F4i F5i
基本表
Key1 F21 F31 F41 F51
Key2 F22 F32 F42 F52
Key3 F23 F33 F43 F53
⋮

图 5.1 用全表扫描方法检查主码唯一性

全表扫描是十分耗时的。为了避免对基本表进行全表扫描，关系数据库管理系统一般都在主码上自动建立一个索引，如图 5.2 所示的 *B*+树索引，通过索引查找基本表中是否已经存在新的主码值将大大提高效率。例如，如果新插入记录的主码值是 25，通过主码索引，从 *B*+树的根结点开始查找，只要读取三个结点就可以知道该主码值已经存在，即根结点(51)、中间结点(12 30)和叶结点(15 20 25)。所以不能插入这条记录。如果新插入记录的主码值是 86，也只要查找三个结点就可以知道该主码值不存在，所以可以插入该记录。

新记录的主码值
25
51
12 30
66 78
3 7
15 20 25
30 41
51 54 65
68 69 71 76
79 84 93

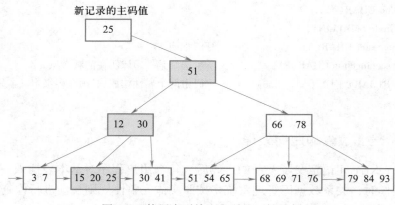

图 5.2 使用索引检查主码唯一性示例

5.3 参照完整性

5.3.1 定义参照完整性

关系模型的参照完整性在 CREATE TABLE 中用 FOREIGN KEY 短语定义哪些列为外码,用 REFERENCES 短语指明这些外码参照哪些表的主码。

例如,关系 SC 中一个元组表示一个学生选修某门课程的成绩,(Sno,Cno)是主码。Sno、Cno 分别参照引用 Student 表的主码和 Course 表的主码。

[例 5.3]定义 SC 中的参照完整性。

```
CREATE TABLE SC
    (Sno CHAR(8),
     Cno CHAR(5),
     Grade SMALLINT,
     Semester CHAR(5),
     Teachingclass CHAR(8),
     PRIMARY KEY(Sno,Cno),          /*在表级定义实体完整性*/
     FOREIGN KEY(Sno) REFERENCES Student(Sno),
                   /*在表级定义参照完整性,Sno 是外码,被参照表是 Student */
     FOREIGN KEY(Cno) REFERENCES Course(Cno)
                   /*在表级定义参照完整性,Cno 是外码,被参照表是 Course */
    );
```

5.3.2 参照完整性检查和违约处理

参照完整性将两个表中的相应元组联系起来了。因此,对被参照表和参照表进行更新(增、删、改)操作时有可能破坏参照完整性,必须进行检查以保证这两个表的相容性。

例如,对表 SC 和 Student 有 4 种可能破坏参照完整性的情况及违约处理,如表 5.1 所示。

表 5.1 可能破坏参照完整性的情况及违约处理

被参照表(如Student)	参照表(如 SC)	违约处理
可能破坏参照完整性 ←	插入元组	拒绝
可能破坏参照完整性 ←	修改外码值	拒绝
删除元组 →	可能破坏参照完整性	拒绝/级联删除/设置为空值
修改主码值 →	可能破坏参照完整性	拒绝/级联修改/设置为空值

① SC 表中增加一个元组，该元组的 Sno 属性值在表 Student 中找不到一个元组，其 Sno 属性值与之相等。

② 修改 SC 表中的一个元组，修改后该元组的 Sno 属性值在表 Student 中找不到一个元组，其 Sno 属性值与之相等。

③ 从 Student 表中删除一个元组，造成 SC 表中某些元组的 Sno 属性值在表 Student 中找不到一个元组，其 Sno 属性值与之相等。

④ 修改 Student 表中一个元组的 Sno 属性，造成 SC 表中某些元组的 Sno 属性值在表 Student 中找不到一个元组，其 Sno 属性值与之相等。

当上述不一致发生时，系统可以采用以下策略加以处理。

① **拒绝执行**。不允许该操作执行。该策略一般设置为**默认策略**。

② **级联操作**。当删除或修改被参照表(Student)的一个元组导致与参照表(SC)的不一致时，删除或修改参照表中所有导致不一致的元组。

例如，删除 Student 表中 Sno 值为"20180001"的元组，则要从 SC 表中级联删除"SC.Sno = '20180001'"的所有元组。

③ **设置为空值**。当删除或修改被参照表的一个元组时造成不一致，则将参照表中所有造成不一致的元组的对应属性设置为空值。例如，下面两个关系：

学生(学号,姓名,性别,出生日期,主修专业)

专业(专业名,专业编码)

其中"学生"关系的"主修专业"是外码，参照"专业"关系的主码"专业名"。

假设"专业"表中"专业名"为计算机科学与技术的元组被删除，按照表 5.1 的策略，就要把"学生"表中"主修专业 ='计算机科学与技术'"的所有元组的主修专业设置为空值。这样处理的语义可以解释为：某个专业删除了，则选择该专业为主修专业的所有学生就要等待重新选择主修专业。

这里讲解一下外码能否接受空值的问题。

例如，"学生"表中"主修专业"是外码，按照应用的实际情况可以取空值，表示这个学生的主修专业尚未确定。

但在"学生选课"数据库中，关系 SC 的 Sno 和 Cno 为外码，它能否取空值呢？答案是"不能"。因为 Sno 和 Cno 是关系 SC 的主属性，按照实体完整性约束条件，主属性不能为空值。若 SC 的 Sno 为空值，则表明尚不存在的某个学生或者某个不知学号的学生选修了某门课程，其成绩记录在 Grade 列中。这与学校的应用环境是不相符的，因此 SC 的 Sno 列不能取空值。同样，SC 的 Cno 列也不能取空值。

因此对于参照完整性，除了应该定义外码，还应定义外码列是否允许空值。

一般地，当对参照表和被参照表的操作违反了参照完整性时，系统选用默认策略，即拒绝执行。如果想让系统采用其他策略，则**必须在创建参照表时显式地加以说明**。

[**例 5.4**]显式说明参照完整性的违约处理示例。

```
CREATE TABLE SC
    (Sno CHAR(8),
     Cno CHAR(5),
     Grade SMALLINT,           /* 成绩 */
     Semester CHAR(5),         /* 开课学期 */
     Teachingclass CHAR(8),    /* 学生选修某一门课所在的教学班 */
     PRIMARY KEY(Sno,Cno),     /* 在表级定义实体完整性,Sno,Cno 都不能取空值 */
     FOREIGN KEY(Sno) REFERENCES Student(Sno)    /* 在表级定义参照完整性 */
     ON DELETE CASCADE         /* 当删除 Student 表中的元组时, */
                               /* 级联删除 SC 表中 Sno 与 Student. Sno 相同的 SC 元组 */
     ON UPDATE CASCADE,        /* 当更新 Student 表中的 Sno 时, */
                               /* 级联更新 SC 表中相应元组的 Sno */
     FOREIGN KEY(Cno) REFERENCES Course(Cno)
                               /* 在表级定义参照完整性 */
     ON DELETE NO ACTION       /* 当删除 Course 表中的元组造成与 SC 表不一致,即 SC 中存在 */
                               /* 这样的元组,其 Cno 与 Course. Cno 相同,则拒绝删除 Course */
                               /* 表的这个元组 */
     ON UPDATE CASCADE         /* 当更新 Course 表中的 Cno 时, */
                               /* 级联更新 SC 表中相应元组的 Cno */
    );
```

可以对 DELETE 和 UPDATE 采用不同的策略。例如，例 5.4 中当删除被参照表 Course 表中的元组，造成与参照表(SC 表)不一致时，拒绝删除被参照表的元组；对更新操作则采用级联更新的策略。

从上面的讨论可以看到，关系数据库管理系统在实现参照完整性时，除了要提供定义主码、外码的机制外，还需要提供不同的策略供用户选择。具体选择哪种策略，要根据应用环境的要求确定。

5.4 用户定义的完整性

用户定义的完整性就是某一具体应用涉及的数据必须满足的语义要求。目前的关系数据库管理系统都提供了定义和检查这类完整性的机制，使用和实体完整性、参照完整性相同的技术和方法来处理它们，而不必由应用程序实现这一功能。

5.4.1　属性上的约束

1. 属性上约束的定义

在 CREATE TABLE 中定义属性的同时，可以根据应用要求定义属性上的约束，即属性值限制，包括：

① 列值非空(NOT NULL)。

② 列值唯一(UNIQUE)。

③ 检查列值是否满足一个条件表达式(CHECK 短语)。

2. 不允许取空值

[**例 5.5**]在定义 SC 表时，说明 Sno、Cno、Grade 属性不允许取空值。

```
CREATE TABLE SC
    (Sno CHAR(8) NOT NULL,          /* Sno 属性不允许取空值 */
    Cno CHAR(5) NOT NULL,           /* Cno 属性不允许取空值 */
    Grade SMALLINT NOT NULL,        /* Grade 属性不允许取空值 */
    Semester CHAR(5),
    Teachingclass CHAR(8),
    PRIMARY KEY(Sno, Cno),          /* 在表级定义实体完整性,隐含 Sno、Cno 不允许 */
                                    /* 取空值,在列级不允许取空值的定义可不写 */
    );
```

3. 列值唯一

[**例 5.6**]建立学院表 School，要求学院名称 SHname 列取值唯一，学院编号 SHno 列为主码。

```
CREATE TABLE School
    (SHno CHAR(8) PRIMARY KEY,      /* SHno 列为主码 */
    SHname VARCHAR(40) UNIQUE ,     /* 要求 SHname 值唯一 */
    SHfounddate Date                /* 学院创建日期 */
    );
```

4. 用 CHECK 短语指定列值应该满足的条件

[**例 5.7**]Student 表的 Ssex 属性只允许取"男"或"女"。

```
CREATE TABLE Student
    (Sno CHAR(8) PRIMARY KEY,                   /* 在列级定义主码 */
    Sname CHAR(20) NOT NULL,                    /* Sname 属性不允许取空值 */
    Ssex CHAR(6) CHECK(Ssex IN('男','女')),      /* 性别属性 Ssex 只允许取'男'或'女' */
    Sbirthdate Date,
```

```
        Smajor VARCHAR(40)
      );
```

[**例 5.8**]SC 表 Grade 的值应该在 0~100。

```
CREATE TABLE SC
      (Sno CHAR(8),
        Cno CHAR(5),
        Grade SMALLINT CHECK (Grade>=0 AND Grade<=100),        /* Grade 取值范围 0~100 */
        Semester CHAR(5),
        Teachingclass CHAR(8),
        PRIMARY KEY(Sno, Cno),
        FOREIGN KEY(Sno) REFERENCES Student(Sno),
        FOREIGN KEY(Cno) REFERENCES Course(Cno)
      );
```

5. 属性上约束的检查和违约处理

当往表中插入元组或修改属性的值时，关系数据库管理系统将检查属性上的约束是否被满足，如果不满足则操作被拒绝执行。

5.4.2 元组上的约束

1. 元组上约束的定义

与属性上约束的定义类似，在 CREATE TABLE 语句中可以用 CHECK 短语定义元组上的约束，即元组级的限制。同属性值限制相比，元组级的限制可以设置不同属性之间取值的相互约束。

[**例 5.9**]当学生的性别是"男"时，其姓名不能以 Ms. 打头。

```
CREATE TABLE Student
      (Sno CHAR(8),
        Sname CHAR(20) NOT NULL,
        Ssex CHAR(6),
        Sbirthdate Date,
        Smajor VARCHAR(40),
        PRIMARY KEY(Sno),
        CHECK(Ssex='女' OR Sname NOT LIKE 'Ms.%')
      ); /* 定义了元组中 Sname 和 Ssex 两个属性值之间的约束条件 */
```

性别是女性的元组都能通过该项 CHECK 检查，因为 Ssex='女'成立；当性别是男性时，要通过检查则姓名一定不能以'Ms.'打头，因为 Ssex='男'时，条件要想为真值，Sname NOT LIKE 'Ms.%' 必须为真值。

2. 元组上约束的检查和违约处理

当往表中插入元组或修改属性的值时，关系数据库管理系统将检查元组上的约束是否被满足，如果不满足则操作被拒绝执行。

5.5   完整性约束命名子句

以上讲解的完整性约束都是在 CREATE TABLE 语句中定义的。SQL 还在 CREATE TABLE 语句中提供了完整性约束命名子句 CONSTRAINT，用来对完整性约束命名，从而可以灵活地增加、删除一个完整性约束。

1. 完整性约束命名子句格式

> **CONSTRAINT <完整性约束名> <完整性约束>**

<完整性约束>包括 NOT NULL、UNIQUE、PRIMARY KEY、FOREIGN KEY、CHECK 短语等。

[**例 5.10**]建立"学生"表 Student，要求学号在 10000000 到 29999999 之间，姓名不能取空值，出生日期在 1980 年之后，性别只能是"男"或"女"。

```
CREATE TABLE Student
    (Sno CHAR(8)
    CONSTRAINT C1 CHECK(Sno BETWEEN '10000000' AND '29999999'),
    Sname CHAR(20)
    CONSTRAINT C2 NOT NULL,
    Sbirthdate Date
    CONSTRAINT C3 CHECK(Sbirthdate >'1980-1-1'),
    Ssex CHAR(6)
    CONSTRAINT C4 CHECK(Ssex IN('男','女')),
    Smajor VARCHAR(40),
    CONSTRAINT StudentKey PRIMARY KEY(Sno)
    );
```

在 Student 表上建立了 5 个约束条件，包括主码约束(命名为"StudentKey")和 C1、C2、C3、C4 这 4 个列级约束。

[**例 5.11**]建立"教师"表 Teacher，要求每个教师的应发工资(每月)不低于 3 000 元。应发工资是工资列 Sal 与扣除项 Deduct 之和。

```
CREATE TABLE Teacher
    (Eno CHAR(8) PRIMARY KEY,        /*在列级定义主码*/
    Ename VARCHAR(20),
```

```
        Job CHAR(8),
        Sal NUMERIC(7,2),                                    /* 每月工资 */
        Deduct NUMERIC(7,2),                                  * 每月扣除项 */
        Schoolno CHAR(8),                                    /* 教师所在的学院编号 */
        CONSTRAINT TeacherFKey FOREIGN KEY(Schoolno) REFERENCES School(Schoolno),
                                                             /* 外码约束(命名为 TeacherFKey) */
        CONSTRAINT C1 CHECK(Sal+Deduct>=3000)                /* 应发工资的约束条件 C1 */
        );
```

2. 修改表中的完整性限制

可以使用 ALTER TABLE 语句修改表中的完整性约束。

[**例 5.12**]去掉例 5.10 Student 表中对出生日期的限制。

```
ALTER TABLE Student
    DROP CONSTRAINT C3;
```

[**例 5.13**]修改表 Student 中的约束条件，要求学号改为在 900000 到 999999 之间，出生日期改为 1985 年之后。

可以先删除原来的约束条件，再增加新的约束条件。

```
ALTER TABLE Student
    DROP CONSTRAINT C1;
ALTER TABLE Student
    ADD CONSTRAINT C1 CHECK(Sno BETWEEN '900000' AND '999999');
ALTER TABLE Student
    DROP CONSTRAINT C3;
ALTER TABLE Student
    ADD CONSTRAINT C3 CHECK(Sbirthdate >'1985-1-1');
```

*5.6 域的完整性限制

在第 1、2 章中已经讲到，域是数据库中一个重要概念。一般地，域是一组具有相同数据类型的值的集合。SQL 支持域的概念，可以用 CREATE DOMAIN 语句建立一个域并指明域应该满足的完整性约束，然后就可以用域来定义属性。这样定义的优点是，数据库中不同的属性可以来自同一个域，当域的完整性约束改变时只要修改域的定义即可，不必一一修改域上的各个属性。

[**例 5.14**]建立一个性别域，并声明性别域的取值范围。

```
CREATE DOMAIN GenderDomain CHAR(6)
CHECK(VALUE IN ('男','女'));
```

这样例 5.10 中对 Ssex 的说明可以改写为：

> Ssex GenderDomain

[例 5.15] 建立一个性别域 GenderDomain，并对其中的限制命名。

> CREATE DOMAIN GenderDomain CHAR(6)
> CONSTRAINT GD CHECK(VALUE IN ('男','女'));

[例 5.16] 删除域 GenderDomain 的限制条件 GD。

> ALTER DOMAIN GenderDomain
> DROP CONSTRAINT GD;

[例 5.17] 在域 GenderDomain 上增加性别的限制条件 GDD。

> ALTER DOMAIN GenderDomain
> ADD CONSTRAINT GDD CHECK (VALUE IN('1','0'));

这样，通过例 5.16 和例 5.17，就把性别的取值范围由('男','女')改为('1','0')。

扩展阅读：SQL
断言

SQL 标准支持数据库完整性断言(ASSERTION)功能。用户可以使用 DDL 中的 CREATE ASSERTION 语句，通过**声明性断言**(declarative assertion)来指定更具一般性的完整性约束，可以定义涉及多个表或聚集操作的比较复杂的完整性约束(详细内容可扫描二维码阅读)。

5.7　触　发　器

触发器是用户定义在关系表上的一类由事件驱动的特殊过程。触发器类似于约束，但是比约束更加灵活，可以实施更为复杂的检查和违约操作。它不是只提供一种选择，即中止导致违约的事务/操作，因此具有更精细和更强大的数据控制能力。

触发器一经定义就被保存在数据库服务器中。任何用户对表的更新操作均由服务器自动激活相应的触发器，在关系数据库管理系统核心层进行集中的完整性控制。

触发器在 SQL 99 之后才写入 SQL 标准，但是不少关系数据库管理系统早就支持触发器，因此不同的关系数据库管理系统实现的触发器语法各不相同、互不兼容。本节的例子是按照 SQL 标准写的，不同的关系数据库管理系统产品会有差别，请读者在上机实验时注意阅读所安装系统的使用说明。

5.7.1　定义触发器

触发器又叫作事件-条件-动作规则(event-condition-action rule，ECA rule)。当特定的系

统事件(如对一个表的更新操作,事务的结束等)发生时,对规则的条件进行检查,如果条件成立则执行规则中的动作,否则不执行该动作。规则中的动作体可以很复杂,涉及其他表和其他数据库对象,通常是一段 SQL 存储过程。

SQL 使用 CREATE TRIGGER 命令建立触发器,其一般格式如下:

```
CREATE TRIGGER <触发器名>              /* 每当触发事件发生时,该触发器被激活 */
{BEFORE | AFTER} <触发事件> ON <表名>  /* 指明触发器激活的时间是在执行
                                      /* 触发事件前或后 */
REFERENCING NEW|OLD AS<变量>          /* REFERENCING 指出引用的变量 */
FOR EACH{ROW | STATEMENT}            /* 定义触发器的类型,指明动作体执行的频率 */
[WHEN <触发条件>]<触发动作体>         /* 仅当触发条件为真时才执行触发动作体 */
```

下面对定义触发器的各部分语法进行详细说明。

① 创建触发器。只有表的拥有者,即创建表的用户才可以在表上创建触发器,并且一个表上只能创建一定数量的触发器。触发器的具体数量由具体的关系数据库管理系统产品在设计时确定。

② 触发器名。触发器名可以包含模式名,也可以不包含模式名。同一模式下的触发器名必须是唯一的,并且触发器名和表名必须在同一模式下。

③ 表名。触发器只能定义在基本表上,不能定义在视图上。当基本表的数据发生变化时,将激活定义在该表上相应触发事件的触发器,因此该表也称为触发器的目标表。

④ 触发事件。触发事件可以是 INSERT、DELETE 或 UPDATE,也可以是这几个事件的组合,如 INSERT OR DELETE、INSERT AND DELETE 等,还可以是 UPDATE OF <触发列,…>,即进一步指明修改哪些列时激活触发器。

AFTER/BEFORE 是触发的时机。AFTER 表示在触发事件的操作执行之后激活触发器,BEFORE 则表示在触发事件的操作执行之前激活触发器。

⑤ 触发器类型。触发器按照所触发动作的间隔尺寸可以分为行级触发器(FOR EACH ROW)和语句级触发器(FOR EACH STATEMENT)。

如果定义的触发器为语句级触发器,那么执行了此 UPDATE 语句后触发动作体将执行一次。如果是行级触发器,那么 UPDATE 语句影响多少行,就触发多少次。

⑥ 触发条件。触发器被激活时,只有当触发条件为真时触发动作体才执行,否则触发动作体不执行。如果省略 WHEN 触发条件,则触发动作体在触发器激活后立即执行。

⑦ 触发动作体。触发动作体既可以是一个匿名 PL/SQL 过程块,也可以是对已创建存储过程的调用。如果是行级触发器,用户可以在过程体中使用 NEW 或 OLD 引用 UPDATE/INSERT 事件之后(前)的新(旧)值;如果是语句级触发器,则不能在触发动作体中使用 NEW 或 OLD 进行引用。

如果触发动作体执行失败,激活触发器的事件(即对数据库的更新操作)就会终止执行,触发器的目标表或触发器可能影响的其他对象不发生任何变化。

[例 5.18] 当对表 SC 的 Grade 属性进行修改时，若分数增加了 10%，则将此次操作记录到另一个表 SC_U (Sno CHAR(8), Cno CHAR(5), Oldgrade SMALLINT, Newgrade SMALLINT) 中。其中，Oldgrade 是修改前的分数，Newgrade 是修改后的分数。运行触发器之前需要创建 SC_U 表。

```
CREATE TRIGGER SC_T            /* SC_T 是触发器的名字 */
AFTER UPDATE ON SC             /* UPDATE ON SC 是触发事件, */
       /* AFTER 是触发的时机,表示当对 SC 的 Grade 属性修改完后再触发下面的规则 */
REFERENCING
     OLD AS OldTuple
     NEW AS NewTuple
FOR EACH ROW   /* 行级触发器,即每执行一次 Grade 的更新,下面的规则就执行一次 */
WHEN (NewTuple. Grade >= 1.1 * OldTuple. Grade)
        /* 触发条件,只有该条件为真时才执行下面的 insert 操作 */
BEGIN
     INSERT INTO SC_U (Sno,Cno,OldGrade,NewGrade)   /* 触发动作体 */
     VALUES(OldTuple. Sno,OldTuple. Cno,OldTuple. Grade,NewTuple. Grade)
END
```

在本例中 REFERENCING 指出引用的变量，如果触发事件是 UPDATE 操作并且有 FOR EACH ROW 子句，则可以引用的变量有 OLD 和 NEW，分别表示修改之前的元组和修改之后的元组。若没有 FOR EACH ROW 子句，则可以引用的变量有 OLD TABLE 和 NEW TABLE，OLD TABLE 表示表中原来的内容，NEW TABLE 表示表中变化后的部分。

[例 5.19] 将每次对表 Student 的插入操作所增加的学生个数记录到表 Student InsertLog (numbers INT) 中，运行触发器之前需要创建此表。

```
CREATE TRIGGER Student_Count
AFTER INSERT ON Student      /* 指明触发器激活的时间是在执行 INSERT 后 */
REFERENCING
     NEW TABLE AS Delta
FOR EACH STATEMENT      /* 语句级触发器,即执行完 INSERT 语句后 */
                        /* 下面的触发动作体才执行一次 */
BEGIN
     INSERT INTO StudentInsertLog (Numbers)
     SELECT COUNT( * ) FROM Delta
END
```

在本例中出现的"FOR EACH STATEMENT"表示触发事件 INSERT 语句执行完成后才执行一次触发器中的动作，这种触发器叫作语句级触发器。而例 5.18 中的触发器是行级触发器。默认的触发器是语句级触发器。"Delta"是一个关系名，其模式与 Student 相同，包含的元组是

INSERT 语句增加的元组。

[例 5.20] 定义一个 BEFORE 行级触发器，为教师表 Teacher 定义完整性规则：教授的工资不得低于 4 000 元，如果低于 4 000 元，自动改为 4 000 元。

```
CREATE TRIGGER Update_Sal        /*对教师表插入或更新时激活触发器*/
BEFORE UPDATE ON Teacher         /*BEFORE 触发事件*/
REFERENCING NEW AS newTuple
FOR EACH ROW                     /*这是行级触发器*/
BEGIN                            /*定义触发动作体,这是一个 PL/SQL 过程块*/
    IF(newTuple.job='教授') AND (newTuple.sal < 4000)
                                 /*因为是行级触发器,可在过程体中*/
    THEN newTuple.sal := 4000;   /*使用插入或更新操作后的新值*/
    END IF;
END;                             /*触发动作体结束*/
```

因为定义的是 BEFORE 触发器，在插入和更新教师记录前就可以按照触发器的规则调整教授的工资，不必等插入后再检查调整。

5.7.2 执行触发器

触发器的执行是由触发事件激活，并由数据库服务器自动执行的。一个数据表上可能定义了多个触发器，如多个 BEFORE 触发器、多个 AFTER 触发器等，同一个表上的多个触发器激活时遵循如下的执行顺序：

① 执行该表上的 BEFORE 触发器。
② 激活触发器的 SQL 语句。
③ 执行该表上的 AFTER 触发器。

对于同一个表上的多个 BEFORE/AFTER 触发器，遵循"谁先创建谁先执行"的原则，即按照触发器创建的时间先后顺序执行。有些关系数据库管理系统是按照触发器名称的字母排序顺序执行触发器。

5.7.3 删除触发器

删除触发器的 SQL 语句格式如下：

DROP TRIGGER <触发器名> ON <表名>;

触发器必须是一个已经创建的触发器，并且只能由具有相应权限的用户删除。

触发器是一种功能强大的工具，但在使用时要慎重，因为在每次访问一个表时都可能触发一个触发器，这样会影响系统性能。

本 章 小 结

本章系统讲解了数据库完整性的概念，介绍了使用 SQL 语句实现数据库完整性定义的方法。关系数据库管理系统将负责检查完整性约束，当发现违约时进行处理。对于违反参照完整性的操作，本书讲解了不同的处理策略。用户要根据应用语义来定义合适的处理策略，以保证数据库的正确性。

本章还介绍了实现数据库完整性的方法之一———触发器。

触发器与各种完整性约束方法相比，其违约处理的功能更加灵活，更加强大。当违约时，触发器的动作体可以是一段 SQL 存储过程或 PL/SQL 过程块。触发器不仅可以用于数据库完整性检查，也可以用来实现数据库系统的其他功能，包括数据库安全性、应用系统的一些业务流程和控制流程等。不过也要注意，一个触发器的动作可能激活另一个触发器，最坏的情况是导致激活一个触发链，从而有可能造成难以预见的错误。

习　题　5

1. 什么是数据库的完整性?
2. 数据库的完整性概念与数据库的安全性概念有什么区别和联系?
3. 什么是数据库的完整性约束?
4. 关系数据库管理系统的完整性控制机制应具备哪三方面的功能?
5. 关系数据库管理系统在实现参照完整性时需要考虑哪些方面?
6. 假设有下面两个关系模式:

   职工(职工号,姓名,出生日期,职务,工资,部门号)，其中职工号为主码;
   部门(部门号,名称,经理姓名,电话)，其中部门号为主码。

   用 SQL 定义这两个关系模式，要求在模式中完成以下完整性约束的定义:
   ① 定义每个模式的主码。
   ② 定义参照完整性约束。
   ③ 定义职工年龄不超过 65 岁。

7. 在关系数据库管理系统中，当操作违反实体完整性、参照完整性和用户定义的完整性约束时，一般是如何分别进行处理的?

*8. 某单位想举行一个小型联谊会，关系 Male 记录注册的男宾信息，关系 Female 记录注册的女宾信息。建立一个断言，将来宾的人数限制在 50 人以内(提示：先创建关系 Female 和关系 Male)。

第5章实验　完整性控制

实验 5.1　实体完整性实验。掌握实体完整性的定义和维护方法。定义实体完整性，删除实体完整性。能够写出两种方式定义实体完整性的 SQL 语句：创建表时定义实体完整性、创建表后使用 ALTER TALBE 语句定义实体完整性。设计 SQL 语句验证完整性约束是否起作用。

实验 5.2　参照完整性实验。掌握参照完整性的定义和维护方法。定义参照完整性，定义参照完整性的违约处理，删除参照完整性。能够写出两种方式定义参照完整性的 SQL 语句：创建表时定义参照完整性、创建表后使用 ALTER TABLE 语句定义参照完整性。

实验 5.3 用户自定义完整性实验。掌握用户自定义完整性的定义和维护方法。针对具体应用语义，选择 NULL/NOT NULL、DEFAULT，UNIQUE、CHECK 等定义属性上的约束条件。

实验 5.4 触发器实验。掌握数据库触发器的设计和使用方法。定义 BEFORE 触发器和 AFTER 触发器、行级触发器或语句级触发器。能够理解不同类型触发器的作用和执行原理，设计数据操纵语言（DML）语句验证触发器的有效性。

参考文献 5

［1］HAMMER M M，MCLEOD D J. Semantic integrity in a relational data base system［C］. Proceedings of the 1st International Conference on Very Large Data Bases, 1975：25-47.

文献［1］讨论数据库管理系统中语义完整性的概念。

［2］CODD E F. Extending the data base relational model to capture more meaning［J］. ACM Transactions on Database Systems，1979，4（4）：397-434.

文献［2］扩展了关系模型的语义表达能力。

［3］STONEBRAKER M. Implementation of integrity constrains and views by query modification［C］. Proceedings of International Conference on ACM SIGMOD, 1975.

文献［3］讨论 INGRES 数据库管理系统的完整性约束机制。

［4］CHAMBERLIN D D，ASTRAHAN M M，ESWARAN K P, et al. Sequel 2：a unified approach to data definition，manipulation，and control［J］. IBM Journal of Research and Development, 1976, 20（6）：560-575.

文献［4］提出了 SYSTEM R 中 SQL 的 Integrity Assert（完整性断言）和触发器语句。

［5］BERNSTEIN P A，BLAUSTEIN B T，CLARKE E M. Fast maintenance of semantic integrity assertions using redundant aggregate data［C］. Proceedings of the 6th International Conference on Very Large Data Bases, 1980, 6：126-136.

［6］HSU A，IMIELINSKI T. Integrity checking for multiple updates［J］. ACM SIGMOD Record, 1985, 14（4）：152-168.

本章知识点讲解微视频：

模型固有的完整性　　用户定义的完整性

通用工具-
触发器

第二篇

设计与应用开发篇

本篇讲解在开发应用系统时如何设计数据库，以及如何基于已经选定的数据库管理系统进行编程。

本篇包括三章。

第 6 章关系数据理论，详细讲解关系规范化理论，它既是关系数据库的重要理论基础，也是数据库设计的有力工具。规范化理论为数据库设计提供了理论指南和工具。

第 7 章数据库设计，讨论数据库设计的方法和步骤，详细讲解数据库设计各阶段的目标、方法和应注意的问题；重点讲解概念结构和逻辑结构的设计。以"高校本科教务管理"信息系统为示例，抽象出"学生选课管理""学生学籍管理""教师教学管理"三个应用场景，阐述如何在理论的指导下完成分 E-R 图的设计、集成和优化。

第 8 章数据库编程，从两方面讲解数据库编程技术和方法：一是使用扩展的 SQL 功能，包括引入新的 SQL 子句、新的数据库内置函数、PL/SQL 与存储过程/自定义函数；二是在高级语言程序中使用 SQL，实现高级语言与数据库之间的交互，开发应用需求中复杂业务逻辑的技术和方法。本章还介绍了 JDBC 编程的原理、方法和步骤。

第6章　关系数据理论

关系数据理论的主要内容是关系规范化理论，用来指导数据库逻辑设计，具体包括两部分：一是给出判断数据库逻辑设计"好坏程度"的准则；二是如果逻辑设计中存在"不好"的关系模式，如何将其修改为"好"的关系模式。

本章导读

在关系数据库模式设计中，我们面临两个问题，第一，什么是一个"好"的关系数据库模式，其标准是什么。如果没有判断的标准，就很难对一个具体的设计进行评价。第二，能否开发数据库设计辅助工具来减轻设计者的负担。本章 6.1 和 6.2 节介绍关系规范化理论，用于回答第一个问题；6.3 和 6.4 节介绍函数依赖公理系统以及模式分解算法，探索自动进行模式分解的方法，用于回答第二个问题。

本章首先从数据库逻辑设计中如何构造一个好的数据库模式这一问题出发，阐明关系规范化理论研究的实际背景，然后讨论两类最重要的数据依赖——函数依赖和多值依赖。读者要牢固掌握数据依赖的基本概念，如函数依赖、部分函数依赖、完全函数依赖、传递函数依赖等，掌握 1NF 到 4NF 的概念、规范化的含义和作用；能够了解各种范式以及在插入、删除和更新数据时可能出现的问题，并直观地描述解决办法。

本章进一步讨论函数依赖的推理规则，介绍函数依赖公理系统，讲解保持函数依赖的模式等价准则及相应的模式分解算法。要掌握这些算法并在数据库模式设计中应用。6.5 节是选读内容，介绍无损连接的模式分解概念及相应算法，并解释其与保持函数依赖的模式分解之间的关系。

读者学习本章后应能够根据应用语义完整地写出关系模式的数据依赖集合，并能根据数据依赖分析某一个关系模式属于第几范式，能够运用介绍的有关算法辅助设计和优化数据库模式。

6.1　问题的提出

前面已经讨论了数据库系统的一般概念，介绍了关系数据库的基本概念、关系模型的三要素以及关系数据库的标准语言 SQL。但是还有一个很基本的问题尚未涉及：针对一个具体问题，应该如何构造一个适合它的数据库模式，即应该构造几个关系模式，每个关系模式由哪些属性组成等。如何判断这个模式是好的，也就是设计的标准如何，是关系数据库逻辑设计要解决的问题。

首先回顾一下关系模式的形式化定义。

在第 2 章关系数据库中已经讲过，一个关系模式可以表示为

$$R(U, D, \mathrm{DOM}, F)$$

这里：

① 关系名 R 是符号化的元组语义。

② U 为组成该关系模式的属性名集合。

③ D 为 U 中的属性所来自的域。

④ DOM 为属性向域的映射。

⑤ F 为 U 上的一组数据依赖。

由于 D、DOM 与模式设计关系不大，因此在本章中把关系模式表示为 $R(U, F)$。当且仅当 U 上的一个关系 r 满足 F 时，称 r 为关系模式 $R(U, F)$ 的一个关系。

作为二维表，关系要符合一个最基本的条件是每一个分量必须是不可分的数据项。满足了这个条件的关系模式就属于**第一范式**（1NF）。

在模式设计中，给定一个模式 S_{ϕ}，它仅由单个关系模式组成，问题是要设计一个模式 S_D，它与 S_{ϕ} 等价（等价的确切含义后面再展开），但在某些指定的方面更好一些。这里通过一个例子来说明一个不好的模式会有些什么问题，分析它们产生的原因，并从中找出设计一个好的关系模式的办法。

在举例之前，先非形式地讨论一下数据依赖的概念。

数据依赖是一个关系属性与属性之间的一种约束关系。这种约束关系是通过属性间值的相等与否体现出来的数据间的相关联系。它是现实世界属性间相互联系的抽象，是数据内在的性质和语义的体现。

人们已经提出了许多种类型的数据依赖，其中最重要的是函数依赖（functional dependency，FD）和多值依赖（multivalue dependency，MVD）。

函数依赖极为普遍地存在于现实生活中。比如描述一个学生的关系，可以有学号（Sno）、姓名（Sname）、所在学院（School）等属性。由于通常一个学号只对应一个学生，一个学生只能在一个学院学习，因而当"学号"值确定之后，学生的姓名及其他属性值也就被唯一地确定了。属性间的这种依赖关系类似于数学中的函数 $y = f(x)$，自变量 x 确定之后，相应的函数值 y 也就唯一地确定了。

类似的有 Sname = f(Sno)，School = f(Sno)，即 Sno 函数决定 Sname，Sno 函数决定 School，或者说 Sname 和 School 函数依赖于 Sno，记作 Sno→Sname，Sno→School。

[**例 6.1**]建立一个描述学校教务的数据库，该数据库涉及的对象包括学生的学号（Sno）、

所在学院(School)、所在学院院长姓名(Mname)、选修课的课程号(Cno)和成绩(Grade)。假设用一个单一的关系模式 Student 来表示，则该关系模式 Student(U, F) 的属性组为

$$U = \{\text{Sno}, \text{School}, \text{Mname}, \text{Cno}, \text{Grade}\}$$

现实世界的已知事实(语义)告诉我们：

① 一个学院有若干学生，但一个学生只属于一个学院。

② 一个学院只有一名(正职)院长。

③ 一个学生可以选修多门课程，每门课程有若干学生选修。

④ 每个学生学习每一门课程有一个成绩。

于是得到 U 上的一组函数依赖 F(如图 6.1 所示)。

$$F = \{\text{Sno} \to \text{School}, \text{School} \to \text{Mname}, (\text{Sno}, \text{Cno}) \to \text{Grade}\}$$

如果只考虑函数依赖这一种数据依赖，可以得到一个描述学生的关系模式 Student(U, F)。表 6.1 是某一时刻关系模式 Student 的一个实例，即数据表。

表 6.1 **Student 表**

Sno	School	Mname	Cno	Grade
S1	信息学院	张明	C1	95
S2	信息学院	张明	C1	90
S3	信息学院	张明	C1	88
S4	信息学院	张明	C1	70
S5	信息学院	张明	C1	78
⋮	⋮	⋮	⋮	⋮

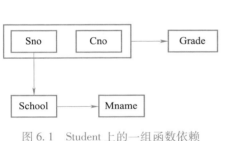

图 6.1 Student 上的一组函数依赖

但是，这个关系模式存在以下问题：

① 数据冗余(data redundancy)。比如，院长姓名重复出现，重复次数与该学院所有学生的所有课程成绩出现次数相同，如表 6.1 所示。这将浪费大量的存储空间。

② 更新异常(update anomaly)。由于数据冗余，当更新数据库中的数据时，系统要付出很大的代价来维护数据库的完整性，否则会面临数据不一致的危险。比如，某学院更换院长后，必须修改与该学院学生有关的每一个元组。

③ 插入异常(insertion anomaly)。如果一个学院刚成立，尚无学生，则无法把这个学院及其院长的信息存入数据库。

④ 删除异常(deletion anomaly)。如果某个学院的学生全部毕业了，则在删除该学院学生信息的同时，这个学院及其院长的信息也丢掉了。

鉴于存在以上种种问题，可以得出这样的结论：例 6.1 的 Student 关系模式不是一个好的模式。一个好的模式应当不会发生插入异常、删除异常和更新异常，数据冗余应尽可

能少。

为什么会发生这些问题呢？

这是因为这个模式中的函数依赖存在某些不好的性质。这正是本章要讨论的问题。假如把这个单一的模式改造一下，分成以下三个关系模式：

S({Sno,School},{Sno→School})；

SC({Sno,Cno,Grade},{(Sno,Cno)→Grade})；

SCHOOL({School,Mname},{School→Mname})

则这三个模式都不会发生插入异常、删除异常和更新异常的问题，数据的冗余也得到了控制。

一个模式的数据依赖会有哪些不好的性质，如何改造一个不好的模式，这就是规范化要讨论的内容。

6.2　规　范　化

本节首先讨论一个关系的属性间不同的依赖情况，以及如何根据属性间依赖情况判定关系是否具有某些不合适的性质。通常按属性间依赖情况区分关系的规范化程度为第一范式、第二范式、第三范式和第四范式等。然后直观地描述如何将具有不合适性质的关系转换为更合适的形式。

6.2.1　函数依赖

定义 6.1　给定关系模式 $R(U,F)$，X，Y 是 U 的子集。若对于 $R(U,F)$ 的任意一个可能的关系 r，r 中不可能存在两个元组在 X 上的属性值相等，而在 Y 上的属性值不等，则称 **X 函数确定 Y** 或 **Y 函数依赖于 X**，记作 $X \rightarrow Y$。

函数依赖和别的数据依赖一样是语义范畴的概念，只能根据语义来确定一个函数依赖。例如，"姓名→年龄"这个函数依赖只有在该部门没有同名人的条件下成立。如果允许有同名人，则年龄就不再函数依赖于姓名了。

设计者也可以对现实世界做强制性规定，例如规定不允许同名人出现，因而使"姓名→年龄"函数依赖成立。这样当插入某个元组时该元组上的属性值必须满足规定的函数依赖，若发现有同名人存在，则拒绝插入该元组。

注意：*函数依赖不是指关系模式 R 的某个或某些关系满足的约束条件，而是指 R 在不同时刻的关系实例均要满足的约束条件。*

例如，6.1 节关系模式 Student(U,F) 中有 Sno→School 成立，也就是说在任何时刻该模式的关系实例（即 Student 数据表）中，不可能存在两个元组在 Sno 上的值相等，而在 School 上的值不等。因此，表 6.2 的 Student 表是错误的。因为表中有两个元组在 Sno 上都等于"S1"，而在 School 上一个为"信息学院"，一个为"人工智能学院"。

表 6.2　一个错误的 Student 表

Sno	School	Mname	Cno	Grade
S1	信息学院	张明	C1	95
S1	人工智能学院	张明	C1	90
S3	信息学院	张明	C1	88
S4	信息学院	张明	C1	70
S5	信息学院	张明	C1	78
⋮	⋮	⋮	⋮	⋮

下面介绍一些术语和记号。

① $X \to Y$，但 $Y \nsubseteq X$，则称 $X \to Y$ 是**非平凡的函数依赖**（non-trival functional dependency）。

② $X \to Y$，但 $Y \subseteq X$，则称 $X \to Y$ 是**平凡的函数依赖**（trival functional dependency）。对于任一关系模式，平凡的函数依赖都是必然成立的，它不反映新的语义。若不特别声明，总是讨论非平凡的函数依赖。

③ 若 $X \to Y$，则 X 称为这个函数依赖的决定属性组，也称为**决定因素**（determinant）。

④ 若 $X \to Y$，$Y \to X$，则记作 $X \longleftrightarrow Y$。

⑤ 若 Y 不函数依赖于 X，则记作 $X \nrightarrow Y$。

定义 6.2　在 $R(U, F)$ 中，如果 $X \to Y$，并且对于 X 的任何一个真子集 X'，都有 $X' \nrightarrow Y$，则称 Y 对 X **完全函数依赖**（full functional dependency），记作 $X \xrightarrow{F} Y$。

若 $X \to Y$，但 Y 不完全函数依赖于 X，则称 Y 对 X **部分函数依赖**（partial functional dependency），记作 $X \xrightarrow{P} Y$。

例 6.1 中 $(\text{Sno}, \text{Cno}) \xrightarrow{F} \text{Grade}$ 是完全函数依赖，$(\text{Sno}, \text{Cno}) \xrightarrow{P} \text{School}$ 是部分函数依赖，因为 Sno→School 成立，而 Sno 是 (Sno, Cno) 的真子集。

定义 6.3　在 $R(U, F)$ 中，如果 $X \to Y(Y \nsubseteq X)$，$Y \nrightarrow X$，$Y \to Z$，$Z \nsubseteq Y$，则称 Z 对 X **传递函数依赖**（transitive functional dependency）。记为 $X \xrightarrow{T} Z$。

这里加上条件 $Y \nrightarrow X$，是因为如果 $Y \to X$，则 $X \longleftrightarrow Y$，实际上是直接函数依赖而不是传递函数依赖。

例 6.1 中有 Sno→School，School→Mname 成立，所以 Sno $\xrightarrow{T}$ Mname。

6.2.2 码[①]

码是关系模式中的一个重要概念。在第 2 章 2.1 节已给出了有关码的若干描述性定义，这里用函数依赖的概念来定义码。

定义 6.4   设 K 为 $R(U,F)$ 中的属性或属性组，**若 $K \xrightarrow{F} U$，则 K 为 R 的候选码。**

注意 U 是完全函数依赖于 K，而不是部分函数依赖于 K。

如果 U 部分函数依赖于 K，即 $K \xrightarrow{P} U$，则 K 称为超码。

候选码和超码有什么关系呢？候选码的超集（如果存在）一定是超码，候选码的任何真子集一定不是超码。

若候选码多于一个，则选定其中的一个为主码。

包含在任何一个候选码中的属性称为主属性，不包含在任何候选码中的属性称为非主属性或非码属性。最简单的情况，单个属性是码；最极端的情况，整个属性组是码，称为全码。

在后面的章节中主码或候选码都简称为码。

[**例 6.2**] 第 2 章的"学生"表 Student(Sno, Sname, Ssex, Sbirthdate, Smajor) 中，单个属性"Sno"是码，用下划线显示出来。"学生选课"表 SC(Sno, Cno, Grade, Semester, Teachingclass) 中，属性组"Sno, Cno"是码。

[**例 6.3**] 关系模式 $R(P, W, A)$ 中，属性 P 表示演奏者，W 表示作品，A 表示听众。假设一个演奏者可以演奏多部作品，某一部作品可被多个演奏者演奏，听众也可以欣赏不同演奏者的不同作品，这个关系模式的码为 (P, W, A)，即全码。

定义 6.5   关系模式 R 中属性或属性组 X 并非 R 的码，但 X 是另一个关系模式的码，则称 X 是 R 的**外码**。

如第 2 章的"学生选课"表 SC(Sno, Cno, Grade, Semester, Teachingclass) 中，Sno 不是码，但 Sno 是关系模式 Student(Sno, Sname, Ssex, Sbirthdate, Smajor) 的码，则 Sno 是关系模式 SC 的外码。主码与外码提供了一个表示关系间联系的手段。

6.2.3 范式

关系数据库中的关系是要满足一定要求的，满足不同程度要求的关系为不同范式。满足最低要求的关系叫第一范式，简称 1NF；在第一范式中满足进一步要求的关系为第二范式，其余以此类推。

有关范式理论的研究主要是 Edgar F. Codd 做的工作。1971—1972 年 Codd 系统地提出了 1NF、2NF、3NF 的概念，讨论了规范化的问题。1974 年，Codd 和 Boyce 共同提出了一个新范

[①]   在一些教材和文章中也将码称为"键"或"键码"。

式，即 BCNF。1976 年 Fagin 提出了 4NF。

　　所谓"第几范式"原本是表示关系的某一种级别，所以常称某一关系模式 R 为第几范式。现在则把范式这个概念理解成符合某一种级别的关系模式的集合，即 R 为第几范式就可以写成 $R \in x$NF。

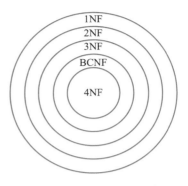

　　对于各种范式之间的关系有
$$4\text{NF} \subset \text{BCNF} \subset 3\text{NF} \subset 2\text{NF} \subset 1\text{NF}$$
成立，如图 6.2 所示。

　　一个低一级范式的关系模式通过模式分解（schema decomposition）可以转换为若干个更高级别范式的关系模式的集合，这种过程就叫**规范化**。

图 6.2　各种范式之间的关系

6.2.4　2NF

　　如果关系模式 R 的每一个分量是一个不可分的数据项，R 是满足最低要求的关系模式，则 $R \in 1$NF。

　　定义 6.6　若 $R \in 1$NF，且每一个非主属性完全函数依赖于任何一个候选码，则 $R \in 2$NF。

　　下面举一个不是 2NF 的例子。

　　[**例 6.4**] 有关系模式 S-L-C（Sno, School, Sloc, Cno, Grade），其中 Sloc 为学生的住所，并且每个学院的学生住在同一个宿舍楼。S-L-C 的码为（Sno, Cno）。则函数依赖有

$$(\text{Sno}, \text{Cno}) \xrightarrow{F} \text{Grade}$$

$$\text{Sno} \rightarrow \text{School}, (\text{Sno}, \text{Cno}) \xrightarrow{P} \text{School}$$

$$\text{Sno} \rightarrow \text{Sloc}, (\text{Sno}, \text{Cno}) \xrightarrow{P} \text{Sloc},$$

$$\text{School} \rightarrow \text{Sloc}（每个学院的学生住同一个宿舍楼）$$

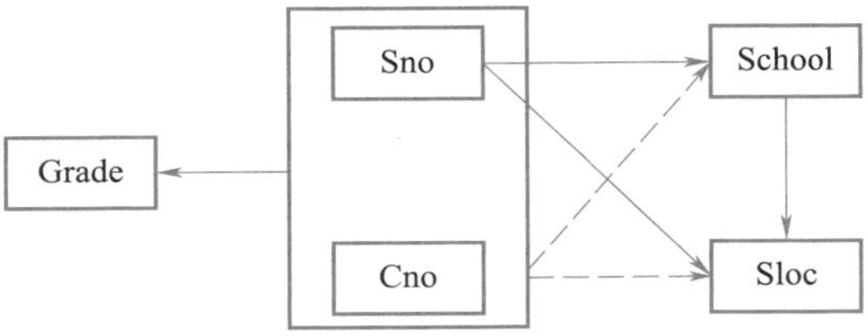

函数依赖关系如图 6.3 所示。

　　图中用虚线表示部分函数依赖。另外，School

图 6.3　函数依赖示例

函数确定 Sloc，这一点在讨论第二范式时暂不考虑。可以看到，非主属性 School、Sloc 并不完全函数依赖于码。因此 S-L-C（Sno, School, Sloc, Cno, Grade）不符合 2NF 定义，即 S-L-C $\notin 2$NF。

　　一个关系模式 R 不属于 2NF，就会产生以下几个问题：

　　① 插入异常。假若要插入一个学生 Sno = S7，School = INF，Sloc = BLD2，但该生还未选课，即这个学生无 Cno，这样的元组就插不进 S-L-C 中。因为插入元组时必须给定码值，而这时码值的一部分为空，因而学生的固有信息无法插入。

② 删除异常。假定某个学生只选一门课，如 S4 就选了一门课 C3，现在 C3 这门课他也不选了，那么 C3 这个数据项就要删除。而 C3 是主属性，删除了 C3，整个元组就必须一起删除，使得 S4 的其他信息也被删除了，从而造成删除异常，即不应删除的信息也删除了。

③ 修改复杂。某个学生从人工智能学院转到信息学院，这本来只需修改此学生元组中的 School 分量即可，但因为关系模式 S-L-C 中还含有学生的住所 Sloc 属性，学生转学院将同时改变住所，因而还必须修改元组中的 Sloc 分量。另外，如果这个学生选修了 k 门课，School、Sloc 重复存储了 k 次，不仅存储冗余度大，而且必须无遗漏地修改 k 个元组中的全部 School、Sloc 信息，造成修改的复杂化。

分析上面的例子可以发现问题在于有两类非主属性，一类如 Grade，它对码是完全函数依赖；另一类如 School、Sloc，它们对码不是完全函数依赖。解决的办法是用投影分解把关系模式 S-L-C 分解为两个关系模式：SC(Sno,Cno,Grade) 和 S-L(Sno,School,Sloc)。

关系模式 SC 与 S-L 中属性间的函数依赖可以用图 6.4 和图 6.5 表示如下。

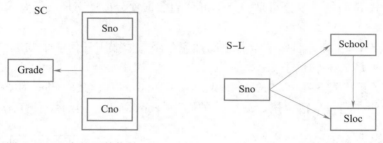

图 6.4 SC 中的函数依赖   图 6.5 S-L 中的函数依赖

关系模式 SC 的码为 (Sno,Cno)，关系模式 S-L 的码为 Sno，这样就使得非主属性对码都是完全函数依赖了。

6.2.5　3NF

定义 6.7　设关系模式 $R(U,F) \in$ 1NF，若 R 中不存在这样的码 X，属性组 Y 及非主属性 $Z(Y \not\supseteq Z)$，使得 $X \rightarrow Y$，$Y \rightarrow Z$ 成立，$Y \nrightarrow X$，则称 $R(U,F) \in$ 3NF。

由定义 6.7 可以证明，若 $R \in$ 3NF，则每一个非主属性既不传递依赖于码，也不部分依赖于码。也就是说，可以证明如果 R 属于 3NF，则必有 R 属于 2NF。

在图 6.4 中关系模式 SC 没有传递依赖，而图 6.5 中关系模式 S-L 存在非主属性对码的传递依赖。在 S-L 中，由 Sno→School(School $\nrightarrow$ Sno)，School→Sloc，可得 Sno $\xrightarrow{T}$ Sloc。

因此 SC $\in$ 3NF，而 $S-L \notin$ 3NF。

一个关系模式 R 若不是 3NF，就会产生与 6.2.4 节中 2NF 相类似的问题。读者可以类比 2NF 的反例加以说明。

解决的办法同样是将 S–L 分解为 S–SS(Sno,School) 和 S–SL(School,Sloc)。分解后的关系模式 S–SS 与 S–SL 中不再存在传递依赖。

6.2.6 BCNF

BCNF(Boyce Codd Normal Form) 是由 Boyce 与 Codd 提出的，比上述 3NF 又进了一步，通常认为 BCNF 是修正的第三范式，有时也称为扩充的第三范式。

定义 6.8 关系模式 $R(U,F) \in$ 1NF，若 $X \to Y$ 且 $Y \not\subseteq X$ 时 X 必含有码，则 $R(U,F) \in$ BCNF。也就是说，关系模式 $R(U,F)$ 中，若每一个决定因素都包含码，则 $R(U,F) \in$ BCNF。

由 BCNF 的定义可以得到结论，一个满足 BCNF 的关系模式有：

① 所有非主属性对每一个码都是完全函数依赖。

② 所有主属性对每一个不包含它的码也是完全函数依赖。

③ 没有任何属性完全函数依赖于非码的任何一组属性。

由于 $R \in$ BCNF，按定义排除了任何属性对码的传递依赖与部分依赖，所以 $R \in$ 3NF。严格的证明留给读者完成。但是若 $R \in$ 3NF，R 未必属于 BCNF。

下面用几个例子说明属于 3NF 的关系模式有的属于 BCNF，但有的不属于 BCNF。

[**例 6.5**]考察关系模式 Course(Cno,Cname,Ccredit,Cpno)，它只有一个码 Cno，这里没有任何属性对 Cno 部分依赖或传递依赖，所以 Course $\in$ 3NF。同时 Course 中 Cno 是唯一的决定因素，所以 Course $\in$ BCNF。

对于关系模式 SC(Sno,Cno,Grade,Semester,Teachingclass) 可做同样分析。

[**例 6.6**]关系模式 Student(Sno,Sname,Ssex,Sbirthdate,Smajor) 中，假定 Sname 也具有唯一性，那么 Student 就有两个候选码，这两个码都由单个属性组成，彼此不相交。其他属性不存在对码的传递依赖与部分依赖，所以 Student $\in$ 3NF。同时 Student 中除 Sno、Sname 外没有其他决定因素，所以 Student $\in$ BCNF。

以下再举几个例子。

[**例 6.7**]关系模式 SJP(S,J,P) 中，S 是学生，J 表示课程，P 表示名次。每一个学生选修每门课程的成绩有一定的名次，每门课程中每一名次只有一个学生(即没有并列名次)。由语义可得到下面的函数依赖：

$$(S,J) \to P; (J,P) \to S$$

所以 (S,J) 与 (J,P) 都可以作为候选码。这两个码各由两个属性组成，而且它们是相交的。这个关系模式中显然没有属性对码传递依赖或部分依赖，所以 SJP $\in$ 3NF，而且除 (S,J) 与 (J,P) 以外没有其他决定因素，所以 SJP $\in$ BCNF。

[例 6.8]关系模式 STJ(S,T,J)中，S 表示学生，T 表示教师，J 表示课程。每一教师只教一门课，每门课有若干教师，某一学生选定某门课就对应一个固定的教师。由语义可得到如下的函数依赖：

$$(S,J) \rightarrow T,\ (S,T) \rightarrow J,\ T \rightarrow J$$

函数依赖关系可以用图 6.6 表示，这里(S,J)、(S,T)都是候选码。

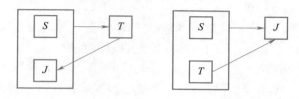

图 6.6　STJ 中的函数依赖

STJ 是 3NF，因为没有任何非主属性对码传递依赖或部分依赖，但 STJ 不是 BCNF 关系，因为 T 是决定因素，而 T 不包含码。

对于不是 BCNF 的关系模式，仍然存在不合适的地方。读者可自己举例指出 STJ 的不合适之处。非 BCNF 的关系模式也可以通过分解成为 BCNF。例如 STJ 可分解为 ST(S,T)与 TJ(T,J)，它们都是 BCNF。

3NF 和 BCNF 是在函数依赖的条件下对模式分解所能达到的分离程度的测度。一个模式中的关系模式如果都属于 BCNF，那么在函数依赖范畴内它已实现了彻底分离，已消除了插入和删除的异常。3NF 的"不彻底"性表现在可能存在主属性对码的部分依赖和传递依赖。

6.2.7　多值依赖

以上是在函数依赖的范畴内讨论问题。属于 BCNF 的关系模式是否就很完美了呢？下面讲解多值依赖。首先来看一个例子。

[例 6.9]学校中如果某一门课程由多个教师讲授，他们使用一套相同的参考书。每个教师可以讲授多门课程，每种参考书可以供多门课程使用。可以用一个非规范化的关系来描述课程 C、教师 T 和参考书 B 之间的关系，如表 6.3 所示。

把这张表变成一张规范化的二维表 Teaching，如表 6.4 所示。

关系模型 Teaching(C,T,B)的码是(C,T,B)，即全码，因而 Teaching∈BCNF。但是当某一课程(如物理)增加一名讲课教师(如周英)时，必须插入多个(这里是三个)元组：(物理，周英，普通物理学)，(物理，周英，光学原理)，(物理，周英，物理习题集)。

同样，某一门课程(如数学)要去掉一本参考书(如微分方程)，则必须删除多个(这里是两个)元组：(数学，李勇，微分方程)，(数学，张平，微分方程)。

因而对数据的增、删、改很不方便，数据的冗余也十分明显。仔细考察这类关系模式，发现它具有一种称之为多值依赖的数据依赖。

表 6.3 非规范化关系示例		
课程 C	教师 T	参考书 B
物理	{李勇 王军}	{普通物理学 光学原理 物理习题集}
数学	{李勇 张平}	{数学分析 微分方程 高等代数}
计算数学	{张平 周峰}	{数学分析 … …}
⋮	⋮	⋮

表 6.4 规范化的二维表 Teaching		
课程 C	教师 T	参考书 B
物理	李勇	普通物理学
物理	李勇	光学原理
物理	李勇	物理习题集
物理	王军	普通物理学
物理	王军	光学原理
物理	王军	物理习题集
数学	李勇	数学分析
数学	李勇	微分方程
数学	李勇	高等代数
数学	张平	数学分析
数学	张平	微分方程
数学	张平	高等代数
⋮	⋮	⋮

定义 6.9　给定关系模式 $R(U,F)$，X、Y、Z 是 U 的子集，并且 $Z=U-X-Y$。关系模式中**多值依赖** $X\rightarrow\rightarrow Y$ 成立，当且仅当对 $R(U,F)$ 的任一关系 r 给定的一对 (x,z) 值，有一组 Y 的值，这组值仅仅决定于 x 值而与 z 值无关。

例如，在表 6.4 的关系模式 Teaching 中，对于一个(物理，光学原理)有一组 T 值{李勇，王军}，这组值仅仅决定于课程 C 上的值(物理)。也就是说，对于另一个(物理，普通物理学)，它对应的一组 T 值仍是{李勇，王军}，尽管这时参考书 B 的值已经改变了。因此 T 多值依赖于 C，即 $C\rightarrow\rightarrow T$。

对于多值依赖的另一个等价的形式化定义是：在 $R(U,F)$ 的任一关系 r 中，如果存在元组 t、s，使得 $t[X]=s[X]$，那么就必然存在元组 w、$v\in r$（w、v 可以与 s、t 相同），使得 $w[X]=v[X]=t[X]$，而 $w[Y]=t[Y]$，$w[Z]=s[Z]$，$v[Y]=s[Y]$，$v[Z]=t[Z]$（即交换 s、t 元组的 Y 值所得的两个新元组必在 r 中），则 Y 多值依赖于 X，记为 $X\rightarrow\rightarrow Y$。这里，$X$、$Y$ 是 U 的子集，$Z=U-X-Y$。

若 $X\rightarrow\rightarrow Y$，而 $Z=\phi$，即 Z 为空，则称 $X\rightarrow\rightarrow Y$ 为**平凡的多值依赖**。即对于 $R(X,Y)$，如果有 $X\rightarrow\rightarrow Y$ 成立，则 $X\rightarrow\rightarrow Y$ 为平凡的多值依赖。

下面再举一个具有多值依赖的关系模式的例子。

[**例 6.10**] 关系模式 WSC(W,S,C) 中，W 表示仓库，S 表示保管员，C 表示商品。假设每个仓库有若干个保管员和若干种商品，每个保管员保管所在仓库的所有商品，每种商品被所有保管员保管。列出关系如表 6.5 所示。

按照语义，对于 W 的每一个值 W_i，S 有一个完整的集合与之对应而不管 C 取何值，所以 $W \rightarrow\rightarrow S$。

如果用图 6.7 来表示这种对应，则对应 W 的某一个值 W_i 的全部 S 值记作 $\{S\}_{Wi}$（表示此仓库工作的全部保管员），全部 C 值记作 $\{C\}_{Wi}$（表示在此仓库中存放的所有商品）。应当有 $\{S\}_{Wi}$ 中的每一个值和 $\{C\}_{Wi}$ 中的每一个 C 值对应。于是 $\{S\}_{Wi}$ 与 $\{C\}_{Wi}$ 之间正好形成一个完全二分图，因而 $W \rightarrow\rightarrow S$。

表 6.5   WSC 表

W	S	C
W_1	S_1	C_1
W_1	S_1	C_2
W_1	S_1	C_3
W_1	S_2	C_1
W_1	S_2	C_2
W_1	S_2	C_3
W_2	S_3	C_4
W_2	S_3	C_5
W_2	S_4	C_4
W_2	S_4	C_5

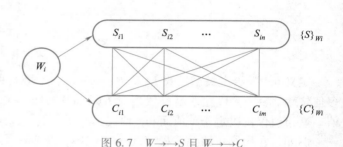

图 6.7 $W \rightarrow\rightarrow S$ 且 $W \rightarrow\rightarrow C$

直观上，一个关系模式中的两个属性如果彼此之间没有任何联系，则它们是相互独立的。但如果它们都和一个共同的属性有关，则将这两个无关的属性放在一个关系中时会造成存储的冗余。在上面的这个例子中，保管员 S 和商品 C 是相互独立的，但是它们都和仓库 W 有联系，W 确定了，则有一组保管员和一批商品与之对应。但是每一个保管员需要管理该仓库中的所有商品，换言之，保管员和商品之间在确定的仓库下是完全二分图的联系，表达这样的联系会浪费存储空间，没有实际的意义。在这样的情况下，将其分离存储很有必要。也就是，把 W 和 S 组成一个关系，W 和 C 组成另一个关系。

由于 C 与 S 的完全对称性，必然有 $W \rightarrow\rightarrow C$ 成立。

多值依赖具有以下性质：

① 多值依赖具有对称性。即若 $X \rightarrow\rightarrow Y$，则 $X \rightarrow\rightarrow Z$，其中 $Z = U - X - Y$。

从例 6.10 容易看出，因为每个保管员保管所有商品，同时每种商品被所有保管员保管，显然若 $W \rightarrow\rightarrow S$，必然有 $W \rightarrow\rightarrow C$。

② 多值依赖具有传递性。即如果 $XYZ = U$，$X \rightarrow\rightarrow Y$，$Y \rightarrow\rightarrow Z$，则 $X \rightarrow\rightarrow Z - Y$。

③ 函数依赖可以看作是多值依赖的特殊情况，即若 $X \to Y$，则 $X \to\to Y$。这是因为当 $X \to Y$ 时，对 X 的每一个值 x，Y 有一个确定的值 y 与之对应，故 $X \to\to Y$。

④ 若 $X \to\to Y$，$X \to\to Z$，则 $X \to\to YZ$。

⑤ 若 $X \to\to Y$，$X \to\to Z$，则 $X \to\to Y \cap Z$。

⑥ 若 $X \to\to Y$，$X \to\to Z$，则 $X \to\to Y-Z$，$X \to\to Z-Y$。

多值依赖与函数依赖相比，具有下面两个基本的区别：

① 多值依赖的有效性与属性组的范围有关。若 $X \to\to Y$ 在 U 上成立，则在 $W(XY \subseteq W \subseteq U)$ 上一定成立；反之则不然，即 $X \to\to Y$ 在 $W(W \subset U)$ 上成立，在 U 上并不一定成立。这是因为多值依赖的定义中不仅涉及 U 的子集 X 和 Y，而且还涉及 U 中其余的子集 Z。

一般地，在 $R(U,F)$ 上若有 $X \to\to Y$ 在 $W(W \subset U)$ 上成立，则称 $X \to\to Y$ 为 $R(U,F)$ 的嵌入型多值依赖。

但是在关系模式 $R(U,F)$ 中，函数依赖 $X \to Y$ 的有效性仅决定于 X、Y 的值。只要在 $R(U,F)$ 的任何一个关系 r 中，元组在 X 和 Y 上的值满足定义 6.1，则函数依赖 $X \to Y$ 在任何属性组 $W(XY \subseteq W \subseteq U)$ 上成立。

② 若函数依赖 $X \to Y$ 在 $R(U,F)$ 上成立，则对于任何 $Y' \subset Y$ 均有 $X \to Y'$ 成立。而多值依赖 $X \to\to Y$ 若在 $R(U,F)$ 上成立，却不能断言对于任何 $Y' \subset Y$ 有 $X \to\to Y'$ 成立。

例如，有关系 $R(A,B,C,D)$，$A \to\to BC$，当然也有 $A \to\to D$ 成立。有 R 的一个关系实例，在此实例上 $A \to\to B$ 是不成立的，如表 6.6 所示。

表 6.6　R 的一个实例

A	B	C	D
a_1	b_1	c_1	d_1
a_1	b_1	c_1	d_2
a_1	b_2	c_2	d_1
a_1	b_2	c_2	d_2

6.2.8　4NF

定义 6.10　关系模式 $R(U,F) \in 1NF$，如果对于 R 的每个非平凡多值依赖 $X \to\to Y (Y \nsubseteq X)$，$X$ 都含有码，则称 $R(U,F) \in 4NF$。

4NF 就是限制关系模式的属性之间不允许有非平凡且非函数依赖的多值依赖。因为根据定义，对于每一个非平凡的多值依赖 $X \to\to Y$，X 都含有候选码，于是就有 $X \to Y$，所以 4NF 所允许的非平凡的多值依赖实际上是函数依赖。

显然，如果一个关系模式是 4NF，则必为 BCNF。

在前面讨论的关系模式 WSC 中，$W \to\to S$，$W \to\to C$，它们都是非平凡的多值依赖。而 W 不是码，关系模式 WSC 的码是 $(\underline{W,S,C})$，即全码。因此 WSC $\notin$ 4NF。

一个关系模式如果已达到了 BCNF 但不是 4NF，这样的关系模式仍然具有不好的性质。以 WSC 为例，WSC $\notin$ 4NF，但是 WSC $\in$ BCNF。对于 WSC 的某个关系，若某一仓库 W_i 有 n 个保管员，存放 m 件物品，则关系中分量为 W_i 的元组数目一定有 $m \times n$ 个。每个保管员重复存储 m 次，每种物品重复存储 n 次，数据的冗余度太大，因此还应该继续规范化使关系模式 WSC 达到 4NF。

可以用投影分解的方法消去非平凡且非函数依赖的多值依赖。例如，可以把 WSC 分解为 WS(W,S)，WC(W,C)。在 WS 中虽然有 $W \twoheadrightarrow S$，但这是平凡的多值依赖。WS 中已不存在非平凡的非函数依赖的多值依赖，所以 WS $\in$ 4NF，同理 WC $\in$ 4NF。

函数依赖和多值依赖是两种最重要的数据依赖。如果只考虑函数依赖，则属于 BCNF 的关系模式规范化程度已经是最高的了；如果考虑多值依赖，则属于 4NF 的关系模式规范化程度是最高的。事实上，数据依赖中除函数依赖和多值依赖之外，还有其他数据依赖，例如有一种连接依赖。函数依赖是多值依赖的一种特殊情况，而多值依赖实际上又是连接依赖的一种特殊情况。但连接依赖不像函数依赖和多值依赖一样可由语义直接导出，而是在关系的连接运算时才反映出来。存在连接依赖的关系模式仍可能遇到数据冗余及插入、修改、删除异常等问题。如果消除了属于 4NF 的关系模式中存在的连接依赖，则可以进一步达到 5NF 的关系模式。这里不再讨论连接依赖和 5NF，有兴趣的读者可以参阅有关书籍。

规范化小结

在关系数据库中，对关系模式的基本要求是满足第一范式，这样的关系模式就是合法的、允许的。但是，人们发现有些关系模式存在插入、删除异常，以及修改复杂、数据冗余等问题，需要寻求解决这些问题的方法，这就是规范化的目的。

规范化的基本思想是逐步消除数据依赖中不合适的部分，使模式中的各关系模式达到某种程度的"分离"，即"一事一地"的模式设计原则。让一个关系描述一个概念、一个实体或者实体间的一种联系。若多于一个概念就把它"分离"出去。因此，所谓规范化实质上是概念的**单一化**。

人们认识这个原则是经历了一个过程的。从认识非主属性的部分函数依赖的危害开始，2NF、3NF、BCNF、4NF 的相继提出是这个认识过程逐步深化的标志，图 6.8 可以概括这个过程。

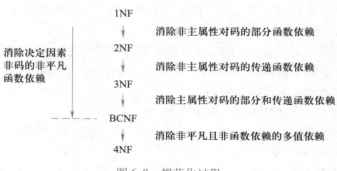

图 6.8　规范化过程

关系模式的规范化过程是通过对关系模式的分解来实现的，即把低一级的关系模式分解为若干个更高级别的关系模式。因此，关系规范化程度可以自然地用于设计"好"的关系模式标准，规范化程度越高，可能的数据异常就越少。

6.3　数据依赖的公理系统

在明确了设计标准以后，紧接着一个问题就是，是否可以找到一个算法，通过分解模式来获得达到某个规范化程度（比如 3NF）的模式集合呢？如果存在这样的算法，就可以开发出关系模式的自动化设计工具，以减轻设计人员的负担。

数据依赖的公理系统是模式分解算法的理论基础。下面首先讨论函数依赖的一个有效而完备的公理系统——Armstrong 公理系统。

定义 6.11　给定关系模式 $R(U,F)$，其任何一个关系 r，若函数依赖 $X{\to}Y$ 都成立（即 r 中任意两元组 t、s，若 $t[X]=s[X]$，则 $t[Y]=s[Y]$），则称 F **逻辑蕴涵** $X{\to}Y$。

为了从一组函数依赖求得蕴涵的函数依赖，例如已知函数依赖集 F，要问 $X{\to}Y$ 是否为 F 所蕴涵，就需要一套推理规则，这组推理规则是 1974 年首先由 Armstrong 提出来的。

Armstrong 公理系统（Armstrong's axiom）设 U 为属性组全集，F 是 U 上的一组函数依赖，于是有关系模式 $R(U,F)$，对 $R(U,F)$ 来说有以下的推理规则。

A1 自反律（reflexivity rule）：若 $Y{\subseteq}X{\subseteq}U$，则 $X{\to}Y$ 为 F 所蕴涵。

A2 增广律（augmentation rule）：若 $X{\to}Y$ 为 F 所蕴涵，且 $Z{\subseteq}U$，则 $XZ{\to}YZ$[①] 为 F 所蕴涵。

A3 传递律（transitivity rule）：若 $X{\to}Y$ 及 $Y{\to}Z$ 为 F 所蕴涵，则 $X{\to}Z$ 为 F 所蕴涵。

注意：由自反律所得到的函数依赖均是平凡的函数依赖，自反律的使用并不依赖于 F。

定理 6.1　Armstrong 推理规则是正确的。

下面从定义出发证明推理规则的正确性。

证

（1）设 $Y{\subseteq}X{\subseteq}U$

对 $R(U,F)$ 的任一关系 r 中的任意两个元组 t、s：

若 $t[X]=s[X]$，由于 $Y{\subseteq}X$，有 $t[Y]=s[Y]$，

所以 $X{\to}Y$ 成立，自反律得证[②]。

（2）设 $X{\to}Y$ 为 F 所蕴涵，且 $Z{\subseteq}U$

设 $R(U,F)$ 的任一关系 r 中的任意两个元组 t、s：

若 $t[XZ]=s[XZ]$，则有 $t[X]=s[X]$ 和 $t[Z]=s[Z]$；

由 $X{\to}Y$，于是有 $t[Y]=s[Y]$，所以 $t[YZ]=s[YZ]$，$XZ{\to}YZ$ 为 F 所蕴涵，增广律得证。

---

① 为了简单起见，用 XZ 代表 $X{\cup}Z$，YZ 代表 $Y{\cup}Z$。

② $t[X]$ 表示元组 t 在属性（组）X 上的分量，等价于 $t.X$。

（3）设 $X \rightarrow Y$ 及 $Y \rightarrow Z$ 为 F 所蕴涵

对 $R(U,F)$ 的任一关系 r 中的任意两个元组 t、s：

若 $t[X] = s[X]$，由于 $X \rightarrow Y$，有 $t[Y] = s[Y]$；

再由 $Y \rightarrow Z$，有 $t[Z] = s[Z]$，所以 $X \rightarrow Z$ 为 F 所蕴涵，传递律得证。

根据 A1、A2、A3 这三条推理规则，可以得到下面三条很有用的推理规则。

合并规则（union rule）：由 $X \rightarrow Y$，$X \rightarrow Z$，有 $X \rightarrow YZ$。

伪传递规则（pseudo transitivity rule）：由 $X \rightarrow Y$，$WY \rightarrow Z$，有 $XW \rightarrow Z$。

分解规则（decomposition rule）：由 $X \rightarrow Y$ 及 $Z \subseteq Y$，有 $X \rightarrow Z$。

根据合并规则和分解规则，很容易得到这样一个重要事实。

引理 6.1　$X \rightarrow A_1 A_2 \cdots A_k$ 成立的充分必要条件是 $X \rightarrow A_i$ 成立（$i = 1, 2, \cdots, k$）。

定义 6.12　在关系模式 $R(U,F)$ 中为 F 所逻辑蕴涵的函数依赖的全体叫作 F 的**闭包**（closure），记为 F^+。

人们把自反律、传递律和增广律称为 Armstrong 公理系统。Armstrong 公理系统是有效的、完备的。其中，**有效性**是指由 F 出发，根据 Armstrong 公理系统推导出来的每一个函数依赖一定在 F^+ 中；**完备性**是指 F^+ 中的每一个函数依赖，必定可以由 F 出发根据 Armstrong 公理系统推导出来。

要证明完备性，首先要解决如何判定一个函数依赖是否属于由 F 根据 Armstrong 公理系统推导出来的函数依赖的集合。当然，如果能求出这个集合，问题就解决了。但不幸的是，这是一个 NP 完全问题。例如，从 $F = \{X \rightarrow A_1, \cdots, X \rightarrow A_n\}$ 出发，至少可以推导出 2^n 个不同的函数依赖。为此引入了下面的概念。

定义 6.13　设 F 为属性组 U 上的一组函数依赖，X 为 U 的子集，$X \subseteq U$，$X_F^+ = \{A \mid X \rightarrow A$ 能够由 F 根据 Armstrong 公理系统导出$\}$，X_F^+ 称为 **X 关于函数依赖集 F 的闭包**。

由引理 6.1 容易得出引理 6.2。

引理 6.2　设 F 为属性组 U 上的一组函数依赖，X、$Y \subseteq U$，$X \rightarrow Y$ 能由 F 根据 Armstrong 公理系统导出的充分必要条件是 $Y \subseteq X_F^+$。

于是，判定 $X \rightarrow Y$ 是否能由 F 根据 Armstrong 公理系统导出的问题就转化为求出 X_F^+，判定 Y 是否为 X_F^+ 的子集的问题。这个问题由算法 6.1 解决了。

算法 6.1　求属性集 $X(X \subseteq U)$ 关于 U 上的函数依赖集 F 的闭包 X_F^+。

输入：X、F

输出：X_F^+

步骤：

① 令 $X^{(0)} = X$，$i = 0$。

② 求 B，这里 $B = \{A \mid (\exists V)(\exists W)(V \rightarrow W \in F \wedge V \subseteq X^{(i)} \wedge A \in W)\}$。

③ $X^{(i+1)} = B \cup X^{(i)}$。

④ 判断 $X^{(i+1)} = X^{(i)}$。

⑤ 若 $X^{(i+1)}$ 与 $X^{(i)}$ 相等或 $X^{(i)}=U$，则 $X^{(i)}$ 就是 X_F^+，算法终止。

⑥ 若否，则 $i=i+1$，返回第②步。

[例 6.11] 已知关系模式 $R(U,F)$，其中

$U=\{A,B,C,D,E\}$，$F=\{AB{\to}C,B{\to}D,C{\to}E,EC{\to}B,AC{\to}B\}$。

求 $(AB)_F^+$，判断 AB 是否为候选码。

解 由算法 6.1，设 $X^{(0)}=AB$。

计算 $X^{(1)}$，逐一扫描 F 集合中各个函数依赖，找左部为 A、B 或 AB 的函数依赖。得到两个：$AB{\to}C$，$B{\to}D$。于是 $X^{(1)}=AB\cup CD=ABCD$。

因为 $X^{(0)}{\neq}X^{(1)}$，所以再找出左部为 $ABCD$ 子集的那些函数依赖，又得到 $C{\to}E$，$AC{\to}B$。于是 $X^{(2)}=X^{(1)}\cup BE=ABCDE$。

因为 $X^{(2)}$ 已等于全部属性集合，$(AB)_F^+=ABCDE$。所以 AB 是候选码。

对于算法 6.1，令 $a_i=|X^{(i)}|$，$\{a_i\}$ 形成一个步长大于 1 的严格递增的序列，序列的上界是 $|U|$，因此该算法最多 $|U|-|X|$ 次循环就会终止。

X_F^+ 的概念以及算法 6.1 求 X_F^+，可以判断某一属性或属性组是否为码。关系模式 $R(U,F)$ 中，如果 $X_F^+=U$，则 $X{\to}U$ 成立，X 为码。

扩展阅读：求关系模式 $R(U,F)$ 所有候选码

如何求关系模式 $R(U,F)$ 所有的候选码，读者可参见二维码内容。

定理 6.2   Armstrong 公理系统是有效的、完备的。

Armstrong 公理系统的有效性可由定理 6.1 得到证明。这里给出完备性的证明。

证明完备性的逆否命题，即若函数依赖 $X{\to}Y$ 不能由 F 从 Armstrong 公理系统导出，那么它必然不为 F 所蕴涵。它的证明分三步。

① 若 $V{\to}W$ 成立，且 $V{\subseteq}X_F^+$，则 $W{\subseteq}X_F^+$。

证 因为 $V{\subseteq}X_F^+$，所以有 $X{\to}V$ 成立，于是 $X{\to}W$ 成立（因为 $X{\to}V$，$V{\to}W$），所以 $W{\subseteq}X_F^+$。

② 构造一张二维表 r，它由下列两个元组构成，可以证明 r 必是 $R(U,F)$ 的一个关系，即 F 中的全部函数依赖在 r 上成立。

$$
\begin{array}{cc}
\overbrace{X_F^+}^{} & \overbrace{U-X_F^+}^{} \\
11 \quad \cdots \quad 1 & 00 \quad \cdots \quad 0 \\
11 \quad \cdots \quad 1 & 11 \quad \cdots \quad 1
\end{array}
$$

若 r 不是 $R(U,F)$ 的关系，则必由于 F 中有某一个函数依赖 $V{\to}W$ 在 r 上不成立所致。由 r 的构成可知，V 必定是 X_F^+ 的子集，而 W 不是 X_F^+ 的子集，可是由第①步 $W{\subseteq}X_F^+$，矛盾。所以 r 必是 $R(U,F)$ 的一个关系。

③ 若 $X{\to}Y$ 不能由 F 从 Armstrong 公理系统导出，则 Y 不是 X_F^+ 的子集，因此必有 Y 的子集 Y' 满足 $Y'{\subseteq}U-X_F^+$，则 $X{\to}Y$ 在 r 中不成立，即 $X{\to}Y$ 必不为 $R(U,F)$ 蕴涵。

Armstrong 公理系统的**完备性及有效性**说明了"**导出**"与"**蕴涵**"是两个完全等价的概念。于是 F^+ 也可以说成是由 F 出发，借助 Armstrong 公理系统导出的函数依赖的集合。

从蕴涵(或导出)的概念出发,又引出了两个函数依赖集等价和最小依赖集的概念。

定义 6.14　如果 $G^+ = F^+$,就说函数依赖集 F 覆盖 G(F 是 G 的覆盖,或 G 是 F 的覆盖),或 F 与 G 等价。

引理 6.3　$F^+ = G^+$ 的充分必要条件是 $F^+ \subseteq G^+$ 和 $G^+ \subseteq F^+$。

证　必要性显然,只证充分性。

① 若 $F \subseteq G^+$,则 $X_F^+ \subseteq X_{G^+}^+$。

② 任取 $X \rightarrow Y \in F^+$,则有 $Y \subseteq X_F^+ \subseteq X_{G^+}^+$。

所以 $X \rightarrow Y \in (G^+)^+ = G^+$。即 $F^+ \subseteq G^+$。

③ 同理可证 $G^+ \subseteq F^+$,所以 $F^+ = G^+$。

而要判定 $F \subseteq G^+$,只需逐一对 F 中的函数依赖 $X \rightarrow Y$ 考察 Y 是否属于 $X_{G^+}^+$ 即可。因此引理 6.3 给出了判断两个函数依赖集等价的可行算法。

定义 6.15　如果函数依赖集 F 满足下列条件,则称 F 为一个**极小函数依赖集**,亦称为**最小依赖集**或**最小覆盖**(minimal covering)。

① F 中任一函数依赖的右部仅含有一个属性。

② F 中不存在这样的函数依赖 $X \rightarrow A$,使得 F 与 $F - \{X \rightarrow A\}$ 等价。

③ F 中不存在这样的函数依赖 $X \rightarrow A$,X 有真子集 Z 使得 $F - \{X \rightarrow A\} \cup \{Z \rightarrow A\}$ 与 F 等价。

定义 6.15③的含义是,对于 F 中的每个函数依赖,它的左部要尽可能简。

[**例 6.12**]考察 6.1 节例 6.1 中的关系模式 Student(U, F),其中:

$U = \{\text{Sno}, \text{School}, \text{Mname}, \text{Cno}, \text{Grade}\}$,

$F = \{\text{Sno} \rightarrow \text{School}, \text{School} \rightarrow \text{Mname}, (\text{Sno}, \text{Cno}) \rightarrow \text{Grade}\}$

设 $F' = \{\text{Sno} \rightarrow \text{School}, \text{Sno} \rightarrow \text{Mname}, \text{School} \rightarrow \text{Mname}, (\text{Sno}, \text{Cno}) \rightarrow \text{Grade}, (\text{Sno}, \text{School}) \rightarrow \text{School}\}$

根据定义 6.15 可以验证 F 是最小覆盖,而 F' 不是。因为 $F' - \{\text{Sno} \rightarrow \text{Mname}\}$ 与 F' 等价,$F' - \{(\text{Sno}, \text{School}) \rightarrow \text{School}\}$ 与 F' 等价。

定理 6.3　每一个函数依赖集 F 均等价于一个极小函数依赖集 F_m。此 F_m 称为 F 的最小依赖集。

证　这是一个构造性的证明,分三步对 F 进行"极小化处理",找出 F 的一个最小依赖集。

① 逐一检查 F 中各函数依赖 FD_i:$X \rightarrow Y$,若 $Y = A_1 A_2 \cdots A_k$,$k \geq 2$,则用 $\{X \rightarrow A_j \mid j = 1, 2, \cdots, k\}$ 来取代 $X \rightarrow Y$。

② 逐一检查 F 中各函数依赖 FD_i:$X \rightarrow A$,令 $G = F - \{X \rightarrow A\}$,若 $A \in X_G^+$,则从 F 中去掉此函数依赖(因为 F 与 G 等价的充要条件是 $A \in X_G^+$)。

③ 逐一取出 F 中各函数依赖 FD_i:$X \rightarrow A$,设 $X = B_1 B_2 \cdots B_m$,$m \geq 2$,逐一考查 B_i($i = 1, 2, \cdots, m$),若 $A \in (X - B_i)_F^+$,则以 $X - B_i$ 取代 X(因为 F 与 $F - \{X \rightarrow A\} \cup \{Z \rightarrow A\}$ 等价的充要条件

是 $A \in Z_F^+$，其中 $Z = X - B_i$）。

最后剩下的 F 就一定是最小依赖集，并且与原来的 F 等价。因为对 F 的每一次"改造"都保证了改造前后的两个函数依赖集等价。这些证明很显然，请读者自行补上。

应当指出，F 的最小依赖集 F_m 不一定是唯一的，它与对各函数依赖 FD_i 及 $X \rightarrow A$ 中 X 各属性的处置顺序有关。

[例 6.13] $F = \{A \rightarrow B, B \rightarrow A, B \rightarrow C, A \rightarrow C, C \rightarrow A\}$

$$F_{m1} = \{A \rightarrow B, B \rightarrow C, C \rightarrow A\}$$

$$F_{m2} = \{A \rightarrow B, B \rightarrow A, A \rightarrow C, C \rightarrow A\}$$

这里给出了 F 的两个最小依赖集 F_{m1}、F_{m2}。

若改造后的 F 与原来的 F 相同，说明 F 本身就是一个最小依赖集。因此，定理 6.3 的证明给出的极小化过程，也可以看成是检验 F 是否为最小依赖集的一个算法。

两个关系模式 $R_1(U, F)$、$R_2(U, G)$，如果 F 与 G 等价，那么 R_1 的关系一定是 R_2 的关系；反过来，R_2 的关系也一定是 R_1 的关系。所以在 $R(U, F)$ 中用与 F 等价的依赖集 G 来取代 F 是允许的。

6.4 保持函数依赖的模式分解

在对函数依赖的基本性质有了初步了解之后，可以具体来讨论模式的分解了。本节首先讨论保持函数依赖（functional dependency preserving）的模式分解。

定义 6.16 关系模式 $R(U, F)$ 的一个分解是指

$$\rho = \{R_1(U_1, F_1), R_2(U_2, F_2), \cdots, R_n(U_n, F_n)\}$$

其中 $U = \bigcup_{i=1}^{n} U_i$，并且没有 $U_i \subseteq U_j$，$1 \leq i \neq j \leq n$，F_i 是 F 在 U_i 上的投影，即

$$F_i = \{X \rightarrow Y \mid X \rightarrow Y \in F^+ \wedge XY \subseteq U_i\}。$$

先来看一个例子，说明按定义 6.16，若只要求 $R(U, F)$ 分解后的各关系模式所含属性的"并"等于 U，这个限定是很不够的。

一个关系分解为多个关系，相应地原来存储在一张二维表内的数据就要分散存储到多张二维表中。要使这个分解有意义，起码的要求是后者不能"丢失"前者的信息。

[例 6.14] 已知关系模式 $R(U, F)$，其中 $U = \{$Sno, School, Mname$\}$，$F = \{$Sno$\rightarrow$School, School$\rightarrow$Mname$\}$。$R(U, F)$ 的元组语义是学生 Sno 正在一个学院 School 学习，其院长姓名是 Mname；并且一个学生（Sno）只在一个学院学习，一个学院只有一名院长。R 的一个关系示例见表 6.7 所示。

表 6.7　R 的一个关系示例

Sno	School	Mname
S1	D1	张五
S2	D1	张五
S3	D2	李四
S4	D3	王一

由于 R 中存在传递函数依赖 Sno $\xrightarrow{T}$ Mname，它会发生更新异常。例如，如果 S4 毕业，删除该条记录，则 D3 学院的院长王一的信息也就丢掉了。反过来，如果一个学院 D5 刚刚成立，尚无在校学生，那么这个学院院长赵某的信息也无法存入。

现在考虑对 R 进行如下分解：

$$\rho_1 = \{R_1(\{\text{Sno},\text{School}\},\{\text{Sno}\rightarrow\text{School}\}),R_2(\{\text{Sno},\text{Mname}\},\{\text{Sno}\rightarrow\text{Mname}\})\}$$

这时，表 R 被分解为两个新的表 R_1 和 R_2，每个新表也都有 4 个元组。

但是，这样的分解仍然存在插入和删除异常，其原因就在于原来在 R 中存在的函数依赖 School$\rightarrow$Mname，现在在 R_1 和 R_2 中都不再存在了，即这个函数依赖被丢掉了。因此一个合理的要求就是，分解应"保持函数依赖"。

分解后的模式应该保持与原模式的"等价"，在此，我们采用保持函数依赖作为模式等价的一种准则。

定义 6.17　$\rho = \{R_1(U_1,F_1),R_2(U_2,F_2),\cdots,R_k(U_k,F_k)\}$ 是关系模式 $R(U,F)$ 的一个保持函数依赖的分解，如果

$$F^+ = \left(\bigcup_{i=1}^{k}F_i\right)^+$$

6.3 节引理 6.3 给出了判断两个函数依赖集等价的可行算法，因此引理 6.3 也可用于判别 R 的分解 ρ 是否保持函数依赖。

算法 6.2（合成法）　转换为 3NF 的保持函数依赖的分解。

① 对 $R(U,F)$ 中的函数依赖集 F 进行极小化处理（处理后得到的依赖集仍记为 F）。

② 找出所有不在 F 中出现的属性（记为 U_0），构成一个关系模式 $R_0(U_0,F_0)$。把这些属性从 U 中去掉，剩余的属性仍记为 U。

③ 若有 $X\rightarrow A\in F$，且 $XA = U$，则 $\rho = \{R\}$，算法终止。

④ 否则，对 F 按具有相同左部的原则分组（假定分为 k 组），每一组函数依赖所涉及的全部属性形成一个属性集 U_i。若 $U_i\subseteq U_j(i\neq j)$ 就去掉 U_i。由于经过了步骤②，故 $U = \bigcup_{i=1}^{k}U_i$，于是 $\rho = \{R_1(U_1,F_1),\cdots,R_k(U_k,F_k)\}\cup R_0(U_0,F_0)$ 构成 $R(U,F)$ 的一个保持函数依赖的分解，并且每个 $R_i(U_i,F_i)$ 均属于 3NF。这里 F_i 是 F 在 U_i 上的投影。

由于 F 只是经过了极小化处理和按照相同左部原则进行分组，因此分解 ρ 保持函数依赖是显然的。

下面**证明每一个 $R_i(U_i,F_i)$ 一定属于 3NF**。

设 $F_i = \{X\rightarrow A_1,X\rightarrow A_2,\cdots,X\rightarrow A_k\}$，$U_i = \{X,A_1,A_2,\cdots,A_k\}$

① $R_i(U_i,F_i)$ 一定以 X 为码。

② 若 $R_i(U_i,F_i)$ 不属于 3NF，则必存在非主属性 $A_m(1\leqslant m\leqslant k)$ 及属性组合 Y，$A_m\notin Y$，使得 $X\rightarrow Y$，$Y\rightarrow A_m\in F_i^+$，而 $Y\rightarrow X\notin F_i^+$。

若 $Y\subset X$，则与 $X\rightarrow A_m$ 属于最小依赖集 F 相矛盾，因而 $Y\not\subseteq X$。不妨设 $Y\cap X = X_1$，$Y-X =$

$\{A_1, \cdots, A_\rho\}$，令 $G=F-\{X\rightarrow A_m\}$，显然 $Y\subseteq X_G^+$，即 $X\rightarrow Y\in G^+$。

可以断言 $Y\rightarrow A_m$ 也属于 G^+。因为 $Y\rightarrow A_m\in F_i^+$，所以 $A_m\in Y_F^+$。若 $Y\rightarrow A_m$ 不属于 G^+，则在求 Y_F^+ 的算法中，只有使用 $X\rightarrow A_m$ 才能将 A_m 引入。于是按算法 6.1 必有 j，使得 $X\subseteq Y^{(j)}$，$Y\rightarrow X$ 成立，与 $Y\rightarrow X\notin F_i^+$ 矛盾。

于是 $X\rightarrow A_m$ 属于 G^+，与 F 是最小依赖集相矛盾，所以 $R_i(U_i, F_i)$ 一定属于 3NF。

至此，我们已经有一个算法，可以在保持函数依赖的情况下，自动化地将一个关系模式分解为一组子关系模式，而且这些子关系模式都满足 **3NF** 范式。

*6.5 无损连接的模式分解

6.5.1 无损连接的模式分解定义

6.4 节讨论了保持函数依赖作为模式分解等价的一个准则。还可以提出一个更直观的等价准则，就是"无损连接"（lossless join），即分解后的关系通过自然连接可以"恢复"原始关系。

本节要讨论的问题是：

① 什么是无损连接？如何判断一个分解是否为无损连接的？

② 无损连接的模式分解和保持函数依赖的模式分解之间的关系是什么？

③ 实现无损连接模式分解的算法是什么？分解后关系模式所能达成的规范化程度如何？

先定义一个记号：设 $\rho=\{R_1(U_1, F_1), \cdots, R_k(U_k, F_k)\}$ 是 $R(U, F)$ 的一个分解，r 是 $R(U, F)$ 的一个关系。定义 $m_\rho(r)=\bowtie_{i=1}^{k}\pi_{R_i}(r)$，即 $m_\rho(r)$ 是 r 在 ρ 中各关系模式上投影的连接。这里 $\pi_{R_i}(r)=\{t.U_i\,|\,t\in r\}$。

注意：两个关系之间如果没有共同属性，那么自然连接就退化为笛卡儿积。

引理 6.4 设 $R(U, F)$ 是一个关系模式，$\rho=\{R_1(U_1, F_1), \cdots, R_k(U_k, F_k)\}$ 是 R 的一个分解，r 是 R 的一个关系，$r_i=\pi_{R_i}(r)$，则

① $r\subseteq m_\rho(r)$。

② 若 $s=m_\rho(r)$，则 $\pi_{R_i}(s)=r_i$。

③ $m_\rho(m_\rho(r))=m_\rho(r)$。

证

① 证明 r 中的任何一个元组属于 $m_\rho(r)$。

任取 r 中的一个元组 t，$t\in r$，设 $t_i=t.U_i(i=1, 2, \cdots, k)$。对 k 进行归纳可以证明 $t_1t_2\cdots t_k\bowtie_{i=1}^{k}\in\pi_{R_i}(r)$，所以 $t\in m_\rho(r)$，即 $r\subseteq m_\rho(r)$。

② 由①得到 $r\subseteq m_\rho(r)$，已设 $s=m_\rho(r)$，所以 $r\subseteq s$，$\pi_{R_i}(r)\subseteq\pi_{R_i}(s)$。现只需证明 $\pi_{R_i}(s)\subseteq\pi_{R_i}(r)$，就有 $\pi_{R_i}(s)=\pi_{R_i}(r)=r_i$。

任取 $S_i \in \pi_{R_i}(s)$，必有 S 中的一个元组 v，使得 $v.U_i = S_i$。根据自然连接的定义 $v = t_1 t_2 \cdots t_k$，对于其中每一个 t_i，必存在 r 中的一个元组 t，使得 $t.U_i = t_i$。由前面 $\pi_{R_i}(r)$ 的定义即得 $t_i \in \pi_{R_i}(r)$。又因 $v = t_1 t_2 \cdots t_k$，故 $v.U_i = t_i$。又由上面证得 $v.U_i = S_i$，$t_i \in \pi_{R_i}(r)$，故 $S_i \in \pi_{R_i}(r)$。即 $\pi_{R_i}(s) \subseteq \pi_{R_i}(r)$。故 $\pi_{R_i}(s) = \pi_{R_i}(r)$。

③ $m_\rho(m_\rho(r)) = \bowtie_{i=1}^{k} \pi_{R_i}(m_\rho(r)) = \bowtie_{i=1}^{k} \pi_{R_i}(s) = \bowtie_{i=1}^{k} \pi_{R_i}(r) = m_\rho(r)$

定义 6.18 $\rho = \{R_1(U_1, F_1), \cdots, R_k(U_k, F_k)\}$ 是 $R(U, F)$ 的一个分解，若对 $R(U, F)$ 的任何一个关系 r 均有 $r = m_\rho(r)$ 成立，则称分解 ρ 具有无损连接性，将 ρ 简称为无损分解。

直接根据定义 6.18 去鉴别一个分解的无损连接性是不可能的，算法 6.3 给出了一种判别方法。

算法 6.3 判别一个分解的无损连接性。

$\rho = \{R_1(U_1, F_1), \cdots, R_k(U_k, F_k)\}$ 是 $R(U, F)$ 的一个分解，$U = \{A_1, \cdots, A_n\}$，$F = \{FD_1, FD_2, \cdots, FD_p\}$，不妨设 F 为最小依赖集，记 FD_i 为 $X_i \rightarrow A_{li}$。

① 建立一张 n 列 k 行的表，每一列对应一个属性，每一行对应分解中的一个关系模式。若属性 A_j 属于 U_i，则在 j 列 i 行交叉处填上 a_j，否则填上 b_{ij}。

② 对每一个 FD_i 做下列操作：找到 X_i 所对应的列中具有相同符号的那些行，考察这些行中 li 列的元素。若其中有 a_{li}，则全部改为 a_{li}；否则全部改为 b_{mli}。其中 m 是这些行的行号最小值。

应当注意的是，若某个 b_{tli} 被更改，那么该表的 li 列中凡是 b_{tli} 的符号(不管它是否开始找到的那些行)均应做相应的更改。

如在某次更改之后，有一行成为 $a_1, a_2, \cdots, a_n$，则算法终止，ρ 具有无损连接性，否则 ρ 不具有无损连接性。

对 F 中 ρ 个 FD 逐一进行一次这样的处置，称为对 F 的一次扫描。

③ 比较扫描前后表有无变化，如有变化则返回第②步，否则算法终止。

如果发生循环，那么前次扫描至少应使该表减少一个符号，表中符号有限，因此循环必然终止。

定理 6.4 如果算法 6.3 终止时表中有一行为 $a_1, a_2, \cdots, a_n$，则 ρ 为无损连接分解。

证明从略。

[例 6.15] 已知 $R(U, F)$，$U = \{A, B, C, D, E\}$，$F = \{AB \rightarrow C, C \rightarrow D, D \rightarrow E\}$，$R$ 的一个分解为 $R_1(A, B, C)$，$R_2(C, D)$，$R_3(D, E)$。

① 首先构造初始表，如图 6.9(a)所示。

② 对 $AB \rightarrow C$，因各元组的第一、二列没有相同的分量，所以表不改变。由 $C \rightarrow D$ 可以把 b_{14} 改为 a_4，再由 $D \rightarrow E$ 可使 b_{15}、b_{25} 全改为 a_5。最后结果为图 6.9(b)。

表中第一行成为 a_1、a_2、a_3、a_4、a_5，所以此分解具有无损连接性。

	A	B	C	D	E
	a_1	a_2	a_3	b_{14}	b_{15}
	b_{21}	b_{22}	a_3	a_4	b_{25}
	b_{31}	b_{32}	b_{33}	a_4	a_5

(a)

A	B	C	D	E
a_1	a_2	a_3	a_4	a_5
b_{21}	b_{22}	a_3	a_4	a_5
b_{31}	b_{32}	b_{33}	a_4	a_5

(b)

图 6.9　分解具有无损连接的一个实例

当关系模式 R 分解为两个关系模式 R_1、R_2 时有下面的判定准则。

定理 6.5　对于 $R(U,F)$ 的一个分解 $\rho = \{R_1(U_1,F_1),R_2(U_2,F_2)\}$，如果 $U_1 \cap U_2 \rightarrow U_1 - U_2 \in F^+$ 或 $U_1 \cap U_2 \rightarrow U_2 - U_1 \in F^+$，则 ρ 具有无损连接性。

定理的证明留给读者完成。

6.5.2　无损连接的模式分解与保持函数依赖的模式分解之间的关系

保持函数依赖的模式分解与无损连接的模式分解这两个概念到底有什么关系呢？根据定理 6.5，例 6.14 分解 ρ_1 具有无损连接，但 ρ_1 不能保持函数依赖。反过来是否也一样呢？也就是保持函数依赖的分解也不一定能保持无损连接呢？

我们看一个例子。

$R(\{学号，姓名，课程号，课程名称\}, \{学号 \rightarrow 姓名，课程号 \rightarrow 课程名称\})$，以及一个可能的分解 $R_1(\{学号，姓名\}, \{学号 \rightarrow 姓名\})$ 和 $R_2(\{课程号，课程名称\}, \{课程号 \rightarrow 课程名称\})$，显然，这个分解是保持函数依赖的。但是，由于 R_1 和 R_2 之间不存在公共属性，因此 R_1 与 R_2 的自然连接就退化为笛卡儿积。因此，这个分解就不满足无损连接性。

从这两个例子可以看出，**保持函数依赖和无损连接是两个不同的概念**。也许，既保持函数依赖又可以无损连接的分解才是最理想的分解。

6.5.3　既无损连接又保持函数依赖的模式分解算法

算法 6.4　转换为 3NF 的无损连接和保持函数依赖的模式分解。

① 设 X 是 $R(U,F)$ 的码。$R(U,F)$ 已由算法 6.2 分解为 $\rho = \{R_1(U_1,F_1),R_2(U_2,F_2),\cdots,R_k(U_k,F_k)\} \cup R_0(U_0,F_0)$，令 $\tau = \rho \cup \{R^*(X,F_x)\}$。

② 有某个 U_i，若 $X \subseteq U_i$，则将 $R^*(X,F_x)$ 从 τ 中去掉；若 $U_i \subseteq X$，则将 $R(U_i,F_i)$ 从 τ 中

去掉。

③ τ 就是所求的分解。

由于算法 6.4 是在算法 6.2 结果的基础上进行分解的，因此，结果必然也是保持函数依赖的。

$R^*(X, F_x)$ 显然属于 3NF，算法 6.2 确保分解 ρ 是 3NF 的。因此，只要判定 τ 的无损连接性就行了。

由于 τ 中必有某关系模式 $R(T)$ 的属性集 $T \supseteq X$，X 是 $R(U, F)$ 的码，任取 $U-T$ 中的属性 B，必存在某个 i，使 $B \in T^{(i)}$（按算法 6.1）。对 i 施行归纳法可以证明，由算法 6.3，表中关系模式 $R(T)$ 所在的行一定可成为 $a_1, a_2, \cdots, a_n$。

τ 的无损连接性得证。

6.5.4　无损连接的模式分解算法

如果只关注无损连接，那么可以进一步提高规范化程度。

算法 6.5（分解法）　转换为 BCNF 的无损连接分解。

① 令 $\rho = \{R(U, F)\}$。

② 检查 ρ 中各关系模式是否均属于 BCNF。若是，则算法终止。

③ 设 ρ 中 $R_i(U_i, F_i)$ 不属于 BCNF，那么必有 $X \rightarrow A \in F_i^+ (A \notin X)$，且 X 非 R_i 的码。因此，XA 是 U_i 的真子集。对 R_i 进行分解：$\sigma = \{S_1, S_2\}$，$U_{S1} = XA$，$U_{S2} = U_i - \{A\}$，以 σ 代替 $R_i(U_i, F_i)$，返回第②步。

由于 U 中属性有限，因而有限次循环后算法 6.5 一定会终止。

这是一个自顶向下的算法。它自然地形成一棵对 $R(U, F)$ 的二叉分解树。应当指出，$R(U, F)$ 的分解树不一定是唯一的，这与步骤③中具体选定的 $X \rightarrow A$ 有关。

算法 6.5 最初令 $\rho = \{R(U, F)\}$，显然 ρ 是无损连接分解，而以后的分解则由下面的引理 6.5 保证了无损连接性。

引理 6.5　若 $\rho = \{R_1(U_1, F_1), \cdots, R_k(U_k, F_k)\}$ 是 $R(U, F)$ 的一个无损连接分解，$\sigma = \{S_1, S_2, \cdots, S_m\}$ 是 ρ 中 $R_i(U_i, F_i)$ 的一个无损连接分解，那么

$\rho' = \{R_1, R_2, \cdots, R_{i-1}, S_1, \cdots, S_m, R_{i+1}, \cdots, R_k\}$、

$\rho'' = \{R_1, \cdots, R_k, R_{k+1}, \cdots, R_n\}$（$\rho''$ 是 $R(U, F)$ 包含 ρ 的关系模式集合的分解）

均是 $R(U, F)$ 的无损连接分解。

证明的关键是自然连接的结合律。这里仅给出结合律的证明，其他部分留给读者自行完成。

引理 6.6　$(R_1 \bowtie R_2) \bowtie R_3 = R_1 \bowtie (R_2 \bowtie R_3)$

证

设 r_i 是 $R_i(U_i, F_i)$ 的关系，$i = 1, 2, 3$。

设 $U_1 \cap U_2 \cap U_3 = V$；

$U_1 \cap U_2 - V = X$；

$U_2 \cap U_3 - V = Y$；

$U_1 \cap U_3 - V = Z$(如图 6.10 所示)。

容易证明 t 是$(R_1 \bowtie R_2) \bowtie R_3$ 中的一个元组的充要条件是：T_{R1}、T_{R2}、T_{R3} 是 t 的连串，这里 $T_{Ri} \in r_i(i=1,2,3)$，$T_{R1}[V] = T_{R2}[V] = T_{R3}[V]$，$T_{R1}[X] = T_{R2}[X]$，$T_{R1}[Z] = T_{R3}[Z]$，$T_{R2}[Y] = T_{R3}[Y]$。而这也是 t 为 $R_1 \bowtie (R_2 \bowtie R_3)$ 中的元组的充要条件。于是有

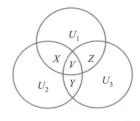

图 6.10　引理 6.6 三个关系属性的示意图

$$(R_1 \bowtie R_2) \bowtie R_3 = R_1 \bowtie (R_2 \bowtie R_3)$$

在 6.2.8 小节中已经指出，一个关系模式中若存在多值依赖(指非平凡的非函数依赖的多值依赖)，则数据的冗余度大且存在插入、修改、删除异常等问题。为此要消除这种多值依赖，使模式分离达到一个新的高度 4NF。下面讨论达到 4NF 的具有无损连接性的分解。

定理 6.6　关系模式 $R(U,D)$ 中，D 为 R 中函数依赖和多值依赖的集合。则 $X \longrightarrow\!\!\!\!\rightarrow Y$ 成立的充要条件是 R 的分解 $\rho = \{R_1(X,Y), R_2(X,Z)\}$ 具有无损连接性，其中 $Z = U - X - Y$。

证　先证充分性。

若 ρ 是 R 的一个无损连接分解，则对 $R(U,F)$ 的任一关系 r，有

$$r = \pi_{R_1}(r) \bowtie \pi_{R_2}(r)$$

设 t、$s \in r$，且 $t[X] = s[X]$，于是 $t[XY]$、$s[XY] \in \pi_{R_1}(r)$，$t[XZ]$、$s[XZ] \in \pi_{R_1}(r)$。由于 $t[X] = s[X]$，所以 $t[XY] \cdot s[XZ]$ 与 $t[XZ] \cdot s[XY]$ 均属于 $\pi_{R_1}(r)\pi_{R_2}(r)$，也即属于 r。令 $u = t[XY] \cdot s[XZ]$，$v = t[XZ] \cdot s[XY]$，就有 $u[X] = v[X] = t[X]$，$u[Y] = t[Y]$，$u[Z] = s[Z]$，$v[Y] = s[Y]$，$v[Z] = t[Z]$，所以 $X \longrightarrow\!\!\!\!\rightarrow Y$ 成立。

再证必要性。

若 $X \longrightarrow\!\!\!\!\rightarrow Y$ 成立，对于 $R(U,D)$ 的任一关系 r，任取 $\omega \in \pi_{R_1}(r)\pi_{R_2}(r)$，则必有 t、$s \in r$，使得 $\omega = t[XY] \cdot s[XZ]$，由于 $X \longrightarrow\!\!\!\!\rightarrow Y$ 对 $R(U,D)$ 成立，ω 应当属于 r，所以 ρ 是无损连接分解。

定理 6.6 给出了对 $R(U,D)$ 的一个无损的分解方法。若 $R(U,D)$ 中 $X \longrightarrow\!\!\!\!\rightarrow Y$ 成立，则 R 的分解 $\rho = \{R_1(X,Y), R_2(X,Z)\}$ 具有无损连接性。

算法 6.6　达到 4NF 的具有无损连接性的分解。

首先使用算法 6.5 得到 R 的一个达到 BCNF 的无损连接分解 ρ，然后对某一 $R_i(U_i, D_i)$，若不属于 4NF，则可按定理 6.6 进行分解，直到每一个关系模式均属于 4NF 为止。定理 6.6 和引理 6.5 保证了最后得到的分解的无损连接性。

本 章 小 结

本章在函数依赖(FD)、多值依赖(MVD)的范畴内讨论了关系模式的规范化。主要讨论关系规范化理论、函数依赖公理系统以及关系模式的分解算法。

对于一个模式的分解是多种多样的，但是分解后产生的模式应与原模式等价。

人们从不同的角度去观察问题，对"等价"的概念形成了不同的分解准则：

① 分解具有无损连接性。

② 分解要保持函数依赖。

③ 分解既要保持函数依赖，又要具有无损连接性。

按照不同的分解准则，模式所能达到的分离程度各不相同，各种范式就是对分离程度的测度，其基本思想可用图 6.11 来表示。

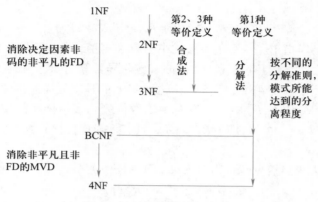

图 6.11　关系模式规范化小结

算法 6.2(合成法)是保持函数依赖的模式分解算法，分解后的各个关系模式可以达到 3NF，但不一定达到 BCNF。算法 6.4 是既无损连接又保持函数依赖的模式分解算法，分解后的各个关系模式可以达到 3NF。算法 6.5(分解法)是具有无损连接的模式分解，分解后的各个关系模式可以达到 BCNF。如果函数依赖集中有多值依赖，则算法 6.6 是具有无损连接的模式分解，分解后的各个关系模式可以达到 4NF。

2020 年度图灵奖获得者 Jeffrey D. Ullman 曾经表达过这样的观点：每一个进行数据库设计的人员都必须了解什么是函数依赖，也必须知道当进行规范化操作的同时会损失什么；如果不掌握背后的一些理论知识，即使是一些专业人士也无法理解基于数据库开发的应用系统在今后实际运行时可能产生问题的原因。因此他强调人们要更加认真对待理论，**重视理论对数据库设计的指导作用。**

最后还要指出，规范化理论为数据库设计提供了理论的指南和工具，但是在实际应用场景中并不是规范化程度越高模式就越好，必须结合应用环境和现实世界的具体需求合理地设计数据库模式。

习 题 6

1. 理解并给出下列术语的定义：

函数依赖，部分函数依赖，完全函数依赖，传递依赖，候选码，超码，主码，外码，全码，1NF，2NF，3NF，BCNF，多值依赖，4NF。

2. 建立一个包含系、学生、班级、学会等信息的关系数据库。

描述学生的属性有：学号、姓名、出生日期、系名、班号、宿舍区；

描述班级的属性有：班号、专业名、系名、人数、入校年份；

描述系的属性有：系名、系号、系办公室地点、人数；

描述学会的属性有：学会名、成立年份、地点、人数。

有关语义如下：一个系有若干专业，每个专业每年只招一个班，每个班有若干学生。一个系的学生住在同一个宿舍区。每个学生可参加若干学会，每个学会有若干学生。学生参加某学会有一个入会年份。

请给出关系模式，写出每个关系模式的最小依赖集，指出是否存在传递函数依赖，对于函数依赖左部是多属性的情况，讨论函数依赖是完全函数依赖还是部分函数依赖。

指出各关系的候选码、外部码，并说明是否全码存在。

3. 试由 Armstrong 公理系统推导出下面三条推理规则。

① 合并规则：若 $X \to Z$，$X \to Y$，则有 $X \to YZ$。

② 伪传递规则：由 $X \to Y$，$WY \to Z$，有 $XW \to Z$。

③ 分解规则：$X \to Y$，$Z \subseteq Y$，有 $X \to Z$。

4. 给定关系模式 $R(U, F)$，其中 $U = \{A, B, C, D, E\}$，请回答如下问题：

如果存在函数依赖 $B \to D$，$DE \to C$，$EC \to B$，列出 R 中所有的码，并给出主属性、非主属性。

5. 试举出三个多值依赖的实例。

6. 考虑关系模式 $R(U, F)$，$U = \{A, B, C, D, E\}$，请回答下面的问题：

① 若 A 是 R 的候选码，R 具有函数依赖 $BC \to DE$，那么在什么条件下 R 属于 BCNF？

② 如果存在函数依赖 $F = \{A \to B, BC \to D, DE \to A\}$，列出 R 的所有码？

③ 如果存在函数依赖 $F = \{A \to B, BC \to D, DE \to A\}$，$R$ 属于 3NF 还是 BCNF？

7. 下面的结论哪些是正确的？哪些是错误的？对于错误的结论请给出理由或一个反例说明之。

① 任何一个二目关系是属于 3NF 的。

② 任何一个二目关系是属于 BCNF 的。

③ 任何一个二目关系是属于 4NF 的。

④ 当且仅当函数依赖 $A \to B$ 在 R 上成立，关系 $R(A, B, C)$ 等于其投影 $R_1(A, B)$ 和 $R_2(A, C)$ 的连接。

⑤ 若 $R.A \to R.B$，$R.B \to R.C$，则 $R.A \to R.C$。

⑥ 若 $R.A \to R.B$，$R.A \to R.C$，则 $R.A \to R.(B, C)$。

⑦ 若 $R.B \to R.A$，$R.C \to R.A$，则 $R.(B, C) \to R.A$。

⑧ 若 $R.(B, C) \to R.A$，则 $R.B \to R.A$，$R.C \to R.A$。

8. 证明：

① 如果 R 是 BCNF 关系模式，则 R 是 3NF 关系模式，反之则不然。

② 如果 R 是 3NF 关系模式，则 R 一定是 2NF 关系模式。

9. 为什么直接根据定义 6.18 去鉴别一个分解的无损连接性是不可能的？

参考文献 6

[1] CODD E F. Normalized data base structure: a brief tutorial[C]. Proceedings. of ACM SIGMOD Workshop on

Data Description, Access and Control, 1971: 1–17.

[2] CODD E F. Further normalized data base relational model[J]. Data Base Systems: Courant Computer Science Symposia Series. Englewood Ciffs: Prentice-Hall, 1972, 6.

[3] ARMSTRONG W W. Dependency structures of data base relationships[C]. Proceedings of International Conference on IFIP Congress, 1974.

Armstrong 在文献[3]中提出了函数依赖公理系统，并给出了正确性和完备性证明。

[4] BERNSTEIN P. Synthesizing third normal form relations from functional dependencies[J]. ACM Transactions on Database Systems, 1976, 1(4): 277–298.

文献[4]给出了关系数据库设计中达到第三范式的综合算法。

[5] ZANIOLO C A. Analysis and design of relational schemata for database systems[D]. Los Angeles: University of California, 1976.

Zaniolo 在他的博士论文中提出了多值依赖的概念。

[6] FAGIN R. Multivalued dependencies and a new normal form for relational database[J]. ACM Transactions on Database Systems, 1977, 2(3): 262–278.

Fagin 在文献[6]中讨论并定义了第四范式。

[7] BEERI C, FAGIN R, HOWARD J H. A complete axiomatization for functional and multivalued dependencies in database relations[C]. Proceedings of the 1977 ACM SIGMOD International Conference on Management of Data, 1977.

文献[7]研究了函数依赖和多值依赖的公理系统及其正确性和完备性。

[8] BERNSTEIN P A, GOODMAN N. What does Boyce-Codd normal form do?[C]. Proceedings of the 6th International Conference on Very Large Data Bases, 1980, 6: 245–259.

[9] AHO A, BEERI C, ULLMAN J D. The theory of joins in relational databases[J]. ACM Transactions on Database Systems, 1979, 4(3): 297–314.

文献[9]分析了无损连接性的性质。

[10] MAIER D. Theory of relational databases[M]. Rockville: Computer Science Press, 1983.

文献[10]中 Maier 对关系依赖理论进行了综合讨论，给出了许多有关函数依赖的定理及证明，介绍了求与给定函数依赖集等价的最小函数依赖集的方法等。

[11] KENT W. Consequences of assuming a universal relation[J]. ACM Transactions on Database Systems, 1981, 6(4): 539–556.

[12] ULLMAN J D. On Kent's "consequences of assuming a universal relation"[J]. ACM Transactions on Database Systems, 1983, 8(4): 637–643.

[13] BOHANNON P, FAN W F, GEERTS, et al. Conditional functional dependencies for data cleaning[C]. 2007 IEEE 23rd International Conference on Data Engineering, 2007: 746–755.

文献[13]中给出了条件函数依赖的定义及相应的推理规则，条件函数依赖是在函数依赖的基础上加入条件约束扩展而来，已应用于数据清洗等问题中。

本章知识点讲解微视频：

函数依赖

多值依赖

范式体系

逻辑蕴涵与推理
系统

模式分解与算法

第 7 章 \ 数据库设计

　　数据库设计是数据库应用系统设计的重要组成部分，也是应用系统开发的数据基础。其目标是设计数据库的各级模式并建立数据库，主要包括需求分析、概念结构设计、逻辑结构设计、物理结构设计、数据库实施、数据库运行与维护 6 个阶段。

本章导读

　　本章详细介绍了关系数据库设计的 6 个阶段及其使用的技术和方法，重点讨论了需求分析与数据字典、概念结构设计和逻辑结构设计(E-R 图到关系模型的转换)。

　　本章概括了**计算机学科中抽象、理论和设计三个学科形态，**以**"高校本科教务管理"**[①]信息系统为主线，抽象出"学生学籍管理""学生选课管理""教师教学管理"三个应用场景，阐述了如何在理论的指导下，完成分 E-R 图的设计、集成和优化。通过案例介绍，读者可以从中体会对客观世界从感性认识到理性认识，再由理性认识回到实践中来的科学思维方法。

　　本章的难点是分析实际应用问题中的用户需求，设计合理的概念结构(E-R 图)，优化并构建数据库的逻辑模式和物理模式。因此，在学习的过程中一定要结合真实的案例，了解相应案例的业务背景、应用环境，设计(整理)用户的详细应用需求，并反复练习概念结构的设计。

7.1　数据库设计概述

　　在数据库领域内，通常把使用数据库的各类信息系统都称为数据库应用系统。例如，以数据库为基础的各种管理信息系统、办公自动化系统、地理信息系统、电子政务系统、电子商务系统等。

　　数据库设计(database design)，广义地讲，是数据库及其应用系统的设计，即设计整个数

---

　　① "高校本科教务管理"信息系统 E-R 图及其诸关系模式在本书附录中给出。

据库应用系统；狭义地讲，是设计数据库本身，即设计数据库的各级模式（包括模式、外模式、内模式）并建立数据库，这是数据库应用系统设计的一部分。本书的重点是讲解狭义的数据库设计。当然，设计一个好的数据库与设计一个好的数据库应用系统是密不可分的，一个好的数据库模式设计是应用系统设计的基础。在实际的项目开发过程中，二者可以同步并行进行，又需要密切结合。

下面给出**数据库设计**的一般定义。

数据库设计是指对于一个给定的应用环境，构造（设计）优化的数据库模式、外模式和内模式，并据此建立数据库及其应用系统，使之能够有效地存储和管理数据，满足各种用户的应用需求，包括信息管理需求和数据操作需求。

信息管理需求是指在数据库中应存储和管理哪些数据对象；数据操作需求是指对数据对象需要进行哪些操作，如查询、增加、删除、修改、统计和分析等操作。

数据库设计的目标是为用户和各种应用系统提供信息基础设施和高效的运行环境。其中，高效的运行环境指数据库数据的高存取效率、数据库存储空间的高利用率和数据库系统运行维护的高效率等。

7.1.1　数据库设计的特点

数据库建设包含数据库应用系统从设计、实施到运行与维护的全过程。数据库设计是数据库建设的重要环节，它和一般软件系统的设计、开发、运行与维护有许多相同之处，更有其自身的一些特点。

1. 重视基础数据

"三分技术，七分管理，十二分基础数据"是数据库设计的第一个特点。

在数据库设计中不仅涉及技术，还涉及管理。要设计好一个数据库应用系统，开发技术固然重要，但是相比之下管理更加重要。这里的管理不仅仅包括数据库设计作为一个大型工程项目本身的项目管理，还包括项目所属企业（即应用部门）的业务管理。

企业的业务管理对数据库模式的设计有直接影响。这是因为数据库模式是对企业业务部门数据以及各业务部门之间数据联系的描述和抽象，而这些数据以及数据联系是和各部门的职能乃至整个企业的管理模式密切相关的。

人们在数据库建设的长期实践中深刻认识到，一个**企业数据库建设的过程是企业管理模式变革和优化的过程**。企业只有做好管理创新，才能推动技术创新并建设好一个数据库应用系统。

"十二分基础数据"则强调数据的收集、整理、组织和不断更新，这是数据库设计的重要环节。人们往往忽视基础数据在数据库设计中的地位和作用。基础数据的收集、入库是数据库建立初期工作量最大、最烦琐，也最细致的工作。在以后数据库的运行过程中更需要不断地把新数据加到数据库中，把历史数据加入数据仓库中，以便进行分析挖掘，改进业务管理，提高企业竞争力。

2. 数据库设计和数据处理设计相结合

数据库设计应该和应用系统设计相结合。也就是说，整个设计过程中要把数据库模式设计和数据处理设计密切结合起来。这是数据库设计的第二个特点。

在早期的数据库应用系统开发过程中，常常把数据库设计和应用系统设计分离开来，如图 7.1 所示。由于数据库设计有其专门的技术和理论，因此需要专门讲解数据库设计。但这并不等于数据库设计和在数据库之上开发应用系统是相互分离的，相反，必须强调设计过程中数据库设计和应用系统设计的密切结合，并把它作为数据库设计的重要特点。

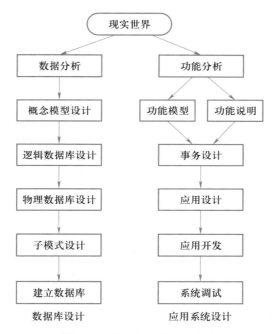

图 7.1　数据库设计和应用系统设计分离的设计

传统的软件工程忽视对应用中数据语义的分析和抽象。例如，结构化设计（structured design，SD）方法和逐步求精的方法着重于处理过程的特性，只要有可能就尽量推迟数据结构设计的决策。这种方法对于数据库应用系统的设计显然是不妥的。

早期的数据库设计致力于数据模型和数据库建模方法的研究，着重结构设计而忽视了行为设计，这种方法也是不完善的。

我们强调在数据库设计中要把结构特性和行为特性结合起来。

7.1.2　数据库设计的方法

大型数据库设计是涉及多学科的综合性技术，又是一项庞大的工程项目。它要求从事数据库设计的专业人员具备多方面的知识和技术，主要包括计算机基础知识、软件工程原理和方法、程序设计方法和技巧、数据库基本知识、数据库设计技术、应用领域知识，等等。这样才能设计出符合具体领域要求的数据库及其应用系统。

早期数据库设计主要采用手工与经验相结合的方法，设计质量往往与设计人员的经验和水平有直接的关系。由于缺乏科学理论和工程方法的支持，数据库的设计质量往往难以得到保证，经常是数据库运行一段时间后又发现不同程度地存在各种问题，需要进行修改甚至重新设计，从而增加了系统维护的代价。

为此，人们努力探索，提出了各种数据库设计方法。例如，新奥尔良（New Orleans）设计方法、基于 E-R 模型的设计方法、3NF（第三范式）设计方法、面向对象的设计方法、统一建模语言（unified modeling language，UML）设计方法等。

数据库工作者一直在研究和开发数据库设计工具。经过多年的努力，数据库设计工具已经实用化和产品化。这些工具软件可以辅助设计人员完成数据库设计过程中的很多任务，目前广泛应用于大型数据库设计之中。

7.1.3　数据库设计的基本步骤

按照结构化系统设计的方法，考虑数据库及其应用系统开发全过程，将数据库设计的基本步骤分为图 7.2 所示的 6 个阶段，即需求分析、概念结构设计、逻辑结构设计、物理结构设计、数据库实施、数据库运行和维护。

在数据库设计过程中，需求分析和概念结构设计可以独立于任何数据库管理系统进行，而逻辑结构设计和物理结构设计则与选用的数据库管理系统密切相关。

数据库设计开始之前，首先必须选定参加设计的人员，包括系统分析员、数据库设计员、应用程序员、数据库管理员和最终用户代表。系统分析员和数据库设计员是数据库设计的核心人员，将自始至终参与数据库设计，其水平决定了数据库系统的设计质量。最终用户代表和数据库管理员在数据库设计中也是举足轻重的，他们主要参加需求分析与数据库的运行和维护，其积极参与（不仅仅是配合）不仅能加快数据库设计的进度，而且也是决定数据库设计质量的重要因素。应用程序员（包括程序员和操作员）负责编制程序和准备软硬件环境，他们将在系统实施阶段参与进来。

如果所设计的数据库应用系统比较复杂，还应该考虑是否需要使用数据库设计工具以及选用何种工具，以提高数据库设计质量并减少设计工作量。

① **需求分析阶段**。进行数据库设计首先必须准确了解与分析用户的应用需求（包括数据与处理）。需求分析是整个设计过程的基础，也是最困难和最耗费时间的一步。作为"地基"的需求分析是否做得充分与准确，决定了在其上构建数据库"大厦"的速度与质量。需求分析做得不好，可能会导致整个数据库设计返工重做。

② **概念结构设计阶段**。概念结构设计是整个数据库设计的关键，它通过对用户需求进行综合、归纳与抽象，形成一个独立于具体数据库管理系统的概念模型。

③ **逻辑结构设计阶段**。逻辑结构设计是按某种转换规则将概念结构设计转换为某个数据

库管理系统所支持的数据模型，并对其进行优化。

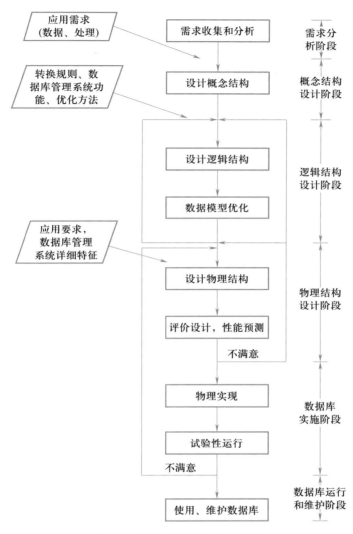

图 7.2 数据库设计的基本步骤

④ **物理结构设计阶段**。物理结构设计是为逻辑数据模型选取一个最适合应用环境的物理结构，包括存储结构和存取方法。

⑤ **数据库实施阶段**。在数据库实施阶段，设计人员运用数据库管理系统提供的数据库语言及高级语言，根据逻辑结构设计和物理结构设计的结果创建数据库，编写与调试应用程序，组织数据入库并进行试运行。

⑥ **数据库运行和维护阶段**。数据库应用系统经过试运行后即可投入正式运行。在数据库系统运行过程中必须不断地对其进行评估、调整与修改。

设计一个完善的数据库应用系统是不可能一蹴而就的，它往往是上述 6 个阶段的不断反复。

需要指出的是，这个设计步骤既包含了数据库设计的过程，也包含了数据库应用系统的设计过程。在设计过程中把数据库的设计和对数据库中数据处理的设计，特别是事务设计紧密结合起来，将这两个方面的需求分析、抽象、设计、实现在各个阶段同时进行，相互参照，相互补充，以完善两方面的设计。图 7.3 概括给出了设计过程各个阶段的设计描述。

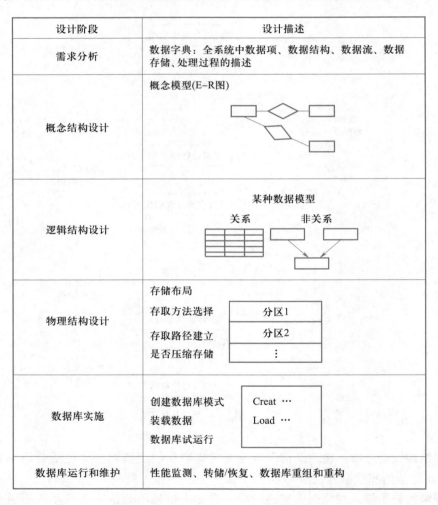

设计阶段	设计描述
需求分析	数据字典：全系统中数据项、数据结构、数据流、数据存储、处理过程的描述
概念结构设计	概念模型(E-R图)
逻辑结构设计	某种数据模型　关系　非关系
物理结构设计	存储布局　存取方法选择　存取路径建立　是否压缩存储　分区1　分区2
数据库实施	创建数据库模式　装载数据　数据库试运行　Creat …　Load …
数据库运行和维护	性能监测、转储/恢复、数据库重组和重构

图 7.3　数据库设计各个阶段的设计描述

7.1.4 数据库设计过程中的各级模式

按照数据库的设计过程，**数据库设计的不同阶段形成数据库的各级模式**，如图 7.4 所示。在需求分析阶段综合各个用户的应用需求。在概念结构设计阶段形成独立于机器特点、独立于各个关系数据库管理系统产品的概念模式，即 E-R 图。在逻辑结构设计阶段将 E-R 图转换成具体的数据库产品支持的数据模型，如关系模型，形成数据库逻辑模式，然后根据用户处理的要求以及安全性的考虑，在基本表的基础上再建立必要的视图，形成数据的外模式；在物理结构设计阶段根据关系数据库管理系统的特点和处理的需要进行物理存储安排，建立索引，形成数据库内模式。

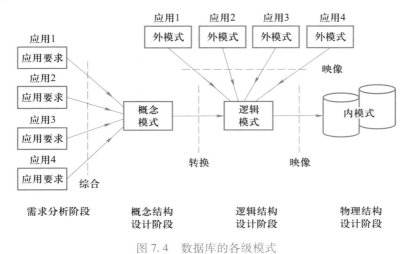

图 7.4　数据库的各级模式

下面就以图 7.2 数据库设计的基本步骤为主线，讨论数据库设计各阶段的设计内容、设计方法和工具。

7.2 需求分析

需求分析简单地说就是分析用户的要求。需求分析是数据库设计的起点，其结果是否准确反映了用户的实际要求将直接影响后续各阶段的设计，决定了设计结果是否合理和实用。

7.2.1 需求分析的任务

需求分析的任务是通过详细调查现实世界要处理的对象(如组织、部门、企业等)，充分了解原系统(手工系统或计算机系统)的工作概况，明确用户的各种需求，然后在其基础上确定新系统的功能。新系统必须充分考虑到今后可能的扩充和改变，不能仅仅按当前应用需求来设计数据库。

调查的重点是"数据"和"处理"。通过调查、收集与分析，获得用户对数据库的如下要求：

① 信息要求。指用户需要从数据库中获得信息的内容与性质。由信息要求可以导出数据要求，即在数据库中需要存储哪些数据。

② 处理要求。指用户要完成的数据处理功能，以及对处理性能的要求。

③ 安全性与完整性要求。

确定用户的最终需求是一件很困难的事，一方面由于用户缺少计算机知识，开始时无法确定计算机究竟能为自己做什么、不能做什么，因此往往不能准确地表达自己的需求，所提出的需求往往不断地变化。另一方面由于设计人员缺少用户的专业知识，不易理解用户的真正需求，甚至误解用户的需求，因此设计人员必须不断深入与用户交流，才能逐步确定用户的实际需求。

7.2.2   需求分析的方法

进行需求分析首先是调查清楚用户的实际要求，与用户达成共识，然后分析与表达这些需求。

调查用户需求的具体步骤是：

① 调查组织机构的总体情况，包括了解该组织的部门组成情况、各部门的职责等，为分析信息流程做准备。

② 熟悉各部门的业务活动情况，包括了解各部门输入和使用什么数据、如何加工处理这些数据、输出什么信息、输出到什么部门、输出结果的格式是什么等，这是调查的重点。

③ 在熟悉各部门业务活动的基础上，协助用户明确对新系统的各种要求，包括信息要求、处理要求、安全性与完整性要求等。这是调查的又一个重点。

④ 确定新系统的边界。对前面调查的结果进行初步分析，确定哪些功能由计算机完成或将来准备让计算机完成，哪些活动由人工完成。由计算机完成的功能就是新系统应该实现的功能。

在调查过程中，可以根据不同的问题和条件使用不同的调查方法。常用的调查方法有：

① 跟班作业。通过亲身参加业务工作来了解业务活动的情况。

② 开调查会。通过与用户座谈来了解业务活动情况及用户需求。

③ 请专人介绍。

④ 询问。对某些调查中的问题可以找专人询问。

⑤ 问卷调查。设计调查表请用户填写，如果调查表设计得合理，这种方法是很有效的。

⑥ 查阅记录。查阅与原系统有关的数据记录。

做需求调查时往往需要同时采用上述多种方法，但无论使用何种调查方法，都必须有用户的积极参与和配合。

调查了解用户需求以后，还需要进一步分析和表达用户的需求。在众多分析方法中，结构化分析(structured analysis，SA)方法是一种简单实用的方法。结构化分析方法从最上层的系统组织机构入手，采用自顶向下、逐层分解的方式分析系统。

对用户需求进行分析与表达后，须建立数据字典，形成用户需求规格说明书并提交给用户，征得用户的认可。图 7.5 描述了**需求分析的过程**。

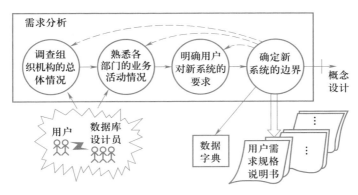

图 7.5　需求分析过程

7.2.3　数据字典

数据字典是进行详细的数据收集和数据分析之后所获得的主要成果。它是关于数据库中数据的描述，即元数据，而不是数据本身。**数据字典是在需求分析阶段建立，在数据库设计过程中不断修改、充实和完善的**。它在数据库设计中占有很重要的地位。

数据字典通常包括数据项、数据结构、数据流、数据存储和处理过程 5 部分。其中数据项是数据的最小组成单位，若干个数据项可以组成一个数据结构。数据字典通过对数据项和数据结构的定义来描述数据流、数据存储的逻辑内容。

1. 数据项

数据项是不可再分的数据单位。对数据项的描述通常包括以下内容：

数据项描述＝{数据项名，数据项含义说明，别名，数据类型，长度，取值范围，
取值含义，与其他数据项的逻辑关系，数据项之间的联系}

其中，"取值范围"和"与其他数据项的逻辑关系"（如该数据项是其他几个数据项的和、该数据项值等于另一数据项的值等）定义了数据的完整性约束条件，是设计数据检验功能的依据。

可以用关系规范化理论为指导，用数据依赖的概念分析和表示数据项之间的联系。即按实际语义写出每个数据项之间的数据依赖，它们是数据库逻辑设计阶段优化数据模型的依据。

2. 数据结构

数据结构反映了数据项之间的组合关系。一个数据结构可以由若干个数据项组成，也可以由若干个数据结构组成，或由若干个数据项和数据结构混合组成。对数据结构的描述通常包括以下内容：

数据结构描述 = {数据结构名，含义说明，组成：{数据项或数据结构}}

3. 数据流

数据流是数据结构在系统内传输的路径。对数据流的描述通常包括以下内容：

数据流描述 = {数据流名，说明，数据流来源，数据流去向，组成：{数据结构}，
平均流量，高峰期流量}

其中，"数据流来源"是说明该数据流来自哪个过程，"数据流去向"是说明该数据流将到哪个过程去，"平均流量"是指在单位时间（每天、每周、每月等）里的传输次数，"高峰期流量"则是指在高峰时期的数据流量。

4. 数据存储

数据存储是数据结构停留或保存的地方，也是数据流的来源和去向之一。它可以是手工文档或手工凭单，也可以是计算机文档。对数据存储的描述通常包括以下内容：

数据存储描述 = {数据存储名，说明，编号，输入的数据流，输出的数据流，
组成：{数据结构}，数据量，存取频度，存取方式}

其中，"存取频度"指每小时、每天或每周存取次数及每次存取的数据量等信息，"存取方式"指是批处理还是联机处理、是检索还是更新、是顺序检索还是随机检索等。另外，"输入的数据流"要指出数据流的来源，"输出的数据流"要指出数据流的去向。

5. 处理过程

处理过程的具体处理逻辑一般用判定表或判定树来描述。数据字典中只需要描述处理过程的说明性信息即可，通常包括以下内容：

处理过程描述 = {处理过程名，说明，输入：{数据流}，输出：{数据流}，
处理：{简要说明}}

其中，"简要说明"主要说明该处理过程的功能及处理要求。功能是指该处理过程用来做什么（而不是怎么做），处理要求指处理频度要求，如单位时间里处理多少事务、多少数据量、响应时间要求等。这些处理要求是后面物理设计的输入及性能评价的依据。

明确地把需求分析作为数据库设计的第一阶段是十分重要的。这一阶段产生基础数据（用数据字典来表达）是下一步进行概念设计的基础。

最后，要强调两点：

① 需求分析阶段的一个重要而困难的任务是收集将来应用所涉及的数据，数据库设计员应充分考虑到可能的扩充和改变，使设计易于更改、系统易于扩充。

② 必须强调用户的参与，这是数据库应用系统设计的特点。数据库应用系统和广泛的用户有密切的联系，许多人要使用数据库，数据库的设计和建立又可能对更多人的工作环境

产生重要影响，因此用户参与是数据库设计不可或缺的一部分。在需求分析阶段，任何调查研究没有用户的积极参与都是难以进行的。数据库设计员应和用户取得共同的语言，帮助不熟悉计算机的用户建立数据库环境下的共同概念，并对设计工作的最后结果承担共同的责任。

7.3 概念结构设计

概念结构设计就是将需求分析得到的用户需求抽象为信息结构（即概念模型）的过程。它是整个数据库设计的关键。本节介绍概念模型的特点，重点讲解用 E-R 模型来表示概念模型的方法。

7.3.1 概念模型

在需求分析阶段得到的应用需求应该首先抽象为信息世界的结构，然后才能更好、更准确地用某一数据库管理系统实现这些需求。

概念模型的主要特点是：

① 能真实、充分地反映现实世界，包括事物和事物之间的联系，能满足用户对数据的处理要求，是现实世界的一个真实模型。

② 易于理解，可以用它和不熟悉计算机的用户交换意见。用户的积极参与是数据库设计成功的关键。

③ 易于更改，当应用环境和应用要求改变时容易对概念模型进行修改和扩充。

④ 易于向关系模型、网状模型、层次模型等各种数据模型进行转换。

概念模型是各种数据模型的共同基础，它比数据模型更独立于机器、更抽象，从而更加稳定。描述概念模型的有力工具是 E-R 模型。

7.3.2 E-R 模型

P. P. S. Chen 提出的 E-R 模型是用 E-R 图来描述现实世界的概念模型。第 1 章 1.2.2 小节初步介绍了 E-R 模型涉及的主要概念，包括实体、属性、实体之间的联系等，指出实体应该区分实体集和实体型。下面对实体之间的联系做进一步介绍，然后讲解 E-R 图。

1. 实体之间的联系

在现实世界中，事物内部以及事物之间是有联系的。实体内部的联系通常是指组成实体的各属性之间的联系，实体之间的联系通常是指不同实体型的实体集之间的联系。

（1）两个实体型之间的联系

两个实体型之间的联系可以分为以下三种：

① **一对一联系(1:1)**。如果对于实体型 A 中的每一个实体，实体型 B 中至多有一个（也可以没有）实体与之联系，反之亦然，则称实体型 A 与实体型 B 具有一对一联系，记为 1:1。例

如，学校的某个学院只有一位教师任职院长，而一位教师只在一个学院中任职院长，则教师与学院之间具有一对一联系，联系名为"担任院长"。

② 一对多联系（1:n）。如果对于实体型 A 中的每一个实体，实体型 B 中有 n 个实体（n≥0）与之联系；反之，对于实体型 B 中的每一个实体，实体型 A 中至多只有一个实体与之联系，则称实体型 A 与实体型 B 有一对多联系，记为 1:n。例如，一个学院中设置了若干个系，而每个系只能归属于一个学院，则学院与系之间具有一对多联系。又如，一门课程可以开设多个教学班，而一个教学班只能归属于一门课程，则课程和教学班之间具有一对多联系。

③ 多对多联系（m:n）。如果对于实体型 A 中的每一个实体，实体型 B 中有 n 个实体（n≥0）与之联系；反之，对于实体型 B 中的每一个实体，实体型 A 中也有 m 个实体（m≥0）与之联系，则称实体型 A 与实体型 B 具有多对多联系，记为 m:n。例如，一门课程同时有若干个学生选修，而一个学生可以同时选修多门课程，则课程与学生之间具有多对多联系。

可以用图形来表示两个实体型之间的这三类联系，如图 7.6 所示。

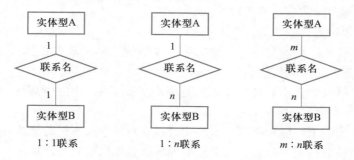

图 7.6   两个实体型之间的三类联系

（2）两个以上实体型之间的联系

一般地，两个以上的实体型之间也存在一对一、一对多和多对多联系。

例如，对于学生、课程、教师三类实体型，如果每个学生可以对其选修的多门课程中每一个授课教师单独进行课程评价，每个教师也可以针对其讲授的多门课程中每一个学生的课程评价进行意见反馈，则学生、课程、教师之间的课程评价联系是多对多的，如图 7.7（a）所示。

又如，对于供应商、项目、零件三类实体型，一个供应商可以供给多个项目多种零件，而每个项目可以使用多个供应商供应的零件，每种零件可由不同的供应商供给，由此看出供应商、项目、零件三者之间是多对多的供应联系，如图 7.7（b）所示。

（3）单个实体型内的联系

同一个实体型内的各实体之间也可以存在一对一、一对多和多对多的联系。例如，课程实体型内部具有"先修"的联系，在第 2 章中列出的"先修课"Cpno 是直接先修课，即假设一门课只能列出一门直接先修课，该门课可以是多门课程的直接先修课，所以课程内部的"先修"是一对多的联系，如图 7.8(a)所示。这是做了简化假设的。

实际上一门课程也可以有多门直接先修课，某一门课程也可以作为多门课程的先修课，这时课程内部的"先修"是多对多的联系，如图 7.8(b)所示。

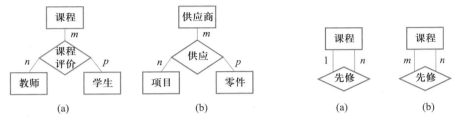

图 7.7　三个实体型之间的联系示例　　图 7.8　单个实体型内的联系示例

注意： 实体型之间可能存在多种联系。例如，系与教师之间存在一对多的工作联系，也可以存在一对一的系主任联系。

2. E-R 图

E-R 图提供了表示实体型、属性和联系的方法。

① 实体型用矩形表示，矩形框内写明实体名。

② 属性用椭圆形表示，并用无向边将其与相应的实体型连接起来。例如，学生实体型具有学号、姓名、性别、出生日期属性，用 E-R 图表示如图 7.9 所示。

③ 联系用菱形表示，菱形框内写明联系名，并用无向边分别与有关实体型连接起来，同时在无向边旁标注联系的类型(如 1:1、1:n 或 m:n 等)。

需要注意的是，如果一个联系具有属性，则这些属性也要用无向边与该联系连接起来。

例如在图 7.7(b)中，如果用"供应量"来描述联系"供应"的属性，表示某供应商供应了多少数量的零件给某个项目，那么这三个实体型及其之间联系的 E-R 图表示应如图 7.10 所示。

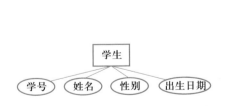

图 7.9　实体型及属性 E-R 图表示示例

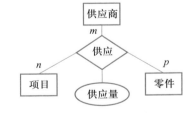

图 7.10　实体型及联系 E-R 图表示示例

3. 一个实例

下面用 E-R 图来表示"学生学籍管理"子系统的概念模型。

设"学生学籍管理"子系统涉及的 5 类实体型及属性如下。

① 学院：学院编号、学院名、建院时间。

② 系：系编号、系名、联系人、联系方式。

③ 专业：专业编码、专业名、类别、年限。

④ 学生：学号、姓名、性别、出生日期。

⑤ 教师：职工号、姓名、职称、出生日期。

这些实体型之间的联系如下：

① 一个学院可以设置多个系，一个系只能归属一个学院；一个学院只有一个教师担任院长，一个教师只在一个学院中任职院长。因此，"学院"和"系"实体型之间具有一对多联系，"学院"与"教师"实体型之间就"担任院长"关联具有一对一联系。

② 一个系可以开设多个专业，一个专业只能归属一个系；一个系只能由一个教师担任系主任，一个教师只能担任一个系的系主任。因此，"系"与"专业"实体型之间具有一对多联系，"系"与"教师"实体型之间就"担任系主任"关联具有一对一联系。

③ 一个教师只能在一个系工作，一个系由多个教师构成。因此，"系"和"教师"实体型之间构成一对多联系。

④ 一个学生只属于一个学院，一个学院有多个学生。因此，"学院"和"学生"实体型之间构成一对多联系。

⑤ 一个专业同时有若干个学生选择，一个学生可以选择一个专业作为主修，另外若干个专业作为辅修。因此，"专业"和"学生"实体型之间具有多对多联系。

注意：第 3 章中一个学生只能选择一个专业。按照高校目前的实际情况，一个学生可以选择多个专业，我们的概念模型也做了相应的扩展和调整。

"学生学籍管理"子系统的分 E-R 图如图 7.11 所示。

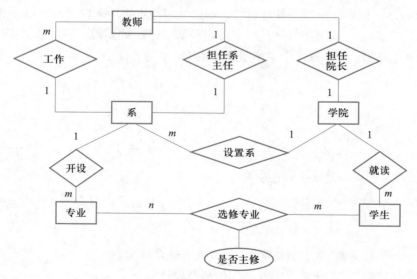

图 7.11　"学生学籍管理"子系统的分 E-R 图

*7.3.3 扩展的 E-R 模型

E-R 模型是抽象和描述现实世界的有力工具。用 E-R 图表示的概念模型独立于具体的数据库管理系统所支持的数据模型,是各种数据模型的共同基础,因而 E-R 模型比数据模型更一般、更抽象,也更接近现实世界。

E-R 模型得到了广泛的应用,人们在基本 E-R 模型的基础上进行了某些方面的扩展,使其表达能力更强。

1. ISA 联系

用 E-R 模型构建一个项目的模型时,经常会遇到某些实体型是某个实体型的子类型。例如,研究生和本科生两类实体型是学生实体型的子类型,学生实体型是父类型。这种父类-子类联系称为 ISA 联系,表示"is a"语义。例如在图 7.12 中,研究生 is a 学生,本科生 is a 学生。ISA 联系用三角形来表示。

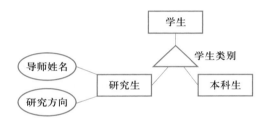

图 7.12　ISA 联系示例

ISA 联系的一个重要性质是子类继承了父类的所有属性,当然子类也可以有自己的属性。例如,图 7.12 中"本科生"和"研究生"是"学生"实体型的子类型,它们具有"学生"实体型的全部属性,此外,"研究生"实体型还有"导师姓名"和"研究方向"两个自己的属性。

ISA 联系描述了对一个实体型中实体的一种分类方法,下面对分类方法做进一步说明。

(1)分类属性

根据分类属性的值把父实体型中的实体分派到子实体型中。例如,图 7.12 中在 ISA 联系符号三角形的右边加了一个分类属性"学生类别",它说明一个学生是研究生还是本科生由"学生类别"这个分类属性的值决定。

(2)不相交约束与可重叠约束

不相交约束描述父类中的一个实体不能同时属于多个子类中的实体集,即一个父类中的实体最多属于一个子类实体集,用 ISA 联系三角形符号内加一个叉号"×"来表示。例如,图 7.13 表明一个学生不能既是本科生又是研究生。如果父类中的一个实体能同时属于多个子类中的实体集,则称为可重叠约束,子类符号中没有叉号即表示是可重叠的。

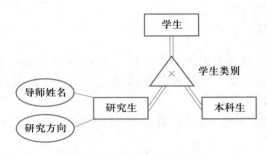

图 7.13　不相交约束示例

（3）完备性约束

完备性约束描述父类中的一个实体是否必须是某一个子类中的实体，如果是，则称为完全特化（full specialization），否则称为部分特化（partial specialization）。完全特化用父类到子类的双线连接来表示，单线连接则表示部分特化。假设学生只有两类，要么是本科生，要么是研究生，二者必居其一，这就是完全特化的例子，如图 7.13 所示。

2. 基数约束

基数约束是对实体型之间一对一、一对多和多对多联系的细化。参与联系的每个实体型用基数约束来说明其中的任何一个实体可以在联系中出现的最少次数和最多次数。

约束用一个数对 min..max 表示，$0 \leqslant min \leqslant max$。例如，0..1、1..3、1..*（＊代表无穷大）。min＝1 的约束称为强制参与约束，即被施加基数约束的实体型中的每个实体都要参与联系。min＝0 的约束称为非强制参与约束，即被施加基数约束的实体型中的实体可以出现在联系中，也可以不出现在联系中。本书中，两个实体型之间联系的基数约束标注在远离施加约束的实体型并靠近参与联系的另外一个实体型的位置。例如，图 7.14（a）"学生"和"学生证"实体型的联系中，一个学生必须拥有一本学生证，一本学生证只能属于一个学生，因此都是 1..1。

在图 7.14（b）中"学生"和"课程"实体型是多对多的联系。假设"学生"实体型的基数约束是 20..30，表示每个学生必须参与选修课程，并且选修的课程数在［20，30］范围内；课程的一个合理的基数约束是 0..*，即一门课程一般会被很多学生选修，但是有的课程可能还没有任何一个学生选修，如新开课。

在图 7.14（c）"学院"和"系"实体型的一对多联系中，一个系必须隶属于一个学院，且只能隶属于一个学院，因此"系"的约束为 1..1，标在参与联系的"学院"实体型附近。一个学院可以设置多个系，考虑到新成立的学院，可能尚未设立系，则学院的基数约束为 0..*。

采用基数约束的表示方式，一是可以方便地读出约束的类型（一对一、一对多、多对多），如学院和系是一对多的联系；二是一些 E-R 辅助绘图工具也是采用这样的表现形式。

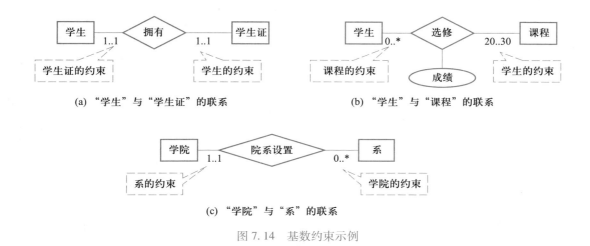

(a) "学生"与"学生证"的联系   (b) "学生"与"课程"的联系

(c) "学院"与"系"的联系

图 7.14 基数约束示例

3. Part-of 联系

Part-of 联系即部分联系,它表明某个实体型是另外一个实体型的一部分。例如汽车和轮子两个实体型,轮子实体型是汽车实体型的一部分,即 Part-of 汽车实体型。

Part-of 联系可以分为两种情况,一种是整体实体如果被破坏,部分实体仍然可以独立存在,称为**非独占的 Part-of 联系**,简称非独占联系。例如,汽车实体型和轮子实体型之间的联系,一辆汽车车体被损毁了,但是轮子还存在,可以拆下来独立存在,也可以再安装到其他汽车上。非独占的 Part-of 联系可以通过基数约束来表达。在图 7.15 中,"汽车"实体型的基数约束是 4..4,即一辆汽车要有 4 个轮子。"轮子"实体型的基数约束是 0..1,这样的约束表示**非强制参与联系**。它表示一个轮子可以安装到一辆汽车上,也可以没有被安装到任何车辆上而独立存在,即一个轮子可以参与一个联系,也可以不参与。因此,在 E-R 图中用非强制参与联系表示非独占的 Part-of 联系。

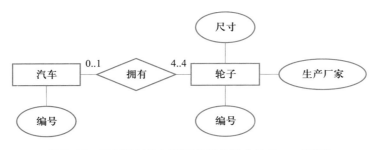

图 7.15 用非强制参与联系表示非独占的 Part-of 联系

与非独占联系相反,还有一种是独占的 **Part-of 联系**,简称独占联系。即整体实体如果被破坏,部分实体不能存在,在 E-R 图中用**弱实体类型**和识别**联系**来表示独占联系。如果一个实体型的存在依赖于其他实体型的存在，则这个实体型叫作**弱实体型**，否则叫作**强实体型**。前面介绍的绝大多数实体型都是强实体型。一般来讲，如果不能从一个实体型的属性中找出可以作为码的属性，则这个实体型就是弱实体型。在 E-R 图中用双矩形表示弱实体型，用双菱形表示识别联系。

例如，如图 7.16 所示，在大学的课程设置中，一门课程可以在每个学年甚至是每个学期开设多个教学班，则"教学班"就是一个弱实体型，它只有"教学班号""人数上限""开课学期"三个属性。该门课程的第一个教学班号为 1，第二个教学班号为 2，依此类推。这些属性的任何组合都不能作为教学班的码。教学班的存在必须依赖于课程，没有课程自然就没有教学班。

再看一个例子，教室和教学楼之间的联系。如图 7.17 所示，每座教学楼都有唯一的编号或者名称，每间教室都有一个编号，如果教室号不包含楼号，则教室号不能作为码，因为不同的教学楼中可能有编号相同的教室，所以"教室"是一个弱实体。例如，教一楼和教二楼都有"101 号"教室，但教室号没有包含楼号，所以该教室号不能作为码。

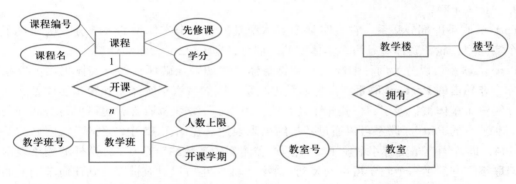

图 7.16　弱实体型和识别联系　　　　　　图 7.17　教室是一个弱实体

注意：由于 E-R 图的图形元素并没有标准化，不同教材和构建 E-R 图的不同工具软件之间都会有一些差异。

*7.3.4　用 UML 中的类图表示 E-R 图

表示 E-R 图的方法有若干种，使用**统一建模语言 UML** 即为其中之一。

UML 是对象管理组（Object Management Group，OMG）的一个标准。它不是专门针对数据建模的，而是为软件开发的所有阶段提供模型化和可视化支持的一种规范语言。从需求规格描述到系统完成后的测试和维护都可以用到 UML。UML 可用于数据建模、业务建模、对象建模、组件建模等，它提供了多种类型的模型描述图，借助这些图可以使计算机应用系统开发中的应用程序更易理解。关于 UML 的概念、内容和使用方法等可以专门开设一门课程来讲解，已经超出本书范围，这里仅简单介绍如何用 **UML 中的类图来建立概念模型**（即 E-R 图）。

UML 中的类(class)大致对应 E-R 图中的实体。由于 UML 中的类具有面向对象的特征,它不仅描述对象的属性,还包含对象的**方法(method)**。方法是面向对象技术中的重要概念,在对象关系数据库中支持方法,但 E-R 模型和关系模型都不提供方法,因此本书在用 UML 表示 E-R 图时省略了对象方法的说明。

1. 实体型

在 UML 中用类表示实体型。矩形框中实体名放在上部,下面列出属性名。

2. 实体的主码

在类图中的某一个或若干个属性后面加"PK"(primary key)表示实体的主码属性。

3. 联系

用类图之间的"关联"来表示联系。早期的 UML 只能表示二元关联,关联的两个类用无向边相连,在连线上面写关联的名称。例如,学生、课程、学生与课程之间的联系,以及基数约束的 E-R 图用 UML 的类图表示如图 7.18 所示。现在 UML 也扩展了非二元关联,并用菱形框表示关联,框内写联系名,用无向边分别与关联的类连接起来。

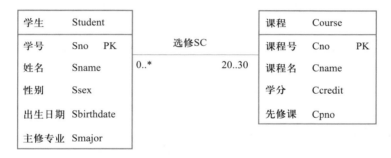

图 7.18 用 UML 的类图表示 E-R 图示例

4. 基数约束

UML 中关联类之间基数约束的概念及表示和 E-R 图中的基数约束类似。用一个数对 min..max 表示类中的任何一个对象可以在关联中出现的最少次数和最多次数。例如,0..1、1..3、1..*。基数约束的标注方法和 7.3.3 小节中介绍的一样,在图 7.18 中,"学生"和"课程"的基数约束标注"20..30"表示每个学生必须选修 20~30 门课程,0..* 表示一门课程一般会被很多学生选修,但也可能没有学生选修。

5. UML 中的子类

面向对象技术支持超类-子类概念,子类可以继承超类的属性,也可以有自己的属性。这些概念和 E-R 图的父类-子类联系、ISA 联系是一致的。因此很容易用 UML 表示 E-R 图的父类-子类联系。

注意:如果计算机应用系统的设计和开发的全过程使用了 UML 规范,开发人员自然可以采用 UML 对数据建模。否则,建议数据库设计采用 E-R 模型来表示概念模型。

7.3.5 用 E-R 图进行概念结构设计

概念结构设计的第一步就是对需求分析阶段收集到的数据进行分类、组织，确定实体、实体的属性、实体之间的联系类型，形成 E-R 图。其中，如何确定实体和属性这个看似简单的问题常常会困扰设计人员，因为实体与属性之间并没有形式上可以截然划分的界限。本节介绍在设计 E-R 图的过程中如何确定实体与属性，以及在集成 E-R 图时如何解决冲突等关键技术。

1. 实体与属性的划分原则

事实上，在现实世界中具体的应用环境常常已对实体和属性做了自然的大体划分。在数据字典中，数据结构、数据流和数据存储都是若干有意义的属性聚合，这就已经体现了这种划分。可以先从这些内容出发定义 E-R 图，然后再进行必要的调整。在调整中遵循的一条原则是：**为了简化 E-R 图的处置，现实世界的事物能作为属性的尽量作为属性对待。**

那么，符合什么条件的事物可以作为属性对待呢？可以给出**两条准则**：

① 属性不能再具有需要描述的性质。属性必须是不可分的数据项，不能包含其他属性。

② 属性不能与其他实体具有联系。E-R 图中所表示的联系是实体之间的联系。

凡满足上述两条准则的事物，一般均可作为属性对待。

例如，"教师"是一个实体型，"职工号""姓名""出生日期"是"教师"的属性，"职称"如果没有与工资、岗位津贴、福利等关联，换句话说，没有需要进一步描述的特性，则根据准则①可以作为"教师"实体的属性；但如果需要描述和处理不同职称的工资、岗位津贴和不同的附加福利等信息，则"职称"作为一个实体对待就更恰当，不作为属性对待，如图 7.19 所示。

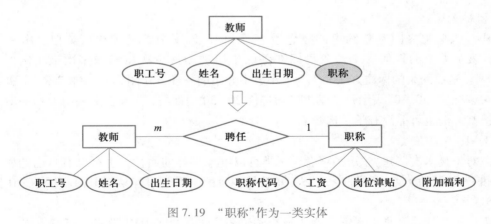

图 7.19 "职称"作为一类实体

又如，一个学生如果只能选择一个专业，且专业没有和专业类别、专业年限等关联，则可以把"主修专业"作为"学生"实体的属性(如第3章中"主修专业"语义);但如果一个学生可以选择多个专业(例如其中有一个专业为主修专业,其他专业为辅修专业),则需要把"专业"单独作为一类实体对待,并建立"学生"与"专业"的多对多"专业选择"联系,如图7.20所示。

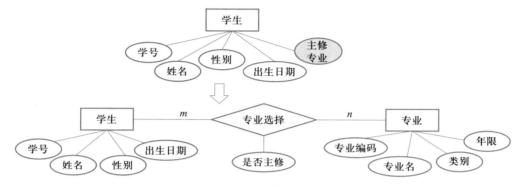

图7.20　"专业"作为一类实体

再如,一门课程如果只存在一门直接的先修课,则可以把先修课的课程号作为"课程"实体的属性(如第3章中"课程"的语义),属性名为"先修课";但如果一门课程存在多门直接的先修课,则需要把"先修课"作为单独的一类实体。由于"先修课"实体型也是"课程"实体型,因此"先修课"与"课程"之间实际上是单个实体型内的多对多联系,构建的结果如图7.21所示。

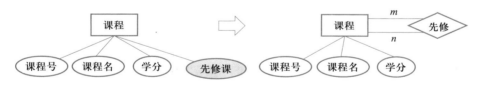

图7.21　"先修课"作为一类实体(与"课程"实体型相同)

另外,如果一门课程只设一个教学班,则可以把教学班号作为"选课"联系的属性,属性名为"教学班",如图7.22(a)所示。但在实际的教学活动中,一门课程通常可以开设多个教学班,则应把"教学班"作为一类实体,如图7.22(b)所示。注:为了方便叙述,图7.22(b)省略了"学生""课程"和"教学班"实体型的属性。

[例7.1]"教师教学管理"子系统的分E-R图的设计。

某高校教务处开发"高校本科教务管理"信息系统,经过可行性分析,详细调查确定了该系统由"学生学籍管理""教师教学管理""学生选课管理"等子系统组成。每个子系统均成立了开发小组,设计该子系统的分E-R图。图7.22已给出了"学生选课管理"子系统的分E-R图,下面设计"教师教学管理"**子系统的分E-R图**。

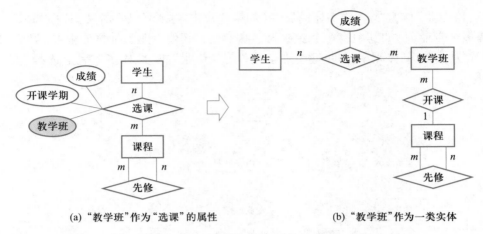

(a) "教学班"作为"选课"的属性   (b) "教学班"作为一类实体

图 7.22   "学生选课管理"子系统的分 E-R 图

"教师教学管理"子系统开发小组的成员经过需求调查、处理流程分析和数据收集，明确了该**子系统的主要功能如下：**

① 为每个教学班安排授课教师。

② 为每个教学班排课，设置教室、上课时间。

③ 针对学生对教学班的课程评价，授课教师需要对学生的意见进行反馈。

该子系统涉及的实体及属性如下：

① 教师：职工号、姓名、出生日期、职称（这里为方便讨论，将"职称"作为"教师"的属性）。

② 教学班：教学班号、人数上限、开课学期。

③ 学生：学号、姓名、性别、出生日期。

④ **教室：**教室号（教室号已包含了楼号，如教室号"003101"表示教 3 楼 101 教室）、教学楼号、联系人、联系方式。

⑤ **时间片：**时间片编码（如"10102"表示星期一第 1 节课开始，第 2 节课下课结束）、星期几、开始时间、截止时间。"时间片"实体也可以作为"教学班"与"教师"的"排课"联系属性。考虑到同一个教学班在一周内可以安排在相同的教室、但在不同的时间段讲授多次，这里将"时间片"单独作为实体类。

这些实体之间的联系如下：

① 一个教学班可以安排多个教师来讲授，一个教师也可以讲授多个教学班，因此"教师"与"教学班"实体之间具有多对多的"讲授"联系，联系的属性包括"是否为主讲教师"（一个教学班设置一个主讲教师），如图 7.23 所示。

② 学生可以针对其选择的教学班中的任一位老师进行课程评价，授课教师也需要对其讲授的所有教学班中每一位学生提出的评价进行一一反馈。因此，"教师""学生""教学班"三个

实体之间就"课程评价"关联存在多对多联系，联系属性包括"评价内容""评价类型"(正面/负面)和"教师反馈"，如图 7.24 所示(图中省略了各实体型的属性)。

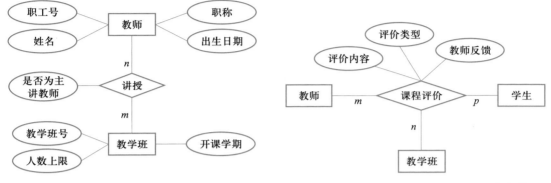

图 7.23 "教师"与"教学班"实体
之间的"讲授"联系

图 7.24 "教师""教学班""学生"三个实体
之间的"课程评价"联系

③ "教室"与"教学班"和"时间片"实体之间的"排课"联系属于一对多联系，即确定了某个教学班、某个时间片，则教室可以唯一确定(一个教室在同一时间段只能安排一门课程)，如图 7.25 所示。

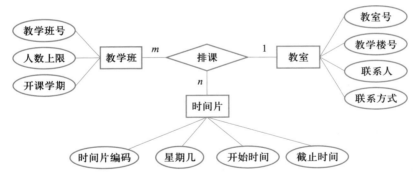

图 7.25 "教室""教学班""时间片"三个实体之间的"排课"联系

"教师教学管理"子系统的分 E-R 图如图 7.26 所示。

2. E-R 图的集成

在开发一个大型信息系统时最常采用的策略是自顶向下地进行需求分析，然后再自底向上地设计概念结构。即首先设计各子系统的分 E-R 图，然后将它们集成起来，得到全局 E-R 图。E-R 图的集成一般需要分两步走，如图 7.27 所示，第一步是合并，即解决各分 E-R 图之间的冲突，将分 E-R 图合并起来生成初步 E-R 图。第二步是修改与重构，即消除不必要的冗余，生成基本 E-R 图。

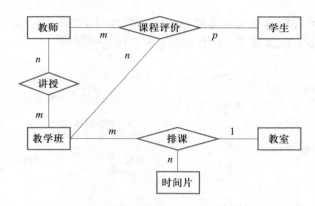

图 7.26 "教师教学管理"子系统的分 E-R 图

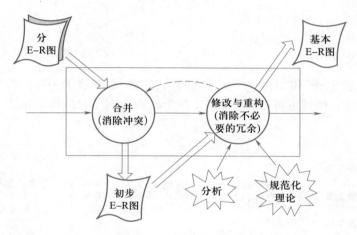

图 7.27 E-R 图的集成示意图

下面分别介绍这两个步骤。

（1）合并 E-R 图，生成初步 E-R 图

各个局部应用所面向的问题不同，且通常是由不同的设计人员进行局部视图设计，这就导致各个子系统的 E-R 图之间必定会存在许多不一致的地方，称之为"冲突"。因此，合并这些 E-R 图时并不能简单地将各个 E-R 图画到一起，而是必须着力消除各个 E-R 图中的不一致，以形成一个能为全系统中所有用户共同理解和接受的统一的概念模型。合理地消除各 E-R 图的冲突是合并 E-R 图的主要工作与关键所在。

各子系统的 E-R 图之间的冲突主要有三类：属性冲突、命名冲突和结构冲突。其中，属性冲突主要包含以下两类冲突：

① 属性域冲突，即属性值的类型、取值范围或取值集合不同。例如教学班号，有的部门把它定义为整数，有的部门则把它定义为字符型，不同部门对它的编码也不同。又如年龄，某些部门以出生日期形式表示职工的年龄，而另一些部门则用整数表示职工的年龄。

② 属性取值单位冲突。例如，出生日期有的精确到年，有的精确到月，有的精确到日。

属性冲突理论上好解决，但实际上需要各部门讨论协商，解决起来并非易事。

命名冲突主要包含以下两类冲突：

① 同名异义，即不同意义的对象在不同的局部应用中具有相同的名字。

② 异名同义（一义多名），即同一意义的对象在不同的局部应用中具有不同的名字。例如对于科研项目，财务科称其为"项目"，科研处称其为"课题"，而生产管理处则称其为"工程"。

命名冲突可能发生在实体、联系一级上，也可能发生在属性一级上。其中属性的命名冲突更为常见。处理命名冲突通常也像处理属性冲突一样，应通过讨论、协商等行政手段加以解决。

结构冲突主要包含以下三类冲突：

① 同一对象在不同应用中具有不同的抽象。例如，"职工"在某一局部应用中被当作实体，而在另一局部应用中则被当作属性。其解决方法通常是把属性变换为实体或把实体变换为属性，使同一对象具有相同的抽象。但变换时仍要遵循 7.3.5 小节中讲述的两个准则。

② 同一实体在不同子系统的 E-R 图中所包含的属性个数和属性排列次序不完全相同。这是很常见的一类冲突，其原因是不同的局部应用关心的是该实体的不同侧面。解决方法是使该实体的属性取各子系统的 E-R 图中属性的并集，再适当调整属性的次序。

③ 实体间的联系在不同的 E-R 图中为不同的类型。如实体 E1 与 E2 在一个 E-R 图中是多对多联系，在另一个 E-R 图中是一对多联系；又如在一个 E-R 图中 E1 与 E2 发生联系，而在另一个 E-R 图中 E1、E2、E3 三者之间有联系。其解决方法是根据应用的语义对实体联系的类型进行综合或调整。

例如，图 7.28(a)"学生选课管理"子系统中"学生"与"教学班"之间存在多对多的联系"选课"，而图 7.28(b)"教师教学管理"子系统中"学生""教学班""教师"之间存在多对多的联系"课程评价"，这两个联系互相不能包含，则在合并两个 E-R 图时就应把它们综合起来，如图 7.28(c)所示。

（2）消除不必要的冗余，设计基本 E-R 图

在初步 E-R 图中可能存在一些冗余的数据和实体间冗余的联系。所谓冗余的数据是指可由基本数据导出的数据，冗余的联系是指可由其他联系导出的联系。冗余数据和冗余联系容易破坏数据库的完整性，给数据库维护增加困难，应当予以消除。消除了冗余后的初步 E-R 图称为基本 E-R 图。

消除冗余主要采用分析方法，即以数据字典和数据流图为依据，根据数据字典中关于数据项之间逻辑关系的说明来消除冗余。如图 7.29 中，"学生"与"课程"实体之间的"已修"关系（记录学生选修合格及以上的选课信息），可以由"学生"与"教学班"实体之间的"选课"关系以及"教学班"与"课程"实体之间的"开课"关系导出，因此"已修"关系为冗余关系，可以消去。

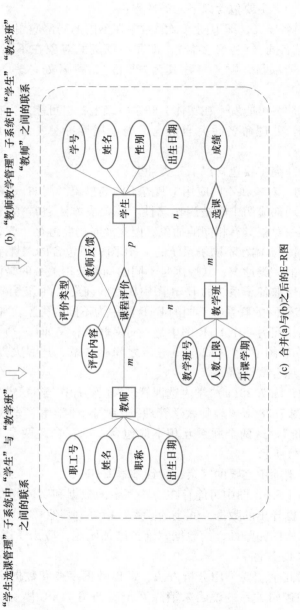

(a) "学生选课管理" 子系统中 "学生" 与 "教学班" 之间的联系

(b) "教师教学管理" 子系统中 "学生" "教学班" "教师" 之间的联系

(c) 合并(a)与(b)之后的E-R图

图 7.28 合并两个 E-R 图示例

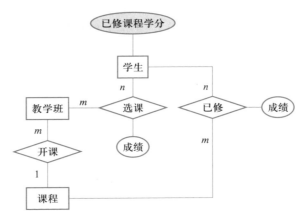

图 7.29　消除冗余示例

但并不是所有的冗余数据与冗余联系都必须加以消除，有时为了提高效率，不得不以冗余信息作为代价。因此在设计数据库概念结构时，哪些冗余信息必须消除，哪些冗余信息允许存在，需要根据用户的整体需求来确定。如果人为地保留了一些冗余数据，则应把数据字典中数据关联的说明作为完整性约束条件。例如，若教务处需要经常查询学生已修课程的学分，如果每次都要查询学生的所有选课信息，统计其中成绩不少于 60 分的课程，再对它们求和，查询效率就太低了。所以应保留学生的冗余属性"已修课程学分"，同时在"已修课程学分"属性值与学生的"选课"成绩之间建立完整性检查，当学生"选课"成绩发生变化时，就触发该完整性检查，对"已修课程学分"值做相应的修改（例如"选课"成绩由原来的默认值或"低于 60 分"修改为"不小于 60 分"时）。

除分析方法外，还可以用规范化理论来消除冗余。在规范化理论中，**函数依赖的概念提供了消除冗余联系的形式化工具**。具体方法如下：

① **确定分 E-R 图实体之间的数据依赖**。实体之间一对一、一对多、多对多的联系可以用实体码之间的函数依赖来表示。例如，学院和系之间一对多的联系可表示为：系编号→学院编号；系和专业之间一对多的联系可表示为：专业编码→系编号；专业和学生之间多对多的联系可表示为：（学号，专业编码）→是否主修，等等。于是有函数依赖集 F_L。

② **求 F_L 的最小覆盖 G_L，差集为 $D = F_L - G_L$**。逐一考察 D 中的函数依赖，确定是否为冗余的联系，若是就把它去掉。由于规范化理论受到泛关系假设的限制，应注意下面两个问题：

a. 冗余的联系一定在 D 中，而 D 中的联系不一定是冗余的。

b. 当实体之间存在多种联系时，要将实体之间的联系在形式上加以区分。例如教师和系之间一对一的联系"系主任"就要表示为：系主任.职工号→系编号，系编号→系主任.职工号。

[**例 7.2**]"高校本科教务管理"信息系统的视图集成。

图 7.11、图 7.22(b)、图 7.26 分别给出了"学生学籍管理""学生选课管理"和"教师教学管理"子系统的分 E-R 图。图 7.30 为"高校本科教务管理"信息系统的基本 E-R 图(这里基本 E-R 图中各实体的属性因篇幅有限从略)。

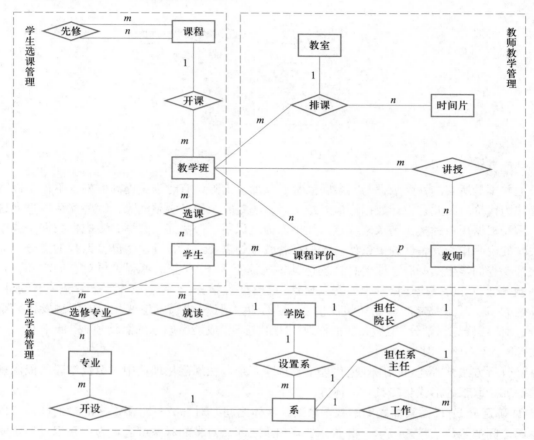

图 7.30　"高校本科教务管理"信息系统的基本 E-R 图

7.4　逻辑结构设计

概念结构是独立于任何一种数据模型的信息结构,逻辑结构设计的任务就是把概念结构设计阶段得到的基本 E-R 图转换为与选用数据库管理系统产品所支持的数据模型相符合的逻辑结构。

目前的数据库应用系统普遍采用关系数据库管理系统,所以这里只介绍 E-R 图向关系数据模型的转换原则与方法。

7.4.1　E-R 图向关系模型的转换

E-R 图向关系模型的转换要解决的问题是，如何将实体型和实体间的联系转换为关系模式，以及如何确定这些关系模式的属性和码。

关系模型的逻辑结构是一组关系模式的集合。E-R 图则是由实体型、实体的属性和实体型之间的联系三个要素组成的，所以将 E-R 图转换为关系模型实际上就是要将实体型、实体的属性和实体型之间的联系转换为关系模式。下面介绍转换的一般原则。一个实体型转换为一个关系模式，关系的属性就是实体的属性，关系的码就是实体的码。

对于实体型间的联系有以下不同的情况：

① 一个一对一联系可以转换为一个独立的关系模式，也可以与任意一端对应的关系模式合并。如果转换为一个独立的关系模式，则与该联系相连的各实体的码以及联系本身的属性均转换为关系的属性，每个实体的码均是该关系的候选码。如果与某一端实体对应的关系模式合并，则需要在该关系模式的属性中加入另一个关系模式的码和联系本身的属性。

② 一个一对多联系可以转换为一个独立的关系模式，也可以与 n 端对应的关系模式合并。如果转换为一个独立的关系模式，则与该联系相连的各实体的码以及联系本身的属性均转换为关系的属性，而关系的码为 n 端实体的码。

③ 一个多对多联系可以转换为一个关系模式，与该联系相连的各实体的码以及联系本身的属性均转换为关系的属性，各实体的码组成关系的码**或关系码的一部分**。

④ 三个或三个以上实体间的一个多元联系可以转换为一个关系模式。与该多元联系相连的各实体的码以及联系本身的属性均转换为关系的属性，各实体的码组成关系的码或关系码的一部分。

⑤ 具有相同码的关系模式可合并。

[**例 7.3**]把图 7.30 中"学生学籍管理"子系统的分 E-R 图转换为关系模型。关系的码用下划线标出。

① 学院(<u>学院编号</u>，学院名，建院时间，院长)

此为"学院"实体型对应的关系模式。该关系模式已包含了联系"担任院长"所对应的关系模式。"学院编号"属性是"学院"关系模式的主码，"院长"属性参照关系模式"教师"的主码"职工号"。

② 系(<u>系编号</u>，系名，联系人，联系方式，系主任，所在学院)

此为"系"实体型对应的关系模式。该关系模式已包含了联系"担任系主任"和联系"设置系"所对应的关系模式。"系编号"属性是该关系模式的主码，"系主任"属性参照关系模式"教师"的主码"职工号"，"所在学院"属性参照关系模式"学院"的主码"学院编号"。

③ 专业(<u>专业编码</u>，专业名，类别，年限，开设系)

此为"专业"实体型对应的关系模式。该关系模式已包含了联系"开设"所对应的关系模式。"专业编码"属性是该关系模式的主码，"开设系"属性参照关系模式"系"的主码"系编号"。

④ 教师(职工号,姓名,职称,出生日期,所在系)

此为"教师"实体型对应的关系模式。该关系模式已包含了联系"工作"所对应的关系模式。"职工号"属性是该关系模式的主码,"所在系"属性参照关系模式"系"的主码"系编号"。

⑤ 学生(学号,姓名,性别,出生日期,所在学院)

此为"学生"实体型对应的关系模式。该关系模式已包含了联系"就读"所对应的关系模式。"学号"属性是该关系模式的主码,"所在学院"属性参照关系模式"学院"的主码"学院编号"。

⑥ 选修专业(学号,专业编码,是否主修)

此为联系"选修专业"所对应的关系模式。"学号"和"专业编码"属性构成了该关系模式的主码,"学号"参照关系模式"学生"的主码"学号","专业编码"参照关系模式"专业"的主码"专业编码"。

这些关系的示例元组,可参考附录"高校本科教务管理"信息系统的 E-R 图和关系模式。

7.4.2 数据模型的优化

数据库逻辑设计的结果不是唯一的。为了进一步提高数据库应用系统的性能,还应该根据应用需要适当地修改、调整数据模型的结构,这就是数据模型的优化。

关系数据模型的优化通常**以规范化理论为指导**,其方法如下:

① 确定数据依赖。在 7.2.3 小节中已讲到用数据依赖的概念分析和表示数据项之间的联系,写出每个数据项之间的数据依赖。按需求分析阶段所得到的语义,分别写出每个关系模式内部各属性之间的数据依赖以及不同关系模式属性之间的数据依赖。

② 对于各个关系模式之间的数据依赖进行极小化处理,消除冗余的联系,具体方法已在 7.3.5 小节中介绍过。

③ 按照数据依赖的理论对关系模式逐一进行分析,考察是否存在部分函数依赖、传递函数依赖、多值依赖等,确定各关系模式分别属于第几范式。

④ 根据需求分析阶段得到的处理要求,分析对于这样的应用环境这些模式是否合适,确定是否要对某些模式进行合并或分解。

必须要注意的是,并不是规范化程度越高的关系就越优。例如,当查询涉及两个或多个关系模式的属性时,系统经常要进行连接运算。连接运算的代价是相当高的,可以说关系模型低效的主要原因就在于连接运算。这时可以考虑将这几个关系合并为一个关系。因此在这种情况下,第二范式甚至第一范式也许是合适的。

又如,非 BCNF 的关系模式虽然从理论上分析会存在不同程度的更新异常或冗余,但如果在实际应用中对此关系模式只是查询,并不执行更新操作,则不会产生实际影响。所以对于一个具体应用来说,到底规范化到什么程度需要权衡响应时间和潜在问题两者的利弊来决定。

⑤ 对关系模式进行必要分解，提高数据操作效率和存储空间利用率。常用的两种分解方法是水平分解和垂直分解。

水平分解是把(基本)关系的元组分为若干子集合，定义每个子集合为一个子关系，以提高系统的效率。根据"80/20 原则"，一个大关系中经常被使用的数据只是关系的一部分，约 20%，则可以把经常使用的数据分解出来，形成一个子关系。如果关系 R 上具有 n 个事务，而且多数事务存取的数据不相交，则 R 可分解为少于或等于 n 个子关系，使每个事务存取的数据都对应一个关系。

垂直分解是把关系模式 R 的属性分解为若干子集合，形成若干子关系模式。垂直分解的原则是将经常在一起使用的属性从 R 中分解出来形成一个子关系模式。垂直分解可以提高某些事务的效率，但也可能使另一些事务不得不执行连接操作，从而降低了效率。因此是否进行垂直分解取决于分解后 R 上所有事务的总效率是否得到了提高。垂直分解需要保证分解后的关系具有无损连接性和保持函数依赖性。可以用第 6 章中介绍的模式分解算法对需要分解的关系模式进行分解和检查。

规范化理论为数据库设计人员判断关系模式的优劣提供了理论标准，可用来预测模式可能出现的问题，使数据库设计工作有了严格的理论基础。

7.4.3 设计用户外模式

将概念模型转换为全局逻辑模型后，还应该根据局部应用需求，结合具体关系数据库管理系统的特点设计用户的外模式。

目前关系数据库管理系统一般都提供了视图概念，可以利用这一功能来设计更符合局部用户需要的用户外模式。

定义数据库全局模式主要是从系统的时间效率、空间效率、易维护等角度出发。由于用户外模式与模式是相对独立的，因此在定义用户外模式时可以注重考虑用户的习惯与方便。具体包括以下几方面：

1. 使用更符合用户习惯的别名

在合并各分 E-R 图时曾做过消除命名冲突的工作，以使数据库系统中同一关系和属性具有唯一的名字。这在设计数据库整体结构时是非常必要的。用视图机制可以在设计用户视图时重新定义某些属性名，使其与用户习惯一致，以方便使用。

2. 对不同级别的用户定义不同的视图

可以对不同级别的用户定义不同的视图，以保证系统的安全性。例如，针对"教师教学管理"子系统中的教师、学生、教学班三者之间的教学评价关系，为教师建立教师-教学班评价视图(职工号、教师.姓名、教学班号、课程号、课程名、评价内容、评价类型、教师反馈)，为学生建立学生-教学班-评价视图(学号、学生.姓名、教师.姓名、教学班号、课程号、课程名、评价内容、评价类型、教师反馈)。

教师-教学班评价视图只包含教师对应教学班的所有课程评价信息，隐藏了提供教学评价意见的学生信息，从而保证了学生信息的安全性；而学生-教学班-评价视图不仅可以看到该学生自己对所有课程的评价信息，也能够看到教师的反馈意见。基于教师-教学班评价视图，并把该视图授权给对应的教师用户，教师只能查询本人被评价的记录，不能看到提供教学评价意见的学生信息，这样的设计就可以使学生能认真评价教师的教学效果，减少不必要的担心。

3. 简化用户对系统的使用

如果某些局部应用中经常要使用某些很复杂的查询，为了方便用户，可以将这些复杂查询定义为视图，用户每次只对定义好的视图进行查询，大大简化了用户的使用。

注意：因为扩展 E-R 模型是选读部分，本章略去了扩展 E-R 图的集成以及向关系模型的转换。

7.5　物理结构设计

数据库在物理设备上的存储结构与存取方法称为数据库的物理结构，它依赖于选定的数据库管理系统。为一个给定的逻辑数据模型选取一个适合应用要求的物理结构的过程，就是数据库的物理结构设计。

数据库的物理结构设计通常分为两步：

① 确定数据库的物理结构。在关系数据库中主要指存取方法和存储结构。

② 对物理结构进行评价。评价的重点是时间和空间效率。

如果评价结果满足原设计要求，则可进入物理结构实施阶段，否则就需要重新设计或修改物理结构，有时甚至要返回逻辑设计阶段修改数据模型。

7.5.1　数据库物理结构设计的内容和方法

不同的数据库产品所提供的物理环境、存取方法和存储结构有很大差别，能供设计人员使用的设计变量、参数范围也很不相同，因此没有通用的物理结构设计方法可遵循，只能给出一般的设计内容和原则，希望设计优化的数据库物理结构，使得在数据库上运行的各种事务响应时间小、存储空间利用率高、事务吞吐量大。为此，首先对要运行的事务进行详细分析，获得选择数据库物理结构设计所需要的参数，其次要充分了解所用关系数据库管理系统的内部特征，特别是系统提供的存取方法和存储结构。

对于数据库查询事务，需要得到如下信息：

- 查询的关系。
- 查询条件所涉及的属性。
- 连接条件所涉及的属性。
- 查询的投影属性。

对于数据更新事务，需要得到如下信息：

- 被更新的关系。

- 每个关系上的更新操作条件所涉及的属性。
- 修改操作要改变的属性值。

除此之外，还需要知道每个事务在各关系上运行的频率和性能要求。例如，事务 T 必须在 100 ms 内结束，这对于存取方法的选择具有重大影响。

上述信息是确定关系的存取方法的依据。

应注意的是，数据库上运行的事务会不断变化、增加或减少，需要根据上述设计信息的变化调整数据库的物理结构。

关系数据库物理结构设计的内容主要包括为关系模式选择存取方法，设计关系、索引等数据库文件的物理存储结构等。下面将简要介绍这些内容。

7.5.2 选择关系模式存取方法

数据库系统是多用户共享的系统，对同一个关系要建立多条存取路径才能满足多用户的多种应用要求。因此，进行数据库物理结构设计时，首先要根据关系数据库管理系统支持的存取方法确定选择哪些存取方法。

存取方法是快速存取数据库中数据的技术。关系数据库管理系统一般提供多种存取方法，常用的是索引方法和聚簇方法。其中，$B+$树索引和哈希索引是两种经典的索引方法，使用最为普遍。

1. $B+$树索引方法的选择

$B+$树索引存取方法的选择，实际上就是根据应用要求确定对关系的哪些属性列建立索引、对哪些属性列建立组合索引，以及确定哪些索引要设计为唯一索引等。一般来说：

① 如果一个（或一组）属性经常在查询条件中出现，则考虑在这个（或这组）属性上建立索引（或组合索引）。

② 如果一个属性经常作为最大值和最小值等聚集函数的参数，则考虑在这个属性上建立索引。

③ 如果一个（或一组）属性经常在连接操作的连接条件中出现，则考虑在这个（或这组）属性上建立索引。

关系上定义的索引数并不是越多越好，系统为维护索引要付出代价，查找索引也要付出代价。例如，若一个关系的更新频率很高，则这个关系上定义的索引数不能太多。因为更新一个关系时，必须对这个关系上有关的索引做相应的修改。

2. 哈希索引方法的选择

如果一个关系的属性主要出现在等值连接条件或等值比较选择条件中，而且满足下列两个条件之一，则此关系可以选择哈希索引方法。

① 一个关系的大小可预知，而且不变。

② 关系的大小动态改变，但数据库管理系统提供了动态哈希索引方法。

3. 聚簇方法的选择

为了提高某个属性(或属性组)的查询速度,把这个或这些属性上具有相同值的元组集中存放在连续的物理块中称为聚簇。该属性(或属性组)称为**聚簇码**。

聚簇功能可以大大提高按聚簇码进行查询的效率。例如,要查询信息系的所有学生名单,设信息系有 500 名学生,在极端情况下,这 500 名学生所对应的数据元组分布在 500 个不同的物理块上。尽管对学生关系已按所在系建有索引,由索引可以很快找到信息系学生的元组标识,避免了全表扫描,然而在由元组标识去访问数据块时就要存取 500 个物理块,执行 500 次 I/O 操作。如果将同一系的学生元组集中存放,则每读一个物理块可得到多个满足查询条件的元组,从而显著地减少了访问磁盘的次数。

聚簇功能不但适用于单个关系,也适用于经常进行连接操作的多个关系,即把多个连接关系的元组按连接属性值聚集存放。这就相当于把多个关系按"预连接"的形式存放,从而大大提高了连接操作的效率。

一个数据库可以建立多个聚簇,而一个关系只能加入一个聚簇。选择聚簇存取方法,即确定需要建立多少个聚簇,每个聚簇中包括哪些关系。

首先设计候选聚簇,一般来说:

① 对经常在一起进行连接操作的关系可以建立聚簇。

② 如果一个关系的一组属性经常出现在相等比较条件中,则该单个关系可建立聚簇。

③ 如果一个关系的一个(或一组)属性上的值重复率很高,则此单个(或单组)关系可建立聚簇。即对应每个聚簇码值的平均元组数不能太少,太少则聚簇的效果不明显。

然后检查候选聚簇中的关系,取消其中不必要的关系。

① 从聚簇中删除经常进行全表扫描的关系。

② 从聚簇中删除更新操作远多于连接操作的关系。

③ 不同的聚簇中可能包含相同的关系,一个关系可以在某一个聚簇中,但不能同时加入多个聚簇。要从这多个聚簇方案(包括不建立聚簇)中选择一个较优的,即在这个聚簇上运行各种事务的总代价最小。

必须强调的是,聚簇只能提高某些应用的性能,而且建立与维护聚簇的开销是相当大的。对已有关系建立聚簇将导致关系中元组移动其物理存储位置,并使此关系上原来建立的所有索引无效,必须重建。当一个元组的聚簇码值改变时,该元组的存储位置也要做相应移动,聚簇码值要相对稳定,以减少修改聚簇码值所引起的维护开销。

因此,当通过聚簇码进行访问或连接是该关系的主要应用,而与聚簇码无关的其他访问很少或者是次要应用时可以使用聚簇。尤其当 SQL 语句中包含有与聚簇码有关的 ORDER BY、GROUP BY、UNION、DISTINCT 等子句或短语时,使用聚簇特别有利,可以省去对结果集的排序操作;否则很可能会适得其反。

7.5.3 确定数据库的存储结构

确定数据库的物理结构主要指确定数据的存放位置和存储结构，包括确定关系、索引、聚簇、日志、备份等的存储安排和存储结构，确定系统配置等。

确定数据的存放位置和存储结构要综合考虑存取时间、存储空间利用率和维护代价三方面的因素。这三个方面常常是相互矛盾的，因此需要进行权衡，选择一个折中方案。

1. 确定数据的存放位置

为了提高系统性能，应根据应用情况将数据的易变部分与稳定部分、经常存取部分和存取频率较低部分分开存放。

例如，目前很多计算机有多个磁盘或磁盘阵列，因此可以将表和索引放在不同的磁盘上，在查询时，由于磁盘驱动器并行工作，可以提高物理 I/O 读写的效率；也可以将比较大的表分放在两个磁盘上，以加快存取速度，这在多用户环境下特别有效；还可以将日志文件与数据库对象(表、索引等)存放在不同的磁盘上，以改进系统的性能。

由于各个系统所能提供的对数据进行物理安排的手段、方法差异很大，因此设计人员应仔细了解选定的关系数据库管理系统提供的方法和参数，针对应用环境的要求对数据进行适当的物理安排。

2. 确定系统配置

关系数据库管理系统产品一般都提供了一些系统配置变量和存储分配参数，供设计人员和数据库管理员对数据库进行物理优化。初始情况下，系统都为这些变量赋予了合理的默认值。但是这些值不一定适合每一种应用环境，在进行数据库物理结构设计时需要重新对这些变量赋值，以改善系统的性能。

系统配置变量很多，例如同时使用数据库的用户数，同时打开的数据库对象数，内存分配参数，缓冲区分配参数(使用的缓冲区长度、个数)，存储分配参数，物理块的大小，物理块装填因子，时间片大小，数据库大小，锁的数目等。这些参数值影响了存取时间和存储空间的分配，在物理结构设计时就要根据应用环境确定这些参数值，以使系统性能最佳。

在物理结构设计时对系统配置变量的调整只是初步的，在系统运行时还要根据实际运行情况做进一步调整，以期切实改进系统性能。

7.5.4 评价数据库的物理结构

数据库的物理结构设计过程中需要对时间效率、空间效率、维护代价和各种用户要求进行权衡，其结果可以产生多种方案。数据库设计人员必须对这些方案进行细致的评价，从中选择一个较优的方案作为数据库的物理结构。

评价数据库物理结构设计的方法完全依赖于所选用的关系数据库管理系统，主要是从定量估算各种方案的存储空间、存取时间和维护代价入手，对估算结果进行权衡、比较，选择出一个较优的、合理的物理结构。如果该结构不符合用户需求，则需要修改设计。

7.6   数据库的实施和维护

完成数据库的物理结构设计之后，设计人员就要使用目标关系数据库管理系统提供的数据定义语言或具备数据定义语言功能的工具（例如 Kingbase 提供了企业管理器、MySQL 提供了Workbench 工具），直接或间接地将数据库的逻辑结构设计和物理结构设计结果严格描述出来，生成目标关系数据库管理系统可以接受的 SQL 语句，再经过调试产生目标模式，然后就可以组织数据入库了。这就是数据库的实施阶段。

7.6.1   数据的载入和应用程序的编码与调试

数据库的实施阶段包括两项重要的工作：数据的载入和应用程序的编码与调试。

一般数据库系统中数据量都很大，而且数据来源于企事业单位的多个不同部门，数据的组织方式、结构和格式都与新设计的数据库系统有相当的差距。组织数据载入就是将各类源数据从各个局部应用中抽取出来，输入计算机，再分类转换，最后综合成符合新设计的数据库结构的形式，输入数据库。因此这样的数据转换、组织入库的工作是相当费力、费时的。

特别是原系统是手工数据处理系统时，各类数据分散在各种不同的原始表格、凭证、单据之中。在向新的数据库系统中输入数据时还要处理大量的纸质文件，工作量就更大。

为提高数据输入工作的效率和质量，应针对具体的应用环境设计一个数据录入子系统，由计算机来完成数据入库的任务。在源数据入库之前要采用多种方法对其进行检验，以防止不正确的数据入库，这部分工作在整个数据输入子系统中是非常重要的。

现有的关系数据库管理系统一般都提供不同关系数据库管理系统之间数据转换的工具，若原来是数据库系统，就要充分利用新系统的数据转换工具。

数据库应用程序的设计应与数据库设计同时进行，因此在组织数据入库的同时还要编码和调试应用程序。应用程序的设计、编码和调试的方法及步骤在软件工程等课程中有详细讲解，这里就不再赘述了。

7.6.2   数据库的试运行

在原有系统的数据有一小部分已输入数据库后，就可以开始对数据库系统进行联合调试了，这又称为数据库的试运行。

这一阶段要实际运行数据库应用程序，执行对数据库的各种操作，测试应用程序的功能是否满足设计要求。如果不满足，则要对应用程序部分进行修改、调整，直到达到设计要求为止。

在数据库试运行时还要测试系统的性能指标，分析其是否达到设计目标。在对数据库进行物理设计时已初步确定了系统的物理参数值，但一般情况下，设计时的考虑在许多方面只是近似估计，和实际系统运行总有一定的差距，因此必须在试运行阶段实际测量和评价系统性能指标。事实上，有些参数的最佳值往往是通过运行调试找到的。如果测试的结果与设计目标不符，则要返回物理设计阶段重新调整物理结构，修改系统参数，某些情况下甚至要返回逻辑设计阶段修改逻辑结构。

这里要特别强调两点。第一，上面已经讲到组织数据入库是十分费时、费力的事，如果试运行后还要修改数据库的设计，还要重新组织数据入库。因此应分期分批地组织数据入库，先输入小批量数据做调试用，待试运行基本合格后再大批量输入数据，逐步增加数据量并逐步完成运行评价。第二，在数据库试运行阶段，由于系统还不稳定，硬软件故障随时都可能发生；而系统的操作人员对新系统还不熟悉，误操作也不可避免，因此要做好数据库的转储和恢复工作。一旦故障发生能使数据库尽快恢复，从而尽量减少对数据库的破坏。

7.6.3 数据库的运行和维护

数据库试运行合格后，数据库开发工作就基本完成，可以投入正式运行了。但是由于应用环境在不断变化，数据库运行过程中物理存储也会不断变化，对数据库设计进行评价、调整、修改等维护工作是一项长期的任务，也是设计工作的延伸和提高。

在数据库运行阶段，对数据库经常性的维护工作主要是由数据库管理员完成的。数据库的维护工作主要包括以下几方面。

1. 数据库的转储和恢复

数据库的转储和恢复是系统正式运行后最重要的维护工作之一。数据库管理员要针对不同的应用要求制定不同的转储计划，以保证一旦发生故障能尽快将数据库恢复到某种一致的状态，并尽可能减少对数据库的破坏。

2. 数据库的安全性、完整性控制

在数据库运行过程中，由于应用环境的变化，对安全性的要求也会发生变化，比如有的数据原来是机密的，现在则可以公开查询，而新加入的数据又可能是机密的；系统中用户的密级也会改变。这些都需要数据库管理员根据实际情况修改原有的安全性控制。同样，数据库的完整性约束条件也会变化，也需要数据库管理员不断修正，以满足用户要求。

3. 数据库性能的监督、分析和改造

在数据库运行过程中，监督系统运行、对监测数据进行分析、找出改进系统性能的方法是数据库管理员的又一项重要任务。目前有些关系数据库管理系统提供了监测系统性能参数的工具，数据库管理员可以利用这些工具方便地得到系统运行过程中一系列性能参数的值。数据库管理员应仔细分析这些数据，判断当前系统运行状况是否为最佳以及应当做哪些改进，例如调整系统物理参数或对数据库进行重组或重构等。

4. 数据库的重组与重构

数据库运行一段时间后，由于记录不断更新，将会使数据库的物理存储情况变坏，降低数据的存取效率和数据库性能，因此数据库管理员就要对数据库进行重组或部分重组

（只对频繁增删的表进行重组）。关系数据库管理系统一般都提供数据库重组用的实用程序。在重组的过程中，按原设计要求重新安排存储位置、回收垃圾、减少指针链等，提高系统性能。

数据库的重组不修改原设计的逻辑和物理结构，而数据库的重构则不同，它是指部分修改数据库的模式和内模式。

由于数据库应用环境发生变化，如增加了新的应用或新的实体，取消了某些应用，有的实体与实体间的联系也发生了变化等，使原有的数据库设计不能满足新的需求，因此需要调整数据库的模式和内模式。例如，在表中增加或删除某些数据项、改变数据项的类型、增加或删除某个表、改变数据库的容量、增加或删除某些索引等。当然数据库的重构也是有限的，只能做部分修改。如果应用变化太大，重构也无济于事，说明此数据库应用系统的生命周期已经结束，应该设计新的数据库应用系统了。

本 章 小 结

本章主要讨论数据库设计的方法和步骤，详细介绍数据库设计各个阶段的目标、方法以及应注意的事项，其中重点是概念结构的设计和逻辑结构的设计，这也是数据库设计过程中最重要的两个环节。

概念结构的设计着重介绍了 E-R 模型的基本概念和图示方法。应重点掌握实体型、属性和联系的概念，理解实体型之间的一对一、一对多和多对多联系。掌握 E-R 模型的设计以及把 E-R 模型转换为关系模型的方法。

本章以"高校本科教务管理"需求为应用场景，抽象出"学生学籍管理""学生选课管理""教师教学管理"子系统的概念结构，进行了分 E-R 图的设计、集成和优化，并将 E-R 模型转换为关系模型。在关系数据理论的指导下，完成对关系模型的优化，并选择合适的物理结构。最后，在设计过程中把数据库设计和对数据库中数据处理的设计紧密结合起来，将这两方面的需求分析、抽象、设计、实现在各个阶段同时进行，相互参照、相互补充，以完善这两方面的设计。通过案例介绍，读者可从中体会计算机学科中抽象、理论和设计三种学科形态，理解数据库设计中对客观世界从感性认识到理性认识，再由理性认识回到实践中来的科学思维方法。

学习本章要努力掌握书中讨论的基本方法，还要在实际工作中运用这些思想设计符合应用需求的数据库模式和数据库应用系统。

习 题 7

1. 试述数据库设计过程。
2. 试述数据库设计过程中形成的数据库模式。

3. 需求分析阶段的设计目标是什么？调查的内容是什么？

4. 需求分析阶段得到的数据字典的内容和作用是什么？

5. 什么是数据库的概念结构？

6. 定义并解释概念模型中以下术语：

实体，实体型，实体集，属性，码，实体-联系图（E-R 图）

7. 某学院有若干个系，每个系有若干班级和教研室，每个教研室有若干教师，其中有的教授和副教授每人各带若干研究生，每个班有若干学生，每个学生选修若干课程，每门课可由若干学生选修，某学生选修某一门课程有一个成绩。请用 E-R 图画出此应用场景的概念模型。

8. 某工厂生产若干产品，每种产品由不同的零件组成，有的零件可用在不同的产品上。这些零件由不同的原材料制成，不同零件所用的材料可以相同。这些零件按所属的不同产品分别放在仓库中，原材料按照类别放在若干仓库中。请用 E-R 图画出此工厂产品、零件、材料、仓库的概念模型。

9. 某医院的住院管理信息系统中需要下述信息。

科室：科室名，科室地址，科室电话

病房：病房号，床位号，科室名

医生：工作证号，姓名，职称，科室名，性别，年龄

住院病人：姓名，性别，身份证号

其中，一个科室可以有多位医生，有且仅有一个科室主任领导其他医生，一个医生只属于一个科室。一个病房只属于一个科室，一个科室有多个病房，一个病房只属于一个科室。一个医生可以负责治疗多位住院病人，一位住院病人可以同时由多名医生诊治，其中有一位为主治医生。

请用 E-R 图描述该住院管理信息系统的概念模型。

10. 什么是数据库的逻辑结构设计？试述其设计步骤。

11. 试把第 7 题和第 8 题中的 E-R 图转换为关系模型。

12. 试用规范化理论中有关范式的概念分析第 7 题设计的关系模型中各个关系模式的候选码，它们属于第几范式？会产生什么更新异常？

13. 规范化理论对数据库设计有什么指导意义？

14. 试述数据库物理设计的内容和步骤。

15. 数据输入在实施阶段的重要性是什么？如何保证输入数据的正确性？

16. 什么是数据库的重组和重构？为什么要进行数据库的重组和重构？

第 7 章实验　　数据库设计

第 7 章数据库设计和第 8 章数据库编程两章的实验是紧密联系的。学生可以在第 7 章完成某个应用场景的数据库设计，在第 8 章使用数据库编程技术完成数据库应用中复杂业务逻辑功能。最后，完成第 8 章实验的数据库大作业。对数据库设计，可以不断迭代，不断完善。

实验 7.1　数据库设计实验。选择一个实际的应用场景，练习数据库设计。

通过实验掌握数据库设计基本方法及数据库设计工具。掌握数据库设计基本步骤，包括数据库概念结构设计、逻辑结构设计、物理结构设计，数据库模式 SQL 语句生成。建议使用数据库设计工具进行设计。

参考文献 7

［1］WIEDERHOLD G. Database design［M］. 2nd ed. McGraw Hill，1983.

文献［1］是一本综合性教科书，覆盖了数据库设计的各个阶段，重点强调了物理设计阶段。

［2］王珊，冯念真. 计算机应用系统的设计和开发［M］. 北京：高等教育出版社，1989.

文献［2］从应用系统的开发和研制角度讲解了数据库设计。

［3］CHEN P P S. The entity-relationship model：towards a unified view of data［J］. ACM Transactions on Database Systems，1976，1(1)：9-36.

Peter Chen 在文献［3］中首次提出了著名的实体-联系模型，在以后的论文中他对该模型做了更加全面深入的研究。

［4］SMITH J M，SMITH D C P. Database abstractions：aggregation and generalization［J］. ACM Transactions on Database Systems，1977，2(2)：105-133.

文献［4］在 E-R 模型中引入了泛化(generalization)和聚集(aggregation)的概念。

［5］吴鸥琦，王珊. 关于 E-R/数据模型转换的一点注记［J］. 小型微型计算机系统，1983，6.

文献［5］研究了从 E-R 模型向数据模型转换的问题。

［6］萨师煊，王珊. N-E-R model：a new method to design enterprise schema［C］. 第一届国际计算机应用大会论文集，1984.

［7］YEH R T，ARAYA A A，CHANG P. Software and data base engineering-towards a common design methodology［C］. Issues in Data Base Management：Proceedings of the 4th International Conference on Very Large Data Bases，1978.

文献［7］指出数据库设计是一项庞大的软件工程。

［8］萨师煊，王珊. 数据库设计的理论和实践［J］. 计算机应用与软件，1984，4.

［9］CERI S，NAVATHE S B，WIEDERHOLD G. Distribution design of logical database schemas. IEEE Transactions on Pattern Analysis and Machine Intelligence，1983，9(4)：487-504.

文献［9］全面讨论了分布式数据库的逻辑设计。

本章知识点讲解微视频：

数据库设计的基本步骤

需求分析的任务与方法

E-R 模型

数据模型的优化

第8章 \ 数据库编程

SQL 是一种非过程化的查询语言，具有功能丰富、操作统一、语言简洁、易学易用等优点。但和程序设计语言相比，高度非过程化的特性造成了它的一个弱点：缺少流程控制能力，难以实现业务中的逻辑控制。数据库编程技术可以有效消除 SQL 无法实现复杂应用的问题，从而提高关系数据库管理系统支撑复杂应用的能力。

本章导读

本章从两个方面讲解数据库编程技术。一是扩展 SQL 自身的功能；二是在高级语言程序中使用 SQL，实现高级语言与数据库之间的交互，开发应用需求中复杂业务逻辑的技术和方法。

本章首先以实际应用任务需求为牵引，对 SQL 表达能力的限制进行说明，并阐述扩展 SQL 能力的技术途径。具体包括引入新的 SQL 子句，以增强 SQL 功能；引入新的内置函数；引入过程化 SQL(procedural language/SQL，PL/SQL) 和存储过程/存储函数的概念和技术等。

随后讲解 Java 数据库互连(Java database connectivity，JDBC)，即在 Java 程序中如何访问数据库中的数据。最后讲解基于 MVC 框架的数据库应用开发，在实际的项目开发中，采用开发框架的方式可以提高项目开发的效率。

希望读者了解新的 SQL 子句，掌握 WITH RECURSIVE 子句的使用方法，提高 SQL 语句的可读性；掌握 PL/SQL、存储过程和存储函数等技术，以完成较为复杂的业务逻辑；能够根据实际应用场景，在第 7 章数据库设计的基础上进行应用开发，通过实践反复练习，掌握本章介绍的数据库编程方法和技术。

8.1 概　　述

8.1.1 SQL 表达能力的限制

SQL 虽然功能强大，但是也有不足。本小节基于第 2 章的"学生选课"示例列举了 4 个较为复杂的任务,这些任务直接使用基本的 SQL 语句都比较难以完成。

任务 1   打印"数据库系统概论"课程的所有先修课信息。

任务 1 的难点在于课程可能同时存在直接先修课和间接先修课。直接先修课的计算可以通过自身连接查询来完成,**但间接先修课的计算则需要递归的查询**。显然,任务 1 是一个递归的查询。其求解思路如下:

① 步骤 1。找出"数据库系统概论"课程的全部直接先修课,记为 $L[1]$;如果 $L[1]$ 为空,则任务 1 结束。

② 步骤 $i(i \geqslant 2)$。找出集合 $L[i-1]$ 中每一门课程的全部直接先修课,并计算它们的并集,记为 $L[i]$。

③ 迭代执行步骤 i,直到并集 $L[i]$ 为空。输出 $L[1] \cup \cdots \cup L[i]$。

在第 2 章图 2.1 所示的 Course 表中,执行步骤 1,找出"数据库系统概论"课程的直接先修课"数据结构",即为 $L[1]$。执行步骤 2,找出"数据结构"课程的先修课"程序设计基础与 C 语言",即为 $L[2]$。执行步骤 3,找出"程序设计基础与 C 语言"的先修课,得到 $L[3]$。可以发现 $L[3]$ 为空,递归查询结束。根据计算结果 $L[1] \cup L[2]$,任务 1 的输出如表 8.1 所示。

表 8.1   任务 1 的输出结果

Cpno	Cname
81002	数据结构
81001	程序设计基础与 C 语言

任务 1 可以使用扩展的 SQL 语句"WITH RECURSIVE 子句"完成,8.1.2 小节的例 8.2 将详细讲解。

任务 2   打印一周内将过生日的学生信息。

任务 2 需要数据库系统提供内置函数(本任务主要是日期函数)。其求解思路为:扫描每个学生的出生日期,例如 2000-6-12,并执行以下步骤:

① 把出生日期的年份换成当前日期所在的年份(例如 2021 年),即 2021-6-12。

② 获取当前系统的日期,例如 2021-6-9。

③ 确定过生日的日期范围[2021-6-9,2021-6-16],即以当前日期为下界,当前日期后的第七天作为上界。

④ 判断出生日期是否在上述日期范围内,如果是,输出该学生信息。

8.1.2 小节的例 8.3 将讲解如何使用 SQL 的内置函数完成任务 2。

任务 3   给定学生学号,计算学生的平均学分绩点 GPA。

任务 3 需要用户自主设计业务处理逻辑。其求解思路为:给定学生学号,找出该学生所有选修课程的学分、成绩;根据每门课程的成绩,参照表 8.2 所示的"成绩和绩点对照表",确定该成绩所处的范围,找出该门课程对应的绩点。

表 8.2　成绩和绩点对照表

编码	成绩下限	成绩上限	绩点
1	0	59	0
2	60	69	1
3	70	79	2
4	80	89	3
5	90	100	4

以学号为"20180001"的学生为例,该同学共选修了三门课程,如表 8.3 所示。

表 8.3　学号为"20180001"的学生的选修课程

学号 Sno	课程号 Cno	成绩 Grade	开课学期 Semester	教学班 Teachingclass
20180001	81001	85	20192	81001−01
20180001	81002	96	20201	81002−01
20180001	81003	87	20202	81003−01

课程号为"81001"的课程考试成绩为 85 分,参照表 8.2,该成绩对应的成绩范围为[80, 89],绩点为 3;类似地,课程号为"81002"的课程考试成绩对应的绩点为 4,课程号为"81003"的课程考试成绩对应的绩点为 3。从 Course 表可知,这三门课程的学分都是 4。根据平均学分绩点的计算公式,即 GPA=(每门课程的学分 * 对应的绩点)的总和/学分的总和,得到该同学的 GPA 为 3.33。因此,上述查询结果为

GPA
_____
3.33

8.2.5 小节的例 8.5 将介绍如何使用存储过程来完成任务 3。

任务 4　学生通过交互界面提交对某一位任课教师的教学评价意见,教师浏览这些评价意见并提供反馈信息。

任务 4 需要建立交互功能。一方面,学生需要找到指定的教学班和授课教师,建立如图 8.1 所示的交互界面并输入课程评价。另一方面,还要建立如图 8.2 所示的交互界面,教师浏览教学班学生的评价意见,并针对每条评价逐一做出回复。

8.3.3 小节的例 8.13 将讲解如何基于 JDBC 实现任务 4。

类似任务 1~任务 4 的应用还有很多,直接使用 SQL 实现都比较困难。那么如何扩展 SQL 的表达能力呢? 主要有两大类途径:扩展 SQL 的功能和通过高级语言实现复杂应用。下面详

细介绍这两种途径。

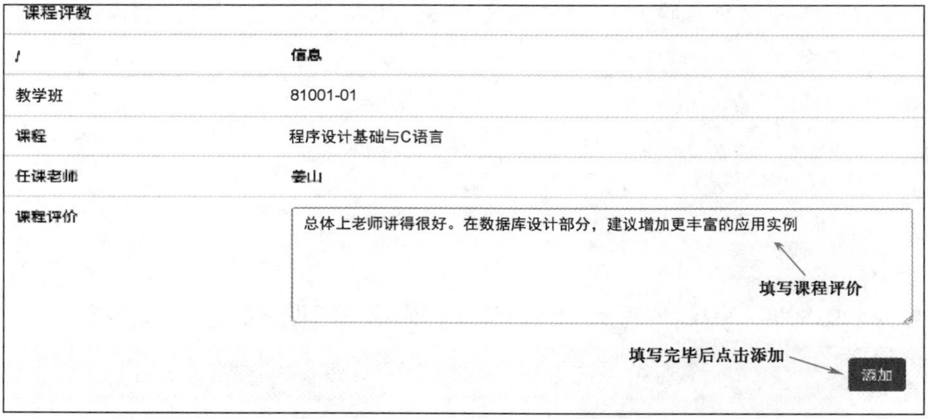

课程评教	
/	信息
教学班	81001-01
课程	程序设计基础与C语言
任课老师	姜山
课程评价	总体上老师讲得很好。在数据库设计部分，建议增加更丰富的应用实例 **填写课程评价** **填写完毕后点击添加** → 添加

图 8.1　学生输入并提交课程评价

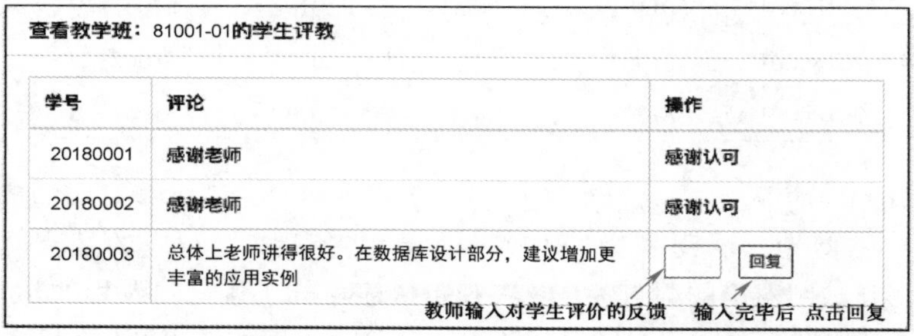

查看教学班：81001-01的学生评教		
学号	评论	操作
20180001	感谢老师	感谢认可
20180002	感谢老师	感谢认可
20180003	总体上老师讲得很好。在数据库设计部分，建议增加更丰富的应用实例	回复

教师输入对学生评价的反馈　输入完毕后 点击回复

图 8.2　教师提交对学生评价的反馈

8.1.2　扩展 SQL 的功能

SQL 标准从发布以来随数据库技术的发展而不断丰富。通过扩展 SQL 可使其表达功能更为强大，进而支持更为复杂的应用。SQL 扩展的方式主要包括引入新的 SQL 子句、引入新的内置函数，以及引入 PL/SQL 与存储过程/存储函数。

1. 引入新的 SQL 子句

以任务 1 为例，SQL 标准引入了 WITH RECURSIVE 子句，可执行递归查询。

类似于 WITH RECURSIVE 子句的 SQL 扩展还有很多，例如面向联机分析处理的窗口子句、面向空间数据管理、文档数据管理的 SQL 扩展等。

在介绍 WITH RECURSIVE 子句之前，先了解 WITH 子句的用法。

（1）WITH 子句

WITH 子句用来创建一个命名的临时结果集，该结果集仅在 SQL 语句（例如 SELECT，

INSERT或 DELETE)执行时有效,不长期存储。WITH 子句的引入,可以提高 SQL 语句的性能和可读性。

WITH 子句的语法格式如下:

> WITH RS1[(<目标列>,<目标列>)]AS(SELECT 语句 1)[,
>   RS2[(<目标列>,<目标列>)]AS(SELECT 语句 2),…]
> SQL 语句;

RS1 为临时结果集的命名,RS1 对应 SELECT 语句 1 的执行结果,SELECT 语句 1 中的目标列与 RS1 中的目标列必须保持一致。

RS2 为临时结果集的命名,RS2 对应 SELECT 语句 2 的执行结果,SELECT 语句 2 中的目标列与 RS2 中的目标列必须保持一致。SQL 语句执行与 RS1,RS2…相关的查询。

[**例 8.1**]求 81001-01 和 81001-02 两个教学班之间学生选课平均成绩的差异。

> WITH RS1(grade) AS
>   (SELECT AVG(grade) FROM SC WHERE Teachingclass = '81001-01'),
>   RS2(grade) AS
>   (SELECT AVG(grade) FROM SC WHERE Teachingclass = '81001-02')
>   SELECT RS1. grade-RS2. grade FROM RS1, RS2

(2) WITH RECURSIVE 子句

WITH RECURSIVE 子句是 WITH 子句的一种特殊情况,用来查找具有层次结构的数据。WITH RECURSIVE 子句由两部分组成:第一部分是种子查询,用来初始化临时结果集,即第一层数据,假设记为 $L[1]$;第二部分是递归查询,该查询以 $L[1]$ 为基础,查找第二层数据 $L[2]$,然后以 $L[2]$ 为基础,查找第三层数据 $L[3]$,以此类推。递归查询需要设定每一层次数据的查找方式,比如查找第二层的数据时,需要用第一层数据中某个属性(或属性组)和关系表中的另外一个属性(或属性组)进行匹配,按照这个条件查找出来的数据就是第二层数据,同理查找第三层、第四层数据等。

WITH RECURSIVE 子句的语法格式如下:

> WITH RECURSIVE **RS** AS
>   (
>   SEED QUERY   /* 初始化查询的临时结果集,记为 $L[1]$ */
>   UNION [ALL]   /* 是否需要保留重复记录,加 ALL 为保留 */
>   RECURSIVE QUERY   /* 执行递归查询,得到全部临时结果集,即 $L[2]\cup\cdots\cup L[i]$ */
>   )
> SQL 语句   /* 执行与 **RS** 相关的查询 */

[例 8. 2] 打印"数据库系统概论"课程的所有先修课信息。

> WITH RECURSIVE RS AS
> 　　（ SELECT Cpno FROM Course WHERE Cname = '数据库系统概论'
> 　　／＊初始化 RS,假设结果集为 L[1],即"数据库系统概论"的所有直接先修课＊／
> 　　UNION
> 　　SELECT Course. Cpno FROM **Course,RS** WHERE RS. Cpno = Course. Cno
> 　　） ／＊递归查询第 i 层(i≥1)的数据,即第 i-1 层数据的直接先修课课程号,并更新 RS＊／
> SELECT Cno, Cname FROM Course WHERE Cno IN (SELECT Cpno FROM RS);
> 　　／＊根据 RS 中记录的所有先修课程号,通过查找课程表,输出课程号与课程名＊／

第 2 章图 2.1 所示的 Course 表中，课程之间的先修课关系具有层次结构，如图 8.3 所示。种子查询返回的是以"81003 数据库系统概论"课程为根的第一层数据，即"数据库系统概论"课程的直接先修课 **Cpno＝81002**，这时 RS 被初始化为 81002。执行递归查询，RS 表与 Course 表做自然连接，查找课程 Cno = 81002 的先修课，返回其先修课 **Cno＝81001**，这是第二层数据。用 RS 表中的第二层数据与 Course 表做自然连接，查找课程 Cno=81001 的先修课，这是第三层数据。因为 Cno=81001 的课程不存在直接先修课，因此**第三层数据为空**。这时，递归查询结束。"数据库系统概论"课程 81003 所有的先修课有 81002、81001。

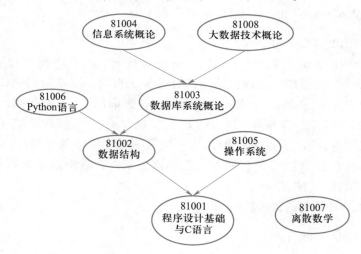

图 8.3　课程之间的先修课关系具有明显的分层结构

注意：使用 WITH RECURSIVE 子句查找所有先修课课程信息，同样适用于一门课程存在多门先修课的场景。

2. 引入新的内置函数

关系数据库管理系统提供了丰富的内置函数，方便用户的操作。

扩展阅读：几个数据库产品的部分常用内置函数（1）

常用的基本内置函数可以分为数学函数（如绝对值函数等）、聚合函数（如求和、求平均函数等）、字符串函数（如求字符串长度、求子串函数等）、日期和时间函数（如返回当前日期函数等）、格式化函数（如字符串转 IP 地址函数等）、控制流函数（如逻辑判断函数等）、加密函数（如使用密钥对字符串加密函数等）、系统信息函数（如返回当前数据库名、服务器版本函数）等。本书整理了几个数据库产品的部分常用内置函数，读者可以阅读二维码中的相关内容。

扩展阅读：几个数据库产品的部分常用内置函数（2）

[例 8.3]打印一周内将过生日的学生信息。

```
SELECT Sno, Sname, Ssex, Sbirthdate, Smajor
FROM Student
WHERE to_date( to_char( current_date,'yyyy' ) ‖ '-' ‖ to_char( Sbirthdate,'mm-dd' ) )
BETWEEN current_date AND current_date + interval '7' day
```

在 WHERE 语句中使用了以下内置函数：

① 内置函数 current_date 返回当前的系统日期，例如 2021-6-9。

② 内置函数 to_char(current_data, 'yyyy') 返回当前系统日期的年份，例如 2021；to_char(Sbirthdate, 'mm-dd') 返回学生出生日期中具体的月份和日期，例如 6-9。

③ to_date(to_char(current_date,'yyyy') ‖ '-' ‖ to_char(Sbirthdate,'mm-dd')) 表示把当前年份与出生日期用'-'连在一起。符号"‖"用于把其左右两边的字符串连在一起。

④ 内置函数 to_date( ) 的作用是将字符类型按一定格式转化为日期类型。

⑤ current_date + interval '7' day 是对当前的日期调整后的日期。参数 interval 是年（yyyy）、季度（q）、月（m）、日（d）、时（h）等粒度的时间单位。

例如，current_date + interval '7' day 获得当前日期之后第七天的日期，即返回 2021-6-16。

通过执行此 WHERE 语句，判断学生表中每位学生转换后的出生日期是否在[2021-6-9, 2021-6-16]区间内，如果是，打印该学生的信息。

3. 引入 PL/SQL 与存储过程/存储函数

内置函数是关系数据库管理系统默认创建的。此外，还可以通过安装数据库的扩展插件添加该插件自带的内置函数。但是，在实际应用中仅仅使用关系数据库管理系统默认的或扩展插件自带的内置函数还是不够的。因此，在关系数据库管理系统中引入了 PL/SQL、存储过程/存储函数等方法，使得用户可以自定义程序逻辑，开发完成业务逻辑复杂的应用系统。

例如，在 8.1.1 小节的任务 3 中，用户需要自定义计算平均学分绩点的函数。在该函数中引入逻辑判断和循环控制，逻辑判断用于获取每门课程成绩对应的绩点，循环控制用于计算课程总学分和总学分绩点，最终计算得到平均学分绩点。我们将在 8.2.5 小节的例 8.5 详细给出求解方法。

8.1.3 通过高级语言实现复杂应用

对于类似于 8.1.1 小节任务 4 的应用逻辑和功能需求，用户和数据库之间需要通过界面进行交互，这时可以通过高级语言（如 Java、C++、Python 等）访问数据库来解决。为此需要在关系数据库管理系统和应用系统之间建立交互接口，相互传递数据和控制信息，实现两类系统之间的互动。

作为各自独立的系统，关系数据库管理系统和应用系统之间的互操作是计算机软件发展中非常重要的一个话题。随着技术的进步和观念的更新，其交互方式也一直在丰富和发展，主要有以下几种方式。

1. 通过动态链接库调用的方式

在大型软件系统构建过程中，为了提高软件生产率，提出了"模块化"的概念，也就是将大型软件分解为一些小的模块，每个模块可以组织成"子程序"（或者"函数"），之后通过在一个程序中"调用"（CALL）另一个子程序来实现程序与子程序之间的交互。在这样的思路下，关系数据库管理系统的功能被包装成一个子程序，由应用程序通过动态链接库调用来获得数据管理（包括查询、管理等）的功能。

2. 基于嵌入式 SQL 的方式

嵌入式 SQL 是将 SQL 语句嵌入某程序设计语言，被嵌入的程序设计语言称为宿主语言，简称主语言。

对嵌入式 SQL，关系数据库管理系统一般采用预编译方法处理，即由其预编译程序对源程序进行扫描，识别出嵌入式 SQL 语句并将其转换成主语言的调用语句（对库函数的调用），再由主语言的编译程序将其编译成目标码。嵌入式 SQL 编程的好处在于把用户从复杂的函数调用中解放出来，用户只需要在主语言中使用 SQL 语句代替复杂的函数调用即可，从而较大程度地简化了开发工作量。

将 SQL 嵌入高级语言中混合编程，SQL 语句负责操纵数据库，高级语言语句负责控制逻辑流程，这时程序中会含有两种不同计算模型的语句，它们之间应如何通信呢？

数据库工作单元与源程序工作单元之间的通信主要包括 SQL 通信区、主变量、游标等方式。

（1）SQL 通信区

SQL 通信区（SQL communication area，SQLCA）主要实现向主语言传递 SQL 语句的执行状态信息，使主语言能够据此信息控制程序流程。

SQL 语句执行后，系统要反馈给应用程序若干控制信息，主要包括描述数据库系统当前工作状态和运行环境的各种数据。这些信息将被送到 SQLCA 中，应用程序从 SQLCA 中取出这些状态信息，据此决定接下来执行的语句。

SQLCA 由关系数据库管理系统预先定义好，根据高级语言的不同有所不同。SQLCA 将作为高级语言变量定义的一部分而存在。

例如，SQLCA 中有一个变量 SQLCODE，用来存放每次执行 SQL 语句后返回的代码。应用程序每执行完一条 SQL 语句之后都应测试一下 SQLCODE 值，以了解该 SQL 语句是否执行成功。如果 SQL 语句执行不成功，则在 SQLCODE 中存放的就是错误代码，程序员可以根据错误代码查找问题，应用程序也可以根据错误代码执行相应的处理。

（2）主变量

主语言主要用主变量（host variable）向 SQL 语句提供参数。

嵌入式 SQL 语句中可以使用主语言的程序变量来输入或输出数据，这些程序变量简称为**主变量**。主变量根据其作用的不同可分为输入主变量和输出主变量。**输入主变量**由应用程序对其赋值，SQL 语句引用；**输出主变量**由 SQL 语句对其赋值或设置状态信息，返回给应用程序。

一个主变量可以附带一个任选的指示变量（indicator variable）。**指示变量**是一个整型变量，用来"指示"所指主变量的值或条件。指示变量可以指示输入主变量是否为空值，可以检测输出主变量是否为空值、值是否被截断等。

所有主变量和指示变量必须在 SQL 语句"BEGIN DECLARE SECTION"与"END DECLARE SECTION"之间进行说明。说明之后，主变量可以在 SQL 语句中任何一个能够使用表达式的地方出现，为了与数据库对象名（表名、视图名、列名等）区别，SQL 语句中的主变量名和指示变量名前要加冒号（:）作为标志。

（3）**游标**

SQL 是面向集合的，一条 SQL 语句可以产生或处理多条记录；而高级语言是面向记录的，一次只能处理一条记录。所以在 SQL 语句向应用程序输出数据时，需要有一个内存区域来缓存数据，这个区域就称为游标。用游标来协调这两种不同的处理方式。

游标是关系数据库管理系统为应用程序开设的一个数据缓冲区，存放 SQL 语句的执行结果，每个游标区都有一个名字和一个指针。应用程序可以通过游标指针逐一获取记录并进行处理。

3. **基于 ODBC/JDBC 的中间件方式**

目前广泛使用的关系数据库管理系统有多种，尽管这些系统都遵循 SQL 标准，但是不同的系统有许多差异。因此，在某个关系数据库管理系统下编写的应用程序并不能在另一个关系数据库管理系统下运行，适应性和可移植性较差。例如，运行在 Oracle 上的应用系统要在 KingbaseES 上运行，就必须进行修改移植。这种修改移植比较烦琐，开发人员必须清楚地了解不同关系数据库管理系统的区别，细心地一一进行修改、测试。更重要的是，许多应用程序需要共享多个部门的数据资源，访问不同的关系数据库管理系统甚至文件系统。为此，人们开始研究和开发连接不同关系数据库管理系统的方法、技术和软件，使数据库系统"开放"，能够实现数据库互连。

微软公司提出了 Windows 开放服务体系结构（Windows open services architecture，WOSA）的概念，其核心思想是将微软平台上所有独立的软件系统都作为"设备"统一看待并标准化（如同打印机这类硬件设备）。设备的生产厂商按照标准提供驱动程序，这样微软平台上的应用程序就可以按照统一的方式访问不同生产厂商的设备了。应用程序使用某个具体设备之前只需安装该设备的驱动程序，并按照标准的接口方式使用即可，从而最大限度地规范了应用程序的开发。具体到数据库的场景，就是**开放数据库互连**(open database connectivity，ODBC)。

ODBC 是微软公司 WOSA 中有关数据库的一个组件，它建立了一组规范，并提供一组数据库应用编程接口(database application programming interface，DBAPI)。这样，无论使用什么数据库，都采用同样的一组编程接口来访问数据库，规范了应用程序的开发，提高了应用程序的可移植性。

数据库系统需要各自实现这组编程接口，形成该数据库的驱动程序。利用 ODBC 访问数据库之前需要安装数据库驱动程序，WOSA 中有一个数据库驱动程序管理器，负责管理各种数据库的驱动程序。

利用 ODBC 访问数据库的流程如下：

① 环境准备。配置数据源，即某个数据库，包含数据库名称，访问地址，用户名，口令等信息。需要用驱动程序管理器工具来完成。

② 设置环境。利用编程接口中的环境设置语句进行设置。

③ 进行数据库连接。

④ 完成相关操作。执行 SQL 语句，完成对数据库的相关操作、对返回结果集进行计算等。

⑤ 关闭数据库连接，释放占用的资源。

类似地，在微软之外的平台上，也有其他的一些机制，例如 JDBC(适用于 Java 环境)等。由于 Java 语言使用的普遍性，本书将在 8.3 节详细介绍如何使用 JDBC 访问数据库中的数据。

软件的体系结构在不断发展变化，访问数据库的方式也会随之发生变化，该过程不会终止。期待有更便捷高效的应用程序与数据库之间的交互方式的出现。

8.2　过程化 SQL

SQL 99 标准支持存储过程和函数的概念，商用关系数据库管理系统大多提供过程化的 SQL，如 Oracle 的 PL/SQL、Microsoft SQL Server 的 Transact-SQL、IBM DB2 的 SQL PL、Kingbase 的 PL/SQL 等。本节主要介绍过程化 SQL 的块结构、变量和常量的定义、流程控制、游标的定义与使用、存储过程及存储函数等内容。

8.2.1　过程化 SQL 的块结构

基本 SQL 是高度非过程化的语言，而过程化 SQL 是对基本 SQL 的扩展，在其基础上增加了一些描述过程控制的语句。

过程化 SQL 程序的基本结构是块，每个块可以包含定义部分和执行部分，块与块之间可以相互嵌套，每个块完成一个逻辑操作。图 8.4 是过程化 SQL 块的基本结构。

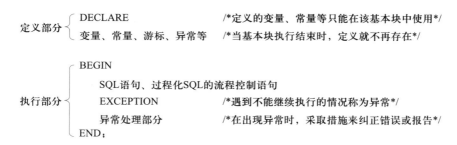

图 8.4　过程化 SQL 块的基本结构

8.2.2　变量和常量的定义

变量的定义格式如下：

变量名 数据类型〔〔NOT NULL〕:=初值表达式〕

或

变量名 数据类型〔〔NOT NULL〕初值表达式〕

常量的定义格式如下：

常量名 数据类型 CONSTANT:=常量表达式

常量必须要赋予一个值，并且该值在存在期间或常量的作用域内不能改变。如果试图修改它，过程化 SQL 将返回一个异常。

赋值语句的格式如下：

变量名:=表达式

8.2.3　流程控制

过程化 SQL 提供了流程控制语句，主要有条件控制语句和循环控制语句。这些语句的语法、语义和一般的高级语言(如 C 语言)类似，这里只做概要介绍。读者使用时需参考具体产品手册的语法规则。

1. 条件控制语句

条件控制语句一般包含三种形式的 IF 语句：IF-THEN 语句、IF-THEN-ELSE 语句和嵌套的 IF 语句。

① IF-THEN 语句的格式如下:

```
IF condition THEN
    Sequence_of_statements;        /*条件为真时语句序列才被执行*/
END IF;   /*条件为假或 NULL 时什么也不做,控制转移至下一个语句*/
```

② IF-THEN-ELSE 语句的格式如下:

```
IF condition THEN
    Sequence_of_statements1;       /*条件为真时执行语句序列 1*/
ELSE
    Sequence_of_statements2;       /*条件为假或 NULL 时执行语句序列 2*/
END IF;
```

③ 嵌套的 IF 语句。在 THEN 和 ELSE 子句中还可以再包含 IF 语句, 即 IF 语句可以嵌套。

2. 循环控制语句

过程化 SQL 有三种循环控制语句: LOOP 语句、WHILE-LOOP 语句和 FOR-LOOP 语句。

① 最简单的循环语句 LOOP 格式如下:

```
LOOP
    Sequence_of_statements;        /*循环体,一组过程化 SQL 语句*/
END LOOP;
```

多数数据库服务器的过程化 SQL 都提供 EXIT、BREAK 或 LEAVE 等循环结束语句, 以保证 LOOP 语句块能够在适当的条件下提前结束。

② WHILE-LOOP 循环语句的格式如下:

```
WHILE condition LOOP
    Sequence_of_statements;        /*条件为真时执行循环体内的语句序列*/
END LOOP;
```

每次执行循环体语句之前首先要对条件进行求值, 如果条件为真则执行循环体内的语句序列, 如果条件为假则跳过循环并把控制传递给下一个语句。

③ FOR-LOOP 循环语句的格式如下:

```
FOR count IN [REVERSE] bound1 .. bound2   LOOP
    Sequence_of_statements;
END LOOP;
```

FOR 循环的基本执行过程是: 将 count 设置为循环的下界 bound1, 检查它是否小于上界 bound2。当指定 REVERSE 时则将 count 设置为循环的上界 bound2, 检查 count 是否大于下界 bound1。如果越界则执行跳出循环, 否则执行循环体, 然后按照步长(+1 或−1)更新 count 的值, 重新判断条件。

3. 错误处理

如果过程化 SQL 在执行时出现异常，则应该让程序在产生异常的语句处停下来，根据异常的类型执行异常处理语句。

SQL 标准对数据库服务器提供什么样的异常处理给出了建议，要求过程化 SQL 管理器提供完善的异常处理机制。相对于嵌入式 SQL 简单地提供执行状态信息 SQLCODE，这里的异常处理就复杂多了。读者要根据具体系统的支持情况来进行错误处理。

8.2.4 游标的定义与使用

在过程化 SQL 中，如果 SELECT 语句只返回一条记录，可以将该结果存放到变量中。当查询返回多条记录时，就要使用游标对结果集进行处理。一个游标与一个 SQL 语句相关联。

使用游标的步骤如下。

1. 声明游标

用 DECLARE 语句为一条 SELECT 语句定义游标：

> DECLARE 游标名［(参数 1 数据类型, 参数 2 数据类型, …)]/ * 不同的关系数据库产品语法稍有不同 * /
> CURSOR FOR   / * 在 Kingbase 中是"游标名 CURSOR FOR" * /
> SELECT 语句；/ * 在 Oracle 中是"CURSOR FOR 游标名" * /

定义游标仅仅是一条说明性语句，这时关系数据库管理系统并不执行 SELECT 语句。

2. 打开游标

用 OPEN 语句将定义的游标打开：

> OPEN 游标名［(参数 1 数据类型, 参数 2 数据类型, …)]；

打开游标实际上是执行相应的 SELECT 语句，把查询结果取到缓冲区中。这时游标处于活动状态，指针指向查询结果集中的第一条记录。

3. 使用游标

推进游标指针并取当前记录：

> FETCH 游标名 INTO 变量 1［, 变量 2, …]；

其中变量必须与 SELECT 语句中的目标列表达式具有一一对应关系。

用 FETCH 语句把游标指针向前推进一条记录，同时将缓冲区中的当前记录取出送至变量供过程化 SQL 进一步处理。通过循环执行 FETCH 语句逐条取出结果集中的行进行处理。

4. 关闭游标

用 CLOSE 语句关闭游标，释放结果集占用的缓冲区及其他资源。

> CLOSE 游标名；

游标被关闭后就不再和原来的查询结果集相联系，但被关闭的游标可以再次被打开，与新的查询结果相联系。

[**例 8.4**] 根据给定学号 20180001，使用游标输出该学生的全部选课记录。

```
DECLARE
    CnoOfStudent CHAR(10);
    GradeOfStudent INT;
    mycursor CURSOR FOR
    SELECT Cno,Grade FROM SC WHERE Sno='20180001';
BEGIN
    OPEN mycursor;        /*打开游标*/
    LOOP                  /*循环遍历游标*/
        FETCH mycursor INTO CnoOfStudent, GradeOfStudent;   /*检索游标*/
        EXIT WHEN mycursor%NOTFOUND;
        RAISE NOTICE 'Sno:20180001, Cno:%, Grade:%', CnoOfStudent, GradeOfStudent;
    END LOOP;
    CLOSE mycursor;       /*关闭游标*/
END;
```

8.2.5 存储过程

类似于高级语言程序，过程化 SQL 程序也可以被命名和编译并保存在数据库中，称为存储过程(stored procedure)或存储函数(stored function)，供其他过程化 SQL 调用。存储过程或存储函数也是一类数据库的对象，需要有创建、删除等语句。

1. 创建存储过程

```
CREATE OR REPLACE PROCEDURE 过程名(
    [[IN|OUT|INOUT] 参数 1 数据类型,
    [IN|OUT|INOUT] 参数 2 数据类型,…]
)  /*存储过程首部*/
AS <过程化 SQL 块>;    /*存储过程体,描述该存储过程的操作*/
```

存储过程包括过程首部和过程体。在过程首部中，"过程名"是数据库服务器合法的对象标识；存储过程提供了 IN、OUT、INOUT 三种参数模式，分别对应输入、输出、输入输出三种语义，不声明参数模式时默认为 IN 类型。输入参数在被调用时需要指定参数值，输出参数调用时不传入参数值，而是作为返回值返回。输入输出参数调用时需要传入初始值，并会返回操作后的最终值。参数列表中需要指定参数模式、参数名以及参数的数据类型。

过程体是一个<过程化 SQL 块>，包括声明部分和可执行语句部分。<过程化 SQL 块>的基本结构已经在 8.2.1 小节中讲解了。

[例 8.5] 给定学生学号，计算学生的平均学分绩点。

```
CREATE OR REPLACE PROCEDURE compGPA(     /* 定义存储过程 compGPA */
    IN inSno CHAR(10),                   /* 输入参数：学生学号 inSno */
    OUT outGPA FLOAT)                    /* 输出参数：平均学分绩点 outGPA */
    AS
    DECLARE
        courseGPA INT;        /* 声明变量 courseGPA，临时存储课程绩点 */
        totalGPA INT;         /* 声明变量 totalGPA，临时存储总学分绩点 */
        totalCredit INT;      /* 声明变量 totalCredit，临时存储总学分 */
        grade INT;            /* 声明变量 grade，临时存储学生成绩 */
        credit INT;           /* 声明变量 credit，临时存储课程学分 */
        mycursor CURSOR FOR   /* 声明游标 mycursor */
        SELECT Ccredit, Grade FROM SC, Course
            WHERE Sno=inSno and SC. Cno=Course. Cno;
    BEGIN
        totalGPA:=0;
        totalCredit:=0;
        OPEN mycursor;        /* 打开游标 mycursor */
        LOOP                  /* 循环遍历游标 */
            FETCH mycursor INTO credit, grade;     /* 检索游标 */
            EXIT WHEN mycursor%NOTFOUND;
            IF grade BETWEEN 90 AND 100 THEN courseGPA:=4.0;
            ELSEIF grade BETWEEN 80 AND 89 THEN courseGPA:=3.0;
            ELSEIF grade BETWEEN 70 AND 72 THEN courseGPA:=2.0;
            ELSEIF grade BETWEEN 60 AND 69 THEN courseGPA:=1.0;
            ELSE courseGPA:=0;
            END IF;     /* 参照表 8.2，根据成绩找出某门课程对应的绩点 */
            totalGPA:=totalGPA+courseGPA * credit;
            totalCredit:=totalCredit+credit;
        END LOOP;
        CLOSE mycursor;          /* 关闭游标 mycursor */
        outGPA:=1.0 * totalGPA/totalCredit;
    END;
```

2. 执行存储过程

```
CALL/PERFORM [PROCEDURE] 过程名([参数 1, 参数 2, …]);
```

使用 CALL 或者 PERFORM 等方式激活存储过程的执行①。在过程化 SQL 中，数据库服务器支持在过程体中调用其他存储过程。

[**例 8.6**] 查询学号为 20180001 的学生的平均学分绩点 GPA。

```
DECLARE outGPA FLOAT;
BEGIN
    CALL compGPA('20180001',outGPA);
    RAISE NOTICE 'GPA：%', outGPA;
END;
```

在调用含有输入参数和输入输出参数的存储过程时，需要指定具体的参数值。在调用含有输出参数的存储过程时，对应位置不需要传入参数值，但需要事先定义输出变量，如例 8.6 所示。

3. 修改存储过程

可以使用 ALTER PROCEDURE 重命名一个存储过程，格式如下：

    ALTER PROCEDURE 过程名 1 RENAME TO 过程名 2;

可以使用 ALTER PROCEDURE 重新编译一个存储过程，格式如下：

    ALTER PROCEDURE 过程名 COMPILE;

4. 删除存储过程

    DROP PROCEDURE 过程名;

5. 存储过程的优点

使用存储过程具有以下一些优点：

① 存储过程不像解释执行的 SQL 语句那样在提出操作请求时才进行语法分析和优化工作，而是在创建存储过程时就完成了，因而它的运行效率更高，它提供了在服务器端快速执行 SQL 语句的有效途径。

② 存储过程降低了客户机和服务器之间的通信量。客户机上的应用程序只要通过网络向服务器发出调用存储过程的名字和参数，就可以让关系数据库管理系统执行其中的多条 SQL 语句并进行数据处理。只有最终的处理结果才返回客户端。

③ 方便实施企业规则。可以把企业规则的运算程序写成存储过程放入数据库服务器中，由关系数据库管理系统管理。这样做既有利于集中控制，又能够方便地进行维护。当企业规则发生变化时只要修改存储过程即可，无须修改其他应用程序。

8.2.6   存储函数

存储函数也称为自定义函数，以区别于关系数据库管理系统的内置函数。存储函数和存储

---

① 有些数据库管理系统，如 Oracle、MySQL、Kingbase 等，其 CALL 语句不含 PROCEDURE 关键字。

过程类似，都是持久性存储模块。存储函数的创建和存储过程也类似，不同之处是存储函数必须指定返回的类型。

1. 创建存储函数

CREATE OR REPLACE FUNCTION 函数名([参数 1 数据类型，参数 2 数据类型，…])
RETURNS <类型>
AS <过程化 SQL 块>；

2. 执行存储函数

CALL/SELECT 函数名([参数 1，参数 2，…])；

3. 修改存储函数

可以使用 ALTER FUNCTION 重命名一个存储函数，格式如下：

ALTER FUNCTION 函数名 1 RENAME TO 函数名 2；

可以使用 ALTER FUNCTION 重新编译一个存储函数，格式如下：

ALTER FUNCTION 函数名 COMPILE；

存储函数的概念与存储过程类似，这里就不再赘述了。有关示例可参见本章参考文献[4]。

8.3　JDBC 编程

Java 是一种面向对象的高级编程语言，具有健壮性、安全性、可移植性等优点。考虑到 Java 是最受欢迎的编程语言之一，全球有超过千万的开发者在使用它，本节将介绍如何进行 JDBC 编程，即如何使用 Java 语言调用 JDBC 来进行数据库应用程序的设计。

8.3.1　JDBC 工作原理概述

JDBC 应用系统的体系结构如图 8.5 所示，它由三部分构成：用户应用程序、JDBC 驱动程序管理器和数据源。

1. 用户应用程序

用户应用程序提供用户界面、应用逻辑和事务逻辑。使用 JDBC 开发数据库应用程序时，不用关心底层数据源是什么，只需要知道交互数据源的类型即可。用户应用程序与数据库中数据进行交互时，调用的是 JDBC 提供的标准接口(JDBC APIs)。JDBC 的标准接口主要包括：驱动程序管理接口(java. sql. DriverManager)、请求数据库连接时的连接接口(java. sql. Connection)、向数据源发送 SQL 语句并接收结果的执行接口(java. sql. Statement、java. sql. PreparedStatement、java. sql. CallableStatement)、数据库操作结果集处理接口(java. sql. ResultSet)等。

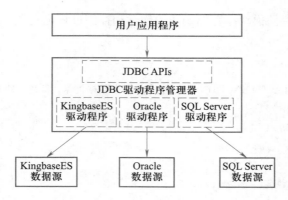

图 8.5　JDBC 应用系统的体系结构

2. JDBC 驱动程序管理器

JDBC 通过驱动程序管理器提供应用系统与数据库平台的独立性。

使用 JDBC 开发应用系统的程序简称为 JDBC 应用程序。JDBC 应用程序与数据库进行交互时不能直接存取数据，其各种操作请求需要通过调用 JDBC 驱动程序管理器提供的标准接口完成。JDBC 驱动程序管理器提供一系列标准接口，各个数据库厂商需要提供 JDBC 驱动程序，建立数据库访问接口与这些标准接口之间的映射。JDBC 应用程序对标准接口访问时，由驱动程序管理器提交给某个关系数据库管理系统的 JDBC 驱动程序，通过调用驱动程序所支持的函数来存取数据库中的数据。数据库的操作结果也通过驱动程序返回给应用程序。**如果应用程序要操纵不同数据库管理系统下的数据库，就要动态地链接到不同的驱动程序上。**

目前，JDBC 驱动程序主要有本地协议驱动和网络协议驱动两种。本地协议一般是数据源和应用程序在同一台机器上，JDBC 应用程序的接口调用将交由驱动程序直接完成对本地数据文件的存取操作，这时驱动程序相当于数据管理器。网络协议驱动支持客户-服务器、浏览器-服务器等网络环境下的数据访问，这时 JDBC 应用程序的接口调用将交由驱动程序访问网络中的中间件(应用服务器)，该中间件将 JDBC 调用直接或间接转换为特定数据库厂商提供的数据存取访问。

无论使用何种类型的驱动程序，驱动程序将完成数据库访问请求的提交和结果集接收，应用程序使用驱动程序提供的结果集管理接口，操纵执行后的结果数据。

3. 数据源

数据源是用户最终需要访问的数据，包含数据库位置、数据库类型、访问数据库的用户名和密码等信息，实际上是一种数据连接的抽象。应用程序与数据源是通过调用驱动管理器 DriverManager 的静态方法 getConnection(URL, UserName, Password)建立连接的，参数分别为数据库的 URL、数据库用户名及密码。

8.3.2　JDBC APIs 基础

JDBC APIs 是各个数据库厂商提供的 JDBC 应用程序开发接口都要遵循的标准。

1. JDBC 中的常用类

使用 JDBC 进行应用程序开发涉及的所有类都包含在 java.sql 包中，常用的有：

① 驱动程序类（java.sql.Driver），由各数据库厂商提供。

② 驱动程序管理类（java.sql.DriverManager），作用于应用程序与驱动程序之间。

③ 数据库连接类（java.sql.Connection），用于建立与指定数据库的连接。

④ 静态 SQL 语句执行类（java.sql.Statement），用于执行静态 SQL 语句并返回结果。

⑤ 动态 SQL 语句执行类（java.sql.PreparedStatement），用于执行含参 SQL 语句并返回结果。

⑥ 存储过程语句执行类（java.sql.CallableStatement），用于执行存储过程语句并返回结果。

⑦ 结果集处理类（java.sql.ResultSet），用于检索结果集中的数据。

注意：JDBC 应用程序开发接口包含在上述 Java 类中，不同 JDBC 版本上的接口名与接口的使用可能是有差异的，读者必须注意使用的版本。

2. 数据类型

JDBC 定义了两套数据类型：SQL 数据类型和 Java 数据类型。SQL 数据类型用于数据源，涉及例如创建关系模式时指定属性的数据类型。Java 数据类型用于应用程序，涉及例如程序中定义的变量的数据类型。它们之间的转换规则如表 8.4 所示。当用户的应用程序通过 JDBC APIs 从数据库中存取数据时，Java 程序所使用的变量类型需要与数据库中关系模式属性的类型建立映射关系。例如，通过结果集处理对象中的 get 方法从数据库中获得结果集，并把记录中的属性值赋给应用程序变量；为动态 SQL 语句执行对象绑定应用程序变量。

表 8.4　SQL 数据类型与 Java 数据类型之间的转换规则

数据类型	SQL 数据类型	Java 数据类型
SQL 数据类型	数据源之间转换	应用程序变量传递给语句参数
Java 数据类型	从数据库中读取数据赋值给应用程序变量	应用程序变量之间转换

8.3.3　使用 JDBC 操纵数据库的工作流程

使用 JDBC 操纵数据库的工作流程如图 8.6 所示。本小节将结合具体的应用实例来介绍如何使用 JDBC 开发应用系统。

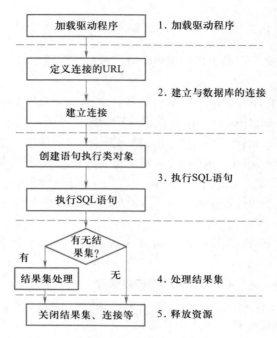

图 8.6   使用 JDBC 操纵数据库的工作流程

1. 加载驱动程序

在连接数据库之前，首先加载要连接数据库的驱动程序。可以使用 java. lang. Class 类的静态方法 forName(String className)来加载指定数据库的驱动程序。一般来讲，在数据库厂商提供的 Driver 类中(例如 Kingbase 数据库的 com. kingbase. Driver)，其静态代码段会默认包含一次驱动程序的注册操作。forName 方法在加载类时会自动执行一次该静态代码段，从而向驱动程序管理器注册一个驱动程序。

[**例 8.7**]对 Kingbase、Oracle、SQL Server 数据库加载驱动。

```
Class. forName("com. kingbase. Driver");                              /* Kingbase */
Class. forName("oracle. jdbc. OracleDriver");                         /* Oracle */
Class. forName("com. microsoft. jdbc. sqlserver. SQLServerDriver");   /* SQL Server */
```

注意：在 JDBC 4.0 及以后版本不再需要使用 Class. forName()显式地加载 JDBC 驱动程序。此外，根据 JDBC 开发规范，连接数据库等操作需要进行异常处理。本书为了叙述方便省略了异常处理，在实际的应用开发中建议参考 JDBC 开发规范补充异常处理逻辑，以增强应用系统的健壮性。

2. 建立与数据库的连接

(1) 定义连接的 URL

加载数据库驱动程序后，可以与数据库建立连接，连接需要通过 URL 地址定义。URL 地

址包含连接数据库所需的协议、子协议和数据库名称，定义格式为

<协议名>:<子协议名>:<数据库名称>

JDBC 连接中的协议名总是 jdbc，子协议名和数据库名称由具体连接的 DBMS 决定。

[例 8.8] 定义与 Kingbase、Oracle、SQL Server 数据库连接的 URL。

strURL="jdbc:kingbase://"+服务器地址+":"+端口号+"/"+数据库名;
strURL="jdbc:oracle:thin:@"+服务器地址+":"+端口号+":"+数据库名;
strURL="jdbc:microsoft:sqlserver://"+服务器地址+":"+端口号+":"+数据库名;

Kingbase、Oracle、SQL Server 的默认端口号分别为 54321、1521、1433。

（2）建立连接

利用生成的 URL 建立与数据库的连接。连接数据库时，需要向 java.sql.DriverManager 类请求并创建一个数据库连接类（Connection）对象。使用 java.sql.DriverManager 类提供的静态方法 getConnection，传入指定的连接 URL、数据库用户名和密码建立连接。

[例 8.9] 建立与 Kingbase 数据库的连接，假定 Kingbase 服务器地址为 192.168.0.118，端口号为 54321，数据库名为 DB-Student，用户名为 Info001，密码为 123456。

String strURL ="jdbc:kingbase://192.168.0.118:54321/DB-Student";
Connection conn= DriverManager.getConnection(strURL,"Info001","123456");

3. 执行 SQL 语句

（1）创建语句执行类对象

与数据库建立连接后，就可以开始操作数据库了。JDBC 提供了语句执行类对象用来执行用户提交的 SQL 语句，并接收 SQL 查询的结果集。

利用数据库连接类的 createStatement 方法可以创建静态语句执行类对象（Statement），静态语句执行类对象只能用于执行静态的 SQL 语句。静态语句执行类还派生出两个动态语句执行类（PreparedStatement）和存储过程执行类（CallableStatement），它们可以用于执行更高级的 SQL 语句。

动态语句执行类对象用来执行动态的 SQL 语句，经过预编译，可以有效防止 SQL 注入攻击，从而提高数据库的安全性。另外，预编译结果可以存储在动态语句执行类对象中，多次执行该 SQL 语句时可以提高运行效率。

JDBC 还提供一个存储过程执行类，专门用于执行数据库存储过程。

（2）执行 SQL 语句

SQL 语句可以通过以下三种方法执行：executeQuery、executeUpdate 和 execute。

① executeQuery 用来执行数据库查询语句，成功执行后返回一个 ResultSet 类（结果集）对象。

② executeUpdate 用来处理增加、删除、修改以及数据库定义语句，成功执行后返回一个

int 类型值。

③ execute 用来处理存储过程或动态 SQL 语句，成功执行后返回一个 boolean 类型值。

[例 8.10]使用 JDBC 向课程评价表中插入一条记录。课程评价关系模式为 ClassAssess(Sno, Tno, TCno, Assess, CAtype Feedback)。

```
/ * 创建 PreparedStatement 类对象  * /
PreparedStatement stmt = conn. prepareStatement("INSERT INTO ClassAssess VALUES(?,?,?,?,?,?)");
/ * 生成 PreparedStatement 类对象的动态参数,注意第六个字段 Feedback 未设置输入值  * /
stmt. setString(1, "20180001");            / * 设置学生学号 * /
stmt. setString(2, "19950018");            / * 设置职工号 * /
stmt. setString(3, "81001-01");            / * 设置教学班号 * /
stmt. setString(4, "老师讲得很出色");        / * 设置学生评价意见 * /
stmt. setBoolean(5, true);                 / * 设置学生评价意见类型 * /
stmt. executeUpdate();
```

[例 8.11]利用例 8.5 创建的 compGPA 存储过程，使用 JDBC 查询学号为 20180001 同学的平均学分绩点。

```
CallableStatement stmt = conn. prepareCall("｛CALL compGPA (?,?)｝");
/ * 创建存储过程执行类对象 * /
/ * 生成 CallableStatement 类对象中的动态参数  * /
stmt. setString(1, "20180001");               / * 设置输入参数 * /
stmt. registerOutParameter(2, Types. REAL);   / * 设置输出参数 * /
stmt. execute();                              / * 执行存储过程 * /
float fGPA = stmt. getFloat(2);               / * 获取输出参数 fGPA * /
```

4. 处理结果集

使用 executeQuery 方法执行数据库查询语句，成功执行后返回一个结果集类对象（ResultSet）。通过遍历结果集类对象中的每一个元组，执行用户定义的应用逻辑。此外，通过 ResultSet 类提供的 getXXX()方法来获取结果集中元组的属性值。XXX 代表某种数据类型，当用户想要获取某种数据类型的某列值时，可以指定参数为列号（JDBC 的列从 1 开始）或列名。

JDBC 使用游标来处理结果集数据，游标可分为三种类型：TYPE_FORWARD_ONLY 游标、TYPE_SCROLL_INSENSITIVE 游标和 TYPE_SCROLL_SENSITIVE 游标。TYPE_FORWARD_ONLY 游标只能在结果集中向下滚动，它是 JDBC 的默认游标类型。TYPE_SCROLL_INSENSITIVE 游标和 TYPE_SCROLL_SENSITIVE 游标是双向滚动游标，区别就在于前者不会同步更新数据库中的操作，后者会在结果集类对象中及时跟踪数据库的更新操作。这个参数可以通过指定结果集类对象的 resultSetType 参数进行修改。

JDBC 游标的打开方式不同于嵌入式 SQL，不是显式声明而是由系统自动产生，当结果集刚刚生成时，游标指向第一行数据之前，通过 next( )、previous( )等操作来移动游标获取结果集中的每一行数据。

[**例 8.12**]打印教师职工号为 19950018，教学班号为 81001-01 的学生课程评价详情。

```
String SQL "SELECT Sno, Assess, CAtype, Feedback FROM ClassAssess
        WHERE Tno='19950018' AND TCno = '81001-01';
ResultSet rs = stmt. executeQuery( SQL );
while( rs. next( ) ) {
        String Sno = rs. getString( "Sno" );              /* 等价于 rs. getString( 1 ) */
        String strAssess = rs. getString( "Assess" );      /* 等价于 rs. getString( 2 ) */
        Boolean bCAtype = rs. getBoolean ( "CAtype" );     /* 等价于 rs. getBoolean ( 3 ) */
        String strFeedback = rs. getString ( "Feedback" ); /* 等价于 rs. getString( 4 ) */
        /* 打印课程评价详情,注意隐藏学生的信息,例如学生的学号 */
        System. out. printf( "[%s,%b,%s]%n", strAssess, bCAtype, strFeedback );
}
```

5. 释放资源

处理结束后，应用程序将首先关闭结果集，再关闭语句执行类对象，最后释放数据库连接并与数据库服务器断开。关闭结果集使用结果集类对象提供的 close 方法。类似地，关闭语句执行类对象和释放数据库连接也分别使用执行语句类对象和连接类对象的 close 方法。

[**例 8.13**]基于 JDBC 实现 8.1.1 小节的任务 4。

为了简化描述，输出字符串 str 到网页的代码使用 System. out. println(str)函数代替。

如图 8.7 所示，任务 4 涉及的实体型包括"教师""教学班""学生"，实体型之间的联系包括"教师"与"教学班"之间的"讲授"，"学生"与"教学班"之间的"选课"，"教学班""教师""学生"三者之间的"课程评价"。

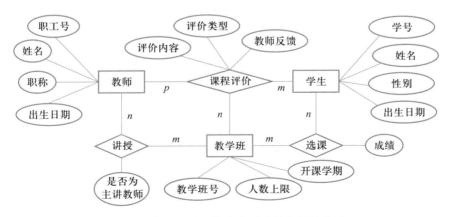

图 8.7　任务 4 涉及的实体型及其之间的联系

其中,"选课"关系模式为 SC(Sno, TCno, Grade),分别表示学生学号、教学班号、成绩。"讲授"关系模式为 Teaching(TCno, Tno, IsLeading),分别表示教学班号、职工号、是否为主讲教师。"课程评价"关系模式为 ClassAssess(Sno, Tno, TCno, Assess, CAtype, Feedback),分别表示学生学号、职工号、教学班号评价内容、评价类型、教师反馈。此外,"教师""教学班"关系模式分别命名为 Teacher、TeachingClass。

① 数据库连接的管理。

```
public class ConnectionManager{
    static final String jdbcUrl ="jdbc:kingbase://192.168.0.118:54321/DB-Student";
    static final String jdbcUsername = "Info001";
    static final String jdbcPassword = "123456";
    private static Connection connection = null;
    /*静态代码段,加载 Kingbase 数据库驱动程序*/
    static{
        Class.forName("com.kingbase.Driver");
    }
    public static Connection createConnection(){
        connection=DriverManager.getConnection(jdbcUrl,jdbcUsername,jdbcPassword);
        System.out.println("数据库连接成功...");
        return connection;
    }
    /*释放资源*/
    public static void release(){
        if (connection!=null) connection.close();
        System.out.println("释放资源成功...");
    }
}
```

② 学生浏览指定的教学班和授课教师,并输入课程评价。

```
Connection conn =ConnectionManager.createConnection();
Statement stmnt = conn.createStatement();
/*设置如下任务的 SQL 语句:获取学生所选的教学班及授课教师,*/
/*假设 strSno 为该学生学号*/
String SQL4ClassAssess = "SELECT TCno,
    Tno FROM Student,Teacher,Teaching, SC
        WHERE Teacher.Tno=Teaching.Tno AND Teaching.TCno=SC.TCno AND SC.Sno="+strSno;
/*获取执行语句 SQL4ClassAssess 的结果集*/
ResultSet rs = stmnt.executeQuery(SQL4ClassAssess);
```

```
/ * 设置插入学生课程评价的动态 SQL 语句 */
String insertSQL = "INSERT INTO ClassAssess(Sno, Tno,
    TCno, Assess, CAtype) VALUES(?,?,?,?,?)";
    PreparedStatement ps = conn. prepareStatement( insertSQL);
while( rs. next( ) ) {
    / * 阅读该学生所选的教学班及授课教师 */
    String strTno = rs. getString( "Tno");
    String strTCNo = rs. getString( "TeachingClassNo");
    / * 对该授课教师讲授的教学班进行评价 */
    ps. setString( 1, strSno);
    ps. setString( 2, strTno);
    ps. setString( 3, strTCno);
    ps. setString( 4, "老师讲得很出色");
    / * 课程评价根据用户输入进行设置,这里仅仅是示例 */
    / * 1 为正面评价,0 为负面评价;评价类型可由用户设置 */
    ps. setBoolean( 5, true);
    ps. executeUpdate( );
}
rs. close( );
ps. close( );
stmnt. close( );
ConnectionManager. release( );
```

③ 教师浏览教学班学生的评价意见,并针对每条评价逐一做出回复。

```
Connection conn = ConnectionManager. createConnection( );
Statement stmnt = conn. createStatement( );
/ * 获取教师指定教学班的学生课程评价。假设教师职工号为 strTno, */
/ * 教学班号为 strTCno */
ResultSet rs = stmnt. executeQuery( "SELECT Sno, Assess, CAtype,
        Feedback FROM ClassAssess WHERE TCno
        =" +strTCno+" AND Tno
        =" +strTno);
/ * 设置更新教师课程意见反馈的动态 SQL 语句 */
String updateSQL = "UPDATE ClassAssess SET Feedback
        =? WHERE Sno
        =? AND Tno
        =? AND TCno
        =?";
```

```
PreparedStatement ps = conn. prepareStatement( updateSQL) ;
while ( rs. next( ) ) {
    /* 阅读每一条课程评价 */
    String strSno = rs. getString( "Sno" ) ;
    String strAssess = rs. getString( "Assess" ) ;
    Boolean bCAtype = rs. getString( "CAtype" ) ;
    String strFeedback = rs. getString( "Feedback" ) ;
    /* 打印课程评价详情,注意隐藏学生的信息,例如学生的学号 */
    System. out. printf( "[ %s,%b,%s]%n" ,strAccess, bCAtype, strFeedback) ;
    /* 对该评价进行回复 */
        ps. setString(1, "感谢你的评价" ) ;           /* 反馈意见根据教师的输入进行设置 */
        ps. setString (2, strSno) ;                    /* 设置学生学号 */
        ps. setString (3, strTno) ;                    /* 设置教师职工号 */
        ps. setString (4, strTCno) ;                   /* 设置教学班号 */
        ps. executeUpdate( ) ;                         /* 更新教师课程意见反馈 */
}
rs. close( ) ;
ps. close( ) ;
stmnt. close( ) ;
ConnectionManager. release( ) ;
```

从例 8.13 可以看出，在应用程序中直接使用 JDBC 操纵数据库，需要经过图 8.6 所示的加载驱动程序—建立与数据库的连接—执行 SQL 语句—处理结果集—释放资源的整个过程(加载驱动程序可以省略)。程序的代码管理显得比较复杂。此外，在程序的模块中需要获取数据库连接，在数据操作完毕之后再关闭数据库连接。这样对数据库进行频繁连接、开启和关闭操作，会造成数据库资源的浪费，影响数据库的性能。8.4 节基于 MVC 框架的数据库应用开发可以克服这些缺点。

*8.4　基于 MVC 框架的数据库应用开发

MVC(model-view-controller，模型-视图-控制器模式)是一种使用业务模型(Model)、用户结果呈现(View)以及业务模型控制器(Controller)来进行 Web 数据库应用开发的编程框架。基于 MVC 框架进行 Web 数据库应用开发，其核心思想在于功能的解耦以及功能的模块化。以本书第 7 章中介绍的"高校本科教务管理"信息系统的子系统"教师教学管理"为例进行介绍(参见图 7.30)，该子系统共包括"教师""教室""时间片""教学班"等实体，以及"排课""讲授""课程评价"等联系。其功能包括：

① "教师"实体的增加、删除、修改、查询。

② "教室"实体的增加、删除、修改、查询。

③ "时间片"实体的增加、删除、修改、查询。

④ "教学班""教室""时间片"三者之间"排课"联系的增加、删除、修改、查询。

⑤ "教学班""教师"之间"讲授"联系的增加、删除、修改、查询。

⑥ "学生""教学班""教师"三者之间"课程评价"与回复的增加、删除、修改、查询。

基于 MVC 框架进行应用开发，需要将上述 6 个功能模块进行解耦，并按照 MVC 框架的工作流程图对每一个模块进行独立设计与实现。

图 8.8 给出了 MVC 框架的工作流程图。MVC 框架包含三部分：业务模型控制器、业务模型和用户结果呈现。每部分各自处理自己的工作，互不干扰。

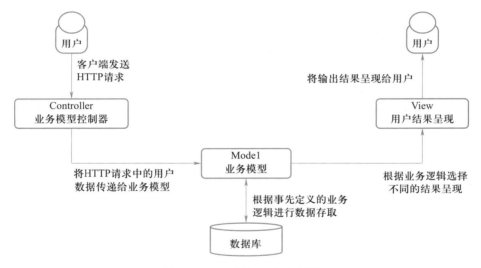

图 8.8　MVC 框架工作流程图

业务模型控制器用来接收用户通过浏览器发送的 HTTP 服务请求，该请求中包括用户需要选择的业务模型，以及其他可选的输入参数（可以是用户在文本框中输入的文本、下拉列表框中的数据项等，也可以是用户的操作类型）。

业务模型用来建立用户的业务逻辑。它根据业务模型控制器解析出来的用户数据，执行事先定义的业务逻辑，并操纵数据库存取数据。业务模型的输出独立于具体的数据格式（考虑到数据源的多样性），可以为多个用户结果呈现提供展示所需要的数据。由于业务模型可以被多个用户结果呈现重用，所以减少了代码的重复性。

用户结果呈现是用户看到并与之交互获得结果展示的界面。它根据业务模型输出的结果反馈给客户端进行呈现。

在 MVC 开发框架中，从应用程序与数据库交互的角度来看，其在应用程序中无须显式地使用 JDBC 操纵数据库，而仅需要在业务模型中显式地建立业务与数据库之间的映射关系，由 MVC 框架自动完成应用程序与数据库之间的交互（具体可参见例 8.14）。

[例 8.14] 使用 MVC 框架实现任务 4。

图 8.9 给出了使用 MVC 框架实现任务 4 的系统流程图，ClassAssessController 类对应业务模型控制器，ClassAssessModel 类对应业务模型，ClassAssessView 类对应用户结果呈现。

ClassAssessController 类分别创建了 ClassAssessService 类对象和 ClassAssessModel 类对象。ClassAssessService 类对象用来接收用户通过浏览器提交的 HTTP 请求，解析请求中用户的输入参数。以教师用户访问"教师浏览指定教学班评价与回复"功能页面为例（如图 8.9 左上角显示，用户可以通过"高校本科教务管理"信息系统主页导航到该功能页面），当教师用户浏览到学生对课程的评价并需要做出意见回复时，可以在相应的文本框中输入对学生课程评价的意见反馈，点击"回复"按钮进行意见反馈提交。Web 服务器通过解析用户的提交请求（例如图中给出的链接请求），将该 Web 请求发送给指定的业务模型控制器 ClassAssessController 类。需要注意的是，该 Web 请求中还包括请求的用户输入（即传递的变量）：职工号、教学班号、学生学号、教师对学生课程评价的意见反馈。根据用户的操作请求，业务模型控制器将用户输入传递给 ClassAssessModel 类对象中的 insertFeedback 方法，把教师对指定学生课程评价的意见反馈存放到数据库中。

ClassAssessModel 类用来实现学生课程评价以及教师回复学生课程评价的应用逻辑。方法 insertFeedback 以控制器传递的学生学号 Sno、教学班号 TCno、教师职工号 Tno、教师反馈 Feedback 作为参数，将教师回复的学生评价反馈更新到数据库中。方法 getAssess 以控制器传递教学班号 TCno、教师职工号 Tno 为查询参数，查询出数据库中当前教学班所有学生的评价信息。结合方法 insertFeedback 和方法 getAssess，可以实现将教师回复指定学生课程评价的意见反馈数据更新到数据库中，并查询出数据库中当前教学班所有的最新评价数据返回 ClassAssessView 类展示给用户。方法 getTeachingClass 和方法 insertAssess 分别实现学生浏览所选教学班信息以及插入学生的课程评价信息功能。

在 MVC 开发框架中，业务模型与数据库之间的交互主要包括数据访问对象（data access object，DAO）和对象/关系数据库映射（object-relational mapping，ORM）。DAO 是将所有对数据源的访问操作抽象封装在这个类中。在应用程序中，当需要和数据源进行交互时则使用 DAO 类提供的方法进行统一访问。简单地说，DAO 就是将数据库中数据的增加、删除、修改、查询等操作封装在专门的类中，当业务模型需要与数据库进行交互时，直接调用该 DAO 类来实现 JDBC 操纵数据库的每一个步骤。

ORM 是将关系数据库中关系模式和业务模型之间做一个映射（例如关系模式 ClassAssess 和 ClassAssessModel），并建立业务模型中成员变量与关系模式属性之间的映射关系。这样，当与数据库进行交互时无须撰写复杂的 SQL 语句与数据库打交道，而只需要在应用程序中操作业务模型中的成员变量。数据库持久层框架 iBatis、myBatis、Hibernate，以及很多 PHP 框架都自带 ORM 库，在 MVC 框架中引入数据库持久层框架，通过撰写简单的 XML 配置文件即可实现关系模式和业务模型之间的映射，从而极大地简化业务模型与数据库之间的开发复杂度。

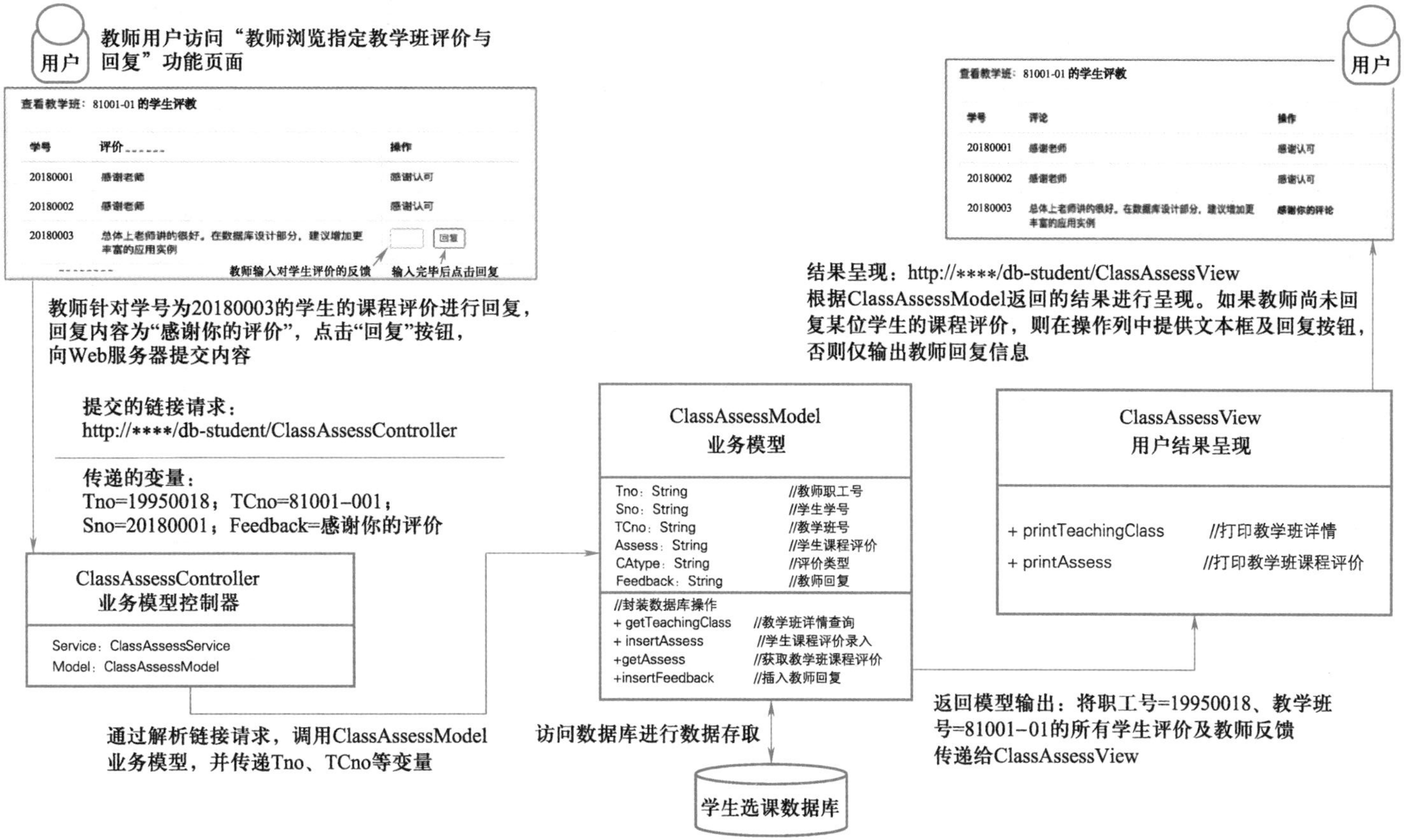

用户

用户

直看教学班：81001-01 的学生评教

学号	评价	操作
20180001	感谢老师	感谢认可
20180002	感谢老师	感谢认可
20180003	总体上老师讲的很清楚，在数据库设计部分，建议增加些丰富的应用示例	感谢你的建议

教师用户访问 "教师浏览指定教学班评价与回复" 功能页面

直看教学班：81001-01 的学生评教

学号	评价	操作
20180001	感谢老师	感谢认可
20180002	感谢老师	感谢认可
20180003	总体上老师讲的很清楚，在数据库设计部分，建议增加些丰富的应用示例	感谢认可 [回复] 输入完毕点击回复

教师输入对学生评价的反馈

教师针对学号为20180003的学生的课程评价进行回复，回复内容为"感谢你的评价"，点击"回复"按钮，向Web服务器提交内容

提交的链接请求：
http://****/db-student/ClassAssessController

传递的变量：
Tno=19950018，TCno=81001-001；
Sno=20180001；Feedback=感谢你的评价

ClassAssessController
业务模型控制器

Service：ClassAssessService
Model：ClassAssessModel

通过解析链接请求，调用ClassAssessModel业务模型，并传递Tno、Sno、TCno变量

结果呈现：http://****/db-student/ClassAssessView
根据ClassAssessModel返回的结果进行呈现。如果教师尚未回复某位学生的课程评价，则在操作列中提供文本框及回复按钮，否则仅输出教师回复信息

ClassAssessModel
业务模型

Tno：String　　//教师职工号
Sno：String　　//学生学号
TCno：String　　//教学班学号
Assess：String　//学生课程评价
CAtype：String　//评价类型
Feedback：String//教师回复

//封装数据库操作
+ getTeachingClass　//教学班详情查询
+ insertAssess　//学生课程评价录入
+getAssess　//获取教学班课程评价
+insertFeedback　//插入教师回复

访问数据库进行数据存取

学生选课数据库

返回模型输出：将职工号=19950018，教学班号=81001-01的所有学生评价及教师反馈传递给ClassAssessView

ClassAssessView
用户结果呈现

+ printTeachingClass　//打印教学班详情
+ printAssess　//打印教学班课程评价

图 8.9　使用 MVC 框架实现任务 4 的系统流程图

ClassAssessView 类用来将业务模型的执行结果按照合适的方式进行结果呈现。例如，类中的 printTeachingClass 函数实现的功能就是打印学生浏览其所选教学班及其授课教师。

由于 MVC 框架可以使用配置文件的方式支持业务模型与数据库之间的数据交互，避免了在业务模型中显式地调用 JDBC 编程与数据库进行交互，从而降低了应用开发的复杂度。另外，MVC 框架提供的连接池管理优化了应用程序频繁访问数据库的性能。进一步地，MVC 框架中的业务模型、用户结果呈现、业务模型控制器分离架构，使程序更加容易开发和维护。值得一提的是，在实际的应用开发中，根据应用的类型、用户规模的大小，所选用的开发模式也会有所不同。本书限于篇幅，不再介绍其他开发模式。

本 章 小 结

本章从两个方面讲解数据库编程技术：一是扩展 SQL 的功能，二是通过高级语言实现复杂应用。

本章讲解了扩展 SQL 能力的技术途径，具体包括引入新的 SQL 子句、引入新的内置函数、引入 PL/SQL 以及存储过程/存储函数等技术。存储过程和存储函数经编译和优化后存储在数据库服务器中，运行效率高，客户机和服务器之间的通信量小，可以集中控制管理，因此被广泛使用。

SQL 与高级语言具有不同的数据处理方式。SQL 是面向集合的，而高级语言是面向记录的。游标就是用来协调这两种不同的处理方式的机制。要掌握游标的概念，学会用游标来编写实际的应用程序。

本章还阐述了 JDBC 的工作原理和工作流程，即在 Java 程序中如何访问数据库中的数据。使用 JDBC 编写的应用程序可移植性好，能同时访问不同的数据库，共享多个数据资源。本章最后讲解了基于 MVC 框架的开发方式，在实际的项目开发中，采用开发框架的方式可以提高应用开发的效率。

习 题 8

1. 假定一门课程存在多门直接先修课程，使用 WITH RECURSIVE 子句查找"数据库系统概论"课程的所有先修课课程号和课程名称。

2. 对"学生选课"数据库编写存储过程，完成下述功能：

① 统计"离散数学"课程的成绩分布情况，即按照各分数段统计人数。

② 统计任意一门课程的平均成绩。

③ 将学生选课成绩从百分制改为等级制（即 A、B、C、D、E）。

3. 设有产品表的关系模式 Product(PID, PName, Price, Amount, DateOfManufacture)，描述的是产品编号、产品名称、单价、数量、生产日期，其中主码为产品编号与生产日期。请基于某一种关系数据库管理系统，使用数据定义语言完成 Product 关系模式的创建，并使用存储过程或存储函数生成不少于 1 000 条产品记录。

4. 使用 JDBC 编写应用程序，实现对异构数据库中的数据进行迁移。要求：

① 配置两种不同的数据源，编写程序连接两种不同关系数据库管理系统的数据源。

② 分别在上述两种关系数据库管理系统中完成第 3 题产品关系模式创建及产品记录的生成。

③ 使用 JDBC 编写应用程序，将一种关系数据库管理系统产品表的数据迁移到另一种关系数据库管理系统的产品表，进行追加。

第 8 章实验　数据库编程与大作业

实验 8.1　存储过程实验。掌握数据库 PL/SQL 编程语言，以及数据库存储过程的设计和使用方法，包括存储过程定义、存储过程运行、存储过程更名、存储过程删除、存储过程的参数传递。掌握 PL/SQL 编程语言和编程规范，规范设计存储过程。

实验 8.2　自定义函数。掌握数据库 PL/SQL 编程语言以及数据库自定义函数的设计和使用方法，包括自定义函数定义、自定义函数运行、自定义函数更名、自定义函数删除、自定义函数的参数传递。掌握 PL/SQL 和编程规范，规范设计自定义函数。

实验 8.3　游标实验。掌握 PL/SQL 游标的设计、定义和使用方法，理解 PL/SQL 游标按行操作和 SQL 按结果集操作的区别和联系。掌握各种类型游标的特点、区别与联系。

实验 8.4　基于 JDBC 访问数据库的应用开发。掌握基于 JDBC 驱动的数据库应用开发方法、基于 JDBC 驱动的数据库连接方法，实现数据库数据操纵等应用开发常见功能。

实验 8.5　数据库设计与应用开发大作业。掌握综合运用数据库原理、方法和技术进行数据库应用系统分析、设计和开发的能力。能够针对某部门或单位的应用需求，通过系统分析，从数据库数据和应用系统功能两方面进行综合设计，实现一个完整的数据库应用系统。

参考文献 8

［1］RDBMS 用户使用手册。

［2］RDBMS 编程手册。

［3］关于 Java 和 JDBC，可参阅 Oracle 官网上的 Java Tutorials 文档，也可从 MSDN（Microsoft Developer Network）上获得相关的资料。

［4］王珊，张俊 . 数据库系统概论（第 5 版）习题解析与实验指导［M］. 北京：高等教育出版社，2014.

本章知识点讲解微视频：

SQL 语言表达能力的限制

过程化 SQL 例子

存储过程的使用场景

JDBC 架构与工作原理

第三篇

系　统　篇

本篇讲解数据库管理系统中查询处理和事务管理的基本概念和基础知识。

本篇包括5章。

第9章关系数据库存储管理。存储管理是数据库管理系统的重要职责之一，它与查询优化以及数据库物理设计都密切相关。本章介绍关系数据库的数据组织方法和5种常用的索引结构。

第10章关系查询处理和查询优化，讲解关系数据库管理系统查询处理的基本步骤，实现选择操作和连接操作的算法，查询优化的概念、方法和技术，以及查询计划的执行方法。

第11章数据库恢复技术，讲解事务的基本概念和性质，数据库系统遇到故障后进行恢复的技术和方法，以及提高故障恢复效率的检查点技术和数据库镜像技术。

第12章并发控制，介绍并发操作可能造成数据不一致的问题，以及事务的4种隔离级别；讲解并发控制的基本概念和最常用的封锁技术；讨论并发调度的可串行性，以及如何用封锁技术保证并发事务的可串行性。

*第13章数据库管理系统，阐述数据库管理系统的基本功能、系统结构及主要的实现技术。本章可以作为选读内容，为读者进一步学习数据库内核实现技术打下基础。

第 9 章 \ 关系数据库存储管理

本章讨论关系数据库的数据组织和存储管理。我们将重点介绍基于磁盘的数据库的组织与存储，有关内存数据库的数据组织见新技术篇的第 17 章。

本章导读

存储管理是数据库管理系统(DBMS)的重要职责之一。它与查询优化以及数据库物理设计都密切相关。

本章介绍关系数据库的数据组织和索引结构。在 9.1 节数据组织中主要讨论数据库的逻辑与物理组织方式，重点介绍记录的表示、记录如何在块中组织存储以及如何组织关系表的存放；在 9.2 节索引结构中重点介绍 5 类索引，包括顺序表索引、辅助索引、B+树索引、哈希索引和位图索引。

本章的难点是理解数据库逻辑组织与物理组织之间的对应关系，了解关系表的几种存放方式，深入理解索引的作用，掌握 B+树索引和哈希索引的组织方式和查找方式。

在第一篇基础篇中我们已经知道，关系数据库的一个重要特点是存储结构和存取路径对用户隐蔽，用户访问数据库时，只需要用 SQL 语句表达自己需要哪些信息，比如"查询数据库系统概论课程的选课人数"，而不需要像过程化语言那样具体指定怎么去查找。将用户的查询请求转化成查询执行计划，是数据库查询优化的一个重要工作，而了解关系数据库的数据组织与存储管理，能帮助我们更好地理解关系数据库查询优化的原理。同时，了解数据组织与存储管理，也能帮助我们在应用开发中更好地进行数据库物理设计。

9.1　数据组织

数据库是大量数据的有结构的综合性集合。如何将这样一个庞大的数据集合以最优的形式组织起来存放在外存上，是一个非常重要的问题。所谓"优"应包括两方面：一是存储效率高，节省存储空间；二是存取效率高，访问速度快，代价小。本节主要介绍数据库的逻辑组织方式和物理存储方式。

9.1.1　数据库的逻辑组织方式与物理组织方式

数据库数据存放的基础是文件，对数据库的任何操作最终都要转化为对文件的操作。所以在数据库的物理组织中，基本问题就是如何利用操作系统提供的基本文件组织来设计数据库数据的存放方法，这实际上也就对应了数据存储管理的两种方式。

第一种方式是每一个数据库对象（例如每一个基本表、索引等）都对应一个操作系统的文件，这种数据组织方式本质上是将存储管理交由操作系统去完成。PostgreSQL、Kingbase ES 等采用此种存储管理方式。

第二种方式是整个数据库对应一个或若干个文件，由数据库管理系统进行存储管理，这种存储方式也称作段页式存储方式。Oracle、SQL Server 等采用这种存储管理方式。

在段页式存储管理中，数据库管理系统首先向操作系统申请一个大文件，当数据量不断增加，文件空间不够时，数据库管理系统会向操作系统申请追加新的文件。为了方便管理，数据库管理系统通常会对数据库空间进行逻辑划分，以增加灵活性。不同数据库管理系统从**逻辑上**划分数据库空间的方法并不完全一样，一种常见的划分方式是将数据库组织成"**表空间–段–分区–数据块**"的形式，如图 9.1 所示。

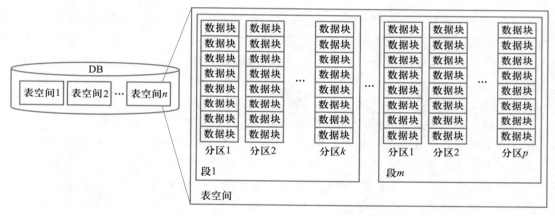

图 9.1　一种数据库的逻辑组织方式

在图 9.1 中，一个表空间对应磁盘上一个或多个物理文件，但一个物理文件只能属于一个表空间。一个数据库可以有多个表空间，从逻辑上组织数据库中的数据存储，如系统表空间、联机表空间、临时表空间等。一个表空间逻辑上由多个段组成，每个段可以逻辑上组织不同类型的数据，如数据段、索引段、临时段等。一个段逻辑上又由多个分区组成，每个分区由一组连续的数据块组成。块是数据库的磁盘存取单元，其大小为操作系统块的整倍数。

从逻辑上划分数据库空间是为了方便数据的管理。从物理上看，数据库中的数据最终是以文件（关系表）的形式存储在磁盘上。每个文件物理上分成定长的存储单元，即操作系统的物理块。物理块是存储分配和 I/O 处理的基本单位。一个物理块可以存放表中的多个记录（元组），一个表通常会占用多个块。因此数据库的物理组织形式是"**文件-块-记录**"。图9.2是逻辑组织方式与物理组织方式之间的对应关系。接下来，9.1.2 小节将具体介绍如何组织单条记录，9.1.3 小节将介绍如何在一个块中存放一组记录，9.14 小节将介绍如何组织一个关系表在块中的存储。

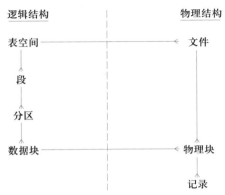

图 9.2　数据库逻辑组织方式与物理组织方式的对应关系

9.1.2　记录表示

关系表的记录可以以定长记录和变长记录两种形式来存储。

1. 定长记录存储

以定长记录方式存储数据，指的是关系表中每条记录占据相同大小的空间。即使表中有变长字段，也可以以定长记录方式存储，这时会为变长字段预留最大长度的空间。

例如，对于第 3 章例 3.5 创建的 Student(Sno, Sname, Ssex, Sbirthdate, Smajor) 表，采用定长记录存储方式，其一条记录的存储形式如图 9.3 所示。这里给 VARCHAR 数据类型的 Sname、Smajor 属性分配了最大长度的空间。

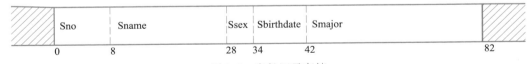

图 9.3　定长记录存储

有些硬件系统对内存中数据的起始地址有要求，比如 4 的倍数或 8 的倍数。如果数据在磁盘上如图 9.3 这样紧密存储，在读入内存时就需要做地址转换。为了简化地址转换，并方便系统在不同平台上移植，可以在外存中也保证各字段的起始地址是 4 或 8 的倍数，如图 9.4 所示。在图 9.4 中，每个字段都是从 8 的倍数的地址起始，虽然 Sname 的定义是 20 B，但实际分配给它 24 B。同样，本来定义了 6 B 的 Ssex 属性，这里分配了 8 B。

采用定长记录存储方式的好处是，能快速定位到记录及其属性的物理位置，增、删、改比也较方便和快捷；但这种方式显然会浪费一些存储空间。

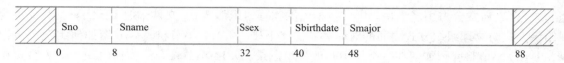

图 9.4   定长记录存储(字段起始地址为 8 的倍数)

2. 变长记录存储

Student 表的 Sname 属性和 Smajor 属性都是变长字符串,所以 Student 表也可以以变长记录形式存储,以节省存储空间。在组织变长记录时,应保证能够快速地访问一条记录,并能快速地访问其中的所有属性,包括定长和变长属性。通常有三种存储变长记录的方式。

第一种方式是在每条记录的头部记录该条记录的长度,并在这条记录的每个变长字段前记录该字段的长度,如图 9.5 所示。在这个例子中,假设中文字符采用 GBK 编码,每个汉字占 2 B。

图 9.5   变长记录存储(加长度标记)

第二种方式是先存储定长字段,后存储变长字段,第一个变长字段紧随定长字段之后,从第二个变长字段开始,在记录首部用指针(偏移量)指向变长字段,如图 9.6 所示。

图 9.6   变长记录存储(先存储定长字段后存储变长字段)

第三种方式是将定长字段与变长字段分开存储在不同的块中,图 9.7 示例了这种存储方式,但实际上这种方式更多应用于 BLOB① 等类型数据的存储。这种存储方式的好处是,如果经常访问的是定长字段,则可以减少数据存取时的 I/O 数量。

①   BLOB 即 binary large object,二进制大对象

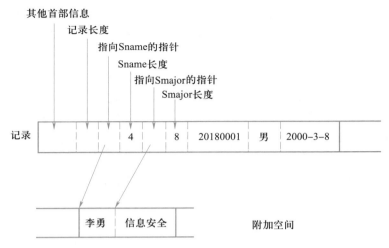

图 9.7 变长记录存储(定长字段与变长字段分开存储)

9.1.3 块的组织

定长记录和变长记录如何在块中组织存储呢?

1. 定长记录存储的块组织

定长记录的存储方式在实现上相对比较简单,可以把一个表中的记录依次存放在块中。图 9.8 是 Student 表采用定长记录存储方式时存放在一个物理块中的示意图,每个块的首部可以有一个块头信息,记录该块的 ID、最后一次修改和访问该块的时间戳、每条记录在块内的偏移量、空闲空间的头指针等。

块头				
记录0 20180001	李勇	男	2000-3-8	信息安全
记录1 20180002	刘晨	女	1999-9-1	计算机科学与技术
记录2 20180003	王敏	女	2001-8-1	计算机科学与技术
记录3 20180004	张立	男	2000-1-8	计算机科学与技术
记录4 20180005	陈新奇	男	2001-11-1	信息管理与信息系统
记录5 20180006	赵明	男	2000-6-12	数据科学与大数据技术
记录6 20180007	王佳佳	女	2001-12-7	数据科学与大数据技术

空闲空间

物理块

图 9.8 定长记录存储的块组织

以定长方式存储记录,需修改记录值时可直接在原位置修改,不会出现原位置存放不下需要迁移记录的情形。删除记录时空间回收也很简单,只需要将空闲空间加入空闲空间链表中即可，不需要移动空闲空间，因为后面插入的新记录，其大小与被删除的记录是一样的，可以直接占用被删除记录的空间。图 9.9 是在图 9.8 所示的 Student 表中删除 20180003 和 20180006 两条记录后的情形。

块头				
记录0	20180001 李勇	男	2000-3-8	信息安全
记录1	20180002 刘晨	女	1999-9-1	计算机科学与技术
记录2				
记录3	20180004 张立	男	2000-1-8	计算机科学与技术
记录4	20180005 陈新奇	男	2001-11-1	信息管理与信息系统
记录5				
记录6	20180007 王佳佳	女	2001-12-7	数据科学与大数据技术

空闲空间

物理块

图 9.9　定长记录存储的块组织(删除记录后)

2. 变长记录存储的块组织

对于变长记录的存储，块的组织就要稍复杂一点了，为了能够在块中快速定位到一条变长记录，通常需要在块头部分存放各条记录的指针(块内偏移量)，空闲空间集中存储在块的中间部分，同时在块头有一个空闲空间尾指针(块内偏移量)，以便在插入记录时快速找到空闲空间，如图 9.10 所示。

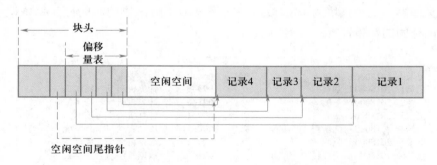

图 9.10　变长记录存储的块组织

在块中组织变长记录的存储时，记录从块的尾部开始连续存放。插入新记录时，从空闲空间尾部为其分配空间，在偏移量表中记录该记录的起始位置，并调整空闲空间尾指针。

删除一条记录时，会在偏移量表中为该记录指针置删除标记，释放其所占用的空间，并移动物理位置在其前面的记录，以保证空闲空间连续。相应地，被移动的记录在偏移量表中的指针以及空闲空间尾指针也需做相应修改。由于物理块通常都比较小，移动记录的开销并不高。

修改记录时，如果修改后记录在原位置存放不下，也会带来记录的迁移。

9.1.4 关系表的组织

了解了如何在一个块中存储一组记录之后，接下来的问题是如何组织关系表的存储。一个块只存储一个表的记录还是可以同时存储多个表的记录，这些记录按什么顺序存放，这些都是本节要讨论的问题。目前常见的关系表组织方式包括以下几种：堆存储、顺序存储、多表聚簇存储、$B+$ 树存储和哈希存储等。

1. 堆存储

表中的一条记录可以存储在该表的任何块中，没有顺序要求。在插入记录时，只要在该表的块中找到合适的空闲空间即可。如果没有足够的空闲空间，就为该表申请新的块。

2. 顺序存储

这种方式是一个表中的各条记录按照指定的属性或属性组的取值大小顺序存储。在一个块内，记录按照排序属性（组）的取值物理排列，同一个表的不同块之间则通过指针链接实现有序。这种组织方式可以高效地处理按排序属性（组）进行查询的请求。例如，如果 Student 表按专业（Smajor）升序存储，则可以快速完成如下的 SQL 语句：

```
SELECT Sno, Sname, Ssex
FROM Student
WHERE Smajor='计算机科学与技术';
```

但这种方式在插入或修改记录时，为保持记录顺序，有可能需要在块内或块间迁移已有记录，因而代价较高。

3. 多表聚簇存储

在默认情况下，一个块只用来存储同一个表中的记录，不同表的记录分别存储在不同的块中。但在有些情况下，不同表的记录也可以聚簇存储在同一组块中，其目的是减少连接操作的开销。

例如，两个具有主外码参照关系的表 Student 和 SC 可以按照学号（Sno）相等进行聚簇存储。图 9.11 是这种存储方式的一个示意图，在每个 Student 记录之后是该学生的选课记录。

如果用户想查询 20180001 学生的学号、姓名、选课门数，其 SQL 语句如下：

```
SELECT SC.Sno, Sname, COUNT(*)
FROM Student, SC
WHERE Student.Sno=SC.Sno AND SC.Sno='20180001';
```

那么只需要先找到 Student 表的 20180001 记录，其后跟着的就是 SC 表中该学生的所有选课记录，对其进行计数即可得到查询结果。明显地，对 Student 表和 SC 表按 Sno 值相等聚簇存储，相当于对 Student 表和 SC 表进行了预连接，它能够加速 Student 表和 SC 表的连接查询。

但是聚簇存储也是一把"双刃剑"，如果用户想查询数据科学与大数据技术专业的所有女生信息：

块头					
记录0	20180001	李勇	男	2000-3-8	信息安全
记录1	20180001	81001	85	20192	81001-01
记录2	20180001	81002	96	20201	81002-01
记录3	20180001	81003	87	20202	81003-01
记录4	20180002	刘晨	女	1999-9-1	计算机科学与技术
记录5	20180002	81001	80	20192	81001-02
记录6	20180002	81002	98	20201	81002-01
……	20180002	81003	71	20202	81003-02
	20180003	王敏	女	2001-8-1	计算机科学与技术
	20180003	81001	81	20192	81001-01
	20180003	81002	76	20201	81002-02
	20180004	张立	男	2000-1-8	计算机科学与技术
	20180004	81001	56	20192	81001-02
	20180004	81002	97	20201	81002-02
	20180005	陈新奇	男	2001-11-1	信息管理与信息系统
	20180205	81003	68	20202	81003-01
	20180006	赵明	男	2000-6-12	数据科学与大数据技术
	20180007	王佳佳	女	2001-12-7	数据科学与大数据技术

空闲空间　　　　　　　　　　　物理块

图 9.11　多表聚簇存储示意图

```
SELECT *
FROM Student
WHERE Smajor='数据科学与大数据技术' AND Ssex='女';
```

其效率就会低于 Student 表单独存放的情形，因为 Student 的元组会分散在更多的块里，需要更多次 I/O 操作。此外，这种数据组织方式在更新操作时会带来更频繁的数据迁移。例如，新学期开始时所有学生都新选了多门课程，为了保证每个学生的选课记录跟在其学生信息之后，将会频繁地迁移记录，以腾出空间插入新的选课记录。

4. B+树存储

传统的顺序存储方式在对表中记录进行增、删、改操作时，为维护记录顺序会付出较大的代价。B+树存储是以 B+树索引的形式确定记录存储在哪个数据块中，这样能在保持较高的记录访问效率的同时降低数据维护开销。B+树索引将在 9.2.3 小节介绍。与 B+树索引的区别是，B+树存储方式中叶节点的数据块中存放的不是索引项，而是数据记录。

5. 哈希存储

哈希存储方式是用哈希函数计算表中指定属性的哈希值，以此确定相应记录存储在哪个块中。哈希存储有两个关键要素，哈希函数和哈希表。哈希表由 B 个哈希桶（bucket）组成，每个桶对应一个或多个物理块，并用一个 0~B-1 之间的整数作为桶编号，桶中可以存储一条或多条记录。哈希函数以记录的哈希属性为输入，为其计算出一个 0~B-1 之间的整数，这个整数对应的是桶号。采用这种技术，可以将记录的存储位置与其指定属性的取值之间建立一个对应关系，即按照记录的哈希属性值对应到一个存储位置，哈希属性值相同的记录会存储在相同的数据块中。在查找数据记录时，通过计算其哈希属性值可以快速定位到这条记录的位置。

9.2 索引结构

在很多情况下，用户的查询请求只涉及表中的少量记录，例如，查询计算机科学与技术专业的全体学生、查询李勇的出生日期等。当 Student 表很大时，如果读出该表的全部元组再逐条判断是否满足查询条件就会比较低效。

可以想象一下，当在一本书中查找某个特定的概念时，比较快捷的方法是通过该书的目录直接定位到想要查找的内容。如果关系表也能有一个类似于图书目录的附加结构，显然可以提高查询处理效率。这个附加结构就是索引。

索引的优势在于以下几个方面：

① 一个表的索引块数量通常比数据块数量少得多，因而搜索起来就会比较快。

② 索引通常采用一些易于检索的数据结构，可以使用高效的方法在索引中快速查找。

③ 对于经常访问的数据库表，如果其索引文件足够小则可以让其长久地驻留在内存缓冲区中，从而减少了 I/O 操作。

当然，索引也会带来额外的开销，包括存储空间的开销、建立索引的开销，以及当对基本表进行增、删、改操作时维护索引的开销。

数据库中常见的索引结构包括顺序表索引、辅助索引、$B+$树索引、哈希索引和位图索引等。下面依次介绍这几种索引结构。

9.2.1 顺序表索引

前面介绍了关系表的顺序存储方式。为了提高顺序表的查找效率，可以在顺序表的排序属性（组）上建立索引。这种索引结构是建在按索引属性值顺序存储的关系表上的，也称作主索引（primary index）或聚簇索引（clustering index）。它实际上就是第 3 章和第 7 章中提到的聚簇索引的一种形式。

注意：虽然称作主索引，但这种索引结构与主码（primary key）没有关系，索引属性可以是任意属性（组）。

顺序表上的主索引分为稠密索引和稀疏索引两类。索引结构中，每个索引项由索引属性的取值以及指向相应记录的指针两部分组成。与主索引相对应的是辅助索引（secondary index），将在 9.2.2 小节进行介绍。

1. 稠密索引

稠密索引（dense index）的索引块中存放每条记录的索引属性值以及指向相应记录的指针。以 Student 表 Sno 属性上的稠密索引为例，为方便举例，假设每个块只能存放 2 条 Student 表记录或 6 个 Sno 索引项，其索引如图 9.12 所示。其中，每条 Student 记录在索引中都对应了一个索引项。

Sno属性上的稠密索引

Student表数据

图 9.12　稠密索引示例

如果用户想在 Student 表中查找学号为 20180012 的学生信息，其 SQL 语句如下：

SELECT ∗
FROM Student
WHERE Sno=' 20180012';

借助 Sno 属性上的稠密索引，经过 3 次 I/O 操作即可找到该记录：前两次 I/O 操作用于读入索引块，在其中查找 20180012 的索引项，第三次 I/O 操作根据索引项中的指针读取 20180012 元组。如果不借助索引而直接扫描基本表，则依次读入 Student 表的各个块，需要经过 6 次 I/O 操作才能找到 20180012 元组。

稠密索引是一个有序索引，当索引比较大时，可以用二分查找法在稠密索引中查找指定的索引项。

2. 稀疏索引

在稠密索引中，关系表的每条记录都对应了一个索引项。当关系表的记录数比较多时，索引会比较大，在索引中进行查找可能会花费较多的时间。稀疏索引（sparse index）就是为了解决这个问题而引入的。

在稀疏索引中，基本表的每个物理存储块只对应一个索引项，即稀疏索引的每个索引项存放每个物理块的第一条记录的索引属性值及指向该物理块的指针。仍以 Student 表为例，其稀疏索引如图 9.13 所示。

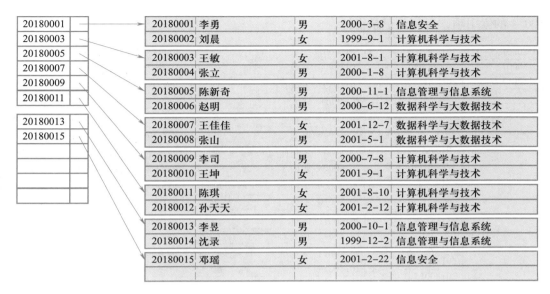

图 9.13 稀疏索引示例

如果用户要用稀疏索引查询 Student 表中学号为 20180012 的学生信息，首先在稀疏索引中查找属性值小于或等于 20180012 的最大索引项（根据索引的大小，用顺序查找法或二分查找法），即 20180011 的索引项，然后根据它的指针找到相应的存储块，在该块中顺序搜索，查找 Sno 属性值为 20180012 的记录。完成这个查询共需要 2 次 I/O 操作。如果在该块没有找到 Sno 为 20180012 的记录，则 Student 表必定不存在这条记录，因为下一个存储块的 Sno 值肯定大于 20180012。

稀疏索引除了尺寸小之外，还有另外一个优势，即当对基本表进行增、删、改时，只要增加和删除的记录不是一个存储块的第一条记录，修改的属性不是存储块第一条记录的索引属性，则稀疏索引就不需要维护。

3. 多级索引

当关系表的数据量非常大时，稀疏索引可能仍然比较大，读取稀疏索引和在索引中查找的效率还不够高，多级索引（multilevel index）就是为了解决这个问题而引入的。

多级索引中，第一级索引是我们前面介绍的稠密索引或稀疏索引，当这级索引较大时，可以在其上再建第二级索引。如果第二级索引仍然较大，可以在第二层索引上建第三级索引。以此类推，直到索引尺寸合适为止。二级索引或更高级的索引必须是稀疏索引。图 9.14 为在 Student 表上建立的二级索引。

利用多级索引进行查找时，从高级索引入手，逐层向下，直到定位到记录所在的物理块。例如，在图 9.14 中查找学号为 20180014 的学生信息，首先在第二级索引中按前面讲的稀疏索引的查找方法，定位到 20180014 记录在一级索引中的索引块位置，然后在一级索引块中查找

20180014 的索引项，得到其记录指针。

20180001			20180001			20180001	李勇	男	2000-3-8	信息安全
20180007			20180002			20180002	刘晨	女	1999-9-1	计算机科学与技术
20180013			20180003			20180003	王敏	女	2001-8-1	计算机科学与技术
			20180004			20180004	张立	男	2000-1-8	计算机科学与技术
			20180005			20180005	陈新奇	男	2001-11-1	信息管理与信息系统
			20180006			20180006	赵明	男	2001-6-12	数据科学与大数据技术
			20180007			20180007	王佳佳	女	2001-12-7	数据科学与大数据技术
			20180008			20180008	张山	男	2001-5-1	数据科学与大数据技术
			20180009			20180009	李司	男	2000-7-8	计算机科学与技术
			20180010			20180010	王坤	女	2001-9-1	计算机科学与技术
			20180011			20180011	陈琪	女	2001-8-10	计算机科学与技术
			20180012			20180012	孙天天	女	2001-2-12	计算机科学与技术
			20180013			20180013	李昱	男	2000-10-1	信息管理与信息系统
			20180014			20180014	沈录	男	1999-12-2	信息管理与信息系统
			20180015			20180015	邓瑶	女	2001-2-22	信息安全

图 9.14　多级索引示例

9.2.2　辅助索引

辅助索引(secondary index)是建立在表的非排序属性上的索引。一个表最多只能建立一个主索引，但可以在不同的属性上建立多个辅助索引。由于辅助索引是建在无序属性上的，所以**它必须是稠密索引**。图 9.15 是在 Student 表的 Smajor 属性上建立的辅助索引。

从图 9.15 可以看到，建有辅助索引的属性往往会取重复值。如果能去掉重复取值的索引项则可以减小索引的大小，减少在索引中查找的开销。但是不同索引属性值重复的次数往往不相同，也很难预先估计重复次数，因此不能简单地通过在每个索引项中预留多个指针来解决这个问题。一种常用的解决方案是用引入一个中间数据结构"指针桶"，索引项中的指针指向指针桶中的相应位置，指针桶中的指针指向相应元组，如图 9.16 所示。这里假设一个物理块能存放 16 个桶指针，所以在本例中指针桶占用一个物理块。

当在关系表上建立了多个辅助索引时，可以利用辅助索引的指针桶来回答涉及多个属性条件的查询。例如，对于如下查询：

```
SELECT  *
FROM Student
WHERE Smajor='计算机科学与技术'
AND Sbirthdate='2002-1-1';
```

计算机科学与技术	
计算机科学与技术	
计算机科学与技术	
计算机科学与技术	
计算机科学与技术	
计算机科学与技术	
计算机科学与技术	
信息安全	
信息安全	
信息管理与信息系统	
信息管理与信息系统	
信息管理与信息系统	
数据科学与大数据技术	
数据科学与大数据技术	
数据科学与大数据技术	

20180001	李勇	男	2000-3-8	信息安全
20180002	刘晨	女	1999-9-1	计算机科学与技术
20180003	王敏	女	2001-8-1	计算机科学与技术
20180004	张立	男	2000-1-8	计算机科学与技术
20180005	陈新奇	男	2001-11-1	信息管理与信息系统
20180006	赵明	男	2000-6-12	数据科学与大数据技术
20180007	王佳佳	女	2001-12-7	数据科学与大数据技术
20180008	张山	男	2001-5-1	数据科学与大数据技术
20180009	李司	男	2000-7-8	计算机科学与技术
20180010	王坤	女	2001-9-1	计算机科学与技术
20180011	陈琪	女	2001-8-10	计算机科学与技术
20180012	孙天天	女	2001-2-12	计算机科学与技术
20180013	李昱	男	2000-10-1	信息管理与信息系统
20180014	沈录	男	1999-12-2	信息管理与信息系统
20180015	邓瑶	女	2001-2-22	信息安全

图 9.15 辅助索引示例

计算机科学与技术	
信息安全	
信息管理与信息系统	
数据科学与大数据技术	

20180001	李勇	男	2000-3-8	信息安全
20180002	刘晨	女	1999-9-1	计算机科学与技术
20180003	王敏	女	2001-8-1	计算机科学与技术
20180004	张立	男	2000-1-8	计算机科学与技术
20180005	陈新奇	男	2001-11-1	信息管理与信息系统
20180006	赵明	男	2000-6-12	数据科学与大数据技术
20180007	王佳佳	女	2001-12-7	数据科学与大数据技术
20180008	张山	男	2001-5-1	数据科学与大数据技术
20180009	李司	男	2000-7-8	计算机科学与技术
20180010	王坤	女	2001-9-1	计算机科学与技术
20180011	陈琪	女	2001-8-10	计算机科学与技术
20180012	孙天天	女	2001-2-12	计算机科学与技术
20180013	李昱	男	2000-10-1	信息管理与信息系统
20180014	沈录	男	1999-12-2	信息管理与信息系统
20180015	邓瑶	女	2001-2-22	信息安全

索引   指针桶   关系表

图 9.16 辅助索引示例(去掉重复索引项)

如果 Student 表在 Smajor 属性上和 Sbirthdate 属性上都建有辅助索引，则可以分别利用两个辅助索引找出满足各自条件的指针组，对两组指针求交集即可得到同时满足两个条件的指针组，这组指针所指向的元组就是查询结果。如果两组指针的交集为空，则说明没有满足查询条件的元组。

9.2.3　B+树索引

稠密索引和稀疏索引因其结构简单、索引项有序便于查询，在数据量较小时是一类有效的索引结构。但随着数据量的增大，稠密索引和稀疏索引越来越力不从心。一是大数据量的表，其索引本身也比较庞大，在索引中查找的效率不能令人满意；二是按同一属性的不同值进行查找，其时间效率可能相差较大；三是为保持索引项和元组的有序，维护代价较高。多级索引的引入在一定程度上缓解了前两个问题，但并不能从根本上解决，同时它的引入还会加剧索引的维护代价。

B+树就是为了解决大型索引的组织和维护而产生的一种索引结构。它具有查找效率高、按不同值查找的性能平衡、易于维护等特点，已成为索引组织的一种标准形式。目前主流的关系数据库管理系统都提供了 B+树索引，是一种使用最广泛的索引结构。

1. B+树索引的结构

B+树本质上是一个多级索引，但它不同于 9.2.1 小节中的多级顺序索引。B+树将索引块组织成一棵树，这棵树是平衡的，即从树根到树叶的所有路径都一样长。B+树的结点分为三类：根结点、中间结点和叶结点。根结点只有一个，根结点和中间结点统称为非叶结点。B+树的一个索引块最多能存放的指针个数称为 B+树的秩(order)。

一棵秩为 n 的 B+树索引具有下列特征：

① 每个结点最多包含 $n-1$ 个属性值 key。

② 除了根结点外，每个结点最少包含 $\lceil (n-1)/2 \rceil$ 个属性值 key(根结点最少含有一项)。

③ 含有 $j-1$ 项的非叶结点，有 j 个指针，分别指向其 j 个孩子(叶结点除外，它没有孩子)。

④ 所有的叶结点都在同一级上。含有 $j-1$ 项的叶结点，有 j 个指针，前 $j-1$ 个指针指向相应的关系表元组，第 j 个指针指向兄弟叶结点。

图 9.17 是 B+树索引的一个典型结点，它包含了 $n-1$ 个属性值 $K_1, K_2, \cdots, K_{n-1}$ 和 n 个指针 $P_1, P_2, \cdots, P_n$。结点中的属性值按序存放，因此如果 $i<j$，则 $K_i<K_j$。

| P_1 | K_1 | P_2 | $\cdots$ | P_{n-1} | K_{n-1} | P_n |

图 9.17　B+树索引的一个结点

对于叶结点，这里的指针 P_i 指向关系表中属性值为 K_i 的元组($i=1,2,\cdots,n-1$)，指针 P_n 指向其兄弟叶结点。最后一个叶结点的 P_n 为空。如图 9.18 所示。

图 9.18 *B*+树索引的叶结点

对于非叶结点,这里的指针 P_i 指向其下层的孩子结点($i=1,2,\cdots,n$)。其中, P_1 指向的子树,其所有属性值 Key 均满足 Key<K_1; $P_i(i=2,3,\cdots,n-1)$ 指向的子树,其所有属性值 Key 均满足 $K_{i-1}\leqslant$Key<K_i; P_n 指向的子树,其所有属性值 Key 均满足 Key≥K_{n-1}。如图 9.19 所示。

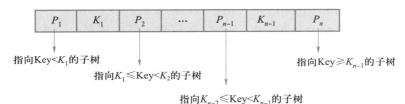

图 9.19 *B*+树索引的非叶结点

图 9.20 是 Student 表 Sno 属性的 *B*+树索引,这里假设 *n* 为 5,即一个物理块最多能存放 4 个 Sno 属性值以及 5 个指针,最少要存放 2 个 Sno 属性值和 3 个指针,根结点除外。可以看到,借助各个叶结点中指向其兄弟叶结点的指针,*B*+树的叶子层结点形成一个顺序集合。

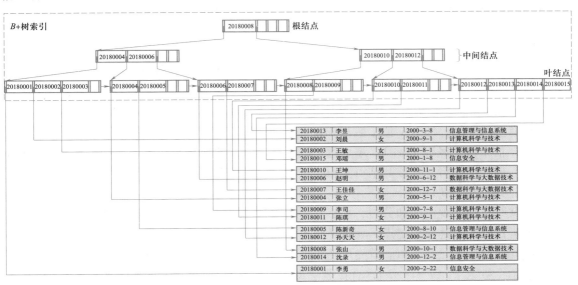

图 9.20 Student 表 Sno 属性上的 *B*+树索引

2. B+树索引的查询

借助 B+树索引可以高效地完成随机查找和范围查询。

随机查找是按照索引属性的取值进行查找。查询方法是：从根结点入手，根据要查询的属性值大小，沿着相应的父子结点指针逐层向下搜索，直到叶结点。如果在该叶结点中找到相匹配的属性值，则可用相应的元组指针取出查询结果；如果在该叶结点中没有找到匹配的属性值，则说明没有满足该条件的元组。

例如，在 Student 表中查询 Sno = 20180011 的学生信息。首先在根结点中进行判断，由于 20180011 > 20180008，因此沿右子树继续搜索；在中间结点层，由于 20180010 < 20180011 < 20180012，因此沿 20180012 左侧指针继续向下搜索；在叶结点中找到 20180011 后，用其左侧的记录指针从数据库中取出 20180011 的元组。查询结束。

范围查询，例如查询 Sno >= 20180011 的学生信息，其方法是：首先用上面的随机查找方法找到 20180011 的元组，它是范围查找的入口点，以此开始顺序搜索，后面的所有属性值（包括本叶结点中的属性值和其后面的所有兄弟叶结点中的属性值）都满足查询条件，取出相应的元组指针即可。当前叶结点遍历完，沿指向下一叶结点的指针继续，直到最后一个叶结点。

对于条件为 between…and… 的范围查询也类似，用随机查找方法分别找到范围条件的入口点和结束点，对入口点和结束点之间的属性值进行顺序搜索。

显然，B+树的查询路径是从根结点搜索到叶结点。由于 B+树是一棵平衡树，所有的叶结点都在同一层，因此无论查询条件中的属性值是什么，其查询效率都相似。例如，查询 Sno = 20180011 的学生与查询 Sno = 20180001 的学生，其 I/O 操作的次数是一样的。这是 B+树索引的优势之一。

3. B+树索引的维护

当对基本表执行插入或删除操作时，需要同时对该表上建立的所有 B+树索引进行相应的维护。维护 B+树索引的关键是要维持 B+树的平衡特性。

插入元组时，首先要用上面介绍的随机搜索算法找到相应索引项应插入哪个叶结点，如果该叶结点有空闲空间，即 Key 值个数小于 $n-1$，直接插入即可，这是最简单的情况。如果该叶结点的 Key 值个数已经等于 $n-1$，结点达到最大充满度，例如在图 9.20 中插入 Sno = 20180016 的索引项，插入操作将导致该叶结点溢出，进而分裂成 2 个叶结点，分裂后，其父结点也要做插入操作。如图 9.21 所示。

如果父结点也出现溢出和分裂，那么就继续维护父结点的父结点，逐层向上。如果这种向上传递的溢出和分裂达到根结点，就会导致树的高度增加一层。

删除元组与插入元组类似。首先用随机搜索算法找到要删除的索引项。如果其所在的叶结点中 Key 值个数大于 $\lceil (n-1)/2 \rceil$，直接删除即可，删除后该叶结点仍然能满足最小充满度要求，这是最简单的情况。例如，在图 9.20 中删除 20180001 索引项就是这种情形。

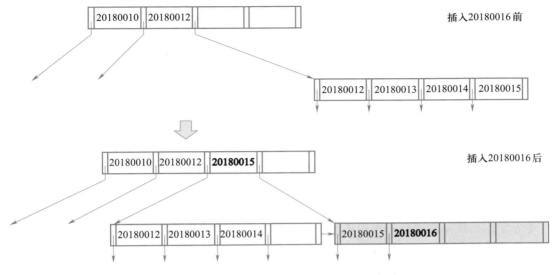

插入20180016前

插入20180016后

图 9.21　插入 Sno＝20180016 前后的局部 B+树索引

如果删除后叶结点不能达到最小充满度，如在图9.20中删除20180005 索引项，这时该叶结点就需要与其兄弟叶结点合并。叶结点合并后，其父结点也要执行相应的删除操作，这种删除操作导致父结点不能达到最小充满度，进而需要合并，最终导致树的高度降低一层。

有关 B+树索引的增、删、改操作，可以参见二维码内容。

微视频：B+树的
增、删、改操作

9.2.4　哈希索引

哈希索引是另一类能够实现快速查找的索引结构，该结构**有两个关键要素，哈希函数和哈希表**。哈希表由 B 个哈希桶组成。哈希函数用来将数据记录的索引属性值映射到哈希桶，即存放该记录索引的桶。每个桶存放一条或多条哈希值相同的索引项，每个索引项包含属性值和指向相应记录的指针。

哈希索引与9.1.4 小节中介绍的关系表的哈希存储方式相比，区别在于哈希桶的存放内容。哈希存储方式中哈希桶存放的是数据记录，如图9.22（a）所示；哈希索引中哈希桶存放的是索引属性值及指向相应数据记录的指针，如图9.22（b）所示。

1. 静态哈希索引

静态哈希索引是最基本也是最简单的哈希索引。上面已经提到，哈希函数和哈希表是哈希索引的两个关键要素，接下来将从哈希函数、哈希表、哈希索引的查找与维护几方面介绍静态哈希索引。

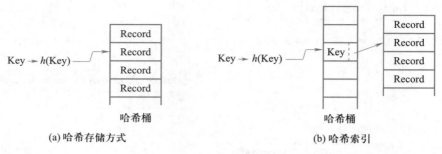

(a) 哈希存储方式　　　　　　　(b) 哈希索引

图 9.22　哈希存储方式与哈希索引

（1）哈希函数

哈希索引借助哈希函数将索引项映射到不同的哈希桶中存储。设计哈希函数时要尽量保证函数的取值随机和均匀，从而能够将索引项均匀地分布到不同的哈希桶中，不会出现某个桶的索引项远远超过其他桶的情况。

例如，在 Student 表的 Sno 属性上建哈希索引，假设 Student 表有 5 000 条学生数据，Sno 索引有 100 个桶，哈希函数可以将学号转换为数值型，除以 100 取模，以此作为桶号；或者取学号最后两位，将其转换为数值型作为桶号。这两类哈希函数都可以比较均匀地将 Sno 索引项映射到 100 个桶中。

（2）哈希表

哈希表由一组桶组成，一个桶对应一个或多个物理块。桶中存放被映射到该桶的哈希索引项，每条索引项包括索引属性值和指向相应记录的指针。图 9.23 是 Student 表 Sno 属性上的哈希索引，每个桶最多可以存放 6 个索引项。由于只有 15 条数据，这里设有 3 个哈希桶。哈希函数是取学号最后 2 位，将其转换为数值型，除以 3 并取模作为桶号。

哈希桶的空间是有限的，当某个桶的存储空间不足时将其称为桶溢出（bucket overflow）。

出现桶溢出的原因主要有以下三类：

① 哈希桶的数量不足，不能存放所有的索引项。例如在图 9.23 中持续向 Student 表插入元组，当元组数量超过 18 条后，新的索引项就无处安放了。

② 属性取值不均衡，某些属性值过多。例如图 9.23 的 Student 表中计算机科学与技术专业的学生人数非常多，使得相应的桶无法容纳下所有的索引项。

③ 哈希函数设计不合理，无法将索引项均匀地映射到每个桶，导致某个桶的数据过多。

为了减少桶溢出的情况，数据库管理系统通常会预留出一定比例的空间。尽管如此，桶溢出还是不可能避免，必须有相应的处理措施。解决桶溢出最常用的方法是为该桶分配一个溢出桶，当溢出桶空间也充满时，再追加新的溢出桶。为了快速找到溢出桶，数据库管理系统会用溢出链将一个桶及其溢出桶链接在一起。如图 9.24 所示。

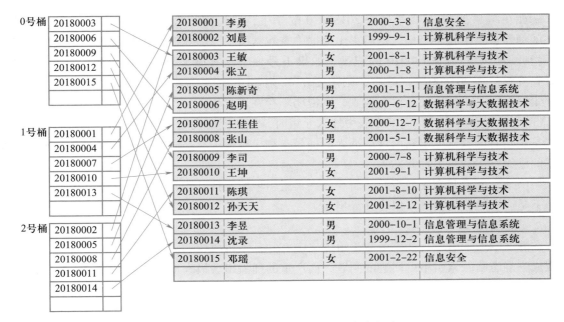

图 9.23 Student 表 Sno 属性上的哈希索引

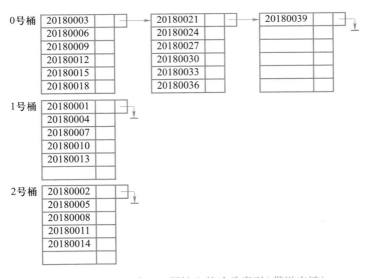

图 9.24 Student 表 Sno 属性上的哈希索引(带溢出链)

（3）哈希索引的查找及维护

① 哈希索引的查找。哈希索引适用于等值查找。使用哈希索引进行查找时，首先根据要查找的属性值计算出其哈希函数取值，得到桶号，然后去该桶中搜索相应的索引项。如果桶中没有找到，但存在溢出桶，还需要继续搜索溢出桶。

例如在图 9.24 中查找学号为 20180010 的学生，首先用哈希函数计算出索引项 20180010 所在的桶号，这里是 1 号桶，然后去 1 号桶中查找索引项 20180010，如果找到，则根据相应的记录指针取出学号为 20180010 的记录。如果 1 号桶中没有该索引项，则说明不存在该学生。如果查找学号为 20180024 的学生，则需要在 0 号桶中继续沿溢出链查找，直到找到为止，或者搜索完最后一个溢出块还没有找到，则说明不存在该学生。

② 哈希索引的维护。向基本表中插入元组时，需要同时向哈希索引中插入相应的索引项。方法是用哈希函数计算出索引项应插入的桶号，如果该桶中有空间直接插入索引项，如果该桶中空间已满则申请溢出桶并插入。

类似地，删除基本表元组时，需要找到其索引项所在桶并删除。如果有溢出块，还需要判断一下是否有足够的空间可以合并溢出块。

2. 动态哈希索引

在静态哈希索引中，桶的个数是事先确定好并且不再改变的。随着数据的不断增加，桶溢出就成为静态哈希索引不可回避的问题，而严重的桶溢出会极大地影响查找效率。前面提到的适当预留桶空间是一种解决方法。但实际情况是很难预先估算出一个表的数据量，并预留合适的索引空间。预留空间过小不能解决桶溢出问题，预留空间过大将会造成较大的空间浪费。

另一种方法是随关系表的增大而周期性地增加哈希桶的数目，并重组索引。但索引重组是一个比较耗时的事情，同时也会影响正在进行的查询。

动态哈希索引可以随着关系表的增大逐渐扩大桶的数目，是更适合数据库应用特征的哈希索引结构。动态哈希索引包含可扩展哈希索引和线性哈希索引两类。它们都是将索引属性值散列到一个长的二进制位串，然后使用其中若干位作为桶号，并通过所使用的位数的增加来增加桶的个数。限于篇幅，本章不再深入介绍，感兴趣的读者可以阅读参考文献[8]−[13]。

9.2.5 位图索引

位图索引是长度为 n 的位向量集合，其中 n 为索引属性的基数，即它可能的取值个数。**每一个位向量对应于索引属性中的一个可能取值**。如果第 i 条记录的索引属性值为 v，那么对应于值 v 的位向量在位置 i 上取值为 1，其他的位向量在位置 i 上取值为 0。

例如，对于 Student 表的性别属性 Ssex，其基数为 2，只有"男"和"女"两个可能的取值，因而 Ssex 属性上的位图索引为长度为 2 的位向量集合，如图 9.25 所示。第一条记录 20180001 是男生，它所对应的位向量为"10"；第二条记录 20180002 和第三条记录 20180003 均为女生，两条元组所对应的位向量均为"01"；依此类推。

当用户想查找 Student 表的所有女生时，其 SQL 语句如下：

```
SELECT  *
FROM Student
WHERE Ssex='女';
```

Ssno	Sname	Ssex	Sbirthdate	Smajor	男	女
20180001	李勇	男	2000-3-8	信息安全	1	0
20180002	刘晨	女	1999-9-1	计算机科学与技术	0	1
20180003	王敏	女	2001-8-1	计算机科学与技术	0	1
20180004	张立	男	2000-1-8	计算机科学与技术	1	0
20180005	陈新奇	男	2001-11-1	信息管理与信息系统	1	0
20180006	赵明	男	2000-6-12	数据科学与大数据技术	1	0
20180007	王佳佳	女	2001-12-7	数据科学与大数据技术	0	1
20180008	张山	男	2001-5-1	数据科学与大数据技术	1	0
20180009	李司	男	2000-7-8	计算机科学与技术	1	0
20180010	王坤	女	2001-9-1	计算机科学与技术	0	1
20180011	陈琪	女	2001-8-10	计算机科学与技术	0	1
20180012	孙天天	女	2001-2-12	计算机科学与技术	0	1
20180013	李昱	男	2000-10-1	信息管理与信息系统	1	0
20180014	沈录	男	1999-12-2	信息管理与信息系统	1	0
20180015	邓瑶	女	2001-2-22	信息安全	0	1

图 9.25 Student 表 Ssex 属性上的位图索引

借助 Ssex 属性上的位图索引，第 2 位为 1 的所有记录就是满足查询条件的记录，取出对应的记录即可。

如果用户想统计男生和女生的人数，其 SQL 语句如下：

SELECT Ssex, Count(*)

FROM Student

GROUP By Ssex；

只需要分别统计 Ssex 属性上位图索引各位中 1 的个数即可，无须访问基本表。

如果在 Smajor 属性也建有一个位图索引，如图 9.26 所示，那么对于如下统计计算机科学与技术专业男生人数的查询：

SELECT count(*)

FROM Student

WHERE Ssex='男' AND Smajor='计算机科学与技术'；

只需要将 Ssex 属性位图索引的第 1 位与 Smajor 属性位图索引的第 2 位进行与操作，得到结果向量

$$(0, 0, 0, 1, 0, 0, 0, 0, 1, 0, 0, 0, 0, 0, 0)$$

对结果向量中的 1 进行计数，即可获得满足条件的男生人数为 2。

位图索引还能有效处理多值查询。例如对如下查询：

SELECT *

FROM Student

WHERE Smajor in('信息管理与信息系统', '信息安全')；

Ssno	Sname	Ssex	Sbirthdate	Smajor	信息安全	计算机科学与技术	信息管理与信息系统	数据科学与大数据技术
20180001	李勇	男	2000-3-8	信息安全	1	0	0	0
20180002	刘晨	女	1999-9-1	计算机科学与技术	0	1	0	0
20180003	王敏	女	2001-8-1	计算机科学与技术	0	1	0	0
20180004	张立	男	2000-1-8	计算机科学与技术	0	1	0	0
20180005	陈新奇	男	2001-11-1	信息管理与信息系统	0	0	1	0
20180006	赵明	男	2000-6-12	数据科学与大数据技术	0	0	0	1
20180007	王佳佳	女	2001-12-7	数据科学与大数据技术	0	0	0	1
20180008	张山	男	2001-5-1	数据科学与大数据技术	0	0	0	1
20180009	李司	男	2000-7-8	计算机科学与技术	0	1	0	0
20180010	王坤	女	2001-9-1	计算机科学与技术	0	1	0	0
20180011	陈琪	女	2001-8-10	计算机科学与技术	0	1	0	0
20180012	孙天天	女	2001-2-12	计算机科学与技术	0	1	0	0
20180013	李昱	男	2000-10-1	信息管理与信息系统	0	0	1	0
20180014	沈录	男	1999-12-2	信息管理与信息系统	0	0	1	0
20180015	邓瑶	女	2001-2-22	信息安全	1	0	0	0

图 9.26　Student 表 Smajor 属性上的位图索引

只需要对 Smajor 属性位图索引的第 1 位和第 3 位进行或操作，得到结果向量

$$(1, 0, 0, 0, 1, 0, 0, 0, 0, 0, 0, 0, 0, 1, 1, 1)$$

结果向量中为 1 的记录就是满足条件的记录集合，即第 1、5、13、14、15 条记录。

从上面这些例子可以看到，借助位图索引，可以使用位操作来快速回答用户查询或快速定位满足条件的元组集合，从而减少了对基本表的全表扫描，提高了查询效率。但是位图索引的大小与列的基数成正比，基数大的列其位图索引会非常庞大，因此它只适用于基数小的属性列。

编码位图索引（encoded bitmap index）对标准位图索引进行了改进，**通过对属性值编码以减少索引位向量的个数**，从而能够用于有较高基数的列。例如，Student 表 Smajor 属性的编码位图索引如图 9.27 所示。

显然，如果索引属性列的基数为 K，标准位图索引所需要的位向量个数为 K 个，而编码位图索引所需要的位向量个数仅为 $\log_2 K$ 个。但是利用编码位图索引进行查询时，需要访问所有位向量才能完成。例如，在学生表中查找信息管理与信息系统专业和信息安全专业的所有学生，需要扫描所有位向量，从中查找编码为 10 或 00 的元组；再如，在学生表中查找信息管理与信息系统专业的所有学生，也同样需要扫描所有位向量，从中查找编码为 10 的元组。

Ssno	Sname	Ssex	Sbirthdate	Smajor		
20180001	李勇	男	2000-3-8	信息安全	0	0
20180002	刘晨	女	1999-9-1	计算机科学与技术	0	1
20180003	王敏	女	2001-8-1	计算机科学与技术	0	1
20180004	张立	男	2000-1-8	计算机科学与技术	0	1
20180005	陈新奇	男	2001-11-1	信息管理与信息系统	1	0
20180006	赵明	男	2000-6-12	数据科学与大数据技术	1	1
20180007	王佳佳	女	2001-12-7	数据科学与大数据技术	1	1
20180008	张山	男	2001-5-1	数据科学与大数据技术	1	1
20180009	李司	男	2000-7-8	计算机科学与技术	0	1
20180010	王坤	女	2001-9-1	计算机科学与技术	0	1
20180011	陈琪	女	2001-8-10	计算机科学与技术	0	1
20180012	孙天天	女	2001-2-12	计算机科学与技术	0	1
20180013	李昱	男	2000-10-1	信息管理与信息系统	1	0
20180014	沈录	男	1999-12-2	信息管理与信息系统	1	0
20180015	邓瑶	女	2001-2-22	信息安全	0	0

编码映射表

信息安全	00
计算机科学与技术	01
信息管理与信息系统	10
数据科学与大数据技术	11

图 9.27　Student 表 Smajor 属性上的编码位图索引

本 章 小 结

在关系数据库中，虽然存储结构和存取路径对用户是隐蔽的，但了解关系数据库的存储管理技术，有助于更好地理解关系数据库查询优化的原理，也有助于在应用开发中更好地进行数据库物理设计。

本章主要讨论了关系数据库的数据组织方式和索引结构。介绍了数据库的逻辑与物理组织方式，讲解了如何物理地组织记录、块和关系表。系统讲解了顺序表索引、辅助索引、$B+$ 树索引、哈希索引和位图索引等索引结构。

习 题 9

1. 试分析每个数据库对象对应一个操作系统文件和整个数据库对应一个或若干个文件，这两种存储关系数据库的策略各有什么优缺点。

2. 假设 Course 表以定长记录方式存储。请描述 Course 表的记录存储，在以下情况下一条记录占多少字节？

① 字段可以在任何字节处开始。

② 字段必须在 4 的倍数的字节处开始。

③ 字段必须在 8 的倍数的字节处开始。

3. 试述关系表有哪些组织方式，并分析各自的优缺点。

4. 试述数据库索引机制的优点。

5. 试述稠密索引和稀疏索引的优缺点。

6. 分别描述利用图 9.12 的稠密索引、图 9.13 的稀疏索引、图 9.14 的多级索引、图 9.20 的 B+树索引、图 9.23 的哈希索引是如何对 Student 表进行如下查询的。

① 查询学号为 20180013 的记录。

② 查询学号为 20180014 的记录。

③ 查询学号为 20180016 的记录。

④ 查询学号大于或等于 20180009 的记录。

7. 分别描述当用下列方式更新 Student 表中记录时，图 9.12 的稠密索引、图 9.13 的稀疏索引、图 9.14 的多级索引、图 9.16 的辅助索引、图 9.20 的 B+树索引、图 9.23 的哈希索引分别是如何进行维护的。

① 插入(20180016，张婧宁，女，2002-1-2，信息安全)记录。

② 删除学号为 20180004 的记录。

③ 删除学号为 20180005 的记录。

④ 将学号为 20180008 的记录修改为计算机科学与技术专业。

参考文献 9

［1］SILBERSCHATZ A, KORTH H F, SUDARSHAN S. Database system concepts［M］. 7th ed. McGraw-Hill Education, 2020.

［2］MOLINA H C, ULLMAN J D, WIDOM J. Database system implementation［M］. 2nd ed. Prentice Hall, 2008.

［3］WIEDERHOLD G. File organization for database design［M］. McGraw-Hill Education, 1987.

［4］PETERSON W W. Addressing for random-access storage［J］. IBM Journal of Research and Development, 1957, 1(2)：130-146.

［5］BAYER R. Symmetric binary B-trees：data structure and maintenance algorithms［J］. Acta Informatica, 1972, 1：290-306.

［6］BAYER R, MCCREIGHT E. Organization and maintenance of large ordered indexes［J］. Acta Informatica, 1972, 1(3)：173-189.

Bayer 和 McCreight 在文献［6］中首先提出了 B 树存储结构，现在 B 树已广泛应用于数据库的物理组织之中。

［7］COMER D. The ubiquitous B-tree［J］. Computing Surveys, 1979, 11(2)：121-137.

文献［7］对 B 树的历史和发展进行了系统阐述，并介绍了各种 B 树的变种。

［8］FAGIN R, NIEVERGELT J, PIPPENGER N, et al. Extendible hashing-a fast access method for dynamic files［J］. ACM Transations on Database Systems, 1979, 4(3)：315-344.

［9］LITWIN W. Linear hashing：a new tool for file and table addressing［C］. Proceedings of the 6th International Conference on Very Large Databases, 1980, 6：212-223.

［10］RATHI H, LU H J, HEDRICK G E. Performance comparison of extendible hashing and linear hashing techniques［C］. Proceedings of the 1990 ACM SIGSmall/PC Symposium on Small Systems, 1990, 17(2)：178-185.

［11］LITWIN W. Virtual hashing：a dynamically changing hashing［C］. Proceedings of the 4th International Conference on Very Large Data Bases, 1978, 4：517-523.

[12] BURKHARD W A. Hashing and trie algorithms for partial match retrieval[J]. ACM Transactions on Database Systems, 1976, 1(2): 175-187.

[13] RAMAKRISHNA M V, LARSON P A. File organization using composite perfect hashing[J]. ACM Transactions on Database Systems, 1989, 14(2): 231-263.

[14] NEIL P O, QUASS D. Improved query performance with variant indexes[C]. Proceedings of ACM SIGMOD International Conference on Management of Data, 1997: 38-49.

[15] CHAN C Y, IOANNIDIS Y E. Bitmap index design and evaluation[C]. Proceedings of the 1998 ACM SIGMOD International Conference on Management of Data, 1998: 355-366.

[16] WU M C, BUCHMANN A P. Encoded bitmap indexing for data warehouses[C]. Proceedings of the 14th International Conference on Data Engineering, 1998: 220-230.

本章知识点讲解微视频:

关系数据库的
组织方式

多表聚簇存放
方式

顺序表的索引

B+树索引

哈希索引

第 10 章　关系查询处理和查询优化

关系数据库的一个重要特点是存储结构和存取路径对用户隐蔽,用户访问数据库时,只需要用 SQL 语句表达自己需要哪些信息即可,而不需要像过程化语言那样具体指定怎么去做。将用户的查询请求转化成查询执行计划并高效地执行,是关系数据库管理系统的重要功能。本章将介绍关系数据库管理系统如何处理用户的查询请求,以及如何进行查询优化。

本章导读

关系数据库的查询处理和查询优化技术是数据库管理系统的重要功能,它极大地影响着关系数据库的性能。

本章首先介绍关系数据库管理系统的查询处理(query processing)步骤,然后深入讨论查询优化(query optimization)技术。查询优化一般可分为代数优化(也称为逻辑优化)和物理优化(也称为非代数优化)。代数优化是指关系代数表达式的优化,物理优化则是指通过存取路径和底层操作算法选择进行的优化。本章讲解实现查询操作的主要算法思想,目的是使读者**初步了解关系数据库管理系统查询处理的基本步骤,以及查询优化的概念、基本方法和技术**,为数据库应用开发中利用查询优化技术提高查询效率和系统性能打下基础。

学习完本章内容,要了解关系查询处理的常用算法,理解为什么关系数据库要进行查询优化,掌握查询优化的几种方法,其中重点和难点是深入理解基于代价估算的关系查询物理优化策略。

10.1　关系数据库管理系统的查询处理

查询处理是关系数据库管理系统执行查询语句的过程,其任务是把用户提交的查询语句转换为高效的**查询执行计划**并执行。

10.1.1　查询处理步骤

关系数据库管理系统的查询处理可以分为 4 个阶段:查询分析、查询检查、查询优化和查询执行,如图 10.1 所示。

1. 查询分析

　　首先对查询语句进行扫描、词法分析和语法
分析。从查询语句中识别出语言符号,如 SQL 关
键字、属性名和关系名等,进行语法检查和语法
分析,即判断查询语句是否符合 SQL 语法规则。
如果没有语法错误就转入下一步处理,否则便报
告语句中出现的语法错误。

2. 查询检查

　　对合法的查询语句进行语义检查和分析,即
根据数据字典中有关的模式定义,检查语句中的
数据库对象(如关系名、属性名)是否存在和有效。
如果是对视图的操作,则要用视图消解方法把对
视图的操作转换成对基本表的操作。还要根据数
据字典中的用户权限和完整性约束定义,进行安
全性和完整性检查。如果该用户没有相应的访问
权限或违反了完整性约束,则拒绝执行该查询。

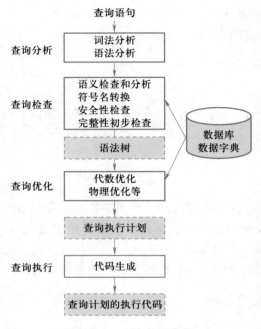

图 10.1　查询处理步骤

当然,这时的完整性检查是初步的、静态的检查。检查通过后便把 SQL 查询语句转换成内部
表示,即等价的**关系代数表达式**。这个过程中要把数据库对象的外部名称转换为内部表示,即
符号名转换。关系数据库管理系统一般都用**语法树**(syntax tree)来表示扩展的关系代数表达式。

3. 查询优化

　　每个查询都会有许多可供选择的执行策略和操作算法,查询优化就是选择一个高效执行的
查询处理策略。查询优化有多种方法,按照优化的层次一般可将查询优化分为代数优化和物理
优化。**代数优化是指关系代数表达式的优化**,即按照一定的规则,通过对关系代数表达式进行
等价变换以改变代数表达式中操作的次序和组合,使查询执行更高效;**物理优化则是指存取路
径和底层操作算法的选择**。查询优化方法选择的依据可以是基于规则(rule based)的,也可以
是基于代价(cost based)的,还可以是基于语义(semantic based)的。

　　实际关系数据库管理系统中的查询优化器都综合运用了这些优化技术,以在保证查询优化
效率的同时获得较好的查询优化效果。

4. 查询执行

　　依据查询优化器得到的执行策略生成查询执行计划,由**代码生成器**(code generator)生成执
行这个查询计划的代码,然后加以执行,回送查询结果。

10.1.2　实现查询操作的算法

　　本小节简要介绍查询操作中选择操作和连接操作的实现算法,确切地说是算法思想。每一

种操作可以有多种执行算法，这里仅仅介绍最主要的几个算法，对于其他重要操作的详细实现算法，有兴趣的读者请参考有关关系数据库管理系统实现技术的阅读材料。

1. 选择操作的实现

第 3 章中已经介绍了 SELECT 语句的强大功能。SELECT 语句有许多选项，因此实现的算法和优化策略也很复杂。不失一般性，下面以简单的选择操作为例介绍典型的实现方法。

[例 10.1] 针对如下 SQL 语句：

SELECT * FROM Student WHERE <条件表达式>；

考虑<条件表达式>的几种情况：

C1：无条件；

C2：Sno='20180003'；

C3：Sbirthdate>='2000-1-1'；

C4：Smajor='计算机科学与技术' AND Sbirthdate>='2000-1-1'；

选择操作只涉及一个关系，一般采用全表扫描（full table scan）算法或索引扫描（index scan）算法。

（1）全表扫描算法

假设可以使用的内存为 M 块，全表扫描选择算法思想如下：

① 按照物理次序读 Student 表的 M 块到内存。

② 检查内存的每个元组 t，如果 t 满足选择条件，则输出 t。

③ 如果 Student 表还有其他块未被处理，则重复①和②。

全表扫描算法只需要很少的内存（最少为 1 块）就可以运行，而且控制简单，对于规模小的表，这种算法简单有效。对于规模大的表进行顺序扫描，当选择率（即满足条件的元组数占全表的比例）较低时，这个算法效率很低。

（2）索引扫描算法

对于规模较大的表，如果选择条件中的属性上有索引，则可以采用索引扫描算法。通过索引先找到满足条件的元组指针，再通过元组指针在查询的基本表中找到相应元组。

[例 10.1-C2] 以例 10.1 中的 C2 为例。

Sno='20180003'

如果 Sno 上有索引，则可以使用索引得到 Sno 为'20180003'的元组的指针（逻辑地址），然后通过元组指针在 Student 表中检索到该学生。

[例 10.1-C3] 以例 10.1 中的 C3 为例。

Sbirthdate>='2000-1-1'

如果 Sbirthdate 上有 B+树索引，则可以使用 B+树索引找到 Sbirthdate>='2000-1-1'的第一

个索引项,以此为入口点,在 B+树的顺序集上得到满足该条件的所有元组指针,然后通过这些元组指针到 Student 表中检索到所有 2000 年 1 月 1 日以后出生的学生。

[**例 10.1-C4**]以例 10.1 中的 C4 为例。

> Smajor='计算机科学与技术' AND Sbirthdate>='2000-1-1'

如果 Smajor 和 Sbirthdate 上都有索引,一种算法是:分别用上面两种方法找到 Smajor='计算机科学与技术'的一组元组指针和 Sbirthdate>='2000-1-1'的另一组元组指针,求这两组指针的交集,再到 Student 表中检索,即可得到主修专业为计算机科学与技术且在 2000 年 1 月 1 日以后出生的学生。

另一种算法是:找到 Smajor='计算机科学与技术'的一组元组指针,通过这些元组指针到 Student 表中检索,并对得到的元组检查另一个选择条件 Sbirthdate>='2000-1-1'是否满足,然后把满足条件的元组作为结果输出。

一般情况下,当选择率较低时,索引扫描算法要优于全表扫描算法。但在某些情况下,例如选择率较高,或者要查找的元组均匀地分布在查找的表中,这时索引扫描算法的性能则不如全表扫描算法。因为除了对表的扫描操作,还要加上对 B+树索引的扫描操作,对每一个检索码,从 B+树根结点到叶结点路径上的每个结点都要执行一次 I/O 操作。

2. 连接操作的实现

连接操作是查询处理中最常用也是最耗时的操作之一。人们对它进行了深入的研究,提出了一系列算法。不失一般性,这里通过例子简单介绍等值连接(或自然连接)最常用的几种算法思想。

[**例 10.2**]针对如下 SQL 语句:

> SELECT * FROM Student,SC WHERE Student.Sno=SC.Sno;

(1)嵌套循环连接(nested loop join)算法

嵌套循环连接算法由两层循环组成,其基本思想是:对外层循环(Student 表)的每一个元组,依次检索内层循环(SC 表)中的每一个元组,并检查这两个元组在连接属性(Sno)上是否相等。如果满足连接条件,则串接后作为结果输出,直到外层循环表中的元组处理完为止。

前面已经介绍过,物理块是存储分配和 I/O 操作的基本单位,也就是说,表中的数据实际上是以物理块为单位进行存取。假设共有 M 块可用内存,基于块的嵌套循环连接算法的步骤如下:

① 将 Student 表的 M-1 块数据读到内存。

② 读入 SC 表的 1 块数据。

③ 对 Student 表在内存中的每一个元组,检索 SC 表在内存中的每一个元组,如果满足连接条件,则串接后作为结果输出。

④ 继续读入 SC 表的下一个数据块,重复第③步,直到 SC 表处理一遍。

⑤ 继续读取 $M-1$ 块 Student 表数据，重复第②~④步，直到 Student 表处理完毕。

嵌套循环连接算法是最简单且最通用的连接算法，可以处理包括非等值连接在内的各种连接操作。

（2）排序-合并连接（sort-merge join）算法

排序-合并连接算法是等值连接常用的算法，尤其适合参与连接的诸表已经按连接属性排好序的情况。该算法的步骤如下：

① 如果参与连接的 Student 表和 SC 表没有排好序，首先分别对这两个表按连接属性 Sno 排序。

② 将排好序的 Student 表和 SC 表中的数据块读到内存中。

③ 依次扫描 SC 表中与 Student 表具有相同 Sno 值的元组，把它们连接起来（如图 10.2 所示）。

④ 当扫描到 Sno 不相同的第一个 SC 元组时，返回 Student 表并扫描它的下一个元组，再扫描 SC 表中具有相同 Sno 的元组，把它们连接起来。

⑤ 在内存中的 Student 表或 SC 表扫描完后，继续将相应表余下的数据块读入内存，重复第③和第④步，直到 Student 表或 SC 表全部扫描完。

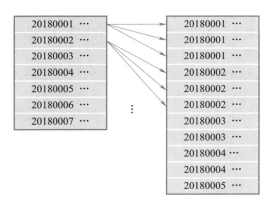

图 10.2　排序-合并连接算法示意图

这样 Student 表和 SC 表都只要扫描一遍即可。当然，如果两个表原来无序，执行时间要加上对两个表的排序时间。一般来说，对于大表，即使加上排序时间，使用排序-合并连接算法的总执行时间一般仍会减少。

（3）索引连接（index join）算法

索引连接算法的步骤如下：

① 在 SC 表上建立属性 Sno 的索引，若已有 Sno 上的索引，则跳过本步骤。

② 对 Student 中每一个元组，由 Sno 值通过 SC 的索引查找相应的 SC 元组。

③ 把这些 SC 元组和该 Student 元组连接起来。

循环执行步骤②和③，直到 Student 表中的元组处理完为止。

（4）哈希连接（hash join）算法

哈希连接算法把连接属性作为哈希码，用同一个哈希函数对 Student 表和 SC 表中的元组计算哈希值。具体步骤如下：

① 划分阶段，也称为创建阶段，即创建哈希表。对包含较少元组的表（如 Student 表）进行一遍处理，把它的元组按哈希函数（哈希码是连接属性）分散到哈希表的桶中。

② 试探阶段，也称为连接阶段。对另一个表（SC 表）进行一遍处理，把 SC 表的元组也按同一个哈希函数（哈希码是连接属性）进行散列，映射到相应的 Student 表哈希桶，检索该桶中的 Student 表元组，将 SC 表元组与该桶中与之相匹配的 Student 表元组连接起来。

哈希连接算法假设两个表中较小的表在第一阶段（划分阶段）后可以完全放入内存的哈希桶中。如果不满足这个前提条件，则需要对两个表进行分解，相应的哈希连接算法请参考本章文献[16]。

10.2　关系数据库管理系统的查询优化

查询优化在关系数据库管理系统中有着非常重要的地位。关系数据库系统和非过程化的 SQL 之所以能够取得巨大的成功，关键是得益于查询优化技术的发展。查询优化是影响关系数据库管理系统性能的主要因素。

优化对关系数据库管理系统来说既是挑战又是机遇。所谓挑战是指关系数据库管理系统为了达到用户可接受的性能必须进行查询优化。由于关系表达式的语义级别很高，使关系数据库管理系统可以从关系表达式中分析查询语义，从而提供了执行查询优化的可能性。这就为关系数据库管理系统在性能上接近甚至超过非关系数据库管理系统提供了机遇。

10.2.1　查询优化概述

查询优化既是关系数据库管理系统实现的关键技术，又是其优点所在。它减轻了用户选择存取路径的负担。用户只要提出"干什么"，而不必指出"怎么干"。对比一下非关系数据库管理系统中的情况：用户使用过程化的语言表达查询要求，至于执行何种记录级的操作以及操作的序列，是由用户而不是由系统来决定的。因此用户必须了解存取路径，系统要提供给用户选择存取路径的手段，查询效率由用户的存取策略决定。如果用户做了不当的选择，系统是无法对此加以改进的。这就要求用户有较高的数据库技术和程序设计水平。

查询优化的优点不仅在于用户不必考虑如何最好地表达查询以获得较高的效率，而且在于系统可以比用户程序的"优化"做得更好。这是因为：

① 优化器可以从数据字典中获取许多统计信息，例如每个关系表中的元组数、关系中每个属性值的分布情况、哪些属性上已经建立了索引等。优化器可以根据这些信息做出正确的估算，选择高效的执行计划，而用户程序则难以获得这些信息。

② 如果数据库的物理统计信息改变了，系统可以自动对查询进行重新优化以选择相适应的执行计划。在非关系数据库管理系统中则必须重写程序，而重写程序在实际应用中往往是不太可能的。

③ 优化器可以考虑数百种甚至数千种不同的执行计划，而程序员一般只能考虑有限的几种可能性。

④ 优化器中包含很多复杂的优化技术，这些优化技术往往只有最好的程序员才能掌握。系统的自动优化相当于使得所有人都拥有这些优化技术。

关系数据库管理系统通过某种代价模型计算出各种查询执行策略的执行代价，然后选取代价最小的执行方案。在集中式数据库中，查询执行开销主要包括磁盘存取块数（I/O 代价）、处理机时间（CPU 代价）以及查询的内存代价。在分布式数据库中还要加上通信代价，即

$$总代价 = I/O 代价 + CPU 代价 + 内存代价 + 通信代价$$

由于磁盘 I/O 操作涉及机械动作，需要的时间与内存操作相比要高几个数量级，因此在计算查询代价时一般用查询处理读写的块数作为衡量单位。

查询优化的总目标是：选择有效的策略，求得给定关系表达式的值，使得查询代价较小。因为查询优化的搜索空间有时非常大，实际系统选择的策略不一定是最优的，而是较优的。

10.2.2　一个实例

首先通过一个简单的例子来说明为什么要进行查询优化。

[例 10.3]求选修了 81003 课程的学生姓名。

用 SQL 语句表达如下：

```
SELECT Student. Sname
FROM Student,SC
WHERE Student. Sno = SC. Sno AND SC. Cno = '81003';
```

假定"学生选课管理"数据库中有 1 000 个学生记录，10 000 个选课记录，其中选修 81003 课程的选课记录为 50 个。

系统可以用多种等价的关系代数表达式来完成这一查询，但分析下面三种情况就足以说明问题：

$$Q_1 = \Pi_{Sname}(\sigma_{Student. Sno = SC. Sno \wedge SC. Cno = '81003'}(Student \times SC))$$
$$Q_2 = \Pi_{Sname}(\sigma_{SC. Cno = '81003'}(Student \bowtie SC))$$
$$Q_3 = \Pi_{Sname}(Student \bowtie \sigma_{SC. Cno = '81003'}(SC))$$

后面将看到由于查询执行的策略不同，查询效率相差很大。

1. 第一种情况

① 计算广义笛卡儿积。把 Student 表和 SC 表的每个元组连接起来。其常用算法是：先在

内存中尽可能多地装入某个表（如 Student 表）的若干块，留出一块存放另一个表（如 SC 表）的元组，然后把读入的 SC 表中的每个元组与内存中的 Student 表的每个元组连接，连接后的元组装满一块后就写到中间文件上，再从 SC 表中读入一块与内存中的 Student 表的元组连接，直到 SC 表处理完；这时再一次读入若干块 Student 元组，读入一块 SC 元组，重复上述处理过程，直到把 Student 表处理完。

设一个数据块能装 10 个 Student 元组或 100 个 SC 元组，在内存中存放 5 块 Student 元组和 1 块 SC 元组，则读取总块数为

$$\frac{1\,000}{10}+\frac{1\,000}{10\times5}\times\frac{10\,000}{100}=100+20\times100=2\,100 \text{ 块}$$

其中，读 Student 表 100 块，读 SC 表 20 遍，每遍 100 块，则总计要读取 2 100 个数据块。连接后的元组数为 $10^3\times10^4=10^7$。设每块能装 10 个元组，则写出 10^6 块。

② 做选择操作。依次读入连接后的元组，按照选择条件选取满足要求的记录。假定内存处理时间忽略。这一步读取中间文件的数量（同写中间文件一样）是 10^6 块。若满足条件的元组假设仅 50 个，则均可放在内存。

③ 做投影操作。把第②步的结果在 Sname 上做投影输出，得到最终结果。

因此第一种情况下执行查询的**总读写数据块 = 2 100+10^6+10^6**。

2. 第二种情况

① 计算自然连接。为了执行自然连接，读取 Student 表和 SC 表的策略不变，总的读取块数仍为 2 100 块。但自然连接的结果比第一种情况大大减少，连接后的元组数为 10^4 个元组，写出数据块 = 10^3 块。

② 读取中间文件块，执行选择操作，读取的数据块 = 10^3 块。

③ 把第②步结果投影输出。

第二种情况下执行查询的**总读写数据块 = 2 100+10^3+10^3**。其执行代价大约是第一种情况的 1/488。

3. 第三种情况

① 先对 SC 表做选择操作，只需读一遍 SC 表，存取块数为 100 块，因为满足条件的元组仅 50 个，不必使用中间文件。

② 读取 Student 表，把读入的 Student 元组和内存中的 SC 元组做连接。也只需读一遍 Student 表，共 100 块。

③ 把连接结果投影输出。

第三种情况下执行查询**总的读写数据块 = 100+100**。其执行代价大约是第一种情况的 1/10 000，是第二种情况的 1/20。

假如 SC 表的 Cno 字段上有索引，第一步就不必读取所有的 SC 元组，而只需读取 Cno = '81003'的那些元组（50 个）。存取的索引块和 SC 中满足条件的数据块共 3~4 块。若 Student 表在 Sno 上也有索引，则第二步也不必读取所有的 Student 元组，因为满足条件的 SC 记录仅 50

条，涉及最多 50 条 Student 记录，因此读取 Student 表的块数也可大大减少。

这个简单的例子充分说明了查询优化的必要性，同时也给出一些查询优化方法的初步概念。例如，读者可能已经发现，在第一种情况下连接后的元组可以先不立即写出，而是和第②步的选择操作结合，这样可以省去写出和读入的开销。有选择和连接操作时，可以先做选择操作，例如把上面的代数表达式 Q_1、Q_2 变换为 Q_3，这样参加连接的元组就可以大大减少，这是代数优化。在 Q_3 中，SC 表的选择操作算法可以采用全表扫描或索引扫描，经过初步估算，索引扫描方法较优。同样，对于 Student 和 SC 表的连接，利用 Student 表上的索引，采用索引连接代价也较小，这就是物理优化。

10.3 代数优化

SQL 语句经过查询分析和查询检查后变换为语法树，它是关系代数表达式的内部表示。本节介绍基于关系代数等价变换规则的优化方法，即代数优化，也称作逻辑优化。

10.3.1 关系代数表达式等价变换规则

代数优化策略是通过对关系代数表达式的等价变换来提高查询效率。所谓关系代数表达式的等价，是指用相同的关系代替两个表达式中相应的关系所得到的结果是相同的。两个关系表达式 E_1 和 E_2 是等价的，可记为 $E_1 \equiv E_2$。

下面是常用的等价变换规则，证明从略。

1. 连接运算、笛卡儿积运算的交换律

设 E_1 和 E_2 是关系代数表达式，F 是连接运算的条件，则有

$$E_1 \times E_2 \equiv E_2 \times E_1$$
$$E_1 \bowtie E_2 \equiv E_2 \bowtie E_1$$
$$E_1 \underset{F}{\bowtie} E_2 \equiv E_2 \underset{F}{\bowtie} E_1$$

2. 连接运算、笛卡儿积运算的结合律

设 E_1、E_2、E_3 是关系代数表达式，F_1 和 F_2 是连接运算的条件，则有

$$(E_1 \times E_2) \times E_3 \equiv E_1 \times (E_2 \times E_3)$$
$$(E_1 \bowtie E_2) \bowtie E_3 \equiv E_1 \bowtie (E_2 \bowtie E_3)$$
$$(E_1 \underset{F_1}{\bowtie} E_2) \underset{F_2}{\bowtie} E_3 \equiv E_1 \underset{F_1}{\bowtie} (E_2 \underset{F_2}{\bowtie} E_3)$$

3. 投影运算的串接律

$$\Pi_{A_1,A_2,\cdots,A_n}(\Pi_{B_1,B_2,\cdots,B_m}(E)) \equiv \Pi_{A_1,A_2,\cdots,A_n}(E)$$

其中，E 是关系代数表达式，$A_i(i=1,2,\cdots,n)$，$B_j(j=1,2,\cdots,m)$ 是属性名，且 $\{A_1,A_2,\cdots,A_n\}$ 是 $\{B_1,B_2,\cdots,B_m\}$ 的子集。

4. 选择运算的串接律

$$\sigma_{F_1}(\sigma_{F_2}(E)) \equiv \sigma_{F_1 \wedge F_2}(E)$$

其中，E 是关系代数表达式，F_1、F_2 是选择条件。选择运算的串接律说明选择条件可以合并，这样一次就可检查全部条件。

5. 选择运算与投影运算的交换律

$$\sigma_F(\Pi_{A_1,A_2,\cdots,A_n}(E)) \equiv \Pi_{A_1,A_2,\cdots,A_n}(\sigma_F(E))$$

其中，选择条件 F 只涉及属性 $A_1,A_2,\cdots,A_n$。

若 F 中有不属于 $A_1,A_2,\cdots,A_n$ 的属性 $B_1,B_2,\cdots,B_m$，则有更一般的规则：

$$\Pi_{A_1,A_2,\cdots,A_n}(\sigma_F(E)) \equiv \Pi_{A_1,A_2,\cdots,A_n}(\sigma_F(\Pi_{A_1,A_2,\cdots,A_n,B_1,B_2,\cdots,B_m}(E)))$$

6. 选择运算与笛卡儿积运算的交换律

如果 F 中涉及的属性都是 E_1 中的属性，则

$$\sigma_F(E_1 \times E_2) \equiv \sigma_F(E_1) \times E_2$$

如果 $F = F_1 \wedge F_2$，并且 F_1 只涉及 E_1 中的属性，F_2 只涉及 E_2 中的属性，则由上面的等价变换规则 1、4、6 可推出：

$$\sigma_F(E_1 \times E_2) \equiv \sigma_{F_1}(E_1) \times \sigma_{F_2}(E_2)$$

若 F_1 只涉及 E_1 中的属性，F_2 涉及 E_1 和 E_2 两者的属性，则仍有

$$\sigma_F(E_1 \times E_2) \equiv \sigma_{F_2}(\sigma_{F_1}(E_1) \times E_2)$$

它使部分选择在笛卡儿积前先做。

7. 选择运算与并运算的分配律

设 E_1、E_2 有相同的属性名，则

$$\sigma_F(E_1 \cup E_2) \equiv \sigma_F(E_1) \cup \sigma_F(E_2)$$

8. 选择运算与差运算的分配律

若 E_1 与 E_2 有相同的属性名，则

$$\sigma_F(E_1 - E_2) \equiv \sigma_F(E_1) - \sigma_F(E_2)$$

9. 选择运算对自然连接运算的分配律

$$\sigma_F(E_1 \bowtie E_2) \equiv \sigma_F(E_1) \bowtie \sigma_F(E_2)$$

F 只涉及 E_1 与 E_2 的公共属性。

10. 投影运算与笛卡儿积运算的分配律

设 E_1 和 E_2 是两个关系表达式，$A_1,A_2,\cdots,A_n$ 是 E_1 的属性，$B_1,B_2,\cdots,B_m$ 是 E_2 的属性，则

$$\Pi_{A_1,A_2,\cdots,A_n,B_1,B_2,\cdots,B_m}(E_1 \times E_2) \equiv \Pi_{A_1,A_2,\cdots,A_n}(E_1) \times \Pi_{B_1,B_2,\cdots,B_m}(E_2)$$

11. 投影运算与并运算的分配律

设 E_1 和 E_2 有相同的属性名，则

$$\Pi_{A_1,A_2,\cdots,A_n}(E_1 \cup E_2) \equiv \Pi_{A_1,A_2,\cdots,A_n}(E_1) \cup \Pi_{A_1,A_2,\cdots,A_n}(E_2)$$

10.3.2 语法树的启发式优化

本小节讨论应用启发式规则（heuristic rule）的代数优化，这是对关系代数表达式的语法树

进行优化的方法。**典型的启发式规则有：**

① 选择运算应尽可能先做。在优化策略中这是最重要、最基本的一条。它常常可使执行代价节约几个数量级，因为选择运算一般使计算的中间结果大大变小。

② 投影运算和选择运算应同时进行。如有若干投影和选择运算，并且它们都对同一个关系操作，则可以在扫描此关系的同时完成所有这些运算，以避免重复扫描关系。

③ 把投影同其前或其后的双目运算结合起来，没有必要为了去掉某些字段而扫描一遍关系。

④ 把某些选择与在它前面要执行的笛卡儿积结合起来成为一个连接运算，连接（特别是等值连接）运算要比同样关系上的笛卡儿积省很多时间。

⑤ 找出公共子表达式。如果这种重复出现的子表达式的结果不是很大的关系，并且从外存中读入这个关系比计算该子表达式的时间少得多，则先计算一次公共子表达式并把结果写入中间文件是合算的。当查询的对象是视图时，定义视图的表达式就是一种公共子表达式。

下面给出遵循这些启发式规则，应用关系代数等价变换规则来优化关系表达式的算法。

算法：关系表达式的优化。

输入：一个关系表达式的语法树。

输出：优化的语法树。

方法：

① 利用等价变换规则 4，把形如 $\sigma_{F_1 \wedge F_2 \wedge \cdots \wedge F_n}(E)$ 的表达式变换为 $\sigma_{F_1}(\sigma_{F_2}(\cdots(\sigma_{F_n}(E))\cdots))$。

② 对每一个选择，利用等价变换规则 4~9，尽可能把它移到树的叶端。

③ 对每一个投影，利用等价变换规则 3、5、10、11 中的一般形式，尽可能把它移向树的叶端。

注意： 等价变换规则 3 使一些投影消失，而等价规则 5 把一个投影分裂为两个，其中一个有可能被移向树的叶端。

④ 利用等价变换规则 3~5，把选择和投影的串接合并成单个选择、单个投影或一个选择后跟一个投影，使多个选择或投影能同时执行，或在一次扫描中全部完成。尽管这种变换似乎违背"投影尽可能早做"的原则，但这样做效率更高。

⑤ 把经过上述变换得到的语法树的内结点分组。每一双目运算（×，⋈，∪，-）和它所有的直接祖先为一组（这些直接祖先是单目运算 σ 或 Π）。如果其后代直到叶结点全是单目运算，则也将它们并入该组，但当双目运算是笛卡儿积（×），而且后面不是与它组成等值连接的选择时，则不能把选择与这个双目运算组成同一组。把这些单目运算单独分为一组。

[**例 10.4**] 给出例 10.3 中 SQL 语句的代数优化。

  SELECT Student. Sname FROM Student, SC
  WHERE Student. Sno = SC. Sno AND SC. Cno = '81003';

① 把 SQL 语句转换成语法树，如图 10.3 所示。为了使用关系代数表达式的优化法，不妨假设内部表示是关系代数语法树，如图 10.4 所示。

② 对语法树进行优化。利用等价变换规则 4、6 把选择 $\sigma_{SC.Cno='81003'}$ 移到叶端，则图 10.4 所示的语法树便转换成图 10.5 所示优化后的语法树。这就是例 10.3 中 Q_3 的语法树表示。前面已经分析了 Q_3 比 Q_1、Q_2 的查询效率要高得多。

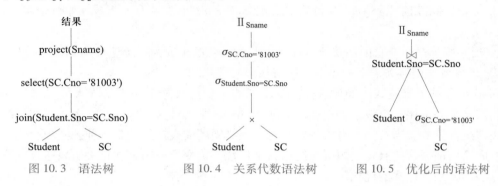

图 10.3　语法树　　　　图 10.4　关系代数语法树　　　　图 10.5　优化后的语法树

10.4　物理优化

代数优化改变查询语句中操作的次序和组合，但不涉及底层的存取路径。10.1.2 小节已讲解了对每一种操作有多种执行这个操作的算法，有多条存取路径，因此对于一个查询语句有多种存取方案，它们的执行效率不同，有的会相差很大。因此，仅仅进行代数优化是不够的。物理优化就是要选择高效合理的操作算法或存取路径，求得优化的查询计划，最终达到查询优化的目标。

选择的方法可以是：

① **基于启发式规则的优化**。启发式规则是指那些在大多数情况下都适用，但不是在每种情况下都是最好的规则。

② **基于代价估算的优化**。使用优化器估算不同执行策略的代价，并选出具有最小代价的执行计划。

③ **两者结合的优化方法**。查询优化器通常会把这两种技术结合在一起使用。因为可能的执行策略很多，要穷尽所有的策略进行代价估算往往是不可行的，会导致查询优化本身付出的代价大于获得的益处。为此，常常先使用启发式规则选取若干较优的候选方案，减少代价估算的工作量，然后分别计算这些候选方案的执行代价，较快地选出最终的优化方案。

10.4.1　基于启发式规则的优化

下面以选择操作和连接操作为例，介绍常用的启发式规则。

1. 选择操作的启发式规则

对于小关系，使用全表顺序扫描，即使选择列上有索引。

对于大关系，启发式规则有：

① 对于选择条件是"主码=值"的查询，查询结果最多是一个元组，可以选择主码索引扫描。一般的关系数据库管理系统会自动建立主码索引。

② 对于选择条件是"非主属性=值"的查询，并且选择列上有索引，则要估算查询结果的元组数目，如果比例较小（<10%）可以使用索引扫描方法，否则还是使用全表顺序扫描。

③ 对于选择条件是属性上的非等值查询或者范围查询，并且选择列上有索引，同样要估算查询结果的元组数目，如果选择率<10%可以使用索引扫描方法，否则还是使用全表顺序扫描。

④ 对于用 AND 连接的合取选择条件，如果有涉及这些属性的组合索引，则优先采用组合索引扫描方法；如果某些属性上有单属性索引，则可以用例 10.1-C4 中介绍的索引扫描方法；否则使用全表顺序扫描。

⑤ 对于用 OR 连接的析取选择条件，一般使用全表顺序扫描。

2. 连接操作的启发式规则

① 如果两个表都已经按照连接属性排序，则选用排序-合并算法。

② 如果一个表在连接属性上有索引，则可以选用索引连接算法。

③ 如果上面两个规则都不适用，其中一个表较小，则可以选用哈希连接算法。

④ 最后可以选用嵌套循环连接算法，并选择其中较小的表，确切地讲是占用的块数（B）较少的表，作为外表（外循环的表）。其理由如下：

设连接表 R 与 S 占用的块数分别为 B_R 与 B_S，连接操作使用的内存缓冲区块数为 K，分配 $K-1$ 块给外表。如果 R 为外表，则嵌套循环连接算法存取的块数为 $B_R+B_RB_S/(K-1)$，显然应该选块数小的表作为外表。

上面列出了一些主要的启发式规则，在实际的关系数据库管理系统中启发式规则要多得多。

10.4.2 基于代价估算的优化

启发式规则优化是定性的选择，比较粗糙，但是它实现简单而且优化本身的代价较小，适合用于解释执行的系统。因为解释执行的系统，其优化开销包含在查询总开销之中。在编译执行的系统中，一次编译优化，多次执行，查询优化和查询执行是分开的。因此，可以采用更精细复杂一些的基于代价估算的优化方法。

1. 统计信息

基于代价估算的优化方法要计算各种操作算法的执行代价，它与数据库的状态密切相关。为此在数据字典中存储了**优化器需要的数据库统计信息（database statistics information）**，主要包括如下几个方面：

① 对每个基本表，包括该表的元组总数（N）、元组长度（l）、占用的块数（B）等。

② 对基本表的每个列，包括该列不同值的个数（m）、该列最大值与最小值，该列是否已

建立索引以及是哪种索引等。根据这些统计信息，可以计算出谓词条件的选择率(f)，如果不同值的分布是均匀的，$f=1/m$；如果不同值的分布不均匀，则要计算每个值的选择率，$f=$具有该值的元组数/N。

③ 对索引，例如 $B+$树索引，包括该索引的层数(L)、不同索引值的个数、索引的选择基数 S(有 S 个元组具有某个索引值)、索引的叶结点数(Y)等。

2. 代价估算示例

下面给出若干操作算法的执行代价估算。所用符号 N、B、m、f、L、Y 等的含义如前所述，其中下标表示关系名，例如 N_R 表示关系 R 的元组数，B_R 表示关系 R 占用的块数，以此类推。

（1）全表扫描算法的代价估算

① 如果基本表大小为 B 块，全表扫描算法的代价 cost$=B$，满足条件的元组占用 $f*B$ 块。

② 如果选择条件是"码=值"，那么平均搜索代价 cost$=B/2$，且最多只有一个元组满足条件。

（2）索引扫描算法的代价估算

① 如果选择条件是"码=值"，如例 10.1-C2，则采用该表的主码索引。若为 $B+$树，层数为 L，需要存取 $B+$树中从根结点到叶结点 L 块，再加上基本表中该元组所在的那一块，所以 cost$=L+1$。

② 如果选择条件涉及非码属性，如例 10.1-C3，若为 $B+$树索引，选择条件是相等比较，索引的选择基数为 N/m(有 N/m 个元组满足条件)。因为满足条件的元组可能会保存在不同的块上，所以(最坏的情况) cost$=L+N/m$。

③ 如果比较条件是>，>=，<，<=操作，假设有一半的元组满足条件，那么就要存取一半的叶结点，并通过索引访问一半的表存储块。所以，cost$=L+Y/2+B/2$。如果可以获得更准确的选择基数，则可以进一步修正 $Y/2$ 与 $B/2$。

（3）嵌套循环连接算法的代价估算

10.4.1 小节中已经讨论过了嵌套循环连接算法的代价 cost$=B_R+B_RB_S/(K-1)$。

如果需要把连接结果写回磁盘，则 cost$=B_R+B_RB_S/(K-1)+(F_{RS}*N_R*N_S)/M_{RS}$。其中 F_{RS} 为连接选择率，表示连接结果元组数的比例；M_{RS} 是存放连接结果的块因子，表示每块中可以存放的结果元组数目。

（4）排序-合并连接算法的代价估算

① 如果连接表已经按照连接属性排好序，则 cost$=B_R+B_S+(F_{RS}*N_R*N_S)/M_{RS}$。

② 如果必须对文件排序，那么还需要在代价函数中加上排序的代价。对于包含 B 个块的文件，其外排序的代价大约是 $4B$，包括按照可用内存大小分段读入文件(代价为 B)，排成有序子表并写出去(代价为 B)，最后将所有的有序子表归并成全局有序文件并写回磁盘(代价为 $2B$)。因此总代价为 cost$=5B_R+5B_S+(F_{RS}*N_R*N_S)/M_{RS}$。

③ 在内存足够大的情形下，也可以不生成全局有序文件，而是直接在有序子表上进行合并，这样可以节省 $2B$ 的代价。

上面仅仅列出了少数操作算法的代价估算示例。在实际的关系数据库管理系中代价估算公式要多得多，也复杂得多。

前面还提到了**基于语义的查询优化**。这种技术是根据数据库的语义约束，把原来的查询转换成另一个执行效率更高的查询。本章不对这种方法进行详细讨论，只用一个简单的例子来说明它。考虑简单的选择查询：

SELECT ＊ FROM Student WHERE Smajor＝'计算机科学与技术' AND Sbirthdate>'2030-1-1';

显然，用户在写出生日期值 Sbirthdate 时，误把'2000-1-1'写成了'2030-1-1'。假设数据库模式上定义了一个约束，要求学生年龄为 15—55 岁。一旦查询优化器检查到了这条约束，它就知道上面查询的结果为空，所以根本不用执行这个查询。

＊10.5　查询计划的执行

查询优化完成后，关系数据库管理系统为用户查询生成了一个查询计划。该查询计划的执行可以分为自顶向下和自底向上两种方式。

在**自顶向下的执行方式**中，系统反复向查询计划顶端的操作符发出需要查询结果元组的请求，操作符收到请求后就试图计算下一个（几个）元组并返回这些元组。在计算时，如果操作符的输入缓冲区为空，它就会向其孩子操作符发送需求元组的请求……这种需求元组的请求会一直传到叶结点，启动叶操作符运行，并返回其父操作符一个（几个）元组，父操作符再计算自己的输出返回给上层操作符，直至顶端操作符。重复这一过程，直到处理完整个关系。

在**自底向上的执行方式**中，查询计划从叶结点开始执行，叶结点操作符不断产生元组并将它们放入其输出缓冲区，直到缓冲区填满为止，这时它必须等待其父操作符将元组从该缓冲区中取走才能继续执行。然后其父结点操作符开始执行，利用下层的输入元组来产生它自己的输出元组，直到其输出缓冲区满为止。这个过程不断重复，直到产生所有的输出元组。

扩展阅读：查询
计划执行示例

显然，自顶向下的执行方式是一种被动的、需求驱动的执行方式，而自底向上的执行方式是一种主动的执行方式（具体例子可见二维码内容）。详细的介绍请参阅关系数据库管理系统实现的有关文献。

本 章 小 结

查询处理是关系数据库管理系统的核心，而查询优化技术又是查询处理的关键技术。本章仅关注查询语句，它是关系数据库管理系统语言处理中最重要、最复杂的部分。更一般的数据库语言（包括数据定义语言、数据操纵语言、数据控制语言）处理技术可参阅关系数据库管理系统实现的有关文献。

本章讲解了基于关系代数等价变换规则的优化方法、基于启发式规则的存取路径优化和基于代价估算的优化等方法，实际系统的优化方法是综合的，优化器是十分复杂的。

本章不要求读者掌握关系数据库管理系统查询处理和查询优化的内部实现技术，因此没有详细讲解技术细节。通过学习本章，希望读者能够掌握查询优化方法的概念和技术，并通过实验进一步了解具体的查询计划表示，能够利用它分析查询的实际执行方案和查询代价，进而通过建立索引或修改 SQL 语句来降低查询代价，达到优化系统性能的目标。

习 题 10

1. 试述查询优化在关系数据库系统中的重要性和可能性。

2. 假设关系 $R(A, B)$ 和 $S(B, C, D)$ 情况如下：R 有 20 000 个元组，S 有 1 200 个元组，一个块能装 40 个 R 的元组，能装 30 个 S 的元组。试估算下列操作需要多少次磁盘块读写。

① R 上没有索引，select * from R;。

② R 中 A 为主码，A 有 3 层 B+树索引，select * from R where A = 10;。

③ 嵌套循环连接 $R \bowtie S$。

④ 排序合并连接 $R \bowtie S$，区分 R 与 S 在 B 属性上有序和无序两种情况。

3. 对"学生选课管理"数据库，查询信息管理与信息系统专业学生选修的所有课程名称。

    SELECT Cname
    FROM Student, Course, SC
    WHERE Student. Sno = SC. Sno AND SC. Cno = Course. Cno AND Student. Smajor = '信息管理与信息系统';

试画出用关系代数表示的语法树，并用关系代数表达式优化算法对原始的语法树进行优化处理，画出优化后的标准语法树。

4. 对于数据库模式：

    Teacher(Tno, Tname, Tsex, Ttitle, Tbirthdate, Dno);
    Department(Dno, Dname, Dcontact, Dtel, Director, SHno);
    Work(Tno, Dno, Year, Salary);

以上模式的语义参见本书附录。假设 Teacher 的 Tno 属性、Department 的 Dno 属性以及 Work 的 Year 属性上有 B+树索引。请说明下列查询语句的一种较优的处理方法。

① SELECT * FROM Teacher WHERE Tsex = '女';

② SELECT * FROM Department WHERE Dno < 301;

③ SELECT * FROM Work WHERE Year <> 2000;

④ SELECT * FROM Work WHERE Year > 2000 AND Salary < 5000;

⑤ SELECT * FROM Work WHERE Year < 2000 OR Salary < 5000;

5. 对于第 4 题中的数据库模式，有如下的查询：

    SELECT Tname
    FROM Teacher, Department, Work
    WHERE Teacher. Tno = Work. Tno AND Department. Dno = Work. Dno AND
    Department. Dname = '计算机系' AND Salary > 5000

画出语法树以及用关系代数表示的语法树，并对关系代数语法树进行优化，画出优化后的语法树。

6. 试述关系数据库管理系统查询优化的一般准则。

7. 试述关系数据库管理系统查询优化的一般步骤。

第 10 章实验　性能监视与调优

　　实验 10.1　数据库查询性能调优实验。理解和掌握数据库查询性能调优的基本原理和方法。学会使用关系数据库管理系统提供的 EXPLAIN 命令分析查询执行计划、利用索引优化查询性能、优化 SQL 语句。理解和掌握数据库模式规范化设计对查询性能的影响。能够针对给定的数据库模式，设计不同的实例验证查询性能优化的效果。

　　实验 10.2　数据库性能监视实验。了解所使用的关系数据库管理系统的性能监视功能，学习数据库查询性能监视的基本原理和方法。使用性能监视工具，通过标准统计视图和统计访问函数查看数据库系统收集到的性能统计信息。了解如何使用分析工具 ANALYZE 更新数据库统计信息、通过专门工具监视系统性能。

　　*　**实验 10.3　数据库系统配置参数调优实验。**了解数据库各级参数的作用以及配置，包括系统级参数配置和调优、数据库级参数配置和调优、会话(连接)级参数配置和调优。了解数据库系统级参数和连接级参数的配置和调优的基本原理和方法。了解如何通过修改这些参数设置调整系统运行时配置，以优化系统性能。

参考文献 10

　　[1] CODD E F. Relational database：a practical foundation for productivity[J]. Communications of the ACM, 1982, 25(2)：109−117.

　　文献[1]是 Edgar F. CODD 获得图灵奖后的演说稿。他阐述了关系数据库系统能极大地提高用户生产率这一重要观点。

　　[2] SMITH J M, CHANG P Y T. Optimizing the performance of a relational algebra database interface[C]. Proceedings of the 1975 ACM SIGMOD International Conference on Management of data, 1975：64.

　　文献[2]研究了关系代数的优化，给出了详细的算法。

　　[3] WONG E, YOUSSEFI K. Decomposition：a strategy for query processing[J]. ACM Transactions on Database Systems, 1976, 1(3)：223−241.

　　[4] YOUSSEFI K, WONG E. Query Processing in a relational database management system[C]. Proceedings of the 5th International Conference on Very Large Data Bases, 1979, 5：409−417.

　　文献[3]和[4]介绍了 INGRES 采用的查询分解优化方法。

　　[5] AHO A V, SAGIV Y, ULLMAN J D. Efficient optimization of a class of relational expressions[J]. ACM Transactions on Database Systems, 1979, 4(4)：435−454.

　　文献[5]讨论了关系表达式的优化方法。

　　[6] ASTRAHAN M M, BLASGEN M W, CHAMBERLIN D D, et al. System R：a relational approach to database management[J]. ACM Transactions on Database Systems, 1976, 1(2)：97−137.

　　文献[6]介绍了 System R 的实现技术，包括基于代价估算的查询优化算法。

　　[7] SELINGER P G, ASTRAHAN M M, CHAMBERLIN D D, et al. Access path selection in a relational database management system[C]. Proceedings of the 1979 ACM SIGMOD International Conference on Managemant of Data, 1979：23−34.

　　文献[7]讨论了 System R 中多表连接操作的查询优化问题。

［8］ASTRAHAN M M, SCHKOLNICK M, KIM W. Performance of the system R access path selection mechanism ［C］. IFIP Congress, 1980：487-491.

文献［8］介绍了 System R 的存取路径选择机制及其性能。

［9］KIM W. On Optimizing an SQL-like nested query［J］. ACM Transactions on Database Systems, 1982, 7(3)：443-469.

文献［9］提出了 SQL 嵌套查询的优化方法。

［10］DEWITT D, et al. Implementation techniques for main memory databases［C］. Proceedings of the 1984 ACM SIGMOD International Conference, 1984.

文献［10］研究了主存数据库上的查询优化问题。

［11］YAO S B. Optimization of query evaluation algorithms［J］. ACM Transactions on Database Systems, 1979, 4(2):133-155.

文献［11］对多个查询优化算法进行了比较和分析。

［12］JARKE M, KOCH J. Query optimization in database systems［J］. ACM Computing Surveys, 1984, 16(2)：111-152.

文献［12］系统地综述了查询优化的主要研究成果，并列出了这一研究领域的主要文献。

［13］KING J J. QUIST：a system for semantic query optimization in relational databases［C］. Proceedings of the 7th International Conference on Very Large Data Bases, 1981：510-517.

文献［13］讨论了在数据库中利用语义知识进行查询优化的问题。

［14］MALLEY C, ZDONIK S B. A knowledge based approach to query optimization［C］. Proceedings of the 1st International Conference on Expert Database Systems, 1986.

文献［14］也是讨论在数据库中利用语义知识进行查询优化的问题。

［15］BECK H W, GALA S K, NAVATHE S B. Classification as a query processing technique in the CANDIDE semantic data model［C］. Proceedings of the 5th International Conference on Data Engineering, 1989：572-581.

文献［15］讨论了一种实现查询优化的分类技术。这种技术适用于基于语义数据模型的数据库系统。

［16］MOLINA H G, ULLMAN J D, WIDOM J. 数据库系统实现［M］. 2 版. 杨冬青, 吴愈青, 包小源, 等, 译. 北京：机械工业出版社, 2010.

文献［16］详细介绍了关系数据库管理系统的实现技术。

本章知识点讲解微视频：

查询处理步骤

连接操作算法

物理优化

查询执行

第 11 章 ＼ 数据库恢复技术

数据库恢复机制和并发控制机制是数据库管理系统的重要组成部分。本章介绍数据库恢复的基本概念和基本技术。

本章导读

本书第 11 章、第 12 章讨论事务处理（transaction processing）技术。事务是一系列数据库操作，是数据库应用程序的基本逻辑单元。事务处理技术主要包括数据库恢复技术和并发控制技术，它们是数据库管理系统的重要组成部分。

本章讨论数据库恢复的概念和常用技术。首先介绍事务的概念，然后讲解故障的种类以及各类故障的恢复策略，最后讨论能提高故障恢复效率的检查点技术和数据库镜像技术。

学习完本章内容，要深入了解事务的概念及其特性，这是事务处理的基础。要了解故障的种类，掌握各类故障的恢复方法。本章的难点是具有检查点的恢复技术。

11.1　事务的基本概念

在讨论数据库恢复技术之前，先讲解事务的基本概念和事务的性质。

1. 事务

所谓**事务是用户定义的一个数据库操作序列，这些操作要么全做，要么全不做，是一个不可分割的工作单位**。例如，在关系数据库中，一个事务可以是一条 SQL 语句、一组 SQL 语句或整个程序。

事务和程序是两个概念。一般地讲，一个程序中包含多个事务。

事务的开始与结束可以由用户显式控制。如果用户没有显式地定义事务，则由数据库管理系统按默认规定自动划分事务。在 SQL 中，定义事务的语句一般有三条：

```
BEGIN TRANSACTION;
COMMIT;
ROLLBACK;
```

事务通常是以 **BEGIN TRANSACTION 开始**，以 COMMIT 或 ROLLBACK 结束。**COMMIT 表示提交**，即提交事务的所有操作，具体地说就是将事务中所有对数据库的更新写回到磁盘上的物理数据库中，事务正常结束。**ROLLBACK 表示回滚**，即在事务运行的过程中发生了某种故障，事务不能继续执行，系统将事务中对数据库的所有已完成的更新操作全部撤销，回滚到事务开始时的状态。

2. 事务的 ACID 特性

事务具有 4 个特性：原子性（atomicity）、一致性（consistency）、隔离性（isolation）和持续性（durability）。这 4 个特性通常简称为 **ACID 特性（ACID properties）**。

（1）**原子性**

事务是数据库的逻辑工作单位，事务的原子性指事务中包括的诸操作要么都做，要么都不做。例如，某公司在银行中有 A、B 两个账号，现在公司想从账号 A 中取出 1 万元，存入账号 B。那么就可以定义一个事务，该事务包含两个操作，第一个操作是从账号 A 中减去 1 万元，第二个操作是向账号 B 中加入 1 万元。事务的原子性就是指的这两个操作要么全做，要么全不做。

（2）**一致性**

事务执行的结果必须是使数据库从一个一致性状态转为另一个一致性状态。事务的一致性指在事务间没有干扰的情况下，如果数据库只包含成功事务提交的结果时，数据库就是处于一致性状态的。换句话说，一个事务在一致性的数据库状态开始执行，在没有其他事务干扰的情况下成功提交后数据库仍处于一致性状态。如果在数据库系统运行中发生故障，有些事务尚未完成就被迫中断，这些未完成的事务对数据库所做的修改有一部分已写入物理数据库，这时数据库就处于一种不正确的状态，或者说是不一致的状态。例如，上面公司转账的例子中，那两个操作全做或者全不做，数据库都处于一致性状态。如果只做一个操作，则逻辑上就会发生错误，减少或增加一万元，这时数据库就处于不一致性状态了。可以看出，一致性与原子性是密切相关的。

（3）**隔离性**

事务的隔离性指一个事务的执行不能被其他事务干扰，即一个事务的内部操作及使用的数据对其他并发事务是隔离的，并发执行的各个事务之间不能互相干扰。例如在公司从账号 A 中取出 1 万元存入账号 B 的同时，另外一家公司从账号 C 中取出 10 万元，也转入账号 B，这两笔转账操作都涉及账号 B，它们之间不能互相干扰，最终 B 的余额应该增加 11 万元。

（4）**持续性**

事务的持续性也称**永久性**（permanence），指一个事务一旦提交，它对数据库中数据的改变就应该是永久性的，接下来的其他操作或故障不应该对其执行结果有任何影响。

事务是恢复和并发控制的基本单位，所以下面的讨论均以事务为对象。

保证事务的 ACID 特性是事务管理的重要任务。事务的 ACID 特性可能遭到破坏的因素有：

① 多个事务并行运行时，不同事务的操作交叉执行。

② 事务在运行过程中被强行停止。

在第一种情况下，数据库管理系统必须保证多个事务的交叉运行不影响这些事务的隔离性；在第二种情况下，数据库管理系统必须保证被强行终止的事务对数据库和其他事务没有任何影响。

这些就是数据库管理系统中并发控制机制和恢复机制的责任。

11.2　数据库恢复概述

尽管数据库系统中采取了各种保护措施来防止数据库的安全性和完整性被破坏，保证并发事务的正确执行，但是计算机系统中硬件的故障、软件的错误、操作员的失误以及恶意的破坏仍是不可避免的。这些故障轻则造成运行事务非正常中断，影响数据库中数据的正确性；重则破坏数据库，使数据库中全部或部分数据丢失。因此数据库管理系统必须具有把数据库从错误状态恢复到某一已知的正确状态（亦称为一致性状态或完整性状态）的功能，这就是数据库的恢复。恢复子系统是数据库管理系统的一个重要组成部分，而且还相当庞大，常常占整个系统代码的10%以上。数据库系统所采用的恢复技术是否行之有效，不仅对系统的可靠程度起着决定性作用，而且对系统的运行效率也有很大影响，是衡量系统性能优劣的重要指标。

11.3　故障的种类

数据库系统中可能发生各种各样的故障，大致可以分以下几类。

1. 事务内部的故障

事务内部的故障有些是可以通过事务程序本身发现的，有些则是非预期的，不能由事务程序处理。

例如，下述语句为银行转账事务，这个事务把一笔金额从一个账户甲转给另一个账户乙。

```
BEGIN TRANSACTION
    读账户甲的余额 BALANCE1;
    BALANCE1 = BALANCE1 - AMOUNT;        /* AMOUNT 为转账金额 */
    IF( BALANCE1 < 0 ) THEN
        {打印'金额不足,不能转账';          /* 事务内部可能造成事务被回滚的情况 */
        ROLLBACK;}                        /* 撤销刚才的修改,恢复事务 */
    ELSE
        {读账户乙的余额 BALANCE2;
        BALANCE2 = BALANCE2 + AMOUNT;
        写回 BALANCE2;
        COMMIT;}
```

这个例子所包含的两个更新操作要么全部完成，要么全部不做，否则就会使数据库处于不一致状态，例如可能出现只把账户甲的余额减少而没有把账户乙的余额增加的情况。

在这段程序中若产生账户甲余额不足的情况，应用程序可以发现并让事务回滚，撤销已做的修改，将数据库恢复到正确状态。

事务内部更多的故障是非预期的，不能由应用程序处理，如运算溢出、并发事务发生死锁而被选中撤销该事务、违反某些完整性限制而被终止等。本书后续内容中，事务故障仅指这类非预期的故障。

事务故障意味着事务没有达到预期的终点（COMMIT 或显式的 ROLLBACK），因此数据库可能处于不正确状态。恢复程序要在不影响其他事务运行的情况下强行回滚该事务，即撤销该事务已做出的任何对数据库的修改，使得该事务好像根本没有启动一样。这类恢复操作称为**事务撤销**（UNDO）。

2. 系统故障

系统故障是指造成系统停止运转的任何事件，使得系统要重新启动。例如，特定类型的硬件错误（CPU 故障）、操作系统故障、数据库管理系统代码错误、系统断电、导致系统崩溃的计算机病毒等。这类故障影响正在运行的所有事务，但不破坏数据库。此时主存内容，尤其是数据库缓冲区（在内存）中的内容都被丢失，所有运行事务都非正常终止。发生系统故障时，一些尚未完成的事务的结果可能已送入物理数据库，从而造成数据库可能处于不正确的状态。为保证数据一致性，需要清除这些事务对数据库的所有修改。

恢复子系统必须在系统重新启动时让所有非正常终止的事务回滚，强行撤销所有未完成的事务。

另一方面，发生系统故障时，有些已完成的事务的结果可能有一部分甚至全部留在缓冲区，尚未写回到磁盘上的物理数据库中，系统故障使得这些事务对数据库的修改部分或全部丢失，这也会使数据库处于不一致状态，因此应将这些事务已提交的结果重新写入数据库。所以系统重新启动后，恢复子系统除需撤销所有未完成的事务外，还需要**重做**（REDO）所有已提交的事务，以将数据库真正恢复到一致状态。

3. 介质故障

通常把系统故障称为**软故障**（soft fault）、介质故障称为**硬故障**（hard fault）。硬故障指外存故障，如磁盘损坏、磁头碰撞、瞬时强磁场干扰、破坏硬盘数据的计算机病毒等。这类故障将破坏数据库或部分数据库，并影响正在存取这部分数据的所有事务。这类故障比前两类故障发生的可能性小得多，但破坏性最大，需要借助存储在其他地方的数据备份来恢复数据库。

除此之外，如果计算机染上了"勒索病毒"，虽然这种病毒不破坏外存设备，但会对文件进行加密，使数据不可访问，因而对数据库造成的影响与介质故障类似，也只能借助数据备份来恢复数据库。

总结各类故障对数据库的影响，有两种可能性：一是数据库本身被破坏；二是数据库没有被破坏，但数据可能不正确，这是由于事务的运行被非正常终止造成的。

恢复的基本原理十分简单。可以用一个词来概括——冗余。也就是说，数据库中任何一部分被破坏或不正确的数据可以根据存储在系统别处的冗余数据来重建。尽管恢复的基本原理很简单，但实现技术的细节却相当复杂。下面略去一些细节，介绍数据库恢复的实现技术。

11.4 恢复的实现技术

恢复机制涉及两个关键问题，即如何建立冗余数据，以及如何利用这些冗余数据实施数据库恢复。

建立冗余数据最常用的技术是数据转储(dump)和登记日志文件。通常在一个数据库系统中这两种方法是一起使用的。

11.4.1 数据转储

数据转储是数据库恢复中采用的基本技术。所谓**数据转储**，即数据库管理员定期将整个数据库复制到磁带、磁盘或其他存储介质上保存的过程。这些备用的数据称为**后备副本**或后援副本。

当数据库遭到破坏后可以将后备副本重新装入，但重装后备副本只能将数据库恢复到转储时的状态，要想恢复到故障发生时的状态，必须重新运行自转储以后的所有更新事务。例如，在图 11.1 中，系统在 T_a 时刻停止运行事务，进行数据库转储，在 T_b 时刻转储完毕，得到 T_b 时刻的数据库一致性副本。系统运行到 T_f 时刻发生故障。为恢复数据库，首先由数据库管理员重装数据库后备副本，重装的后备副本是 T_a 时刻转储的副本，将数据库恢复至 T_b 时刻的状态，然后重新运行自 $T_b \sim T_f$ 时刻所有已提交的更新事务，这样就把数据库恢复到故障发生前的一致状态了。

图 11.1 转储和恢复示例

数据转储是十分耗费时间和资源的，不能频繁进行。数据库管理员应根据数据库使用情况确定一个适当的转储周期。

数据转储按数据库的状态可分为静态转储和动态转储。

静态转储是在系统中无运行事务时进行的转储操作。静态转储操作开始的时刻数据库处于一致性状态，在转储期间不允许(或不存在)对数据库的任何存取、修改活动。显然，静态转储得到的一定是一个数据一致性的副本。

静态转储简单，但转储必须等待正运行的用户事务结束才能进行。同样，新的事务必须等待转储结束才能执行。显然，这会降低数据库的可用性。

动态转储是指转储期间允许对数据库进行存取或修改，即转储和用户事务可以并发执行。

动态转储可以克服静态转储的缺点，它不用等待正在运行的用户事务结束，也不会影响新事务的运行。但是，转储结束时后备副本上的数据并不能保证正确有效。例如，在转储期间的某个时刻 T_c，系统把数据 $A = 100$ 转储到磁带上，而在下一时刻 T_d，某一事务将 A 改为 200。转储结束后，后备副本上的 A 已是过时的数据了。

为此，必须把数据转储期间各事务对数据库的修改活动登记下来，建立**日志文件**(log file)。这样，后备副本加上日志文件就能把数据库恢复到某一时刻的正确状态。

数据转储还可以分为海量转储和增量转储两种方式。**海量转储是指每次转储全部数据库，增量转储则指每次只转储上一次转储后更新过的数据**。从恢复角度看，使用海量转储得到的后备副本进行恢复一般会更方便些。但如果数据库很大，事务处理又十分频繁，则增量转储方式更实用且更有效。

数据转储有两种方式，分别可以在两种状态下进行，因此数据转储方法可以分为 4 类：动态海量转储、动态增量转储、静态海量转储和静态增量转储，如表 11.1 所示。

表 11.1　数据转储方法

转储方式	转储状态	
	动态转储	静态转储
海量转储	动态海量转储	静态海量转储
增量转储	动态增量转储	静态增量转储

11.4.2　登记日志文件

日志文件是用来记录事务对数据库的更新操作的文件。不同数据库系统采用的日志文件格式并不完全一样。概括起来日志文件主要有两种格式：以记录为单位的日志文件和以数据块为单位的日志文件。

1. 日志文件的格式和内容

对于以记录为单位的日志文件，日志文件中需要登记的内容包括：

① 各个事务的开始标记(BEGIN TRANSACTION)。

② 各个事务的结束标记(COMMIT 或 ROLLBACK)。

③ 各个事务的所有更新操作。

这里每个事务的开始标记、结束标记和每个更新操作均作为日志文件中的一个日志记录。

每个日志记录的内容主要包括：

① 事务标识(标明是哪个事务)。

② 操作的类型(插入、删除或修改)。

③ 操作对象(记录内部标识)。

④ 更新前数据的旧值(对插入操作而言,此项为空值)。

⑤ 更新后数据的新值(对删除操作而言,此项为空值)。

对于以数据块为单位的日志文件,日志记录的内容包括事务标识和被更新的数据块。由于将更新前的整个块和更新后的整个块都放入日志文件中,操作类型和操作对象等信息就不必放入日志记录中了。

2. 日志文件的作用

日志文件在数据库恢复中起着非常重要的作用,可以用来进行事务故障恢复和系统故障恢复,并协助后备副本进行介质故障恢复。

① 事务故障恢复和系统故障恢复必须用日志文件。

② 在动态转储方式中必须建立日志文件,后备副本和日志文件结合起来才能有效地恢复数据库。

③ 在静态转储方式中也可以建立日志文件,当数据库毁坏后可重新装入后备副本,把数据库恢复到转储结束时刻的正确状态,然后利用日志文件把已完成的事务进行重做处理,对故障发生时尚未完成的事务进行撤销处理。这样,不必重新运行那些已完成的事务程序就可把数据库恢复到故障前某一时刻的正确状态,如图 11.2 所示。

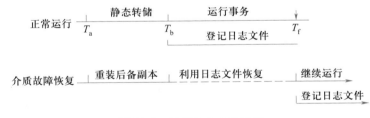

图 11.2 利用日志文件恢复

3. 登记日志文件

为保证数据库是可恢复的,**登记日志文件时必须遵循两条原则:**

① 登记的次序严格按并发事务执行的时间次序。

② 必须先写日志文件,后写数据库。

把对数据的修改写到数据库中和把表示这个修改的日志记录写到日志文件中是两个不同的操作。有可能在这两个操作之间发生故障,即这两个写操作只完成了一个。如果先写了数据库修改,而在日志文件中没有登记这个修改,则以后就无法恢复这个修改了。如果先写日志,但没有修改数据库,按日志文件恢复时只不过是多执行一次不必要的 UNDO 操作,并不会影响数据库的正确性。所以为了安全,一定要先写日志文件,即首先把日志记录写到日志文件中,然后再写数据库的修改。这就是**"先写日志文件"**的原则。

11.5 恢 复 策 略

若系统运行过程中发生故障,利用数据库后备副本和日志文件就可以将数据库恢复到故障前的某个一致性状态。不同故障,其恢复策略和方法各不相同。

1. 事务故障的恢复

事务故障是指事务在运行至正常终止点前被终止,这时恢复子系统应利用日志文件撤销(UNDO)此事务已对数据库进行的修改。事务故障的恢复是由系统自动完成的,对用户隐蔽。系统的**恢复步骤**如下:

① 反向扫描日志文件(即从最后向前扫描日志文件),查找该事务的更新操作。

② 对该事务的更新操作执行逆操作,将日志记录中"更新前的值"写入数据库。这样,如果记录中是插入操作,则相当于做删除操作(因此时"更新前的值"为空);若记录中是删除操作,则做插入操作;若是修改操作,则相当于用修改前值代替修改后值。

③ 继续反向扫描日志文件,查找该事务的其他更新操作并做同样处理。

④ 如此处理下去,直至读到此事务的开始标记,事务故障恢复即完成。

2. 系统故障的恢复

前面已讲过,系统故障造成数据库不一致的原因有两个:一是未完成事务对数据库的更新可能已写入数据库,二是已提交事务对数据库的更新可能还留在缓冲区没来得及写入数据库。因此恢复操作就是要撤销故障发生时未完成的事务,重做已完成的事务。

系统故障的恢复是由系统在重新启动时自动完成的,不需要用户干预。

系统的**恢复步骤**如下:

① 正向扫描日志文件(即从头扫描日志文件),找出在故障发生前已经提交的事务(这些事务既有 BEGIN TRANSACTION 记录,也有 COMMIT 记录),将其事务标识记入重做队列(REDO-LIST);同时找出故障发生时尚未完成的事务(这些事务只有 BEGIN TRANSACTION 记录,无相应的COMMIT 记录),将其事务标识记入撤销队列(UNDO-LIST)。

② 对撤销队列中的各个事务进行撤销(UNDO)处理。进行撤销处理的方法是:反向扫描日志文件,对每个撤销事务的更新操作执行逆操作,即将日志记录中"更新前的值"写入数据库。

③ 对重做队列中的各个事务进行重做处理。进行重做处理的方法是:正向扫描日志文件,对每个重做事务重新执行日志文件登记的操作,即将日志记录中"更新后的值"写入数据库。

3. 介质故障的恢复

发生介质故障后,磁盘上的物理数据和日志文件被破坏,这是最严重的一种故障,其**恢复方法是重装数据库,然后重做已完成的事务**。

① 装入最新的数据库后备副本(离故障发生时刻最近的转储副本),使数据库恢复到最近一次转储时的一致性状态。对于动态转储的数据库副本,还需同时装入转储开始时刻的日志文

件副本,利用恢复系统故障的方法(即 REDO+UNDO),才能将数据库恢复到一致性状态。

② 装入相应的日志文件副本(转储结束时刻的日志文件副本),重做已完成的事务。首先扫描日志文件,找出故障发生时已提交的事务的标识,将其记入重做队列,然后正向扫描日志文件,对重做队列中的所有事务进行重做处理,即将日志记录中"更新后的值"写入数据库。

这样就可以将数据库恢复至故障前某一时刻的一致性状态了。

介质故障的恢复需要数据库管理员介入,但数据库管理员只需要重装最新转储的数据库副本和有关的各日志文件副本,然后执行系统提供的恢复命令即可,具体的恢复操作仍由数据库管理系统完成。

11.6　具有检查点的恢复技术

利用日志技术进行数据库恢复时,恢复子系统必须搜索日志,确定哪些事务需要重做,哪些事务需要撤销。一般来说,需要检查所有日志记录。但这样做有两个问题,一是搜索整个日志将耗费大量的时间;二是很多需要重做处理的事务实际上已将其更新操作结果写到了数据库中,然而恢复子系统又重新执行了这些操作,浪费了大量时间。为了解决这些问题,又发展了具有检查点的恢复技术。这种技术在日志文件中增加一类新的记录——**检查点**(checkpoint)记录,增加一个重新开始文件,并让恢复子系统在登录日志文件期间动态地维护日志。

1. 检查点记录

检查点记录的内容包括:

① 建立检查点时刻所有正在执行的事务清单。

② 这些事务最近一个日志记录的地址。

2. 重新开始文件

重新开始文件用来记录各个检查点记录在日志文件中的地址。图 11.3 说明了建立检查点 C_i 时对应的日志文件和重新开始文件。

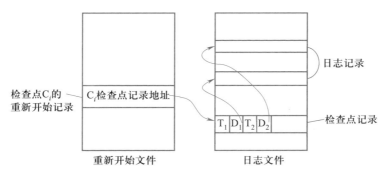

图 11.3　具有检查点的日志文件和重新开始文件

3. 动态维护日志文件

动态维护日志文件的方法是周期性地执行建立检查点、保存数据库状态的操作。具体步骤如下：

① 将当前日志缓冲区中的所有日志记录写入磁盘的日志文件中。

② 在日志文件中写入一个检查点记录。

③ 将当前数据缓冲区的所有数据记录写入磁盘的数据库中。

④ 把检查点记录在日志文件中的地址写入一个重新开始文件。

4. 恢复子系统的恢复策略

恢复子系统可以定期或不定期地建立检查点，保存数据库状态。检查点可以按照预定的一个时间间隔建立，如每隔一小时建立一个检查点；也可以按照某种规则建立检查点，如日志文件已写满一半时建立一个检查点。

使用检查点方法可以改善恢复效率。当事务 T 在一个检查点之前提交，T 对数据库所做的修改一定都已写入数据库，写入时间是在这个检查点建立之前或在这个检查点建立之时。这样，在进行恢复处理时就不必再对事务 T 执行重做操作了。

系统出现故障时，恢复子系统将根据事务的不同状态采取不同的恢复策略，如图 11.4 所示。

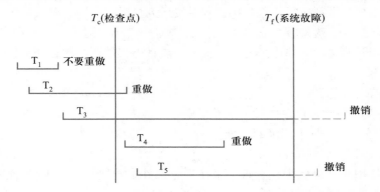

图 11.4　恢复子系统采取的不同策略

T_1：在检查点之前提交。

T_2：在检查点之前开始执行，在检查点之后故障点之前提交。

T_3：在检查点之前开始执行，在故障点时还未完成。

T_4：在检查点之后开始执行，在故障点之前提交。

T_5：在检查点之后开始执行，在故障点时还未完成。

T_3 和 T_5 在故障发生时还未完成，所以予以撤销；T_2 和 T_4 在检查点之后才提交，它们对数据库所做的修改在故障发生时可能还在缓冲区中，尚未写入数据库，所以要重做；T_1 在检查点之前已提交，所以不必执行重做操作。

系统使用检查点方法进行**恢复的步骤**是：

① 从重新开始文件中找到最后一个检查点记录在日志文件中的地址，由该地址在日志文件中找到最后一个检查点记录。

② 由该检查点记录得到检查点建立时刻所有正在执行的事务清单 ACTIVE-LIST。

这里建立两个事务队列：UNDO-LIST 队列包含需要执行 UNDO 操作的事务集合，REDO-LIST 队列包含需要执行 REDO 操作的事务集合。

把 ACTIVE-LIST 暂时放入 UNDO-LIST 队列，REDO 队列暂为空。

③ 从检查点开始正向扫描日志文件。

a. 如有新开始的事务 T_i，把 T_i 暂时放入 UNDO-LIST 队列。

b. 如有已提交的事务 T_j，把 T_j 从 UNDO-LIST 队列移到 REDO-LIST 队列，直到日志文件结束。

④ 对 UNDO-LIST 中的每个事务执行 UNDO 操作，对 REDO-LIST 中的每个事务执行 REDO 操作。REDO 操作的起始点可以是 T_c 时刻。

11.7 数据库镜像

如前所述，介质故障是对系统影响最为严重的一种故障。系统出现介质故障后，用户应用全部中断，恢复起来也比较费时。而且数据库管理员必须周期性地转储数据库，这也加重了数据库管理员的负担。如果不及时正确地转储数据库，一旦发生介质故障，将会造成较大的损失。

随着技术的发展，磁盘容量越来越大，价格也越来越便宜。为避免磁盘介质出现故障影响数据库的可用性，许多数据库管理系统提供了**数据库镜像**（mirror）功能用于数据库恢复。即根据数据库管理员的要求，自动把整个数据库或其中的关键数据复制到另一个磁盘上，每当主数据库更新时，数据库管理系统自动把更新后的数据复制过去，由数据库管理系统自动保证镜像数据与主数据库的一致性，如图 11.5(a) 所示。这样，一旦出现介质故障，可由镜像磁盘继续提供使用，同时数据库管理系统自动利用镜像磁盘数据进行数据库的恢复，不需要关闭系统和重装数据库副本，如图 11.5(b) 所示。在没有出现故障时，数据库镜像还可以用于并发操作，即当一个用户对数据加排他型锁修改数据时，其他用户可以读镜像数据库上的数据，而不必等待该用户释放锁。

由于数据库镜像是通过复制数据实现的，频繁地复制数据自然会降低系统运行效率，因此，在实际应用中用户往往只选择对关键数据和日志文件进行镜像，而不是对整个数据库进行镜像。

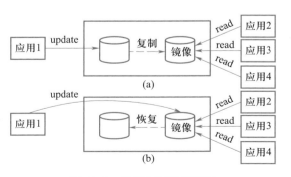

图 11.5 数据库镜像示意图

本 章 小 结

保证数据一致性是对数据库的最基本的要求。事务是数据库的逻辑工作单位，只要数据库管理系统能够保证系统中一切事务的 ACID 特性，即事务的原子性、一致性、隔离性和持续性，也就保证了数据库处于一致性的状态。为了保证事务的原子性、一致性与持续性，数据库管理系统必须对事务故障、系统故障和介质故障进行恢复。数据转储和登记日志文件是恢复中最常使用的技术。数据库恢复的基本原理就是利用存储在后备副本、日志文件和数据库镜像中的冗余数据来重建数据库。

事务不仅是恢复的基本单位，也是并发控制的基本单位。为了保证事务的隔离性和一致性，数据库管理系统需要对并发操作进行控制，在第 12 章中将进一步讲解并发控制。

习 题 11

1. 试述事务的概念及事务的 4 个特性。数据库恢复技术能保证事务的哪些特性？
2. 为什么事务非正常结束时会影响数据库数据的正确性？请举例说明之。
3. 登记日志文件时为什么必须先写日志文件，后写数据库？
4. 考虑表 11.2 所示的日志记录：

① 如果系统故障发生在序号 14 之后，说明哪些事务需要重做，哪些事务需要回滚。

② 如果系统故障发生在序号 10 之后，说明哪些事务需要重做，哪些事务需要回滚。

③ 如果系统故障发生在序号 9 之后，说明哪些事务需要重做，哪些事务需要回滚。

④ 如果系统故障发生在序号 7 之后，说明哪些事务需要重做，哪些事务需要回滚。

5. 考虑表 11.2 所示的日志记录，假设开始时 A、B、C 的值都是 0：

① 如果系统故障发生在序号 14 之后，写出系统恢复后 A、B、C 的值。

② 如果系统故障发生在序号 12 之后，写出系统恢复后 A、B、C 的值。

③ 如果系统故障发生在序号 10 之后，写出系统恢复后 A、B、C 的值。

④ 如果系统故障发生在序号 9 之后，写出系统恢复后 A、B、C 的值。

⑤ 如果系统故障发生在序号 7 之后，写出系统恢复后 A、B、

表 11.2　习题 11.4 日志记录示例

序号	日志
1	T_1：开始
2	T_1：写 A，$A = 10$
3	T_2：开始
4	T_2：写 B，$B = 9$
5	T_1：写 C，$C = 11$
6	T_1：提交
7	T_2：写 C，$C = 13$
8	T_3：开始
9	T_3：写 A，$A = 8$
10	T_2：回滚
11	T_3：写 B，$B = 7$
12	T_4：开始
13	T_3：提交
14	T_4：写 C，$C = 12$

C 的值。

　　⑥ 如果系统故障发生在序号5之后，写出系统恢复后 A、B、C 的值。

　　6. 针对不同的故障类型(事务故障、系统故障、介质故障)，试给出恢复的策略和方法。

　　7. 什么是检查点记录？检查点记录包括哪些内容？

　　8. 具有检查点的恢复技术有什么优点？试举一个具体例子加以说明。

　　9. 试述使用检查点方法进行恢复的步骤。

　　10. 什么是数据库镜像？它有什么用途？

第 11 章实验　　数据库备份与恢复

　　实验 11.1　事务实验。掌握数据库事务管理的基本原理以及事务的编程方法。设计几个典型的事务应用，包括显式事务、事务提交、事务回滚、隐式事务等。

　　实验 11.2　数据库备份实验。了解数据转储备份的概念，掌握数据库数据转储备份的方法。学习实际使用的数据库管理系统(如 KingbaseES)中数据库逻辑备份、物理备份、增量备份和完全备份的概念和使用方法。利用数据库管理系统提供的备份工具实现各种数据库备份策略。

　　实验 11.3　数据库恢复实验。掌握数据库逻辑恢复和物理恢复的方法。设计数据库恢复策略，实现数据库恢复，包括数据库逻辑恢复、物理恢复、增量恢复和完全恢复等。

参考文献 11

　　[1] DAVIES C T. Recovery semantics for a DB/DC System[C]. Proceedings of the ACM Annual Conference, 1973：136-141.

　　[2] BJORK L A. Recovery scenario for a DB/DC system[C]. Proceedings of the ACM Annual Conference, 1973：142-146.

　　文献[1]和[2]是系统恢复领域中两篇最早的论文。

　　[3] HAERDER T, REUTER A. Principles of transaction-oriented database recovery[J]. ACM Computing Surveys, 1983, 15(4)：287-317.

　　[4] GRAY J, MCJONES P, BLASGEN M, et al. The recovery manager of the system R database manager[J]. ACM Computing Surveys, 1981, 13(2)：223-242.

　　文献[4]概述了 IBM System R 的恢复技术。

　　[5] CRUS R A. Data recovery in IBM database 2[J]. IBM Systems Journal, 1984, 23(2)：178-188.

　　文献[5]介绍了 IBM DB2 的恢复技术。

　　[6] LORIE R A. Physical integrity in a large segmented database[J]. ACM Transactions on Database Systems, 1977, 2(1)：91-104.

　　文献[6]研究了 System R 的影子页面技术。

　　[7] CHANDY K M, BROWNE J C, DISSLEY C W, et al. Analytic models for rollback and recovery strategies in database systems[J]. IEEE Transactions on Software Engineering. 1975, SE-1：1.

　　文献[7]提出了数据库系统恢复和回滚的分析模型。

［8］REUTER A. A fast transaction-oriented logging scheme for undo recovery［J］. IEEE Transactions on Software Engineering，1980，SE-6(4)：348-356.

文献［8］给出了一个快速处理 UNDO 操作的日志模式。

［9］LILIEN L，BHARGAVA B. Database integrity block construct：concept and design issues［J］. IEEE Transactions on Software Engineering，1985，SE-11(9)：865-885.

文献［9］介绍了完整性、并发控制和系统恢复相结合的问题。

［10］BERNSTEINP A，HADZILACOS V，GOODMAN N. Concurrency control and recovery in database systems［M］. Addison Wesley，1988.

文献［10］包含了有关 DBMS 恢复的全面介绍。

［11］FOX A. Toward recovery-oriented computing［C］. Proceedings of the 28th International Conference on Very Large Data Bases，2002：873-876.

文献［11］讨论了如何减少故障恢复的时间，以提高系统可用性。

［12］ARULRAJ J，PAVLO A，DULLOOR S. Let's talk about storage & recovery methods for non-volatile memory database systems［C］. Proceedings of the 2015 ACM SIGMOD International Conference on Management of Data，2015：707-722.

文献［12］讨论了非易失性内存数据库系统的存储和恢复方法。

［13］FANG R，HUI-I HSIAO，HE B，et al. High performance database logging using storage class memory［C］. Proceedings of the 2011 IEEE 27th International Conference on Data Engineering，2011：1221-1231.

文献［13］讨论了使用存储级内存的高性能数据库日志及其恢复技术。

［14］MALVIYA N，WEISBERG A，MADDEN S，et al. Rethinking main memory OLTP recovery［C］. Proceedings of the 2014 IEEE 30th International Conference on Data Engineering，2014：604-615.

文献［14］提出了一种轻量级、粗粒度的命令级日志记录技术。

本章知识点讲解微视频：

事务的基本概念

故障恢复的基本
原理

基于备份与日志
的恢复策略

基于检查点的恢
复策略

第 12 章　　并 发 控 制

　　数据库是可共享的资源，可以供多个用户使用。允许多个用户同时使用同一个数据库的数据库系统称为多用户数据库系统。例如飞机订票系统、银行系统、网上购物系统等都是多用户数据库系统。在这样的系统中，在同一时刻并发运行的事务数可达成千上万个。例如，淘宝应用在"双十一"购物节的并发量可以达到亿级。

　　事务可以一个一个地串行执行，即每个时刻只有一个事务运行，其他事务必须等到这个事务结束以后方能运行，如图 12.1（a）所示。事务在执行过程中需要不同的资源，有时需要 CPU，有时需要存取数据库，有时需要访问 I/O 设备，有时需要通信。如果事务串行执行，则许多系统资源将处于空闲状态。因此，为了充分利用系统资源，发挥数据库共享资源的特点，应该允许多个事务并行地执行。

　　在单处理机系统中，事务的并行执行实际上是这些并发事务的并行操作轮流交叉运行，如图 12.1（b）所示。这种并行执行方式称为交叉并发（interleaved concurrency）方式。虽然单处理机系统中的并行事务并没有真正地并行运行，但是减少了处理机的空闲时间，提高了系统的效率。

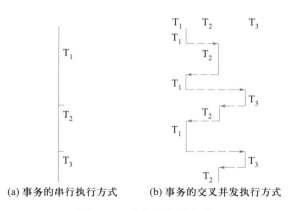

(a) 事务的串行执行方式　　(b) 事务的交叉并发执行方式

图 12.1　事务的执行方式

在多处理机系统中，每个处理机可以运行一个事务，多个处理机可以同时运行多个事务，实现多个事务真正的并行运行。这种并行执行方式称为同时并发（simultaneous concurrency）方式。本章讨论的数据库系统并发控制（concurrency control）技术是以单处理机系统为基础的，该理论可以推广到多处理机的情况。

当多个用户并发地存取数据库时，就会产生多个事务同时存取同一数据的情况。若对并发操作不加控制就可能会存取和存储不正确的数据，破坏事务的一致性和数据库的一致性。所以，数据库管理系统必须提供并发控制机制。并发控制机制是衡量一个数据库管理系统性能的重要标志之一。

本章导读

多用户共享是数据库的一个显著特点，而多用户同时访问同一数据对象可能会破坏事务的隔离性。并发控制机制就是要用正确的方式调度并发操作，使一个用户事务的执行不受其他事务的干扰，从而避免造成数据的不一致性。

本章讨论并发控制的概念和常用技术。首先介绍并发操作带来的数据不一致问题，这些问题都是由于事务的隔离性没有得到保障造成的，所以接下来介绍事务的 4 种隔离级别。并发控制的方法有多种，本章重点讲解封锁技术，包括封锁的概念、封锁协议及其对数据一致性的保证、活锁与死锁及其解决方案、多粒度封锁等。本章还讨论了并发调度的可串行性，以及如何用封锁技术保证并发事务的可串行性。

学习完本章内容，要了解并发操作造成的数据不一致性，理解并发调度的可串行性，深入掌握封锁方法及封锁协议。

12.1 并发控制概述

在第 11 章中已经讲到，**事务是并发控制的基本单位**，保证事务的 ACID 特性是事务处理的重要任务，而事务的 ACID 特性可能遭到破坏的原因之一是多个事务对数据库的并发操作互相干扰。为了**保证事务的隔离性和一致性**，数据库管理系统需要对并发操作进行正确调度。这也是数据库管理系统中并发控制机制的责任。

下面先通过一个例子来说明并发操作带来的数据不一致性问题。

[例 12.1] 考虑飞机订票系统中的一个活动序列：

① 甲售票点（事务 T_1）读出某航班的机票余额 A，设 $A = 16$。

② 乙售票点（事务 T_2）读出同一航班的机票余额 A，也为 16。

③ 甲售票点卖出一张机票，修改余额 $A \leftarrow A - 1$，所以 A 为 15，把 A 写回数据库。

④ 乙售票点也卖出一张机票，修改余额 $A \leftarrow A - 1$，所以 A 为 15，把 A 写回数据库。

结果显而易见，原本卖出两张机票，而数据库中的机票余额只减少了 1。

这种情况就是数据库的不一致性。这种不一致性是由并发操作引起的。在并发操作情况下，对 T_1、T_2 两个事务的操作序列的调度是随机的。若按上面的调度序列执行，则 T_1 事务的修改被丢失，这是由于步骤④中 T_2 事务修改 A 并写回后覆盖了 T_1 事务的修改。

下面把事务读数据 x 记为 R(x)，写数据 x 记为 W(x)。

并发操作带来的数据不一致性主要有丢失修改、脏读、不可重复读、幻读等多种情况。

1. 丢失修改

丢失修改是指两个事务 T_1 和 T_2 读入同一数据，各自进行修改，T_2 提交的结果破坏了 T_1 提交的结果，导致 T_1 的修改被丢失，如图 12.2(a)所示。例 12.1 的飞机订票例子就属于此类情况。

2. 脏读

脏读(dirty read)，俗称读"脏"数据，是指事务 T_1 修改某一数据并将其写回磁盘，事务 T_2 读取同一数据后，T_1 由于某种原因被撤销，这时被 T_1 修改过的数据恢复原值，T_2 读到的数据就与数据库中的数据不一致，则 T_2 读到的数据就为"脏"数据，即不正确的数据。例如在图 12.2(b)中 T_1 将 C 值修改为 200，T_2 读到 C 为 200，而 T_1 由于某种原因被撤销，其修改作废，C 恢复为原值 100，这时 T_2 读到的 C 为 200，与数据库内容不一致，就是"脏"数据。

3. 不可重复读

不可重复读是指事务 T_1 读取数据后，事务 T_2 执行更新操作，当事务 T_1 再次读该数据时，得到与前一次不同的值。例如在图 12.2(c)中，T_1 读取 $B = 100$ 进行运算，T_2 读取同一数据 B，对其进行修改后将 $B = 200$ 写回数据库。T_1 为了对读取值校对重读 B，B 已为 200，与第一次读取值不一致。

T_1	T_2
① R(A)=16	
②	R(A)=16
③A←A−1 W(A)=15	
④	A←A−1 W(A)=15

(a) 丢失修改

T_1	T_2
① R(C)=100 C←C*2 W(C)=200	
②	R(C)=200
③ ROLLBACK C恢复为100	

(b) 脏读

T_1	T_2
① R(A)=50 R(B)=100 求和=150	
②	R(B)=100 B←B*2 W(B)=200
③R(A)=50 R(B)=200 求和=250 (验算不对)	

(c) 不可重复读

图 12.2 几种数据不一致性示例

*4. 幻读

幻读也称作幻影(phantom)现象，是指事务 T_1 读取数据后，事务 T_2 执行插入或删除操作，使 T_1 无法再现前一次读取结果。

幻读包括两种情况：

① 事务 T_1 按一定条件从数据库中读取某些数据记录后，事务 T_2 删除了其中部分记录，当

T₁ 再次按相同条件读取数据时，发现某些记录"神秘地"消失了。

② 事务 T₁ 按一定条件从数据库中读取某些数据记录后，事务 T₂ 插入了一些记录，当 T₁ 再次按相同条件读取数据时，发现多了一些记录。

本章重点讨论前三类数据不一致性。读者如果对幻读有兴趣，可以参考相关文献。

产生上述数据不一致性的主要原因是并发操作破坏了事务的隔离性。并发控制机制就是要用正确的方式调度并发操作，使一个用户事务的执行不受其他事务的干扰，从而避免造成数据的不一致性。

另一方面，对数据库的应用有时允许某些不一致性，例如有些统计工作涉及的数据量很大，读到一些"脏"数据对统计精度没什么影响，这时可以降低对一致性的要求以减少系统开销。

并发控制的主要技术有封锁（locking）、时间戳（timestamp）、乐观方法（optimistic scheduler）和多版本并发控制（multi-version concurrency control，MVCC）等。本章讲解基本的封锁技术，它也是众多数据库产品采用的基本方法。

12.2　事务的隔离级别

为防止数据出现不一致性，需要数据库管理系统对并发操作进行控制。这种控制越严格，事务的隔离性就越强，数据的一致性就越有保障，但系统的效率也会随之下降。在实际应用中，不同应用场景对数据一致性的要求并不相同，所以在 **SQL 标准中给出了事务的 4 类隔离级别**，以满足不同应用场景的需求。这 4 类隔离级别**由低到高分别是：读未提交、读已提交、可重复读和可串行化**。它们都能有效避免丢失修改，但对其他数据一致性的保障程度各异。

"读未提交"是允许一个事务可以读取另一个未提交事务正在修改的数据。它可能出现脏读、不可重复读和幻读的情形。

"读已提交"是只允许一个事务读其他事务已提交的数据。显然，它可以有效避免脏读，但是它不能保证可重复读和不幻读。

"可重复读"是一个事务开始读取数据后，其他事务就不能再对该数据执行 UPDATE 操作了。由于脏读和不可重复读是因一个事务读取数据，而另一个事务对该数据进行修改操作造成的，"可重复读"杜绝了这种情形的产生。但此时其他事务仍然可以执行 INSERT 和 DELETE 操作，所以它不能保证不幻读。

"可串行化"是最高的事务隔离级别。在该级别下，事务执行顺序是可串行化的，可以避免丢失修改、脏读、不可重复读和幻读。事务的可串行化将在 12.6 节中详细介绍。

事务的 4 个隔离级别与数据不一致性的关系见表 12.1 所示。

例如，若数据库管理系统的事务隔离级别是"读未提交"，则不可能产生丢失修改，但可能产生脏读、不可重复读和幻读的情况。若为"读已提交"，则不会产生丢失修改、脏读，但可能产生不可重复读和幻读的情况。目前大多数数据库默认的事务隔离级别是"读已提交"，如 Kingbase、SQL Server、Oracle 等；而 MySql 的默认级别是"可重复读"。

表 12.1　事务隔离级别与数据不一致性的关系

事务隔离级别	数据不一致性			
	丢失修改	脏读	不可重复读	*幻读
读未提交	否	是	是	是
读已提交	否	否	是	是
可重复读	否	否	否	是
可串行化	否	否	否	否

　　事务隔离级别并不是越高越好，它与数据一致性以及系统代价的关系如图 12.3 所示。数据库管理系统通常都提供了设置事务隔离级别的方法，在实际中，用户应根据应用的特点和需求选择合适的事务隔离级别。

　　二维码所示内容通过实验来演示 4 种事务隔离级别下丢失修改、脏读、不可重复读等数据不一致的情况，读者可以直观地感受各种隔离级别在事务中的作用。

扩展阅读：隔离
级别实验

图 12.3　事务隔离级别与数据一致性及系统代价的关系

12.3　封　　锁

　　封锁是实现并发控制的一种非常重要的技术。所谓封锁，就是事务 T 在对某个数据对象操作之前，先向系统发出请求，对其加锁。加锁后事务 T 就对该数据对象有了一定的控制，在事务 T 释放它的锁之前，其他事务不能更新或读取此数据对象。例如，在例 12.1 中，事务 T_1 要修改 A，若在读出 A 前先锁住 A，其他事务就不能再读取和修改 A 了，直到 T_1 修改并写回 A 后解除了对 A 的封锁为止。这样，就不会丢失 T_1 的修改。

　　确切的控制由封锁的类型决定。基本的封锁类型有两种：排他型锁（exclusive lock，简称 X 锁）和共享型锁（shared lock，简称 S 锁）。

　　排他型锁又称为**写锁**（write lock）。若事务 T 对数据对象 A 加上 X 锁，则只允许 T 读取和修改 A，其他任何事务都不能再对 A 加任何类型的锁，直到 T 释放 A 上的锁为止。这就保证了其他事务在 T 释放 A 上的锁之前不能再读取和修改 A。

　　共享型锁又称为**读锁**(read lock)。若事务 T 对数据对象 A 加上 S 锁,则事务 T 可以读 A 但不能修改 A,其他事务只能再对 A 加 S 锁,而不能加 X 锁,直到 T 释放 A 上的 S 锁为止。这就保证了其他事务可以读 A,但在 T 释放 A 上的 S 锁之前不能对 A 做任何修改。

　　排他型锁与共享型锁的控制方式可以用图 12.4 所示的相容矩阵(compatibility matrix)来表示。

T_1	T_2		
	X	S	—
X	N	N	Y
S	N	Y	Y
—	Y	Y	Y

注:Y=Yes,相容的请求;N=No,不相容的请求。

图 12.4　封锁类型的相容矩阵

　　在图 12.4 所示的封锁类型的相容矩阵中,最左边一列表示事务 T_1 已经获得的数据对象上锁的类型,其中横线表示没有加锁。最上面一行表示另一事务 T_2 对同一数据对象发出的封锁请求。T_2 的封锁请求能否被满足用矩阵中的 Y 和 N 表示,其中 Y 表示事务 T_2 的封锁要求与 T_1 已持有的锁相容,封锁请求可以满足;N 表示 T_2 的封锁请求与 T_1 已持有的锁冲突,T_2 的请求被拒绝。

12.4　封　锁　协　议

　　在运用 X 锁和 S 锁这两种基本封锁类型对数据对象加锁时,还需要约定一些规则。例如,何时申请 X 锁或 S 锁、持锁时间、何时释放等。这些规则称为**封锁协议**(locking protocol)。对封锁方式制定不同的规则,就形成了各种不同的封锁协议。本节介绍三级封锁协议。对并发操作的不正确调度可能会带来丢失修改、不可重复读和脏读等数据不一致性问题,三级封锁协议分别在不同程度上解决了这些问题,为并发操作的正确调度提供了一定的保证。不同级别的封锁协议达到的数据一致性级别是不同的。

　　1. 一级封锁协议

　　一级封锁协议是指事务 T 在修改数据 R 之前必须先对其加 X 锁,直到事务结束才释放。事务结束包括正常结束(COMMIT)和非正常结束(ROLLBACK)。

　　一级封锁协议可防止丢失修改,并保证事务 T 是可恢复的。例如图 12.5(a)使用一级封锁协议解决了图 12.2(a)中的丢失修改问题。

　　图 12.5(a)中事务 T_1 在读 A 进行修改之前先对 A 加 X 锁,当 T_2 再请求对 A 加 X 锁时被拒绝,T_2 只能等待 T_1 释放 A 上的锁后获得对 A 的 X 锁,这时它读到的 A 已经是 T_1 更新过的值 15,再按此新的 A 值进行运算,并将结果值 $A=14$ 写回到磁盘。这样就避免了丢失 T_1 的修改。

　　在一级封锁协议中,如果仅读数据而不对其进行修改是不需要加锁的,所以它不能保证可重复读和不脏读。

2. 二级封锁协议

二级封锁协议是指在一级封锁协议基础上，增加事务 T 在读取数据 R 之前必须先对其加 S 锁，读完后即可释放 S 锁。

二级封锁协议除防止了丢失修改，还可进一步防止脏读。例如图 12.5(b)使用二级封锁协议解决了图 12.2(b)中的脏读问题。

图 12.5(b)中，事务 T_1 在对 C 进行修改之前，先对 C 加 X 锁，修改其值后写回磁盘。这时 T_2 请求在 C 上加 S 锁，因 T_1 已在 C 上加了 X 锁，T_2 只能等待。T_1 因某种原因被撤销，C 恢复为原值 100，T_1 释放 C 上的 X 锁后 T_2 获得 C 上的 S 锁，读 C＝100。这就避免了 T_2 脏读。

T_1	T_2	T_1	T_2	T_1	T_2
① XLOCK A		② XLOCK C		① SLOCK A	
② R(A)=16		R(C)=100		SLOCK B	
③	XLOCK A	C=C*2		R(A)=50	
④ A←A−1	等待	W(C)=200		R(B)=100	
W(A)=15	等待	②	SLOCK C	A+B=150	
COMMIT	等待		等待	②	XLOCK B
UNLOCK A	等待	③ ROLLBACK	等待		等待
⑤	获得XLOCK A	(C恢复为100)	等待		等待
	R(A)=15	UNLOCK C	等待	③ R(A)=50	等待
	A=A−1	④	获得SLOCK C	R(B)=100	等待
⑥	W(A)=14		R(C)=100	A+B=150	等待
	COMMIT	⑤	COMMIT	COMMIT	等待
	UNLOCK A		UNLOCK C	UNLOCK A	等待
				UNLOCK B	等待
				④	获得XLOCK B
					R(B)=100
					B=B*2
				⑤	W(B)=200
					COMMIT
					UNLOCK B
(a) 没有丢失修改		(b) 不脏读		(c) 可重复读	

图 12.5   使用封锁机制解决三种数据不一致性的示例

在二级封锁协议中，由于读完数据后即可释放 S 锁，所以它不能保证可重复读。

3. 三级封锁协议

三级封锁协议是指在一级封锁协议的基础上，增加事务 T 在读取数据 R 之前必须先对其加 S 锁，直到事务结束才释放。

三级封锁协议除了防止丢失修改和脏读外，还进一步防止了不可重复读。例如图 12.5(c)使用三级封锁协议解决了图 12.2(c)中的不可重复读问题。

图 12.5(c)中，事务 T_1 在读 A、B 之前，先对 A、B 加 S 锁，这样其他事务只能再对 A、B 加 S 锁，而不能加 X 锁，即其他事务只能读 A、B，而不能修改它们。所以当 T_2 为修改 B 而申请对

B 的 X 锁时被拒绝，只能等待 T_1 释放 B 上的锁。T_1 为验算再读 A、B，这时读出的 B 仍是 100，求和结果仍为 150，即可重复读。T_1 结束后释放 A、B 上的 S 锁，此时 T_2 才能获得对 B 的 X 锁。

上述三级封锁协议的主要区别在于什么操作需要申请封锁，以及何时释放锁（即持锁时间）。三级封锁协议可以总结为表 12.2。表中还指出了不同的封锁协议使事务达到的一致性级别是不同的，封锁协议级别越高，一致性程度越高。

表 12.2 不同级别的封锁协议和一致性保证

封锁协议	X 锁		S 锁		一致性保证			隔离性级别保证
	操作结束释放	事务结束释放	操作结束释放	事务结束释放	不丢失修改	不脏读	可重复读	
一级封锁协议		√			√			读未提交
二级封锁协议		√	√		√	√		读已提交
三级封锁协议		√		√	√	√	√	可串行化

12.5 活锁和死锁

和操作系统一样，封锁的方法可能引起活锁（livelock）和死锁（deadlock）等问题。

12.5.1 活锁

如果事务 T_1 封锁了数据 R，事务 T_2 又请求封锁 R，于是 T_2 等待；T_3 也请求封锁 R，当 T_1 释放了 R 上的封锁之后系统首先批准了 T_3 的请求，T_2 仍然等待；然后 T_4 又请求封锁 R，当 T_3 释放了 R 上的封锁之后系统又批准了 T_4 的请求……T_2 有可能永远等待，这就是活锁的情形，如图 12.6（a）所示。

避免活锁的简单方法是采用先来先服务的策略。 当多个事务请求封锁同一数据对象时，封锁子系统按请求封锁的先后次序对事务排队，数据对象上的锁一旦释放就批准申请队列中第一个事务获得锁。

12.5.2 死锁

如果事务 T_1 封锁了数据 R_1，T_2 封锁了数据 R_2，然后 T_1 又请求封锁 R_2，因 T_2 已封锁了 R_2，于是 T_1 等待 T_2 释放 R_2 上的锁；接着 T_2 又申请封锁 R_1，因 T_1 已封锁了 R_1，T_2 也只能等待 T_1 释放 R_1 上的锁。这样就出现了 T_1 在等待 T_2，而 T_2 又在等待 T_1 的局面，T_1 和 T_2 两个事务永远不能结束，形成死锁。如图 12.6（b）所示。

死锁的问题在操作系统和一般并行处理中已做了深入研究。目前在数据库中解决死锁问题主要有两类方法：一类方法是采取一定措施来预防死锁的发生；另一类方法是允许发生死锁，采用一定手段诊断系统中有无死锁，若有则进行解除。

T_1	T_2	T_3	T_4
LOCK R	⋮		
	LOCK R	⋮	⋮
⋮	等待	LOCK R	
	等待		LOCK R
UNLOCK R	等待	⋮	等待
	等待	LOCK R	等待
	等待	⋮	等待
⋮	等待	UNLOCK	
	等待		LOCK R
	等待	⋮	⋮

T_1	T_2
LOCK R_1	⋮
⋮	LOCK R_2
LOCK R_2	⋮
等待	
等待	LOCK R_1
等待	等待
等待	等待
	⋮

(a) 活锁   (b) 死锁

图 12.6　死锁与活锁示例

1. 死锁的预防

在数据库中，产生死锁的原因是两个或多个事务都已封锁了一些数据对象，然后又都请求对已被其他事务封锁的数据对象加锁，从而出现死等待。防止死锁的发生，其实就是要破坏产生死锁的条件。预防死锁通常有以下两种方法。

（1）一次封锁法

一次封锁法要求每个事务必须一次将所有要使用的数据全部加锁，否则就不能继续执行。例如图 12.6(b) 的例子中，如果事务 T_1 将数据对象 R_1 和 R_2 一次加锁，T_1 就可以执行下去，而 T_2 等待。T_1 执行完后释放 R_1、R_2 上的锁，T_2 继续执行。这样就不会发生死锁。

一次封锁法虽然可以有效地防止死锁的发生，但也存在如下问题：

① 一次就将以后要用到的全部数据加锁，势必扩大了封锁的范围，从而降低了系统的并发度。

② 数据库中的数据是不断变化的，原来不要求封锁的数据在执行过程中可能会变成封锁对象，所以很难事先精确地确定每个事务所要封锁的数据对象。为此只能扩大封锁范围，将事务在执行过程中可能要封锁的数据对象全部加锁，这就进一步降低了并发度。

（2）顺序封锁法

顺序封锁法是预先对数据对象规定一个封锁顺序，所有事务都按这个顺序实施封锁。例如在 B 树结构的索引中，可规定封锁的顺序必须是从根结点开始，然后是下一级的子结点，逐级封锁。

顺序封锁法可以有效地防止死锁，但也同样存在问题：

① 数据库系统中封锁的数据对象极多，并且随数据的插入、删除等操作而不断地变化，要维护这样的资源的封锁顺序非常困难，成本很高。

② 事务的封锁请求可以随着事务的执行而动态地决定，很难事先确定每一个事务要封锁哪些对象，因此也就很难按规定的顺序去施加封锁。

可见，在操作系统中广为采用的预防死锁的策略并不太适合数据库的特点，因此数据库管理系统在解决死锁的问题上普遍采用的是诊断并解除死锁的方法。

2. 死锁的诊断与解除

数据库系统中诊断死锁的方法与操作系统类似，一般使用超时法或事务等待图法。

（1）超时法

如果一个事务的等待时间超过了规定的时限，就认为发生了死锁。超时法实现简单，但其不足也很明显，一是有可能误判死锁，如事务因为其他原因而使等待时间超过时限，系统会误认为发生了死锁；二是时限若设置得太长，死锁发生后不能及时发现。

（2）事务等待图法

事务等待图是一个有向图 $G=(T,U)$。其中 T 为结点的集合，每个结点表示正在运行的事务；U 为边的集合，每条边表示事务等待的情况。若 T_1 等待 T_2，则在 T_1、T_2 之间画一条有向边，从 T_1 指向 T_2，如图 12.7 所示。

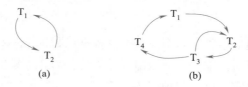

图 12.7   事务等待图示例

事务等待图动态地反映了所有事务的等待情况。并发控制子系统周期性地（比如每隔数秒）生成事务等待图并进行检测，如果发现图中存在回路，则表示系统中出现了死锁。

图 12.7(a) 表示事务 T_1 等待 T_2，T_2 又等待 T_1，产生了死锁。图 12.7(b) 表示事务 T_1 等待 T_2，T_2 等待 T_3，T_3 等待 T_4，T_4 又等待 T_1，产生了死锁。

当然，死锁的情况可以多种多样。例如，图 12.7(b) 中事务 T_3 可能还等待 T_2，在大回路中又有小的回路。这些情况人们都已做了很深入的研究。

数据库管理系统的并发控制子系统一旦检测到系统中存在死锁，就要设法解除。通常采用的方法是选择一个处理死锁代价最小的事务，将其撤销，释放此事务持有的所有锁，使其他事务得以继续运行下去。当然，对撤销的事务所执行的数据修改操作必须加以恢复。

12.6   并发调度的可串行性

数据库管理系统对并发事务不同的调度可能会产生不同的结果，那么什么样的调度是正确的呢？显然，**串行调度**是正确的。执行结果等价于串行调度的调度也是正确的。这样的调度称为可串行化调度。

12.6.1 可串行化调度

多个事务的并发执行是正确的，当且仅当其结果与按某一次序串行地执行这些事务时的结果相同，称这种调度策略为**可串行化调度**。

可串行性是并发事务正确调度的准则。按这个准则规定，一个给定的并发调度，当且仅当它是可串行化的，才认为是**正确调度**。

[**例 12.2**] 现有两个事务，分别包含下列操作：

事务 T_1：读 B；$A=B+1$；写回 A；

事务 T_2：读 A；$B=A+1$；写回 B。

假设 A、B 的初值均为 2。按 $T_1 \rightarrow T_2$ 次序执行结果为 $A=3$，$B=4$；按 $T_2 \rightarrow T_1$ 次序执行结果为 $B=3$，$A=4$。

图 12.8 给出了对这两个事务不同的调度策略。其中，图 12.8(a) 和图 12.8(b) 为两种不同的串行调度策略，虽然执行结果不同，但它们都是正确的调度。图 12.8(c) 的执行结果与图 12.8(a)(b) 的结果都不同，所以是错误的调度。图 12.8(d) 的执行结果与图 12.8(a) 串行调度的执行结果相同，所以是正确的调度。

T_1	T_2	T_1	T_2	T_1	T_2	T_1	T_2
SLOCK B			SLOCK A	SLOCK B		SLOCK B	
Y=R(B)=2			X=R(A)=2	Y=R(B)=2		Y=R(B)=2	
UNLOCK B			UNLOCK A		SLOCK A	UNLOCK B	
XLOCK A			XLOCK B		X=R(A)=2	XLOCK A	
A=Y+1=3			B=X+1=3	UNLOCK B			SLOCK A
W(A)			W(B)		UNLOCK A	A=Y+1=3	等待
UNLOCK A			UNLOCK B	XLOCK A		W(A)	等待
	SLOCK A	SLOCK B		A=Y+1=3		UNLOCK A	等待
	X=R(A)=3	Y=R(B)=3		W(A)			X=R(A)=3
	UNLOCK A	UNLOCK B			XLOCK B		UNLOCK A
	XLOCK B	XLOCK A			B=X+1=3		XLOCK B
	B=X+1=4	A=Y+1=4			W(B)		B=X+1=4
	W(B)	W(A)		UNLOCK A			W(B)
	UNLOCK B	UNLOCK A			UNLOCK B		UNLOCK B
(a) 串行调度1		(b) 串行调度2		(c) 不可串行化的调度		(d) 可串行化的调度	

图 12.8　并发事务的不同调度

12.6.2 冲突可串行化调度

具有什么性质的调度是可串行化的调度？如何判断一个调度是否可串行化？本节给出判断可串行化调度的**充分条件**。

首先介绍冲突操作的概念。

冲突操作是指不同的事务对同一个数据的读写操作和写写操作：

$$R_i(x) 与 W_j(x) \qquad /* 事务 T_i 读 x, T_j 写 x, 其中 i \neq j */$$
$$W_i(x) 与 W_j(x) \qquad /* 事务 T_i 写 x, T_j 写 x, 其中 i \neq j */$$

其他操作是不冲突操作。

不同事务的冲突操作和同一事务的两个操作是不能互换（swap）的。对于 $R_i(x)$ 与 $W_j(x)$，若改变二者的次序，则事务 T_i 看到的数据库状态就发生了改变，自然会影响到事务 T_i 后面的行为。对于 $W_i(x)$ 与 $W_j(x)$，改变二者的次序也会影响数据库的状态，x 的值由等于 T_j 的结果变成了等于 T_i 的结果。

一个调度 Sc 在保证冲突操作的次序不变的情况下，通过交换两个事务不冲突操作的次序得到另一个调度 Sc′，如果 Sc′是串行的，称调度 Sc 为**冲突可串行化**的调度。**若一个调度是冲突可串行化的，则一定是可串行化的调度。**因此，可以用这种方法来判断一个调度是否为冲突可串行化的。

[**例 12.3**] 今有调度 $Sc_1 = R_1(A)W_1(A)R_2(A)W_2(A)R_1(B)W_1(B)R_2(B)W_2(B)$，假设 T_1 和 T_2 均正常提交。

可以把 $W_2(A)$ 与 $R_1(B)W_1(B)$ 交换，得到

$$R_1(A)W_1(A)R_2(A)R_1(B)W_1(B)W_2(A)R_2(B)W_2(B)$$

再把 $R_2(A)$ 与 $R_1(B)W_1(B)$ 交换

$$Sc_2 = R_1(A)W_1(A)R_1(B)W_1(B)R_2(A)W_2(A)R_2(B)W_2(B)$$

微视频：冲突可串行化判断示例

Sc_2 等价于一个串行调度 T_1、T_2。所以 Sc_1 为冲突可串行化的调度（详细讲解参见二维码内容）。

应该指出的是，冲突可串行化调度是可串行化调度的**充分条件**，不是必要条件。还有不满足冲突可串行化条件的可串行化调度。

[**例 12.4**] 有三个事务 $T_1 = W_1(Y)W_1(X)$，$T_2 = W_2(Y)W_2(X)$，$T_3 = W_3(X)$。

调度 $L_1 = W_1(Y)W_1(X)W_2(Y)W_2(X)W_3(X)$ 是一个串行调度。

调度 $L_2 = W_1(Y)W_2(Y)W_2(X)W_1(X)W_3(X)$ 不满足冲突可串行化。但是调度 L_2 是可串行化的，因为 L_2 执行的结果与调度 L_1 相同，Y 的值都等于 T_2 的值，X 的值都等于 T_3 的值。

前面已经讲到，商用数据库管理系统的并发控制一般采用封锁的方法来实现，那么如何使封锁机制能够产生可串行化调度呢？下面将要讲解的两段锁协议就可以实现可串行化调度。

12.7 两段锁协议

为了保证并发调度的正确性，数据库管理系统的并发控制机制必须提供一定的手段来保证调度是可串行化的。目前数据库管理系统普遍采用两段封锁[①]（two-phase lock，2PL，简称两段

[①] 《计算机科学技术名词》第 3 版中译为"两阶段锁"。

锁)协议的方法来实现并发调度的可串行性,从而保证调度的正确性。

所谓**两段锁协议,是指所有事务必须分两个阶段对数据项加锁和解锁**。

① 在对任何数据进行读、写操作之前,首先要申请并获得对该数据的封锁。

② 在释放一个封锁之后,事务不再申请和获得任何其他封锁。

上述两个阶段中,第一阶段是获得封锁,也称为扩展阶段。在这个阶段,事务可以申请获得任何数据项上的任何类型的锁,但是不能释放任何锁。第二阶段是释放封锁,也称为收缩阶段。在这个阶段,事务可以释放任何数据项上的任何类型的锁,但是不能再申请任何锁。

例如,事务 T_i 遵守两段锁协议,其封锁序列是

SLOCK A   SLOCK B   XLOCK C   UNLOCK B   UNLOCK A   UNLOCK C;

|←———— 扩展阶段 ————→| |←———————— 收缩阶段 ————————→|

又如,事务 T_j 不遵守两段锁协议,其封锁序列是

SLOCK A   UNLOCK A   SLOCK B   XLOCK C   UNLOCK C
UNLOCK B;

可以证明,若并发执行的所有事务均遵守两段锁协议,则对这些事务的任何并发调度策略都是可串行化的。

例如,图 12.9 所示的调度是遵守两段锁协议的,因此一定是一个可串行化调度。可以验证如下:忽略图中的加锁操作和解锁操作,按时间的先后次序可得到如下的调度:

$L_1 = R_1(A) R_2(C) W_1(A) W_2(C) R_1(B) W_1(B) R_2(A) W_2(A)$

通过交换两个不冲突操作的次序(先把 $R_2(C)$ 与 $W_1(A)$ 交换,再把 $R_1(B) W_1(B)$ 与 $R_2(C) W_2(C)$ 交换),可得到

$L_2 = R_1(A) W_1(A) R_1(B) W_1(B) R_2(C) W_2(C) R_2(A) W_2(A)$

因此 L_1 是一个可串行化调度。

需要说明的是,事务遵守两段锁协议是可串行化调度的**充分条件**,而不是必要条件。也就是说,若并发事务都遵守两段锁协议,则对这些事务的任何并发调度策略都是可串行化的。但是,若并发事务的一个调度是可串行化的,不一定所有事务都符合两段锁协议。例如图 12.8(d)是可串行化的调度,但 T_1 和 T_2 不遵守两段锁协议。

另外,要注意两段锁协议和防止死锁的一次封锁法的异同之处。一次封锁法要求每个事务必须一次将所有要使用的数据全部加锁,否则就不能继续执行,因此一次封锁法遵守两段锁协议。但是两段锁协议并不要求事务必须一次将所有

事务T_1	事务T_2
SLOCK A	
R(A)=260	
	SLOCK C
	R(C)=300
XLOCK A	
W(A)=160	
	XLOCK C
	W(C)=250
	SLOCK A
SLOCK B	等待
R(B)=1000	等待
XLOCK B	等待
W(B)=1100	等待
UNLOCK A	等待
	R(A)=160
	XLOCK A
UNLOCK B	
	W(A)=210
	UNLOCK C
	UNLOCK A

图 12.9   遵守两段锁协议的
可串行化调度

要使用的数据全部加锁，因此遵守两段锁协议的事务可能发生死锁，如图 12.10 所示。

事务T_1	事务T_2
SLOCK B	
R(B)=2	
	SLOCK A
	R(A)=2
XLOCK A	
等待	XLOCK B
等待	等待

图 12.10   遵守两段锁协议的事务可能发生死锁

12.8   封锁的粒度

封锁对象的大小称为**封锁粒度**(lock granularity)。封锁对象可以是逻辑单元，也可以是物理单元。以关系数据库为例，封锁对象可以是这样一些逻辑单元：属性值，属性值的集合，元组，关系，索引项，整个索引直至整个数据库；也可以是这样一些物理单元：页(数据页或索引页)，物理记录等。

封锁粒度与系统的并发度和并发控制的开销密切相关。直观地看，封锁的粒度越大，数据库所能够封锁的数据单元就越少，并发度就越小，系统开销也越小；反之，封锁的粒度越小，并发度越高，但系统开销也就越大。

例如，若封锁粒度是数据页，事务 T_1 需要修改元组 L_1，则 T_1 必须对包含 L_1 的整个数据页 A 加锁。如果 T_1 对 A 加锁后事务 T_2 要修改 A 中的元组 L_2，则 T_2 被迫等待，直到 T_1 释放 A 上的锁。如果封锁粒度是元组，则 T_1 和 T_2 可以分别对 L_1 和 L_2 加锁，不需要互相等待，从而提高了系统的并行度。又如，事务 T 需要读取整个表，若封锁粒度是元组，T 必须对表中的每一个元组加锁，显然开销极大。

因此，在一个系统中如能同时支持多种封锁粒度供不同的事务选择是比较理想的，这种封锁方法称为**多粒度封锁**。选择封锁粒度时应同时考虑封锁开销和并发度两个因素，适当选择封锁粒度以求得最优的效果。一般说来，需要处理某个关系的大量元组的事务，可以以关系为封锁粒度；需要处理多个关系的大量元组的事务，可以以数据库为封锁粒度；而对于一个处理少量元组的用户事务，则以元组为封锁粒度就比较合适。

12.8.1   多粒度封锁

首先定义**多粒度树**。多粒度树的根结点是整个数据库，表示最大的数据粒度。叶结点表示最小的数据粒度。

图 12.11 给出了一个三级粒度树。根结点为数据库，数据库的子结点为关系，关系的子结点为元组。

图 12.11　三级粒度树

多粒度封锁协议允许多粒度树中的每个结点被独立地加锁。对一个结点加锁，意味着这个结点的所有后裔结点也被加以同样类型的锁。因此，在多粒度封锁中一个数据对象可能以两种方式封锁，显式封锁和隐式封锁。

显式封锁是指应事务的要求直接加到数据对象上的锁。**隐式封锁**是指该数据对象没有被独立加锁，是因其上级结点加锁而使该数据对象加上了锁。

多粒度封锁方法中，显式封锁和隐式封锁的效果是一样的。因此，系统检查封锁冲突时不仅要检查显式封锁，还要检查隐式封锁。例如，事务 T 要对关系 R_1 加 X 锁，系统必须搜索其上级结点数据库、关系 R_1 以及 R_1 的下级结点，即 R_1 中的每一个元组，上下搜索。如果其中某一个数据对象已经加了不相容锁，则 T 必须等待。

一般地，对某个数据对象加锁，系统先要检查该数据对象上有无显式封锁与之冲突，再检查其所有上级结点，看本事务的显式封锁是否与该数据对象上的隐式封锁（即由于上级结点已加的封锁造成的）冲突；还要检查其所有下级结点，看它们的显式封锁是否与本事务的隐式封锁（将加到下级结点的封锁）冲突。显然，这样的检查方法效率很低。为此人们引进了一种新型锁，称为**意向锁**（intention lock）。有了意向锁，数据库管理系统就无须逐个检查下一级结点的显式封锁了。

12.8.2　意向锁

如果对一个结点加意向锁，则说明该结点的后裔结点正在被加锁；对任一结点加锁时，必须先对它的上层结点加意向锁。

例如，对任一元组加锁时，必须先对它所在的数据库和关系加意向锁。

下面介绍三种常用的意向锁：意向共享型锁（intent shared lock，简称 IS 锁）、意向排他型锁（intent exclusive lock，简称 IX 锁）和共享意向排他型锁（shared and intention exclusive lock，简称 SIX 锁）。

① **IS 锁**。如果对一个数据对象加 IS 锁，表示它的后裔结点拟（意向）加 S 锁。例如，事务

T_1 要对 R_1 中某个元组加 S 锁，则要首先对关系 R_1 和数据库加 IS 锁。

② **IX 锁**。如果对一个数据对象加 IX 锁，表示它的后裔结点拟（意向）加 X 锁。例如，事务 T_1 要对 R_1 中某个元组加 X 锁，则要首先对关系 R_1 和数据库加 IX 锁。

③ **SIX 锁**。如果对一个数据对象加 SIX 锁，表示对它加 S 锁，再加 IX 锁，即 SIX＝S＋IX。例如对某个表加 SIX 锁，则表示该事务要读整个表（所以要对该表加 S 锁），同时会更新个别元组（所以要对该表加 IX 锁）。

图 12.12(a)给出了这些锁的相容矩阵，从中可以发现这 5 种锁的强度有如图 12.12(b)所示的偏序关系。所谓锁的强度是指它对其他锁的排斥程度。一个事务在申请封锁时以强锁代替弱锁是安全的，反之则不然。

T_1	T_2					
	S	X	IS	IX	SIX	—
S	Y	N	Y	N	N	Y
X	N	N	N	N	N	Y
IS	Y	N	Y	Y	Y	Y
IX	N	N	Y	Y	N	Y
SIX	N	N	Y	N	N	Y
—	Y	Y	Y	Y	Y	Y

注：Y=Yes,表示相容的请求；N=No,表示不相容的请求

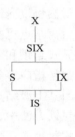

(a) 封锁类型的相容矩阵　　　　　　　　　　　　(b) 锁的强度偏序关系

图 12.12　加意向锁后锁的相容矩阵与偏序关系

在具有意向锁的多粒度封锁方法中，任意事务 T 要对一个数据对象加锁，必须先对它的上层结点加意向锁。申请封锁时应按自上而下的次序进行，释放封锁时则应按自下而上的次序进行。

例如，事务 T_1 要对关系 R_1 加 S 锁，则要首先对数据库加 IS 锁。检查数据库是否已加了不相容的锁（X 锁），然后检查 R_1 是否已加了不相容的锁（X 或 IX 锁），不再需要搜索和检查 R_1 中的各元组是否加了不相容的锁（X 锁）。

具有意向锁的多粒度封锁方法提高了系统的并发度，减少了加锁和解锁的开销，已在实际的数据库管理系统产品中得到广泛应用。

*12.9　其他并发控制机制

并发控制的方法除了封锁技术外还有时间戳方法、乐观方法和多版本并发控制方法等。这里做一个概要的介绍。

时间戳方法给每一个事务"盖"上一个时标，即事务开始执行的时间。每个事务具有唯一的时间戳，并按照这个时间戳来解决事务的冲突操作。如果发生冲突操作，就回滚具有较早时

间戳的事务，以保证其他事务的正常执行，被回滚的事务被赋予新的时间戳并从头开始执行。

  乐观方法认为事务执行时很少发生冲突，因此不对事务进行特殊的管制，而是让它自由执行，事务提交前再进行正确性检查。如果检查后发现该事务执行中出现过冲突并影响了可串行性，则拒绝提交并回滚该事务。乐观方法又被称为验证方法。

  多版本并发控制(MVCC)方法是指在数据库中通过维护数据对象的多个版本信息来实现高效并发控制的一种策略。

12.9.1 多版本并发控制方法

  版本(version)是指数据库中数据对象的一个快照，记录了数据对象某个时刻的状态。随着计算机系统存储设备价格的不断降低，可以考虑为数据库系统的数据对象保留多个版本，以提高系统的并发操作程度。例如，有一个数据对象 $A=5$，有两个事务 T_1、T_2，其中 T_1 是写事务，T_2 是读事务。假定先启动 T_1，后启动 T_2。按照传统的封锁协议，T_2 必须等待 T_1 执行结束释放 A 上的封锁后才能获得对 A 的封锁。也就是说，T_1 和 T_2 实际上是串行执行的，如图 12.13(a)所示。如果在 T_1 准备写 A 时不是等待，而是为 A 生成一个新的版本(表示为 A')，那么 T_2 就可以继续在 A' 上执行。只是在 T_2 准备提交时要检查 T_1 是否已经完成。如果 T_1 已经完成了，T_2 就可以放心地提交；如果 T_1 还没有完成，那么 T_2 必须等待直到 T_1 完成。这样既能保持事务执行的可串行性，又提高了事务执行的并行度。这就是多版本并发控制方法的原理，如图 12.13(b)所示。

事务T_1	事务T_2
XLOCK A	
R(A)=5	
W(A)=6	
	SLOCK A
	等待
COMMIT	等待
UNLOCK A	等待
	SLOCK A
	R(A)=6
	COMMIT
	UNLOCK A

(a) 封锁方法

事务T_1	事务T_2
R(A)=5	
W(A)=6	BEGIN TRANSACTION
创建新版本A'=6	
COMMIT	
	R(A')=6
	COMMIT

(b) MVCC方法

图 12.13　封锁方法与多版本并发控制方法示意图

  在多版本并发控制方法中，每个 write(Q) 操作都创建 Q 的一个新版本，这样一个数据对象就有一个版本序列 $Q_1,Q_2,\cdots,Q_m$ 与之相关联。每一个版本 Q_k 拥有版本的值、创建 Q_k 的事务的时间戳 W-timestamp(Q_k)和成功读取 Q_k 的事务的最大时间戳 R-timestamp(Q_k)。其中，W-timestamp(Q)表示在数据项 Q 上成功执行 write(Q)操作的所有事务中的最大时间戳，R-timestamp(Q)表示在数据项 Q 上成功执行 read(Q)操作的所有事务中的最大时间戳。

用 TS(T)表示事务 T 的时间戳，TS(T_i)<TS(T_j)表示事务 T_i 在事务 T_j 之前开始执行。MVCC 协议描述如下：

假设版本 Q_k 具有小于或等于 TS(T)的最大时间戳。

若事务 T 发出 read(Q)，则返回版本 Q_k 的内容。

若事务 T 发出 write(Q)，则：

当 TS(T)<R-timestamp(Q_k)时，回滚 T；

当 TS(T)=W-timestamp(Q_k)时，覆盖 Q_k 的内容。

否则，创建 Q 的新版本。

若一个数据对象的两个版本 Q_k 和 Q_l，其 W-timestamp 都小于系统中时间最长的事务的时间戳，那么这两个版本中较旧的那个版本将不再被用到，因而可以从系统中删除。

多版本并发控制方法利用物理存储上的多版本来维护数据的一致性。这就意味着当检索数据库时，每个事务都能看到一个数据的一段时间前的快照，而不管正在处理的数据当前的状态。多版本并发控制方法和封锁方法相比，主要的好处是**消除了数据库中数据对象读和写操作的冲突**，有效地提高了系统的性能。

多版本并发控制方法有利于提高事务的并发度，但也会产生大量的无效版本；而且在事务结束时刻，其所影响的元组的有效性不能马上确定，这就为保存事务执行过程中的状态提出了难题。这些都是实现多版本并发控制方法的一些关键技术。

12.9.2　改进的多版本并发控制方法

多版本并发控制方法可以进一步改进。区分事务的类型为只读事务和更新事务。对于只读事务，发生冲突的可能性很小，可以采用多版本时间戳。对于更新事务，采用较保守的两段锁(2PL)协议。这样的混合协议称为 MV2PL。具体做法如下。

除了传统的共享型锁(S 锁)和排他型锁(X 锁)外，引进一个新的封锁类型，称为**验证锁(certify-lock，简称 C 锁)**。验证锁的相容矩阵如图 12.14 所示。

T_1	T_2		
	S	X	C
S	Y	Y	N
X	Y	N	N
C	N	N	N

注：Y=Yes，表示相容的请求；N=No，表示不相容的请求

图 12.14　验证锁的相容矩阵

注意：在这个相容矩阵中，S 锁和 X 锁变得是相容的了。这样当某个事务写数据对象时，允许其他事务读数据（当然，写操作将生成一个新的版本，而读操作就是在旧的版本上读）。一旦写事务要提交，必须首先获得在那些加了 X 锁的数据对象上的 C 锁。由于 C 锁和 S 锁是不相容的，所以为了得到 C 锁，写事务不得不延迟提交，直到所有被它加上 X 锁的数据对象都被所有那些正在读它们的事务释放。一旦写事务获得 C 锁，系统就可以丢弃数据对象的旧值，代之于新版本，然后释放 C 锁，提交事务。

在这里，系统最多只要维护数据对象的两个版本，多个读操作可以和一个写操作并发地执行。这种情况是传统的两段锁所不允许的，从而提高了读写事务之间的并发度。

目前很多商用数据库管理系统，如 Oracle、Kingbase ES 都采用的是 MV2PL 协议。

MV2PL 协议把封锁机制和时间戳方法相结合，维护一个数据的多个版本，即对于关系表上的每一个写操作产生一个新版本，同时会保存前一次修改的数据版本。MV2PL 协议和封锁机制相比，主要的好处是在多版本并发控制中对读数据的锁要求与写数据的锁要求不冲突，所以读不会阻塞写，而写也从不阻塞读，从而使读写操作没有冲突，有效地提高了系统并发性。

现在许多数据库产品都使用了多版本并发控制技术，但是这些产品的实现细节各不相同，有兴趣的读者可参考相关文献。

本 章 小 结

数据库的重要特征是能为多个用户提供数据共享。数据库管理系统必须提供并发控制机制来协调并发用户的并发操作，以保证并发事务的隔离性和一致性，确保数据库的一致性。

数据库的并发控制以事务为单位，通常使用封锁技术实现并发控制。本章介绍了最常用的封锁方法和三级封锁协议。不同的封锁和不同级别的封锁协议所提供的系统一致性保证是不同的。对数据对象施加封锁会带来活锁和死锁问题，数据库一般采用先来先服务、死锁诊断和解除等技术来预防活锁和死锁的发生。并发控制机制调度并发事务操作是否正确的判别准则是可串行性，两段锁是可串行化调度的充分条件，但不是必要条件。因此，两段锁可以保证并发事务调度的正确性。

不同的数据库管理系统提供的封锁类型、封锁协议、达到的数据一致性级别不尽相同，但是其依据的基本原理和技术是共同的。作为选读内容，本章还简要介绍了时间戳方法、乐观方法和多版本并发控制方法等其他并发控制方法。

习 题 12

1. 在数据库中为什么要采用并发控制？并发控制技术能保证事务的哪些特性？
2. 并发操作可能会产生哪几类数据不一致？用什么方法能避免各种不一致的情况？
3. 事务的隔离级别都有哪些，事务隔离级别与数据一致性的关系是什么？

4. 什么是封锁？基本的封锁类型有几种？试述它们的含义。

5. 如何用封锁机制保证数据的一致性？

6. 什么是活锁？试述活锁的产生原因和解决方法。

7. 什么是死锁？请给出预防死锁的若干方法。

8. 请给出检测死锁发生的一种方法。当发生死锁后如何解除死锁？

9. 什么样的并发调度是正确的调度？

10. 设 T_1、T_2、T_3 是如下的三个事务(A 的初值为 0)。

　　T_1：$A := A+2$；

　　T_2：$A := A*2$；

　　T_3：$A := A**2$；（即 $A \leftarrow A^2$）

① 若这三个事务允许并发执行，则有多少种可能的正确结果？请一一列举出来。

② 请给出一个可串行化的调度，并给出执行结果。

③ 请给出一个非串行化的调度，并给出执行结果。

④ 若这三个事务都遵守两段锁协议，请给出一个不产生死锁的可串行化调度。

⑤ 若这三个事务都遵守两段锁协议，请给出一个产生死锁的调度。

11. 今有三个事务的一个调度 $R_3(B)R_1(A)W_3(B)R_2(B)R_2(A)W_2(B)R_1(B)W_1(A)$，该调度是冲突可串行化的调度吗？为什么？

12. 试证明若并发事务遵守两段锁协议，则对这些事务的并发调度是可串行化的。

13. 举例说明对并发事务的一个调度是可串行化的，而这些并发事务不一定遵守两段锁协议。

14. 考虑如下的调度，说明这些调度集合之间的包含关系。

① 正确的调度。

② 可串行化的调度。

③ 遵循两段锁的调度。

④ 串行调度。

15. 考虑如下的 T_1 和 T_2 两个事务。

　　T_1：$R(A)$；$R(B)$；$B=A+B$；$W(B)$

　　T_2：$R(B)$；$R(A)$；$A=A+B$；$W(A)$

① 改写 T_1 和 T_2，增加加锁操作和解锁操作，并要求遵循两段锁协议。

② 说明 T_1 和 T_2 的执行是否会引起死锁，给出 T_1 和 T_2 的一个调度并说明之。

16. 为什么要引进意向锁？意向锁的含义是什么？

17. 试述常用的意向锁(IS 锁、IX 锁、SIX 锁)，给出这些锁的相容矩阵。

第 12 章实验　并 发 控 制

并发控制实验。掌握数据库并发控制的基本原理及应用方法。验证并发操作带来的数据不一致性问题，包括丢失修改、不可重复读和脏读等情况。要求通过取消查询分析器的自动提交功能，创建两个不同的用户，分别登录查询分析器，同时打开两个客户端；通过使用 SQL 语句设计具体例子，展示不同封锁级别的应用场景，验证各种封锁级别的并发控制效果，以进一步理解封锁技术如何解决事务并发导致的问题。

参考文献 12

［1］ BERNSTEIN P A, HADZILACOS V, GOODMAN N. Concurrency control and recovery in data base systems ［M］. Addison Wesley, 1988.

［2］ ESWARAN K P, GRAY J N, LORIE R A, et al. The notions of consistency and predicate locks in a data base system［J］. Communications of the ACM, 1976, 19(11): 624-633.

文献［2］给出了可串行性概念的形式化定义。

［3］ GRAY J N, LORIE R A, PUTZOLU G R. Granularity of locks in a large shared data base［C］. Proceedings of the 1st International Conference on Very Large Data Bases, 1975: 428-451.

文献［3］综述了多粒度封锁协议。

［4］ GRAY J, REUTER A. Transaction processing: concepts and techniques［M］. San Francisco: Morgan Kaufmann, 1992.

［5］ PAPADIMITRIOU C H. The Serializability of concurrent database updates［J］. Journal of the ACM, 1979, 26(4):631-653.

文献［5］给出了与可串行性相关的研究结果。

［6］ KEDEM Z M, SILBERSCHATZ A. Locking protocols: from exclusive to shared locks［J］. Journal of the ACM, 1983, 30(4): 787-804.

文献［6］讨论了封锁协议。

［7］ BAYER R, SCHKOLNICK M. Concurrency of operating on B-trees［J］. Acta Informatica, 1977, 9: 1.

文献［7］提出了对 B 树进行并发存取的算法。

［8］ LEHMAN P L, YAO S B. Efficient locking for concurrent operations on B-trees［J］. ACM Transactions on Database Systems, 1981, 6(4): 650-670.

［9］ BERNSTEIN P A, GOODMAN N. Timestamp-based algorithms for concurrency control in distributed database systems［C］. Proceedings of the 6th International Conference on Very Large Data Bases, 1980, 6: 285-300.

文献［9］讨论了各种基于时间戳的并发控制算法。

［10］ BERNSTEIN P A, GOODMAN N. Timestamp-based algorithms for concurrency control in distributed database systems［C］. Proceedings of the 6th International Conference on Very Large Databases, 1980: 285-300.

［11］ KUNG H T, ROBINSON J T. On optimistic methods for concurrency control［J］. ACM Transaction on Database Systems, 1981, 6(2): 213-226.

［12］ SILBERSCHATZ A. A multi-version concurrency scheme with no rollbacks［C］. Proceedings of the 1st ACM SIGACT-SIGOPS Symposium on Principles of Distributed Computing, 1982: 216-223.

［13］ BERNSTEIN P A, GOODMAN N. Multi-version concurrency Control-Theory and algorithms［J］. ACM Transaction on Database Systems, 1983, 8(4): 465-483.

［14］ CAREY M J. Multiple versions and the performance of optimistic concurrency control［R］. Computer Sciences Technical Report 517, 1983.

［15］ FALEIRO J M, ABADI D J. Rethinking serializable multiversion concurrency control［C］. Proceedings of the VLDB Endowment, 2015, 8(11): 1190-1201.

文献［15］提出了一种新的多版本数据库并发控制协议。

本章知识点讲解微视频：

数据异常与隔离
级别

封锁与封锁协议

可串行化与冲突
可串行化

两段锁协议

本章导读

　　数据库管理系统是对数据库中的共享数据进行有效的组织、存储、管理和存取的软件系统。本章主要阐述数据库管理系统的基本功能、系统结构及主要实现技术。

　　本章首先介绍数据库管理系统的基本功能，然后讲解数据库管理系统的语言处理层、数据存取层和数据存储层中缓冲区的层次结构，以及这三层结构是如何配合完成数据库查询处理请求的。最后介绍数据库的物理组织。

　　本章不是针对数据库管理系统的设计人员编写的，而是面向数据库管理员和数据库应用系统开发人员的，目的是使他们从宏观和总体的角度掌握数据库管理系统的基本概念和基本原理，以便更好地使用和维护数据库管理系统。

13.1 数据库管理系统的基本功能

　　数据库管理系统已经发展成为继操作系统之后最复杂的系统软件。前面已讲过，数据库管理系统主要是实现对共享数据有效的组织、存储、管理和存取。围绕数据，数据库管理系统应具有如下基本功能。

　　① **数据库定义和创建**。创建数据库主要是用数据定义语言定义和创建数据库模式、外模式、内模式等数据库对象。在关系数据库中就是建立数据库（或模式）、表、视图、索引等，还有创建用户、定义安全保密（如用户口令、级别、角色、存取权限）、定义数据库的完整性约束。这些定义存储在数据字典（亦称为系统目录）中，是数据库管理系统运行的基本依据。

　　② **数据组织、存储和管理**。数据库管理系统要分类组织、存储和管理各种数据，包括数据字典、用户数据、存取路径等；要确定以何种文件结构和存取方式在存储器上组织这些数据，以及如何实现数据之间的联系。数据组织和存储的基本目标是提高存储空间利用率和方便存取，提供多种存取方法（如索引查找、哈希查找、顺序查找等）以提高存取效率。

　　③ **数据存取**。数据库管理系统提供用户对数据的操作功能，实现对数据库数据的检索、

插入、修改和删除。一个好的关系数据库管理系统应该提供功能强且易学易用的数据操纵语言、方便的操作方式和较高的数据存取效率。数据操纵语言有两类：宿主型语言和自立（独立）型语言。

④ **数据库事务管理和运行管理**。这是指数据库管理系统的运行控制和管理功能，包括多用户环境下的事务管理功能和安全性、完整性控制功能，故障恢复、并发控制和死锁检测（或死锁预防）、安全性检查和存取控制、完整性检查和执行、运行日志的组织管理等。这些功能保证了数据库系统的正常运行，保证了事务的 ACID 特性。

⑤ **数据库的建立和维护**。此项功能包括数据库的初始建立、数据的转换、数据库的转储和恢复、数据库的重组和重构以及性能监测分析等。

⑥ **其他功能**。数据库管理系统还包括与网络中其他软件系统的通信功能、一个数据库管理系统与另一个数据库管理系统或文件系统的数据转换功能、异构数据库之间的互访和互操作功能等。随着技术的发展，许多新的应用对数据库管理系统提出了新的需求。数据库管理系统要不断发展新的数据管理技术，例如 XML 数据、流数据、空间数据、多媒体数据等管理技术。

和操作系统、编译系统等系统软件相比，数据库管理系统具有跨度大、功能多的特点。从最底层的存储管理、缓冲区管理、数据存取操作、语言处理，到最外层的用户接口、数据表示、开发环境的支持，都是它要实现的功能。

数据库管理系统的实现，既要充分利用计算机硬件、操作系统、编译系统和网络通信等技术，又要突出对海量数据存储、管理和处理的特点，还要保证其存取数据和运行事务的高效率。这是一个复杂而综合的软件设计开发过程。下面几节将逐步深入地讨论数据库管理系统的系统结构及语言处理层、数据存取层、缓冲区管理及数据库的物理组织。

13.2　数据库管理系统的系统结构

13.2.1　数据库管理系统的层次结构

和操作系统一样，可以将数据库管理系统划分成若干层次。清晰、合理的层次结构不仅可以使用户更清楚地认识数据库管理系统，更重要的是有助于数据库管理系统的设计和维护。

例如，IBM System R 主要分为两层：底层的关系存储系统（relational storage system，RSS）和上层的关系数据系统（relational data system，RDS）。关系数据系统本质上是一个语言和执行层，包括语法检查与分析、优化、代码生成、视图实现、安全性/完整性检查等功能。关系存储系统则是一个存取方法层，其功能包括空间和设备管理、索引和存取路径管理、事务管理、并发控制、运行日志管理和恢复等。

图 13.1 给出一个关系数据库管理系统的层次结构示例。这个层次结构是按照处理对象的不同，依照最高级到最低级的次序来划分的，具有普遍性。图中包括与关系数据库管理系统密切相关的应用层和操作系统。

在图 13.1 中，**最上层是应用层**，位于关系数据库管理系统的核心之外。应用层处理的对象是各种各样的数据库应用，以及终端用户通过应用接口发出的事务请求或各种查询要求等。该层是关系数据库管理系统与用户/应用程序的界面层。

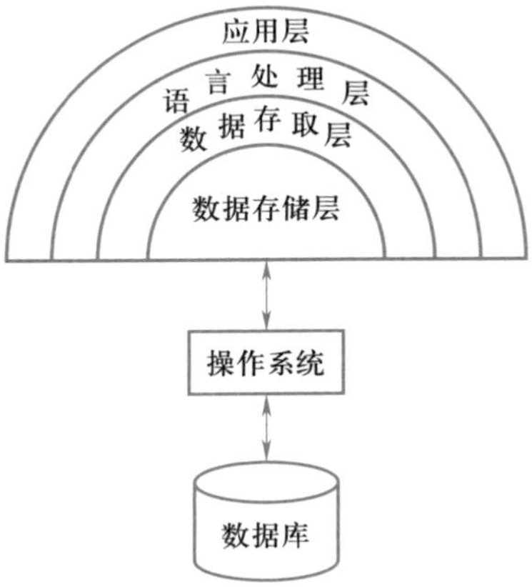

第二层是语言处理层。该层处理的对象是数据库语言（如 SQL），向上提供的数据接口是关系、视图，即元组的集合。该层的功能是对数据库语言的各类语句进行语法语义分析、视图转换、安全性检查、完整性检查和查询优化等，通过对下层基本模块的调用，生成可执行代码，运行这些代码即可完成数据库语句的功能要求。

图 13.1　关系数据库管理系统的层次结构示例

第三层是数据存取层。该层处理的对象是单个元组，把上层的集合操作转换为单记录操作。该层执行扫描（如表扫描）、排序，元组的查找、插入、修改、删除、封锁等基本操作；完成数据记录的存取、存取路径维护、事务管理、并发控制和恢复等工作。

第四层是数据存储层。该层处理的对象是数据页和系统缓冲区，执行文件的逻辑打开、关闭、读页、写页、缓冲区读和写、页面淘汰等操作，完成缓冲区管理、内外存交换、外存数据管理等功能。

操作系统是关系数据库管理系统的基础。该层处理的对象是数据文件的物理块，执行物理文件的读写操作，保证关系数据库管理系统对数据逻辑上的读写真实地映射到物理文件上。操作系统提供的存取原语和基本存取方法通常作为关系数据库管理系统数据存储层的接口。

以上所述的关系数据库管理系统层次结构划分的思想具有普遍性。当然，具体系统在划分细节上会是多种多样的，可以根据实现环境以及系统规模灵活处理。

13.2.2　关系数据库管理系统的运行过程示例

关系数据库管理系统是一个复杂而有序的整体，应该用动态的观点看待其各个功能模块。 下面考察一个应用程序/用户通过关系数据库管理系统读取数据库中数据的过程（见图 13.2），以加深对关系数据库管理系统的了解。图中的数据字典是数据库的重要组成部分，用于存储元数据，如数据库定义。

① 用户 A 通过应用程序 A 向关系数据库管理系统发出调用数据库数据的命令，如 SELECT 命令，命令中给出了一个关系名和查找条件。

② 关系数据库管理系统首先对命令进行语法检查，检查通过后进行语义检查和用户存取权限检查。具体做法是，关系数据库管理系统读取数据字典，检查是否存在该关系及相应的字段、该用户是否具有读取它们的权限，确认语义正确、存取权限合法后便决定执行该命令；否则拒绝执行，返回错误信息。

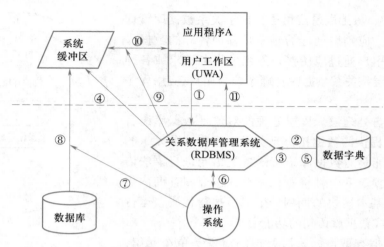

图 13.2 关系数据库管理系统的运行过程示例

③ 关系数据库管理系统执行查询优化。优化器要依据数据字典中的信息进行优化,并把该命令转换成一串单记录的存取操作序列。

关系数据库管理系统执行存取操作序列,即反复执行以下各个步骤,直至结束。

④ 关系数据库管理系统首先在系统缓冲区中查找记录,若找到满足条件的记录则转到⑨,否则转到⑤。

⑤ 关系数据库管理系统读取数据字典,查看存储模式,决定从哪个文件、用什么方式读取哪个物理记录。

⑥ 关系数据库管理系统根据⑤的结果,向操作系统发出读取记录的命令。

⑦ 操作系统执行读数据的有关操作。

⑧ 操作系统将数据从数据库的存储区送至系统缓冲区。

⑨ 关系数据库管理系统根据查询命令和数据字典的内容导出用户所要读取的记录格式。

⑩ 关系数据库管理系统将数据记录从系统缓冲区传送到应用程序 A 的用户工作区。

⑪ 关系数据库管理系统将执行状态信息,如成功读取或不成功的错误指示、例外状态信息等返回给应用程序 A。

对照在 13.2.1 小节中给出的关系数据库管理系统层次结构,可以大致做如下的对应:

- 动作①属于第一层——应用层。
- 动作②、③由第二层——语言处理层来完成。
- 动作⑨、⑩、⑪由第三层——数据存取层来完成。
- 动作④、⑤、⑥由第四层——数据存储层来进行。
- 动作⑦、⑧由操作系统执行。

整个关系数据库管理系统的各层模块互相配合、互相依赖,共同完成对数据库的操纵。

对其他一些操作,如插入、删除、修改,其过程与读一个记录是类似的。

13.3　语言处理层

前面已经介绍，关系数据库管理系统一般向用户提供多种形式的语言，如交互式命令语言（如 SQL）、过程化语言（如 PL/SQL 和存储过程）等。这些语言都是由关系数据库管理系统的语言处理层来支持的。

语言处理层的主要任务如下：把用户在各种方式下提交的数据库语句转换成对关系数据库管理系统内层可执行的基本存取模块的调用序列。

数据库语言通常包括三类：数据定义语言、数据操纵语言和数据控制语言。关系数据库管理系统对数据定义语言语句的处理相对独立和简单，而对数据操纵语言语句和数据控制语言语句的处理则较为复杂。

具体来说，对数据定义语言语句，关系数据库管理系统的语言处理层完成语法分析后，首先把它翻译成内部表示，然后把它存储在系统的数据字典中；对数据控制语言语句的定义部分，如安全保密定义、存取权限定义、完整性约束定义等的处理，与数据定义语言语句相同。

数据字典是数据操纵语言语句的处理、执行以及关系数据库管理系统运行管理的基本依据。

在关系数据库管理系统中，数据字典通常采用和普通数据同样的表示方式，即也用关系表来表示。数据字典包括关系定义表、属性表、视图表、视图属性表、视图表达式表、用户表、用户存取权限表等。图 13.3 给出了一个关系数据库管理系统中数据字典的部分示意图。

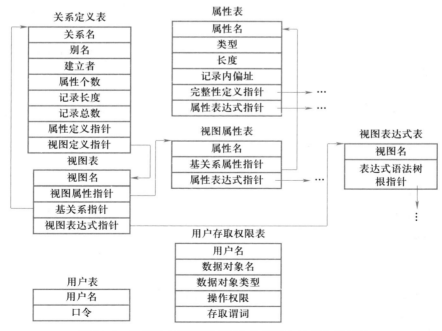

图 13.3　关系数据库管理系统中数据字典的部分示意图

对数据操纵语言语句，语言处理层要做的工作比较多。图 13.4 给出了关系数据库管理系统中数据操纵语言语句处理过程的示意。

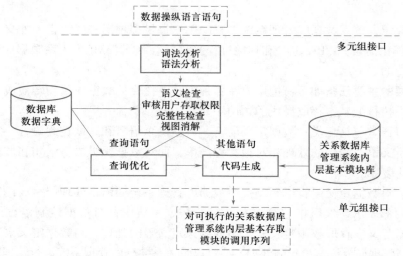

图 13.4 关系数据库管理系统中数据操纵语言语句的处理过程——束缚过程

数据操纵语言语句的处理过程如下：

① **对数据操纵语言语句进行词法分析和语法分析**，并把外部关系名、属性名转换为内部名。外部名便于用户记忆和使用，内部名则整齐划一。在符号名转换过程中需存取数据字典。词法分析和语法分析通过后便生成语法树。

② **根据数据字典中的内容进行查询检查，包括语义检查、审核用户的存取权限、完整性检查和视图消解。**

语义检查通过访问数据字典确认语义正确。

对那些具有存取谓词的存取权限，它们可能与数据的具体取值有关，则此时不能确定该语句能否执行，还要生成相应的动作，以便运行时检查。

完整性检查是查询检查的重要内容。关系数据库管理系统参照数据字典中的完整性约束规则，这时只是进行部分静态约束检查，如检查数据的类型、范围是否符合数据定义。很多完整性约束条件是在执行时检查的，如实体完整性约束是在执行数据插入时进行检查，即检查插入的元组其主码是否已经存在，以保证主码的唯一性。参照完整性约束也通常是在执行时检查。此外，对某些动态完整性规则，它们与数据值和执行过程有关，则也要在操作执行时进行检查。

查询检查还包括视图消解，也称为视图转换。视图消解在第 3 章已有过介绍，若数据操纵语言语句涉及对视图的操纵，则首先要从数据字典中取出视图的定义，根据该定义把对视图的操作转换为对基本表的操作。

③ **对查询进行优化**。第 10 章已有介绍，优化分为代数优化和物理优化（存取路径优化）。

后者要根据数据字典中记载的各种信息，按照一定的优化策略选择一个系统认为"较好"的存取方案，并把选中的方案描述出来。

综上所述，将数据操纵语言语句转换成一串可执行的存取动作这一过程称为一个逐步**束缚**（**binding**）的过程。它将数据操纵语言高级的描述型语句（集合操作）转换为系统内部低级的单元组操作，并和具体的数据结构、存取路径、存储结构等结合起来，构成一串确定的存取动作。

13.4 数据存取层

数据存取层介于语言处理层和数据存储层之间。它向上提供单元组接口，即导航式的一次一个元组的存取操作；向下则以系统缓冲区的存储器接口作为实现基础，其接口关系如图 13.5 所示。

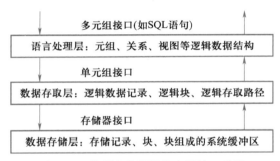

图 13.5　数据存取层及其上下接口关系

图 13.5 中给出了每个层次中操作对象的数据结构。例如，**数据存取层所涉及的主要数据结构为逻辑数据记录、逻辑块、逻辑存取路径**。

数据存取层的任务主要包括以下几个方面。

① 提供一次一个元组的查找、插入、删除、修改等基本操作。

② 提供元组查找所循的存取路径以及对存取路径的维护操作，如对索引记录的查找、插入、删除、修改。若索引是采用 $B+$ 树结构，则应提供 $B+$ 树的建立、查找、插入、删除、修改等功能。

③ 对记录和存取路径的封锁、解锁操作。

④ 对日志文件的登记和读取操作。

⑤ 其他辅助操作，如扫描、合并/排序等，其操作对象有关系、有序表、索引等。

为了完成上述功能，通常把数据存取层又划分为若干个功能子系统加以实现。

13.4.1 数据存取层的系统结构

数据存取层包含许多功能，在实际的关系数据库管理系统中由多个功能子系统来完成。

图 13.6 是数据存取层的系统结构,主要包括以下子系统和模块。

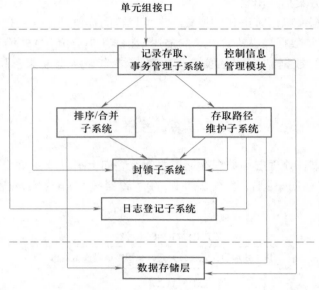

图 13.6 数据存取层的系统结构

① 记录存取、事务管理子系统。
② 控制信息管理模块。
③ 排序/合并子系统。
④ 存取路径维护子系统。
⑤ 封锁子系统,用以执行并发控制。
⑥ 日志登记子系统,用以执行恢复任务。
这些子系统相互配合、紧密联系,构成了一个完整的数据存取层。

13.4.2 数据存取层的功能子系统

数据存取层中有些子系统(如封锁子系统、日志登记子系统等)的功能已在前面的章节中做了介绍,下面只做简要阐述。

1. 记录存取、事务管理子系统

数据存取层不涉及存储分配、存储结构及有关参数,只在数据的逻辑结构上操作,因而可以把各种物理实现形态隐蔽起来。

记录存取子系统提供按某个属性值直接取一个元组和顺序取一个元组的存取原语。这种存取运算是按已选定的某个逻辑存取路径进行的,如某个数据文件或某个索引。这类存取操作的例子有:

● 在某个存取路径上按属性值找元组(FIND)。

- 按相对位置找元组（NEXT，PRIOR，FIRST，LAST）。
- 给某关系增加一个元组（INSERT）。
- 从找到的元组中取某个属性值（GET）。
- 从某关系中删去一个元组（DELETE）。
- 把某修改完的元组写回关系中（REPLACE）。

事务管理子系统提供定义和控制事务的操作。事务管理的基本操作有：

- 定义事务开始（BEGIN TRANSACTION）。
- 事务提交（COMMIT）。
- 事务回滚（ROLLBACK）。

事务管理子系统提供的这些操作将登记进日志文件中。

2. 日志登记子系统

日志登记子系统和事务管理子系统紧密配合，完成关系数据库管理系统对事务和数据库的恢复任务。它把事务的开始、回滚、提交，对元组的插入、删除、修改，以及对索引记录的插入、删除、修改等每一个操作作为一个日志记录存入日志文件中，当事务或系统软硬件发生故障时利用日志文件执行恢复。与日志文件有关的主要操作有：

- 写日志记录（WRITELOG）。
- 读日志记录（READLOG）。
- 扫描日志文件（SCANLOG）。
- 撤销尚未结束的事务（UNDO）。
- 重做已经结束的事务（REDO）。

3. 控制信息管理模块

该模块利用内存中专门的数据区登记不同记录类型以及不同存取路径的说明信息（取自数据字典）和控制信息，这些信息是存取元组和管理事务的依据。控制信息管理模块和记录存取、事务管理子系统一起保证事务的正常运行。

该模块提供对数据字典中说明信息的读取、增加、删除和修改操作。

4. 排序/合并子系统

在语言处理层中，描述性语言表达的集合级操作被转换成一系列对数据存取层所提供的存取原语的调用。为了得到用户所要求的有序输出，同时为了加速关系运算（如自然连接）的中间步骤，常常需要对关系元组重新排序。这一工作由排序/合并子系统来完成。下面列举排序操作的若干主要用途。

（1）输出有序结果

例如，用户提出如下查询要求：

```
SELECT Eno,Salary
FROM EMP
ORDER BY Salary DESC;
```

若 EMP 表上的 Salary 属性已建有索引，则可以顺序扫描索引获得要求的输出。若 Salary 上没有索引，则必须对 EMP 表按 Salary 的属性值降序排序，以得到所要的结果。

（2）数据预处理

对于并、交、差、分组聚集、连接、取消重复值、属于、不属于等关系运算，当参与运算的关系无法全部放入内存时，先对其进行排序预处理，再在有序表上执行相应操作，这种做法是降低处理代价的常用手段之一。它可以将操作代价由 $O(n^2)$ 数量级降至 $O(n\log_2 n)$ 数量级。

（3）支持动态建立索引结构

$B+$ 树是数据库中常用的索引结构。$B+$ 树的叶页索引记录形式为（码值，TID），其中 TID 为元组标识符。TID 可用元组逻辑记录号、主码值或数据块号加位移等来表示。索引记录在 $B+$ 树的叶页上是顺序存储的，因此在初建 $B+$ 树索引时首先要对（码值，TID）排序。

（4）减少数据块的存取次数

通过 $B+$ 树索引存取元组时，首先得到（码值，TID）集合，然后根据 TID 存取相应的元组。当 TID 是用数据块号加位移来表示时，可以首先对 TID 排序，使相同或临近块号的 TID 聚集在一起，然后按数据块号顺序存取物理数据块，避免无序状态下重复读块的情况，减少数据块的存取次数。

排序操作的用途还有很多，这里就不一一列举了。

由此可见，排序操作是记录存取子系统和存取路径维护子系统都要经常调用的操作。它对提高系统效率具有关键的作用。因此，排序子系统的设计十分重要，应采用高效的外排序算法（因为排序的数据量很大，所以要使用外排序算法）。

5．存取路径维护子系统

对数据执行插入、删除、修改操作的同时，要对相应的存取路径进行维护。例如，若用 $B+$ 树索引作为存取路径，则对元组进行插入、删除、修改操作时要对该表上已建立的所有 $B+$ 树索引进行动态维护，插入、删除相应的索引项；否则，就会造成 $B+$ 树索引与数据库表的不一致，当再通过 $B+$ 树索引结构存取元组时便会导致操作失败或产生错误结果。

6．封锁子系统

封锁子系统完成并发控制功能。有关封锁的概念和技术，包括封锁的类型、相容矩阵、死锁处理、可串行性准则、两段锁协议等已在第 12 章详细讨论，这里只说明以下两点：

① 在操作系统中也有并发控制问题，其实现并发控制的方法通常也采用封锁技术。数据库管理系统的封锁技术与操作系统的封锁技术相比（见表 13.1 所示），内容更加丰富，技术更加复杂。

② 数据库管理系统中封锁子系统设计的难点不仅在于技术复杂，而且在于其实现手段依赖于操作系统提供的环境。如锁表的设计，由于锁表必须能为多个进程共享，能动态建立和释放，因此锁表的设计就随操作系统环境而异。它是封锁子系统设计的关键。

表 13.1　操作系统和数据库管理系统封锁技术的比较

比较项	操作系统	数据库管理系统
封锁对象	单一，系统资源（包括 CPU、设备、表格等）	多样，数据库中各种数据对象（包括用户数据、索引（存取路径）、数据字典等）
封锁对象的状态	静态、确定；各种封锁对象在封锁表中占有一项；封锁对象数不变	动态，不确定；封锁对象动态改变，常常在执行前不能确定；一个封锁对象只有当封锁时才在封锁表中占据一项
封锁粒度	不变，由于封锁对象单一、固定，封锁粒度不会改变	可变，封锁可施加到或大或小的数据单位上，封锁粒度可以是整个数据库、记录或字段
封锁类型	单一，排他型锁	多样，一般有共享型锁（S 锁）、排他型锁（X 锁）或其他类型的封锁，随系统而异

13.5　缓冲区管理

　　数据存取层的下面是**数据存储层**。该层的主要功能是存储管理，包括缓冲区（buffer）管理、内外存交换、外存管理等，其中缓冲区管理是十分重要的。因此，本节主要介绍有关缓冲区管理的内容。数据存储层向数据存取层提供的接口是由定长页面组成的系统缓冲区。

　　系统缓冲区的设立出于两方面的原因：一是它把数据存储层以上各系统成分与实际的外存设备隔离，外存设备的变更不会影响其他系统成分，使**关系数据库管理系统具有设备独立性**；二是系统缓冲区设置在内存或虚存，可以**提高存取效率**。

　　关系数据库管理系统利用系统缓冲区缓存数据，当数据存取层需要读取数据时，记录存取子系统首先到系统缓冲区中查找。只有当缓冲区中不存在该数据时才真正从外存读入该数据所在的页面。当数据存取层写回一个元组到数据库中时，记录存取子系统并不把它立即写回外存，而是仅对该元组所在的缓冲区页面做一标志，表示可以释放。只有当该用户事务结束或缓冲区已满而需要调入新的外存页面时，才按一定的淘汰策略把缓冲区中已有释放标志的页面写回外存。这样可以减少内外存交换的次数，提高存取效率。

　　系统缓冲区可由内存或虚存组成。由于内存空间紧张，缓冲区的大小、缓冲区内存和虚存部分的比例要精心设计，针对不同应用和环境按一定的模型进行调整，既不能让缓冲区占据太大的内存空间，也不能因其空间太小而**频频缺页、调页**，造成**"抖动"**，影响效率。

　　缓冲区包含控制信息和若干定长页面。缓冲区管理模块向上层提供的操作是缓冲区的读（READBUF）、写（WRITEBUF）。缓冲区内部的管理操作有查找页、申请页、淘汰页。缓冲区管理调用操作系统的操作有读（READ）、写（WRITE）。图 13.7 给出了数据库缓冲区及向上下层提供的操作示意。以读操作为例，缓冲区管理的大致过程如图 13.8 所示。可以看到缓冲区管理中的主要算法是淘汰算法和查找算法。操作系统中有许多淘汰算法可以借鉴，如FIFO（先进先出）算法、LRU（最近最少使用）算法以及它们的各种改进算法。查找算法用来确定所请求的页是否在内存，可采用顺序扫描、折半查找、哈希查找算法等。

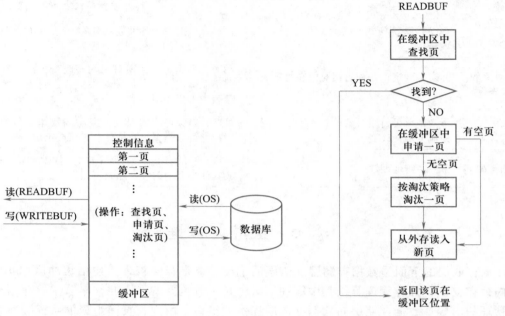

图 13.7   数据库缓冲区及向上下层提供的操作示意图   图 13.8   缓冲区管理（读操作）示意图

13.6   数据库的物理组织

本节进入数据库本身，介绍数据库的物理组织。

数据库数据存放的基础是文件，对数据库的任何操作最终要转化为对文件的操作。所以在数据库的物理组织中，基本问题是如何设计文件组织或如何利用操作系统提供的基本的文件组织方法。

数据库系统是文件系统的发展。文件系统中每个文件存储同质实体的数据，各文件是孤立的，没有体现实体之间的联系。数据库系统中数据的物理组织必须体现实体之间的联系，支持数据库的逻辑结构——各种数据模型。因此数据库中要存储 4 方面的数据：

- 数据描述，即数据外模式、模式、内模式。
- 数据本身。
- 数据之间的联系。
- 存取路径。

这 4 个方面的数据内容都要采用一定的文件组织方式组织、存储起来。

1. 数据字典的组织

有关数据的描述存储在数据库的数据字典中。数据字典的特点是数据量比较小（与数据本身比）且使用频繁，因为任何数据库操作都要参照数据字典的内容。数据字典在网状和层次数据库中常常用一个特殊的文件来组织。所有关于数据的描述信息存放在一个文件中，如HP 3000计算机系统中IMAGE网状数据库的模式就是用一个称为"根文件"的特权文件来存放的。关系数据库中数据字典的组织通常与数据本身的组织相同。数据字典按不同的内容在逻辑上组织为若干张表，字典表的物理存储方式与普通关系表类似，可以将一个字典表对应一个物理文件，由操作系统负责存储管理，也可以将若干字典表对应一个物理文件，由关系数据库管理系统负责存储组织和管理，相关内容已在第9章9.1节中有详细介绍。

2. 数据及数据联系的组织

关于数据自身的组织，数据库管理系统可以根据数据和处理的要求自己设计文件结构，也可以从操作系统提供的文件结构中选择合适的加以实现。目前，操作系统提供的常用文件结构有堆文件、顺序文件、索引文件、索引顺序文件、哈希文件和B+树文件等。

数据库中数据组织与数据之间的联系是紧密结合的。在数据的组织和存储中必须直接或间接、显式或隐式地体现数据之间的联系，这是数据库物理组织中主要考虑和设计的内容。

在网状和层次数据库中常用邻接法和链接法实现数据之间的联系。对应到物理组织方式中，就要在操作系统已有的文件结构上实现数据库的存储组织和存取方法。例如，在IMS中，操作系统提供的低级存取方法有顺序存取方法（SAM）、索引顺序存取方法（ISAM）、虚拟顺序存取方法（VSAM）和溢出顺序存取方法（OSAM）。IMS在此基础上设计了层次顺序存取方法（HSAM）、层次索引存取方法（HISAM）、层次直接存取方法（HDAM）和层次索引直接存取方法（HIDAM）4种数据库的存储组织和相应的存取方法。其中HSAM按照片段值的层次序列码的次序顺序存放各片段值，而层次序列码体现了数据之间的父子和兄弟联系。这是一种典型的按物理邻接方式实现数据之间联系的方法。在这种存储方法中，整个数据库中不同片段型的数据均存储在一个SAM文件中。

网状数据库中最常用的组织策略是各记录型分别用某种文件结构组织，记录型之间的联系——SET用指针方式实现。即在每个记录型中增加数据库管理系统控制和维护的系统数据项——指针，它和用户数据项并存于同一个记录中。

关系数据库实现了数据表示的单一性。实体及实体之间的联系都用一种数据结构——"表"来表示，因此数据和数据之间的联系两者组织方式相同。关系表的物理组织与存储方法具体见第9章9.1节。

3. 存取路径的组织

在网状和层次数据库中存取路径是用数据之间的联系来表示的，因此已与数据结合并固定下来。

在关系数据库中存取路径和数据是分离的，对用户是隐蔽的，存取路径可以动态建立与删除。存取路径的物理组织通常采用索引形式。在一个关系上可以建立若干个索引，有的系统支持组合属性索引，即在两个或两个以上属性上建立索引。索引可以由用户用CREATE INDEX语句建立，用DROP INDEX语句删除。在执行查询时，数据库管理系统查询优化模块也可以根据优化策略自动建立索引，以提高查询效率。由此可见，关系数据库中存取路径的建立是十分灵活的。索引的具体组织、查找和维护方法已在第 9 章 9.2 节中详细介绍，这里不再赘述。

本 章 小 结

本章主要讨论数据库管理系统的基本功能、系统结构及主要的实现技术，是数据库管理员和数据库应用系统开发人员应掌握的内容。

本章按照关系数据库管理系统的层次结构依次介绍了语言处理层、数据存取层和数据存储层中缓冲区管理的主要任务和功能，以及数据的物理组织。这里没有讲解数据库管理系统具体的实现技术、实现算法和数据结构，这些内容在专门的**数据库管理系统实现**教材中讲解。

数据库领域过去所取得的主要成就之一就是数据建模和数据库管理系统核心的研究与开发。多年来，数据库研究人员深入研究了这些技术并且取得了显著的成就。例如，人们已经清楚地知道如何在外部存储设备上存储数据、如何分片，如何使用各种复杂的存取方法、缓冲策略和索引技术访问外部存储设备上的数据；数据库恢复、并发控制、完整性和安全性的实施、查询处理和优化等技术也得到深入研究，并在商用的集中式和分布式关系数据库管理系统中得以实现。

习 题 13

1. 试述数据库管理系统的基本功能。

2. 简述关系数据库管理系统的工作过程。给出关系数据库管理系统插入一个记录的活动过程，画出活动过程示意图。

3. 关系数据库管理系统的语言处理层是如何处理一个数据定义语言语句的？

4. 试述关系数据库管理系统的语言处理层处理一个数据操纵语言语句的大致过程。

5. 试述数据存取层主要的子系统及其功能。

6. 在操作系统中也有并发控制问题，为什么数据库管理系统还要采用并发控制机制？

7. 试比较数据库管理系统与操作系统的封锁技术。

8. 数据库管理系统中为什么要设置系统缓冲区？

9. 数据库中要存储和管理的数据内容包括哪些方面？

*10. 请给出缓冲区管理中的一个淘汰算法，并上机实现。(提示：首先需要设计缓冲区的数据结构，然后写出算法)

*11. 请写出对一个文件按某一个属性的排序算法(设该文件的记录是定长的)，并上机实现。若要按多个属性排序，能否写出改进的算法？

*12. 请给出 $B+$ 树文件的创建和更新(增、删、改)算法并上机实现。提示：设 $B+$ 树的叶结点上仅存放索引项(码值,TID)，首先要设计索引项、$B+$ 树叶页和非叶页的数据结构，然后写出算法。

注：习题 10、11、12 可作为学生数据库管理系统实现课程的实习课题。这些模块是数据库管理系统中必不可少的基本模块。

参考文献 13

［1］GRAY J N. Notes on Data Base Operation Systems［M］//BAYER R，GRAHAM R M，et al. Operating Systems：An Advanced Course. Springer Verlag，1978：393-481.

文献［1］系统地综述了数据库系统及其与操作系统有关的问题。

［2］STONEBRAKER M. Operating system support for database management［J］. Communications of the ACM，1981，24(7)：412-418.

文献［2］提出了操作系统应提供对数据库系统更好的支持的问题。

［3］TRAIGER I L. Virtual memory management for database systems［J］. ACM SIGOPS Operating Systems Review，1982，16(4)：26-48.

文献［3］讨论了数据库系统中与操作系统有关的问题。

［4］BLASGEN M M，ASTRAHA M M，CHAMBERLIN D D，et al. System R：an architectural overview［J］. IBM Systems Journal，1981，20(1)：41-62.

文献［4］详细介绍了 IBM 公司的 System R 的系统结构。

［5］MERRETT T H. Why sort-merger gives the best implementation of the natural join［J］. ACM SIGMOD，1983，13(2)：39-51.

文献［5］阐述了自然连接的实现技术之一：排序-合并方法及其优点。

［6］BAYER R，MCCREIGHT E. Organization and maintenance of large Ordered indexes［J］. Acta Informatica，1972，1(3).

［7］COMER D. The ubiquitous B-tree［J］. ACM Computing Surveys，1979(11)：2：121-137.

［8］KNUTH D E. The art of computer programming：Vol 3［M］. Addison-Wesley Professional，1973.

文献［8］是一套知名丛书中的一本。在本书中 Knuth 对多种数据存取方法进行了详细分析，包括对 B+树及其相关存储结构的分析。

［9］WIRTHN. Algorithms+Data Structures＝Programs［M］. Prentice Hall，1975.

文献［9］是一本数据结构教材，其中详细给出了 B 树的增、删、改算法。

本章知识点讲解微视频：

数据库管理系统
的系统架构

关系数据库管理
系统运行过程示例

数据存取层的
系统架构

缓冲区管理

第四篇
新 技 术 篇

本书前三篇系统而详细地讲解了数据库系统的基本概念、基础理论和基本技术。本篇概述数据库的发展历程，介绍数据管理技术的新进展和若干新技术，使读者在学习前面三篇基本知识和技术的基础上开阔思路和眼界，为进一步学习和研究做必要的准备和铺垫。

本篇包括5章。

第14章数据库发展概述，介绍数据库系统发展简史，从应用领域、数据模型、计算机技术三个维度展示数据库学科在理论、技术、应用诸方面的成就以及从中获得的一些启示，展望数据库的发展方向。

第15章大数据管理系统，介绍大数据的特征以及大数据管理系统，着重从数据管理的角度来讨论这些系统和技术。

第16章数据仓库与联机分析处理，首先介绍传统数据仓库与联机分析处理技术，在此基础上介绍大数据时代新型数据仓库和混合事务分析处理技术。

第17章内存数据库系统，概要介绍内存数据库的基本概念、与内存数据库密切相关的硬件技术，以及内存数据库主要的实现技术和实现方案。

第18章区块链与数据库，简要介绍区块链技术，包括区块链的概念和工作原理，区块链的发展进程、关键技术及发展趋向。从数据库的视角出发，希望把区块链技术和数据库技术结合起来，相互借鉴。

第 14 章   数据库发展概述

本书前 13 章系统而详细地讲解了数据库系统的基本概念、基础理论和基本技术。本章概述数据库系统发展简史,总结数据库发展历程以及从中取得的一些启示,同时展望数据库的发展方向。

14.1   数据库系统发展概述

数据库系统是一个大家族,数据模型丰富多样,新技术层出不穷,支撑的应用领域广泛深入。当读者步入数据库领域时,面对众多复杂的数据库技术和数据库管理系统难免产生迷惑和混乱。为了帮助读者深入了解数据库大家族,图 14.1 从应用领域、数据模型和计算机技术三个维度来展示数据库学科在理论、技术、应用等方面的主要内容与取得的成就。

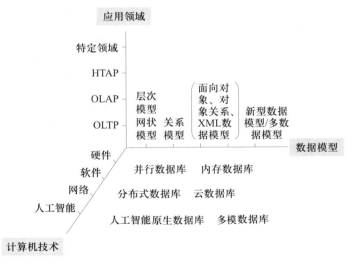

图 14.1   数据库系统的发展和相互关系视图

1. 应用需求是数据库技术产生和发展的原动力

数据库的应用广泛而深入，归纳起来主要有数据存储和检索，联机事务处理（online trans-action processing，OLTP），联机分析处理（online analytical processing，OLAP）和混合事务分析处理（hybrid transactional analytical processing，HTAP），以及一些特定领域的应用，例如先进制造领域的应用、军事领域的应用等。

数据库最初的应用是数据存储和检索。20 世纪 80 年代关系数据库发展成熟，面向事务型的应用，即联机事务处理应用成为主流，如银行系统中的转账、存款与取款，电商系统中的进货、库存与零售等。这类应用的重要特征是大量用户并发存取数据库，必须引入事务管理机制来保证多用户并发操作时数据的一致性，保证事务的 ACID 特性。

另一类是面向分析型的应用，即联机分析处理应用。这类应用的特点是涉及的数据量较大，通常以读取历史数据为主，需要对数据进行多角度、多层次分析，操作比较复杂且运行时间较长。典型的应用场景如金融系统风险风控分析与反欺诈、实时推荐系统等。

混合事务分析处理应用则同时面向事务型应用和分析型应用。这类应用的特点是能够同时执行联机事务处理和联机分析处理，事务型应用产生的当前数据可以实时地被分析型应用所访问，并且不会明显影响其性能。

纵观数据库系统的发展历史，可以发现应用需求日益复杂化。从单用户到多用户，再到大规模并发用户访问；从地理位置集中的应用到分散的应用；从小数据量存储到海量数据管理；从处理简单数据类型到管理复杂数据类型⋯⋯正是这些不断涌现的应用需求推动了数据模型和数据库技术不断向前发展。**数据库发展的最重要的特征是应用驱动创新。**

2. 数据模型是数据库发展的主线

数据模型是数据库系统的核心和基础。按一定的数据模型组织、描述、存取数据是数据库的典型特征，也是其与文件系统的本质区别。数据库系统的发展以数据模型的发展为主线，主要有第一代的层次模型和网状模型、第二代的关系模型和大数据时代的新型数据模型或多数据模型。

通过设计和优化存储结构，层次模型、网状模型可以有效地解决数据存取的效率问题，但用户在存取数据时需要指定存取路径，这就大大降低了数据库的易用性。关系模型的提出是数据库发展史上具有划时代意义的重大事件。关系模型中的关系代数系统具有封闭性，通过引入查询处理和查询优化技术，用户只需说明"做什么"（通过 SQL 表达），由数据库完成"怎么做"（查询引擎将用户的查询转成一组关系代数操作算子的执行序列），从而解决了层次模型和网状模型中无法实现**隐蔽数据存取路径**的难题。基于应用开发的需要，关系模型进行了不同层次的扩展，例如面向对象数据模型和对象关系数据模型、XML 数据模型等。

随着大数据应用的深入，关系模型的表达能力逐渐呈现出不足，继而产生了众多新的数据模型，例如键值对数据模型、文档数据模型、图数据模型、时序数据模型、时空数据模型等，统称为新型数据模型或多数据模型。

3. 计算机技术是数据库发展的基础

数据库管理系统是运行在计算机之上的基础软件，它的进展必然和计算机硬件（CPU、内存、存储设备等）、软件（操作系统、软件工程技术、软件开发工具等）、计算机网络和人工智能等相关技术的发展紧密相关。飞速发展的计算机技术为数据库系统提供了越来越先进的平台和生态环境，相应地在数据库领域研发了分布式数据库、并行数据库、内存数据库、云数据库、人工智能原生数据库等先进的数据库系统，极大地提高了数据库系统的性能、可用性和可靠性。

基于图 14.1 所示的三个维度，本章首先从应用领域和数据模型两方面介绍数据库系统的发展简史和成就，接下来重点以分布式数据库系统为示例，介绍计算机技术对数据库发展的支撑作用，最后介绍数据管理新技术展望。

14.2　数据库系统发展简史

20 世纪 50 年代计算机从科学计算进入数据处理时代，应用程序使用文件系统来管理数据。文件系统以分散的、互相独立的数据文件为基础，存在数据冗余、数据不一致、处理效率低等问题。这些缺点在较大规模的应用系统中尤为突出。以 20 世纪 60 年代初美国的阿波罗登月计划为例，阿波罗飞船由大约 200 万个零部件组成，它们分散在世界各地数万家企业制造，数百所大学和研究机构参加了该计划。为了掌握计划进度及协调工程进展，研究人员开发了一个基于文件系统的零部件生产计算机管理系统，系统共用了 18 盘磁带，虽然可以工作，但效率极低，18 盘磁带中有 60% 是冗余数据，维护十分困难。这个系统曾一度成为实现阿波罗计划的重大障碍之一。

针对数据处理中遇到的数据如何组织、怎样存储和检索等数据管理问题，计算机学术界和工业界纷纷开展研究，目标主要是突破文件系统分散管理的弱点，实现对数据的集中控制，统一管理。其成果就是诞生了具有里程碑意义的数据管理新技术——数据库技术。

此后数据库技术伴随着应用需求的发展、计算机技术的进步而不断发展。

14.2.1　第一代数据库系统

第一代数据库系统是层次、网状数据库系统，以数据的组织、存储和检索为主要功能。它们具有如下共同特征。

① 用层次或网状结构进行数据建模，数据模型不仅描述了现实世界整体数据的结构和特征，而且描述了数据之间的联系。

② 支持 DBTG 三级模式结构①，模式之间具有转换（或称为映像）功能，提高了数据与应用程序之间的独立性，增强了系统的稳定性，使得三级模式结构成为数据库系统的标准结构。

---

① DBTG 三级模式结构也称为 Spark 三级模式结构。

③ 研发了数据库语言，包括独立的数据定义语言、导航的数据操纵语言。

④ 数据之间内在的逻辑关系在物理存储中用存取路径来实现，数据的检索沿着存取路径执行。

第一代数据库系统以 IBM 公司研制的层次模型数据库管理系统 IMS 和通用电气公司设计与实现的网状数据库管理系统 IDS（Integrated Data Store）为主要代表。

第一代数据库管理系统把数据管理的功能从应用逻辑中分离并独立出来，实现了数据与应用程序的分离，**从以程序为中心转变为以数据为中心**，极大地推动了计算机的普及应用。

1973 年，图灵奖授予了在数据库方面做出杰出贡献的"网状数据库之父"Charles W. Bachman。他在图灵奖演说中把数据库看作是基本资源，把程序设计者看作是数据库中的领航员。这是数据库领域第一位图灵奖得主。

14.2.2　第二代数据库系统

支持关系模型的关系数据库系统是第二代数据库系统。

20 世纪 70 年代是关系数据库理论研究和原型开发的时代，经过大量高层次的研究和开发主要取得了以下成果。

① 奠定了关系模型的理论基础，给出了人们一致接受的关系模型的规范说明。

② 研究了关系数据语言，包括关系代数、关系演算，确立 SQL 为关系数据库语言标准。由于不同数据库都使用 SQL 作为共同的数据语言和标准接口，使不同数据库系统之间的互操作有了共同的基础，为数据库的产业化和广泛应用打下坚实基础。

③ 研制了大量关系数据库管理系统原型，攻克了系统实现中查询优化、事务处理、并发控制、故障恢复等一系列关键技术，定义了事务的基本概念和 ACID 特性，不仅大大丰富了数据库管理系统的实现技术和数据库理论，更促进了数据库的产业化。

④ 形成了一个巨大的数据库产业，不仅包括数据库管理系统核心软件，而且包括一整套外围应用开发工具（如数据库辅助设计工具），基准测试 TPC-C、TPC-D 等一系列测试基准和测试工具，还有不断更新发展的标准——SQL 标准。

这个时期诞生了两位图灵奖得主。

一位是 Edgar F. Codd。Codd 因提出关系模型的杰出贡献于 1981 年获图灵奖，并被誉为"关系数据库之父"。他的图灵演讲 *Relational Database：a Practical Foundation for Productivity* 阐述了关系数据库系统能极大地提高应用系统开发的生产率这一重要观点。

另一位是 James Gray。关系数据库系统之所以成为 OLTP 应用的基石，是因为它全面解决了事务处理的关键技术和软件开发。事务处理的核心概念是事务，核心技术是并发控制和数据库恢复。关系数据库给出了事务的定义和 ACID 特性，提供了对并发事务的调度控制和故障恢复，确保了数据库系统的正确运行。Gray 因在事务处理研究方面的原创性贡献，以及在系统实现技术方面的技术领袖地位于 1998 年获图灵奖。

数据库学术界在 1975 年创办了超大规模数据库（Very Large Data Bases，VLDB）国际会议，此后每年一届，该会议极大地促进了数据库技术的研究，丰富了数据库的学科内容。

14.2.3 关系数据库系统的扩展

1. 从数据库到数据仓库，从事务型应用到分析型应用

20 世纪 80 年代起关系数据库应用日益广泛和深入，在联机事务处理方面取得了巨大成功，各行各业的数据库系统中保存了大量的日常业务数据。人们为了更好地利用这些宝贵的数据资源，研究和开发了基于数据库的决策支持系统。但是由于 SQL 的分析功能有限，对大量数据进行分析处理的效率低，在操作型环境中直接构建分析型应用是一种失败的尝试，20 世纪 90 年代数据仓库（data warehouse，DW）技术应运而生。

W. H. Inmon 在其代表性著作 *Building the Data Warehouse* 一书中提出了数据仓库的概念。1993 年 Edgar. F. Codd 提出了联机分析处理（OLAP）概念及其 12 条准则。

准则 1	OLAP 模型必须提供多维概念视图	准则 7	动态的稀疏矩阵处理准则
准则 2	透明性准则	准则 8	多用户支持能力准则
准则 3	存取能力推测	准则 9	非受限的跨维操作
准则 4	稳定的报表能力	准则 10	直观的数据操纵
准则 5	客户/服务器体系结构	准则 11	灵活的报表生成
准则 6	维的等同性准则	准则 12	不受限的维与聚集层次

数据仓库系统将操作型处理和分析型处理区分开来，前端是 OLTP 数据库，是数据仓库的主要数据来源。数据源中的数据经过抽取（extracting）、清洗（cleaning）、转换（transformation）和装载（loading）存放到数据仓库中（这一过程记为 ECTL）。数据仓库中的数据按照分析处理的"主题"进行组织。数据仓库和 OLAP 服务器提供多维数据模型。

多维数据模型是数据分析时用户的数据视图，用于为分析人员提供多种观察的视角和面向分析的操作。多维数据模型可以用关系数据库管理系统或扩展的关系数据库管理系统来管理多维数据。

由于数据仓库系统仍然以关系数据库为基础，这个阶段属于第二代关系数据库系统的扩展和延续。在应用方面，从事务型应用扩展到分析型应用；在系统方面，在数据库系统基础上扩展了面向分析应用的数据仓库系统；提出了面向分析型应用中复杂查询和分析的新型数据组织，包括 cube 和列存储等技术以及 OLAP 前端分析工具。

有关数据仓库和联机分析处理的基本概念、技术和系统结构，本篇第 16 章数据仓库与联机分析处理将详细介绍。

2. 关系模型的扩展

20 世纪 80 年代数据库技术在商业领域的巨大成功带动了其他领域对数据库技术需求的迅速增长。这些新的领域既为数据库应用开辟了新天地，又提出了新的数据管理需求，给数据库技术提出了挑战。新应用的挑战主要来自多种数据类型的应用领域，关系数据库系统对这些应用显得力不从心。例如，关系数据库管理系统只支持简单有限的数据类型，不支持用户自定义

的数据类型；不支持用户自定义的运算和函数；不能清晰表示和处理复杂对象等。针对关系模型固有的弱点，人们研究了非第一范式的关系模型（NF2）、语义数据模型、面向对象数据模型、XML 数据模型、RDF 数据模型等，其中以面向对象数据模型和 XML 数据模型影响较大。

（1）**面向对象数据模型和对象关系数据模型**

面向对象数据模型将语义数据模型和面向对象程序设计方法结合起来，用对象观点来描述现实世界实体（对象）的逻辑组织、对象间限制、联系等。一系列面向对象核心概念构成了面向对象数据模型的基础。

从 20 世纪 80 年代起，国内外学术界、工业界努力探索数据库技术与对象技术的结合，沿着以下三条路线展开了面向对象数据模型和面向对象数据库系统（object-oriented database，OODB）的研究。

① 以面向对象的程序设计语言为基础，研究持久的程序设计语言，支持面向对象模型。

② 建立新的面向对象数据库系统（OODBS），支持面向对象数据模型。

③ 以关系模型和 SQL 为基础，把面向对象技术融入关系数据库系统的对象关系数据模型和对象关系数据库系统（object relational database system，ORDBS）。

回顾上述三个方向所做的研究及开发工作，可以看到它们的发展是不平衡的。

面向对象数据库管理系统对数据的操纵包括数据查询、增加、删除、修改等，也具有并发控制、故障恢复、存储管理等完整的功能，能支持非传统领域的应用，包括 CAD/CAM、CIMS、GIS 工程领域以及多媒体领域。但由于面向对象数据库管理系统的操作语言过于复杂，没有得到广大开发人员的认可，加上其企图完全替代关系数据库管理系统的市场推广思路，增加了企业系统升级的负担，客户难以接受，因此终究没有在市场上获得成功。

对象关系数据库管理系统是关系数据库管理系统与面向对象数据库管理系统的结合。它在传统关系数据库的基础上吸收了面向对象数据模型的主要思想，支持面向对象数据模型和对象管理，同时又保持了关系数据库管理系统的优势技术，成功开发了诸如 Postgre SQL（也称为 Postgres）、Illustra 等原型系统。随后各大关系数据库管理系统厂商也纷纷推出了对象关系版本，**面向对象数据库管理系统逐渐被关系数据库管理系统消化，成为 SQL 标准的一个扩展部分**。1999 年发布的 SQL 标准增加了 SQL/Object Language Binding，提供了面向对象的功能标准。SQL 99 标准对对象关系数据库管理系统标准的制定滞后于实际系统的实现，所以各个对象关系数据库管理系统产品在支持对象模型方面虽然思想一致，但是所采用的术语、语言语法、扩展的功能都不尽相同，在后来的 SQL 标准中陆续都有所增加和修改。

（2）**XML 数据模型**

随着互联网的迅速发展，XML 逐渐成为网上数据交换的标准，形成了表示半结构化数据的 XML 数据模型。

XML 数据模型由表示 XML 文档的结点标记树、结点标记树之上的操作和语义约束组成。学术界和工业界沿着以下两条路线开展 XML 数据模型和 XML 数据库系统的研究和实现：

① 研发了纯 XML 的实现方式。纯 XML 数据库基于 XML 结点树模型，能够较自然地支持

XML 数据的管理。但是，纯 XML 数据库需要解决传统关系数据库管理所面临的各项问题，包括查询优化、并发控制、事务管理、索引管理等问题。因此研究人员探索了扩展关系数据库系统来支持 XML 数据管理的路线。

② 研发了扩展的关系代数来支持 XML 数据特定的投影、选择、连接等运算，并对传统的查询和查询优化机制也加以扩展来满足新的 XML 数据操作的要求。通过关系数据库查询引擎的内部扩展，XML 数据管理能够更加有效地利用现有关系数据库成熟的查询技术。SQL 2016 标准中引入了 XML 类型，使其成为 SQL 标准的一部分。

14.2.4 大数据时代的数据库系统

20 世纪 90 年代之后，随着面向对象数据库、XML 数据库逐渐被关系数据库消化而成为 SQL 标准的一部分，数据库领域形成了"One Size Fits All"的观念，即数据库系统可以"一统天下"，解决一切数据管理问题。

随着大数据时代的迅猛而来，越来越多的网站、信息系统需要存储各种类型的海量数据，大数据给数据管理、数据处理和数据分析提出了全面挑战。数据管理技术和系统是大数据应用系统的基础，为了应对大数据应用的迫切需求，人们研究和发展了以"键值对"非关系数据模型和 MapReduce 并行编程模型为代表的众多新模型、新技术和新系统。

这也给学术界带来了冲击，传统的数据库系统是否已经过时？MapReduce 是进步还是倒退？国际上一些知名数据库专家也指责 MapReduce 是一个大退步。经过深入讨论和研究探索，数据库学术界和工业界回归到理性分析，取得了比较一致的认识。从"One Size Fits All"到"One Size Does Not Fit All"走向了"One Size Fits a Bunch"。**新一代数据库系统是多种数据模型并存，SQL 数据库系统、NoSQL 数据库系统、NewSQL 数据库系统互相借鉴，百花争艳的时代，多种数据管理系统在各自擅长的领域发挥作用。**

1. SQL 数据库系统与 NoSQL 数据库系统

关系数据库系统采用 SQL 作为统一接口，因此，关系数据库也常被简称为 SQL 数据库。NoSQL 数据库系统是指非关系模型的、分布式的、不保证(事务)满足 ACID 特性、不使用 SQL 的一类数据管理系统。

支持大数据管理的系统应具有高可扩展性(满足数据量增长的需要)、高性能(满足数据读写的实时性和查询处理的高性能)、容错性(保证分布式系统的可用性)、可伸缩性(按需分配资源)等。SQL 数据库在系统的伸缩性、容错性和可扩展性等方面难以满足大数据的柔性管理需求，NoSQL 技术则能够顺应大数据发展的需要，得以蓬勃发展。

NoSQL 有两种解释，一种是"non-relational"，即非关系数据库；另一种是"not only SQL"，即数据管理技术不仅仅是 SQL。目前第二种解释更为流行。

NoSQL 数据库系统具有如下一些特点：

① NoSQL 支持的数据模型有键值对数据模型、宽表数据模型、文档数据模型和图数据模型等不同的数据模型，为管理不同类型的数据提供了有效的数据存储服务。

② NoSQL 数据库系统一般存储非结构化的数据，不需要事先定义模式。例如，采用键值对数据模型的 NoSQL 数据库系统，用户只需要将数据划分为键和值两个部分，不需要再给出详细的结构。实际上，NoSQL 数据库系统为了处理大规模的复杂数据，将模式管理的任务转移到了客户端，由程序员在应用程序中解释数据。

③ NoSQL 数据库系统采用集群进行数据存储和数据处理，一个集群可以由成千上万台服务器组成。系统对数据进行分区（partitioning），通过大量节点的并行处理获得高性能，采用的是横向扩展（scale out）的方式。

④ NoSQL 数据库系统一般对各个数据分区进行备份（一般是三份），以应对节点可能的失败，提高系统可用性等。

⑤ NoSQL 数据库系统采用 BASE 模型，这是一种弱一致性模型（weak consistency model）。BASE 模型包含三方面内容：基本可用（basically available），指可以容忍数据短期内不可用，并不强调全天候服务；软状态或柔事务性（soft state），指状态可以有一段时间不同步，即存在异步的情况；最终一致性（eventual consistency），指最终数据一致，而不是严格的始终一致。

对于 NoSQL 数据库系统遵循 BASE 模型，需要说明两点情况：

① 由于每一个数据分区设置了多个副本，当分区中的数据进行更新时，为了保证数据的一致性，理论上要把该分区中更新的数据也实时同步到其他副本上。然而，为了保证在高可用前提下尽可能提高系统的性能，NoSQL 数据库系统牺牲了副本间数据的始终一致，采用的是弱一致性约束框架。

② NoSQL 数据库系统不支持事务机制，它仅保证同一分区的不同副本之间满足最终一致原则，但当上层应用中存在多个操作、读写多个分区中的数据，而这些操作需要封装在同一个事务中时，NoSQL 数据库系统就无法支持了。

2. NewSQL 数据库系统

NewSQL 数据库系统是融合了 NoSQL 数据库系统和 SQL 数据库系统的新型数据库系统。

针对 SQL 数据库系统扩展性弱、扩展成本高，而 NoSQL 数据库系统不支持事务的不足，NewSQL 数据库系统应运而生。NewSQL 旨在将 SQL 和 NoSQL 的优势结合起来，以规避各自的不足。NewSQL 数据库系统也由数据组织与存储、查询处理与优化、事务管理等模块组成，类似于 SQL 数据库系统；系统各模块彼此相对独立而又各自发展，继承 NoSQL 数据库系统的高可用与高可扩展性。根据大数据应用的实际需要，各模块采用松耦合的方式进行组装，构建完整的大数据管理系统。NewSQL 数据库系统支持高可用性，引入数据的多副本机制，当出现节点故障、网络分区故障等问题时，即使故障节点上的数据对外不可用，基于运行时维护的一致性数据副本，通过设计合理的分布式事务重做或回滚机制以使故障节点上的数据仍然对外提供数据服务。

综上所述，多种数据模型共存、各类技术互相借鉴和融合成为大数据时代数据管理的显著特点。我们把这些数据库系统统称为**新型数据库系统**。

这个时期，Michael Stonebraker 在"One Size Does Not Fit All"理念下进行了一系列新型数据

库系统的体系架构设计与产品开发，随后又进行了大数据管理系统的架构设计与实践。Stone-braker 也因在现代数据库系统概念和实践方面做出的奠基性贡献而在 2014 年获得图灵奖。这是数据库领域第四位图灵奖得主。

14.3 计算机技术对数据库系统发展的支撑作用

计算机硬件、软件和网络技术是数据库发展的基础。**飞速发展的计算机技术为数据库系统不断提供良好的平台和生态环境**。例如，20 世纪 70 年代以后，由于计算机网络通信的迅速发展，以及地理上分散的公司、团体和组织对数据库应用的需求，在集中式数据库系统成熟技术的基础上探索和发展了**分布式数据库系统**(distributed database system)。尽管这些系统无法满足当今互联网环境下事务高度密集和场地高度分布的应用需求，但是把数据库技术和网络技术有机结合的理念，以及在其基础上提出的分布式数据库概念和技术是值得借鉴的。

20 世纪 90 年代，随着微处理机技术和磁盘阵列技术的进步，并行计算机的发展十分迅速，出现了像 Sequent、Tandem、Teradata 和曙光机这样一些商品化的并行计算机系统。并行计算技术利用多处理机并行处理产生的规模效益来提高系统的整体性能，为数据库系统提供了一个良好的硬件平台。数据库界研究和开发了并行处理技术与数据库技术相结合的**并行数据库系统**，提高了数据库系统的性能、扩展性和可用性。

21 世纪以后，随着经济全球化进程的推进以及互联网技术的发展，新兴的数据库应用，特别是大数据应用(例如社交网络中的海量非结构化数据管理、"春运"、"双十一"、跨国信用卡消费等)驱动了新一代数据库系统的研制。新型分布式数据库、内存数据库、NoSQL 数据库、NewSQL 数据库、云原生数据库等如雨后春笋般出现，这些系统是新兴软件技术(包括大数据技术、云计算技术、区块链技术等)、硬件技术(多核处理器、大内存、高速网络等)与数据库技术的有机融合，进一步提高了系统的性能、扩展性和可用性。限于篇幅，本书只能列举几个方面来阐明计算机新技术对数据库系统发展的支撑作用。

14.3.1 高速网络与分布式数据库

21 世纪以后，随着计算机高速网络的出现以及大数据应用的发展，使得集中式数据库以及传统的分布式数据库难以管理如此庞大规模的数据、无法处理互联网上大规模用户的并发访问，研制具有高可扩展性、高性能、高可用的分布式数据库具有重要的现实意义。下面简要介绍传统分布式数据库无法管理大数据的主要原因，以及新一代分布式数据库管理大数据的主要技术。

解决大数据管理及处理的核心思想在于"分而治之"。一台机器无法解决大数据问题，可以引入足够多的机器(例如谷歌的分布式数据库可以支持百万规模的机器来协同管理数据)，通过将"大数据问题分解成小数据问题"来解决，让每台机器只管理和处理小数据，并且尽可能让每台机器在处理数据时相互独立，这样的大数据管理技术将会具有很好的可扩展性。

　　在工程实现中，将"大数据问题分解成小数据问题"是通过数据分片来进行的。最佳的数据分片是尽可能让每个节点能够独立处理用户的查询需求，避免节点间形成相互依赖以及引入的网络通信开销造成系统的不可扩展。最佳的数据分片与用户的查询负载密切相关，而用户的负载常常是变化的，因此，在实际的分布式数据库中很难做到最佳的数据分片，实现中常根据负载变化情况动态地调整数据分片。数据分片技术 20 世纪 70 年代就有，并不是数据库新技术，但确实是解决大数据管理问题最重要的技术之一。

　　然而，仅仅基于分片技术来支持大数据管理是不够的。从技术发展的背景来看，互联网企业，特别是像谷歌这样拥有大数据的企业，采用的是"平民化"技术路线，即采用由大量普通 PC 组成的集群来管理大数据。虽然每台机器计算能力有限，但规模化效应使得整个集群的管理能力相当可观。然而，这种技术路线存在一个致命的缺点，就是每台机器的可靠性有限，容易宕机。当集群中的机器数量达到一定规模时，如果还是按照传统的分布式数据库技术管理数据，则整个系统就无法正常运转了。

　　为了解决上述问题，分布式数据库在近年来不断发展，追求具备高可扩展、高可用、高性能特性的新型分布式数据库兴起。在国内，蚂蚁集团的 OceanBase、腾讯公司的 TDSQL、Ping-CAP 公司的 TiDB 等都是新型分布式数据库。新型分布式数据库的体系结构如图 14.2 所示，它在系统内引入了分布式查询引擎、分布式事务处理、融合多分片和多副本的数据管理三大模块。基于该结构，新型分布式数据库在数据组织与存取、系统可用性保障、分布式事务处理等方面进行了针对性设计与优化，保证了系统具备高可扩展、高可用、高性能特性。

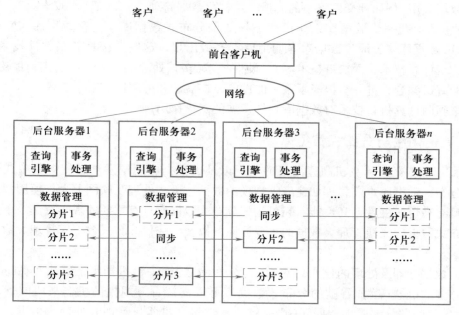

图 14.2　新型分布式数据库体系结构

1. 扩展性

为了解决可扩展性问题，在数据管理模块中，系统会对大数据进行划分（例如一张表可以按照主码的取值范围进行水平分片，将其划分为若干个分片），每个分片交由独立的后台服务器管理，每一台服务器管理一定数量的分片。为了保证节点间的负载均衡以及尽可能减少节点间处理数据的依赖，需要设计合理的数据分片以及动态数据迁移技术。需要说明的是，为了支持高可扩展性，数据的存储通常采用键值对数据模型，而不是传统数据库所采用的段页式存储模式。

数据库由数据存取、查询处理、事务管理等模块组成，为了保证整个系统的高可扩展性，首先要解决好每个模块内部的可扩展性。以事务处理为例，每个后台服务器都具备独立协调分布式事务处理的能力，即协调本机子事务与其他节点子事务的能力，这就是目前比较流行的多协调者架构（multi-coordinator 架构）下的分布式事务处理。

值得一提的是，虽然集中式数据库可以通过扩展硬件资源来提升数据管理能力，但其提升的成本要比分布式数据库增加后台服务器的成本高得多。这也是互联网企业探索研制新型分布式数据库（通过扩展计算节点）来提升数据管理能力的主要原因。

2. 可用性

为了解决节点故障所带来的系统不可用问题，新型分布式数据库利用数据管理模块提供的多副本特性使得系统具备高可用性。对于系统高可用的要求，新型分布式数据库中的每一个数据分片都配备了多个副本。事务执行完毕后会通过共识协议（如 Raft、Paxos 等）将最新的数据同步到其他副本中。这样就保证了在某个数据节点宕机时，系统仍可以通过数据副本继续提供服务。此时，共识协议会从剩余的副本中选出一个拥有全量数据的副本，将其作为主副本对外提供数据的存取服务，达到系统的高可用。

目前，新一代分布式数据库主要包括国外的 Spanner、CockroachDB、YugabyteDB，以及国内的 OceanBase、TiDB、TDSQL 等。

14.3.2　新硬件与内存数据库

传统的数据库以磁盘为主要存储设备，数据库的基础数据，如数据字典、表、索引、临时文件等都存储在磁盘中。数据存储结构面向磁盘存储结构而设计，数据库的查询优化技术以提高磁盘数据的 I/O 访问性能为中心。在磁盘数据库中，磁盘 I/O 是最主要的性能瓶颈，缓冲区管理（buffer management）是提高查询处理性能的重要技术，通过缓冲区管理优化技术提高频繁访问数据在缓冲区中的命中率，降低 I/O 延迟。

近年来，随着内存容量的上升和单位价格的下降，使大量数据在内存中的存储和处理成为可能。以多核处理器（multi-core processor）、大内存为代表的新型内存计算（in-memory computing）架构逐渐成为主流的高性能计算平台。内存容量从 GB 级扩展到 TB 级，尤其是新兴的非易失性存储器（non-volatile memory，NVM）使内存同时具备了大容量、低成本、高性能和持久存储的特性。内存从传统磁盘数据库中临时数据的缓冲区升级为数据库的主存储设备，能够将数据库的全部或大部分数据存储到内存进行数据管理，消除了传统磁盘数据库的磁盘 I/O 访问瓶颈。

内存数据库（in-memory database，IMDB）是系统将内存作为主存储设备的数据库系统。 内存数据库有时也被称为主存数据库（main-memory database）等，其数据组织、存储访问模型和查询处理模型都是针对内存特性而优化设计，磁盘只是作为后备存储设备使用，并不作为系统优化设计的重点。

与磁盘数据库相对，内存数据库的数据文件，如表、索引、临时文件等全部驻留于内存，其数据文件的组织采用面向内存访问特点而优化的数据结构，与磁盘数据库基于 I/O 优化的 page-slot 结构有较大的差异。由于内存数据库默认数据驻留于内存，因此不需要磁盘数据库的缓冲区管理机制，数据库管理系统程序直接访问内存数据结构，能够更加有效地提高数据访问效率。内存数据库的查询优化技术以内存数据访问、Cache 优化、多核并行优化等为核心。

内存数据库正成为当前数据库的主流技术之一，在高性能事务处理和高性能分析处理领域发挥着重要的作用。限于篇幅，本小节不对内存数据库做过多技术上的介绍，感兴趣的读者可以参考本书第 17 章内容。

14.3.3　人工智能与数据库技术

大数据时代，面对不断膨胀的数据信息、复杂多样的应用场景、异构的硬件架构和参差不齐的用户使用水平，传统数据库技术很难适应这些新的场景和变化。机器学习技术具有从历史经验中学习的能力，**面向数据库的人工智能技术**（AI for DB，简称 AI4DB）逐渐在数据库领域展现潜力和应用前景。例如：

① 基于学习的数据库参数配置。数据库系统有数百个参数，需要数据库管理员根据经验调整以适应不同情况，这种方式显然很难扩展到云数据库数百万个数据库实例的场景。因此，人们开始尝试基于机器学习的技术来自动调整参数，探索更多参数组合空间，推荐优化的参数值，从而获得比数据库管理员更高质量的参数配置。

② 基于学习的数据库查询优化。数据库查询优化器基于代价来选择优化的查询执行计划，而代价估算需要计算各种操作的执行代价，它需要数据库中数据的各种基数的统计信息，如一个表的行数、长度、列数；对每个列，列中不同值的分布，该列最大值和最小值，该列上是否有索引、是哪种索引、索引的参数，等等。关系代数中各个操作算子的基数估计常常基于很多的假设，例如属性之间相互独立的假设，这些假设常常无法在复杂的大数据应用场景中得到满足，导致优化器很难捕获众多基数的变化，因此无法获得高质量优化计划。近年来，研究人员提出了一种基于深度神经网络来捕获基数变化的方法，从而使代价计算更准确。此外，很多学者也探索了基于机器学习的连接顺序选择与端到端的查询优化器设计。

③ 基于学习的数据库安全性。传统的数据库安全性技术（如数据审计）依赖于用户定义的规则，这使得它无法自动检测未知的安全性漏洞。因此，人们提出了基于人工智能算法来发现敏感数据、检测异常、进行访问控制，并避免 SQL 注入。具体包括：敏感数据发现，即使用

机器学习自动识别敏感数据；异常检测，即监视数据库活动并检测漏洞；访问控制，即通过自动估计不同的数据访问操作来避免数据泄漏；深度学习，以挖掘用户行为并识别 SQL 注入攻击，等等。

也有的专家预言 AI4DB 可能发展成为**联机机器学习处理（online machine learning processing，OLMP）应用**，并且成为和联机事务处理与联机分析处理应用一样广泛而重要的数据库应用领域。

14.4 数据库发展展望

大数据时代数据库技术、更广义的数据管理和数据处理技术遇到了前所未有的挑战，也迎来了新的发展机遇。本节从多数据模型并存、新硬件驱动、云原生数据库、支持混合事务分析处理型应用和面向人工智能的数据管理技术 5 个方面简要展望大数据时代数据库的发展趋势。

14.4.1 多数据模型并存

进入大数据时代，大数据应用的鲜明特征之一就是数据的多样性，既有结构化的关系数据、图数据、轨迹数据，也有非结构化的文本数据、图片数据，甚至是视频数据等。数据库管理系统的概念和技术正在扩展，形成大数据管理系统。该系统的一个基本要求是能够支持结构化、半结构化、非结构化等多种数据类型的组织、存储和管理，形成以量质相融合的知识管理中心，并以此提供面向知识服务的快速应用开发接口。

纵观现有的大数据管理系统，特别是以 NoSQL 数据库为主的大数据管理系统，走的是一种数据模型解决一类数据的道路。虽然也符合"One Size Fits a Bunch"的设计理念，但应用的要求仍然希望这里的"Bunch"尽可能地接近"All"。具体来说，图数据库支撑的是类似于社交网络、知识图谱、语义网等强关联数据的管理；关系数据库支撑的是人、财、物等需要精细数据管理的应用；键值对数据库适合非结构化或宽表这类无须定义的数据模式或模式高度变化的数据管理。在新型大数据应用背景下，把多种类型的数据用同一个大数据管理系统组织、存储和管理起来，并提供统一的访问接口，这似乎是大数据管理系统的一条必经之路。多数据模型并存下的数据管理存在很多技术挑战，具体包括以下几个方面：

① 数据如何建模？关系数据库具有严格的关系数据理论，并从降低数据冗余度和数据异常两个维度辅助数据建模。而在新的数据模型下，甚至是多数据模型下，如何进行数据建模是一个值得探索的课题。

② 数据的访问提供统一的用户接口。多模型数据之间如何交互协同以及提供与存储层和计算层的统一交互接口。

③ 对多数据模型混合的数据处理提供执行优化，通过统一的资源管理优化任务调度，通过性能预估优化计算和通信等。

14.4.2 新硬件驱动

在处理器方面，多核、众核等技术的发展和普及，给事务处理技术带来了重大的机遇和挑战。CPU 核数的增加，可以使数据库具备更强的对外数据服务能力，即允许对应用提供更大的连接数。这个结论对于查询引擎和存储系统可能是正确的，但对于事务处理却不一定正确。随着千核 CPU 的出现，数千个 CPU 核可以并发执行事务，这直接导致了并发事务数量的增加，使系统需要对大量事务进行并发控制。随着并发事务间的冲突操作量增大，对其协调开销也会增加（可能会造成巨大的死锁检测和事务回滚开销），并发控制变得尤为困难，并且 CPU 核数的增多也会削弱事务吞吐量的提升。最新研究表明，现有的并发控制算法均不能充分发挥 CPU 核数增多带来的性能优势。数据库系统需要对 CPU 这类硬件进行针对性的系统设计与优化。

高速网络（例如无限带宽 InfiniBand）以及可基于高速网络的远程直接存储器访问技术（remote direct memory access，RDMA）的出现，给分布式数据库系统架构的设计优化带来了机遇。利用 RDMA 技术，源节点可以直接访问目标主机内存中的数据，而不需要经过昂贵的 TCP/IP 协议中相邻层之间的数据复制和校验开销，也不需要目标主机 CPU 参与计算。此外，新型 InfiniBand 网络的延时和带宽已接近内存。因此，利用高速网络和 RDMA 技术，传统 share-nothing 架构的分布式数据库可以转为 share-memory 架构的分布式数据库和存算分离架构的云数据库。目前的研究表明，在快照隔离级别下分布式事务处理技术可以实现线性可扩展，但可串行化级别下尚未有研究表明分布式事务处理技术可以实现线性可扩展。目前，在数据中心内部，基于 RDMA 技术的分布式数据库系统已经在探索，但跨数据中心基于 RDMA 技术的分布式数据库系统研究仍是空白。

14.4.3 云原生数据库

数据库云服务主要是将传统数据库部署到云基础设施（虚拟机）上，数据库的部署、运维等由云服务提供商完成，用户可以更多地关注数据库逻辑结构设计、物理结构设计以及应用开发。这是云数据库发展的第一阶段。**云数据库发展的第二阶段就是云原生数据库**，这也是云数据库目前的发展方向。不像数据库云服务只是将传统数据库部署在云计算平台上作为一种服务，云原生数据库的目标是充分利用云计算中资源池化的能力，根据应用的特点，弹性伸缩数据库系统管理的能力。因此，云原生数据库首先要对系统进行解耦，这一点类似于 NewSQL 数据库。通过将系统解耦，当出现计算密集型应用时（例如"双十一""春运"中出现的爆发式并发访问），可以通过云计算的资源池化能力扩展查询引擎以及事务管理子系统中的节点数量，以快速提升数据库系统的对外服务能力；当出现数据密集型应用时（需要管理流数据等应用），可以通过云计算的资源池化能力扩展存储节点数量，以快速提升数据库系统的存储能力。需要注意的是，由于存储价格和计算价格的不对称（通常存储价格要低得多），通过扩展存储节点数量来提升云数据库的存储能力，其成本要低得多。

14.4.4　支持混合事务分析处理型应用

在同一个系统中，基于同一套 SQL 标准，在同一份数据上同时支持事务型应用和分析型应用，是目前学术界和工业界研究的热点之一，也是数据库系统重要的发展方向之一。以往，如果要对事务型(OLTP)数据库中的数据进行复杂分析(分析型应用)，一般的处理方法是：利用 ECTL 技术定期地把数据从 OLTP 数据库中导出到数据仓库中，之后再进行分析。这种做法的缺点在于导出数据需要占用大量的时间，而且在这个过程中可能有大量新数据产生或大量数据已被更新而成为旧数据，降低了数据分析的实时性。随着越来越多的数据分析应用对数据实时性的要求越来越高，事务型处理和分析型处理之间的界限开始逐渐变得模糊，混合事务分析处理系统应运而生。此类系统设计的难点在于：在同一个系统中，如何让分析型应用(通常是面向一个长事务)不影响事务型应用，同时还要保证分析型应用读取的数据是最新的和正确的。目前，学术界和工业界都在积极探索之中，有的面向 NewSQL 数据库，有的基于云原生数据库，有的则基于传统的集中式数据库。

14.4.5　面向人工智能的数据管理技术

面向人工智能的数据管理技术(简称 DB4AI 技术)在近些年也得到了广泛的关注。一方面，现有人工智能技术面临使用门槛高、算法训练效率低、强依赖高质量数据等挑战。另一方面，数据库管理系统经过 60 余年的发展，积累了很多成熟的数据查询和数据管理技术，通过借鉴这些数据管理技术可以有效地解决上面的难题。

当前面向人工智能的数据管理技术研究主要有：面向人工智能的声明性语言、人工智能算法优化引擎、人工智能异构执行引擎和面向人工智能的数据治理引擎等。声明式语言(类 SQL)可以降低人工智能使用门槛；数据库优化技术(如索引技术、查询计划选择、视图缓存等)可以提升训练速度，提高资源利用率；数据治理技术可以提升数据质量，提升人工智能训练质量。

本 章 小 结

从数据库发展的历程中，我们可以感悟到以下几点：

① **应用驱动技术创新**，应用需求是数据库产生和不断发展的原动力。要从不断涌现的应用需求中提炼和发展数据管理新技术、新理论，为用户提供更强大、更方便的服务。简言之，**数据库技术从应用中来，到应用中去**。

② **数据建模**是数据库对数据进行抽象的有力武器，数据模型是数据库发展的主线。

③ **数据库系统的三级模式的分层架构**使数据库系统具有稳定性和独立性，这是研制和开发大型软件系统的优良结构。

④ 数据库管理系统的数据存取、事务管理、查询优化到语言处理等各个模块结构科学合

理，积累了许多宝贵的技术和方法。应用的多样性驱动数据库技术与新硬件、云计算、人工智能、区块链等新技术的有机融合，有效解决数据库系统弹性扩容、高可用、高性能等问题。其中**每个模块各自独立发展，模块与模块之间通过解耦与重构成为当今大数据管理系统的重要构件。**

习　题　14

1. 请描述数据库发展每一阶段的代表性事件、代表人物和典型系统。
2. **科学给我们知识，历史给我们智慧**①。你通过学习数据库技术获得了哪些（对你个人而言）最重要、最有用的知识？通过学习数据库发展历史有哪些感悟和体会，获得了哪些智慧？
3. 什么是 SQL、NoSQL 与 NewSQL？这三者之间有什么联系和区别？
4. 什么是混合事务分析处理，它与传统的面向事务型的应用系统和面向分析型的应用系统有什么区别？
5. 什么是云数据库？云数据库发展的两个阶段有什么区别？
6. 请谈一谈新一代分布式数据库与传统分布式数据库的联系与区别。
7. 请谈一谈新硬件对数据库技术发展的作用，可以举 1~2 个例子进行说明。

参考文献 14

［1］杜小勇，卢卫，张峰. 大数据管理系统的历史、现状与未来［J］. 软件学报，2019，30（01）：127-141.

［2］崔斌，高军，童咏昕，等. 新型数据管理系统研究进展与趋势［J］. 软件学报，2019，30（01）：164-193.

［3］ABADI D, AILAMAKI A, ANDERSEN D G, et al. **The seattle report on database research［J］. SIGMOD Record, 2019,** 48（4）：44-53.

［4］萨师煊，王珊. 数据库系统概论［M］. 3 版. 北京：高等教育出版社，2000.

为了反映数据库技术的发展，《数据库系统概论》第 3 版增加了新技术篇，包括第 12 章数据库技术新发展、第 13 章面向对象数据库系统、第 14 章分布式数据库系统和第 15 章并行数据库系统。

［5］萨师煊，王珊. 数据库系统概论［M］. 4 版. 北京：高等教育出版社，2006.

《数据库系统概论》第 4 版更新了新技术篇的内容和章节，包括第 13 章数据库技术新发展、第 14 章分布式数据库系统、第 15 章对象关系数据库系统、第 16 章 XML 数据库和第 17 章数据仓库与联机分析处理技术。

［6］萨师煊，王珊. 数据库系统概论［M］. 5 版. 北京：高等教育出版社，2014.

《数据库系统概论》第 5 版更新了新技术篇的内容和章节，包括第 13 章数据库技术发展概述、第 14 章大数据管理、第 15 章内存数据库系统和第 16 章数据仓库与联机分析处理技术。

［7］BINNIG C, CROTTY A, GALAKATOS A, et al. The end of slow networks：it's time for a redesign ［C］. Proceedings of the VLDB Endowment. 2016，9（7）：528-539.

---

① 化学家傅鹰的名言。

［8］CORBETT J C, DEAN J, EPSTEIN M, et al. Spanner：Google's globally distributed database［J］. ACM Transactions on Computer Systems, 2013, 31(3)：1-22.

［9］TAFT R, SHARIF I, MATEI A, et al. CockroachDB：the resilient geo-distributed SQL database［C］. Proceedings of the 2020 ACM SIGMOD International Conference on Management of Data, 2020：1493-1509.

［10］HUANG D X, LIU Q, CUI Q, et al. TiDB：a raft-based HTAP database［C］. Proceedings of VLDB Endowment. 2020, 13(12)：3072-3084.

［11］柴茗珂, 范举, 杜小勇. 学习式数据库系统：挑战与机遇［J］. 软件学报, 2020, 31(03)：806-830.

［12］LIU T Y, FAN J, LUO Y Q, et al. Adaptive data augmentation for supervised learning over missing data［J］. Proceedings of the VLDB Endowment, 2021, 14(7)：1202-1214.

第 15 章　　大数据管理系统

伴随着数字经济的兴起，数据已经渗透到每一个行业和业务领域，成为重要的生产要素。企业与政府机构的数字化转型是时代发展的趋势，大数据已成为当今科技界、企业界和各国政府关注的热点[1,2][11~16]。以人工智能技术为代表，人们对于大数据的挖掘和运用，预示着新一波生产力增长和科技发展浪潮的到来。

科技界和工业界在研究大数据理论和技术、开发大数据系统，企业、政府、各行各业都在努力应用大数据。大数据正在孕育新的学科——数据科学。大数据正在创造价值，形成新的产业，展现出无穷的变化和广阔的前景。

本章介绍什么是大数据、大数据的特征以及大数据管理系统，着重从数据管理的角度来讨论这些系统和技术。近年来，由于大数据管理的相关理论、技术和系统都在快速地进步和发展，本章介绍的内容也将随着时间的推移不断更新。

15.1　大数据概述

15.1.1　什么是大数据

什么是大数据？大数据和数据库领域的超大规模数据库（VLDB）、海量数据（massive data）有什么不同呢？

"超大规模数据库"这个词是 20 世纪 70 年代中期出现的，在数据库领域一直享有盛誉的 VLDB 国际会议就是 1975 年开始举办的，当时数据库中管理的数据集有数百万条记录就是超大规模了。"海量数据"则是 21 世纪初出现的新词，用来描述更大的数据集以及更加丰富的数据类型。2008 年 9 月《自然》杂志出版专刊 *Big Data：Science in the Petabyte Era*，"大数据"这个词开始被广泛传播。上述这些词都表示**需要管理的数据规模很大，相对于当时的计算机存储和处理技术水平而言遇到了技术挑战**，需要研究和发展更加先进的技术才能有效地存储、管理和处理它们。

面对"超大规模"数据，人们研究了数据库管理系统的高效实现技术，包括系统的三级模式体系架构，数据与应用分离（即数据独立性）的思想（增加了数据库管理系统的适应性和应用的稳定性），关系数据库的结构化查询语言 SQL、查询优化技术、事务处理（主要包括并发控制与故障恢复）技术等；创建了关系数据理论，奠定了关系数据库坚实的理论基础。同时，数据库技术在商业上也取得了巨大成功，引领了上百亿美元的产业，有力地促进了以联机事务处理和联机分析处理为标志的商务管理与商务智能应用的发展。这些技术精华和成功经验为今天大数据管理和分析奠定了基础。

为了应对"海量数据"的挑战，人们研究了各种半结构化数据和非结构化数据的数据模型，以及对它们的有效管理、多源数据的集成问题等。因此，大数据并不是当前时代所独有的特征，而是伴随着社会发展和科技水平的提高而不断发展演化的。

当前，人们从不同的角度在诠释大数据的内涵。关于大数据的一个定义是：一般意义上，大数据是指无法在可容忍的时间内，用现有的信息技术和软硬件工具对其进行感知、获取、管理、处理和服务的数据集合。

还有一些专家给出的定义是[3]：大数据通常被认为是 PB（1 024 TB）或 EB（1 EB = 1 024×1 024 TB）或更高数量级的数据，包括结构化的、半结构化的和非结构化的数据。其规模或复杂程度超出了传统数据库和软件技术所能管理和处理的数据集范围。

也有一些专家按大数据的应用类型，将大数据分为海量事务处理数据（企业联机事务处理应用）、海量交互数据（社交网络、传感器、GPS、Web 信息）和海量分析处理数据（企业联机分析处理应用）。

海量事务处理数据的应用特点是：数据海量，读写操作比较简单；访问和更新频繁，一次处理的数据量不大，但要求支持事务的 ACID 特性；对数据的完整性和安全性要求高，必须保证强一致性。

海量交互数据的应用特点是：实时交互性强，但不要求支持事务特性；数据的典型特点是类型多样异构、不完备、噪声大、数据增长快，不要求具有强一致性。

海量分析处理数据的应用特点是：面向海量数据分析，计算复杂，往往涉及多次迭代才能完成；追求数据分析的高效率，但不要求支持事务特性；一般采用并行与分布式处理框架实现。数据的特点是同构性（如关系数据、文本数据或列模式数据）和较好的稳定性（不存在频繁的更新操作）。

15. 1. 2　大数据的特征

大数据不仅仅是量"大"，它具有许多重要的特征，人们将其归纳为若干个 V，即 volume、variety、velocity、value。大数据的这些特征给我们带来了巨大的挑战[4]。

1. 数据量（volume）大

大数据的首要特征是数据量巨大，而且是持续、急剧地膨胀。很多研究机构估算，2020 年全球数据总量已经超过了 40 ZB。

大规模数据的几个主要来源包括：

① 科学研究(天文学、生物学、高能物理等)、计算机仿真领域。例如,大型强子对撞机每年积累的新数据量为 15 PB 左右。

② 互联网应用、电子商务领域、自媒体网站。根据 2020 年微博用户发展报告,新浪微博的最高日活跃用户数达到 2.24 亿,这些用户每天产生的自媒体信息总量达到 10 TB 规模。又如,沃尔玛(Walmart)公司每天通过数千商店向全球客户销售数亿件商品,为了对这些数据进行分析,沃尔玛公司数据仓库系统的数据规模达到 4 PB,并且在不断扩大。

③ 传感器数据(sensor data)。分布在不同地理位置上的传感器对所处环境进行感知,不断生成数据。即便对这些数据进行过滤,仅保留部分有效数据,长时间累积的数据量也是惊人的。

④ 网站点击流数据(click stream data)。为了进行有效的市场营销和推广,用户在网上的每次点击及其时间都被商家记录下来。利用这些数据,服务提供商可以对用户行为模式进行深入的分析,从而提供更加具有针对性的个性化服务。

⑤ 移动设备数据(mobile device data)。通过移动电子设备,包括移动电话和掌上电脑(PDA)、导航设备等,可以获得设备和人员的位置、移动轨迹、用户行为等信息。对这些信息进行及时分析可以帮助我们进行有效的决策,比如交通监控和疏导。

⑥ 射频识别数据(RFID data)。射频识别技术可以嵌入产品,实现物体的跟踪,在其广泛应用的过程中会产生大量的数据。

⑦ 传统的数据库和数据仓库所管理的结构化数据。这一类数据的数据量也在急速增长。

总之,无论是科学研究还是商业应用,无论是企业部门还是个人,时时处处都在产生数据。几十年来,管理大规模且迅速增长的数据一直是极具挑战性的问题。目前数据增长的速度已经超过了计算资源增长的速度,这就需要设计新的计算机软硬件,设计新硬件下的存储子系统。而存储子系统的改变将影响数据管理和数据处理的各个方面,包括数据分布、数据复制、负载平衡、查询算法、查询调度、一致性控制、并发控制和恢复方法等。

2. 类型多样性(variety)

数据的多样性是指数据类型多样,因此数据表示和语义解释也多种多样。现在,越来越多的应用使用和产生的数据类型不再是纯粹的关系数据,更多的是非结构化、半结构化的数据,如文本、网络(图)、图形、图像、音频、视频、网页、推特(tweet)和博客(blog)等。现代互联网应用呈现出非结构化数据大幅增长的特点。

对异构海量数据的组织、建模、分析、检索和管理是基础性的挑战。例如,图像和视频数据虽具有存储和播放结构,但这种结构不适合进行上下文语义分析和搜索。对非结构化数据的分析在许多应用中成为一个显著的瓶颈。传统的数据分析算法在处理结构化数据时,功能和效率方面都比较成熟,是否可以将各种类型的数据内容转化为有结构的格式以进一步采用结构化的方式分析呢?此外,考虑到当今大多数数据是直接以数字格式生成的,是否可以干预数据的产生过程,以便日后的数据分析?在数据分析之前还要对数据进行清洗和纠错,对缺失和错误数据进行处理等。因此,针对半结构化、非结构化数据的表示、存取和分析技术需要大量的基础研究。

3. 变化快(velocity)

大数据的第三个特点是数据变化快，一方面指数据到达的速度很快，另一方面指有些场景需要数据进行处理的时间很短，或者要求响应速度很快，即实时响应。例如，Facebook 数据产生速度非常快，每天增加的数据超过 500 TB，可分享的条目达 25 亿条。"双十一""618"等购物节是中国特有的现象级应用，其中"双十一"的订单数量和交易金额逐年上升，2020 年"双十一"的订单量创建峰值达到 58.3 万笔每秒，总交易金额达到 4 982 亿元。

许多大数据往往以数据流的形式动态、快速地产生和演变，具有很强的时效性。流数据来得快，对流数据的采集、过滤、存储和利用，需要充分考虑和掌控其快变性；加上要处理的数据集很大，数据分析和处理的时间也将很长。而在实际应用需求中，常常要求立即得到分析结果。例如，在进行信用卡交易时，如果怀疑该信用卡涉嫌欺诈，则应在交易完成之前做出判断，以防止非法交易的产生。这就要求系统具有极强的处理能力和有效的处理策略，可以事先对历史交易数据进行分析和预计算，再结合新数据进行少量的增量计算便可迅速做出判断。对于大数据上的实时分析处理，需要借鉴传统数据库中非常成功的查询优化技术，包括针对不同应用和不同数据内容的索引技术。

4. 蕴含价值(value)

大数据的价值是潜在的、巨大的。大数据不仅具有经济价值和产业价值，而且具有科学价值。这是大数据最重要的特点，也是大数据的魅力所在。

2012 年 3 月美国政府即启动"大数据研究和发展计划"，这是继 1993 年美国宣布"信息高速公路"计划后的又一次重大科技发展部署。2012 年 5 月英国政府注资建立了世界上第一个大数据研究所。同年，日本也出台计划重点关注大数据领域的研究。在我国，2012 年 10 月中国计算机学会成立了 CCF 大数据专家委员会，科学技术部 2013 年启动了 973、863 大数据研究项目，以及后来的"云计算与大数据"重点研发专项。2015 年国务院发布《促进大数据发展行动纲要》，首次提出"国家大数据战略"，旨在全面推进我国大数据发展和应用，加快建设数据强国，将大数据战略上升为国家战略。2017 年开始实施《大数据产业发展规划（2016—2020年）》。2021 年工业和信息化部发布《"十四五"大数据产业发展规划》，描绘了"十四五"期间大数据产业发展的具体蓝图。从某种意义上，一个国家拥有数据的规模和运用数据的能力已成为综合国力的重要组成部分，对数据的占有和控制也成为国与国之间、企业与企业之间新的争夺焦点。

大数据价值的潜在性是指数据蕴含的巨大价值只有通过对大数据以及数据之间蕴含的联系进行复杂的分析、反复深入的挖掘才能获得。而大数据自身存在的规模巨大、异构多样、快变复杂、安全隐私等问题，以及数据孤岛、信息私有、缺乏共享的客观现实都阻碍了数据价值的创造。其巨大潜力和目标实现之间还存在着巨大的鸿沟。

近年来，大数据的经济价值和产业价值已经明显地显现出来。一些掌握大数据的互联网公司基于数据采集、数据分析和数据挖掘等技术，帮助企业为客户提供更优良的个性化服务，降低营销成本，提高生产效率，增加利润。大数据分析帮助企业优化管理，调整内部机构，提高服务质量。大数据是未来产业竞争的核心支撑。大数据价值的实现需要通过数据共享、交叉复用才能获得。因此，随着数据成为生产要素，大数据也将会如基础设施一样，有数据提供方、使用方、管理者和监管者等，成为一个大产业。

我国研究者 2012 年就已提出要把数据本身作为研究对象，关注数据科学的研究，研究大数据的科学共性问题[5]。数据科学是以大数据为研究对象，横跨信息科学、社会科学、网络科学、系统科学、心理学、经济学等诸多领域的新兴交叉学科。其学科交叉的特点非常鲜明。

大数据可以用于科学研究。2007 年 1 月，James Gray 在加州山景城召开的 NRC-CSTB 上的演讲中提出将人类科学研究分为 4 类范式：以记录和描述自然现象为主的实验科学（第一范式），以模型和归纳为特征的理论科学（第二范式），以模拟仿真为特征的计算科学（第三范式），以及从计算科学中把数据密集型科学区分出来的数据密集型科学发现（第四范式）。James Gray 认为，对于科学研究，科研人员只需从大量数据中查找和挖掘所需要的信息和知识，无须直接面对所研究的物理对象。例如，在天文学领域，天文学家的工作方式发生了大幅度转变。以前，天文学家的主要工作是进行太空拍照。如今，所有照片都已存放在数据库中，天文学家的任务变为从数据库的海量数据中发现有趣的物体或现象。科学研究的第四范式将不仅是研究方式的转变，也是人们思维方式的大变化[3]。

关于大数据的特征，IBM 还提出了另一个 V，即 veracity，称为真实性，旨在针对大数据包含的噪声、数据缺失、数据不确定等问题强调数据质量的重要性，以及保证数据质量所面临的巨大挑战。

15.2 大数据管理系统

大数据的价值要得到发挥，首要条件是能够被有效管理起来，也就是要解决多类型数据的存取问题：将业务系统产生的具有 4 V 特性的大数据及时地存储到系统中，以及高效读取到具有访问权限的业务系统所需要的数据，这就是大数据管理系统的任务。

大数据概念被广泛认可之前，在数据管理的层面上，人们主要关注关系数据库系统，也是本书之前章节主要介绍的内容。也曾有一些观点认为，传统关系数据库能够解决大部分数据管理问题，但这种观点在面临大数据时代的数据管理任务时就已不再成立了。

数据模型是数据管理系统的基础，它与被管理的数据类型密切相关。大数据的多样性带来了不同类型的数据，不同类型的数据有不同的访问接口，导致了不同的数据模型需求。为此，在大数据背景下，人们针对不同类型的数据设计并开发了不同类型的大数据管理系统。如前所述，这些扩展出来的数据类型已经超出了传统数据库所擅长管理的关系模型的数据。本章结合几类最为常见的数据类型：键值对数据、文档数据、图数据及时序数据，分别介绍它们对应的数据管理系统——大数据管理系统。需要特别说明的是，对于文本、图像、音视频等非结构化数据，我们统一按文档数据类型来抽象，由文档数据库管理。尽管也有一些专门针对多媒体数据管理的数据库，限于篇幅，不对这类数据库展开介绍。

在介绍不同类型的大数据管理系统之前，先简单探讨一下新型大数据管理系统与传统的关系数据库系统的差别，以更好地说明大数据管理系统的特点。

① 大数据管理系统通常是部署在多个节点上的分布式数据管理系统，这是为了能够管理超大规模数据而设计的一类分布式系统。传统的关系数据库虽然也有分布式数据库系统，但主要是单机模式，很少分布在大规模的集群上（近年来吸收了大数据管理系统的特点而有所改进），而大数据管理系统在设计时必须注重系统的可伸缩性（弹性或者可扩展性）。大数据管理系统普遍采用存算分离的松散耦合架构，使得这类系统更容易实现在云上的弹性伸缩。

② 大数据管理系统更强调开源以及采用开放的架构体系。传统关系数据库厂商通常自成体系，因为市场已经成熟甚至形成垄断，所以不愿意走开源开放的技术路线。大数据管理系统则不同，其需求多从互联网公司发起，因此大数据管理系统的设计者更多来自大型互联网公司，他们有高度的开源文化，愿意采用开放的架构来构建系统。这也使得大数据管理系统能够吸引众多爱好者的参与，在大数据发展的十年间得到了快速发展。

③ 大数据管理系统通常会降低数据质量上的要求。与关系数据不同，大数据通常存在很多数据质量问题，是带有噪声的数据。传统的关系数据库通过数据完整性约束条件的检查与控制机制，在破坏数据库完整性的操作发生时，通过拒绝或报警等方式保护数据库不受侵害。因此，传统的关系数据库的数据质量较高。但是，对于大数据管理系统，数据缺失以及矛盾数据、不完整数据的存在是常态，常需容忍一定的数据质量问题。

15.2.1 键值对数据库

键值对数据模型是一种常用的数据模型，指的是每一个数据项由一对信息构成，分别为键和值。键值对数据模型简洁，适应性非常强，可以按照键值对的方式直接使用，也可以组合为更复杂的数据模型。键值对数据库系统由于简单、高效、扩展性强等优点，在很多大数据应用中使用。

1. 键值对数据模型

键值对数据的基本形态是<key,value>，其中 key 是键，用于标识，一般在系统中不可重复，在键值对数据库中会按照键组织索引，以便加速查找；value 是值，值与键一一对应，其信息量大小非常灵活，少则几个字节，多则上千字节，甚至更大。键与值的数据类型也没有限制，但字符串类型居多。

例如，在对学生的基本信息（学号，姓名，性别，出生日期，籍贯，入学成绩）进行管理时，可以使用键值对数据模型，如表 15.1 所示。

表 15.1 使用键值对数据模型管理学生信息

key(数字类型)	value(字符串类型)
2021001	张三，男，2000 年 2 月 20 日，广西，668
2021002	李四，女，2001 年 5 月 18 日，广东，666
2021003	王五，男，2000 年 1 月 22 日，广西，665
2021004	赵六，男，2000 年 8 月 6 日，广东，667
……	……

用户通常使用的键值对数据模型的访问接口如表 15.2 所示。

表 15.2 键值对数据模型的访问接口

访问接口	解释
GET(key)	获取 key 对应的值并返回；或者返回一个值，表示不存在 key 对应的值
SET(key,value)	写入键值对<key,value>。有些系统会细分为插入新值的接口 insert 和更新旧值的接口 update 两种
SCAN(key,count)	范围查询，从 key 开始，返回连续 count 个键值对
SCAN(key1,key2)	范围查询，从 key1 开始，返回 key1 和 key2 之间的所有键值对
DELETE(key)	删除 key 对应的键值对

此外，除了采用以上最基本的方式使用键值对数据之外，还可以用键值对表示其他各种数据模型，如文档数据模型、关系数据模型、图数据模型等。文档数据模型用键值对表示时，其中 value 的部分常用 JSON 数据形式(详见 15.2.2 小节)。关系数据模型经常会把一个元组映射为一个键值对，键由数据库名、表名、元组 ID、时间戳(或版本号)等信息组成，值包括整个元组各个列的信息。例如，TiDB、TDSQL 等新型分布式数据库就是采用这种映射方法把关系数据映射为键值对数据，然后存储在底层的分布式键值系统中。图数据映射为键值对数据更为复杂一些，一般图中的每一个顶点、每一条边都通过一定的规则映射为一个键值对。

2. 典型键值对数据库系统

键值对数据库的核心是索引结构，即如何组织键值对数据。不同索引结构的键值对数据库适用的应用场景不同，支持的数据操作不同，系统性能特征也不同。按照常见的索引方式，**键值对数据库可以分为基于哈希索引和基于有序索引两大类型**。

哈希索引即利用哈希表作为索引结构，每个键通过哈希函数的计算，可以以 $O(1)$ 的时间复杂度快速定位到值或其存储位置，查找和更新都非常迅速。但其缺点是只能支持点查询(如 GET)，不支持范围查询(如 RANGE SCAN)。因此，如果上层应用不需要支持范围查询，则基于哈希索引的键值对数据库是很好的选择。例如，Memcached 和 Redis 等开源系统一般用作数据库系统、Web 服务器的缓冲系统，只需要数据插入、更新和单个键的查询操作，不需要进行范围查询。

　　有序索引指所有键按照一定的顺序排列，这样便于查找，尤其是能够支持快速的范围查询操作。有序索引的类型很多，大部分是各种树形结构，例如 B 树、$B+$树、前缀树、日志结构合并树（log-structured merge-tree，LSM-tree）等；也有一些是树形结构的变种，如跳表（skip list）。基于有序索引的键值对数据库具有更加丰富的功能，适应更多类型的应用，可以作为数据库的存储层。例如，Facebook 的数据库就构建于自己开发的 MyRocks 存储引擎基础之上，MyRocks[6]的核心结构是基于 LSM-tree 的键值对存储系统，其性能和空间利用率优于传统数据库系统；很多现代分布式数据库产品也都采用 RocksDB（即 MyRocks）作为存储引擎，包括 CockroachDB，TiDB[7]和 TDSQL 等。

　　B 树和 $B+$树索引是最经典的有序索引结构，能够很好地支持点查询和范围查询，是传统键值对数据库常用的索引结构。但是对于数据主要存储于外存的键值对存储系统，$B/B+$树索引在更新单个键值对时，很可能需要更新外存中的整个数据块，因此写操作性能较差。目前应用中写操作比例逐渐上升的情况下，基于外存的键值对存储系统逐渐转向采用 LSM-tree 键值对的索引结构。LSM-tree 的数据采用分层结构排列，每一层内的数据都是严格有序的，但层之间允许无序，而且下面的层包含的数据更多。数据写入时会先写入内存中的 MemTable，写满后转为 Immutable MemTable，然后再写入外存，并在后续时间通过后台操作逐渐合并到更下面的层中，如图 15.1 所示。基于 LSM-tree 的键值对数据库的写性能更好，但读性能有所下降，因为要在多个层次中搜索目标数据。典型的基于 LSM-tree 的开源键值对引擎包括 LevelDB 和 RocksDB 等。

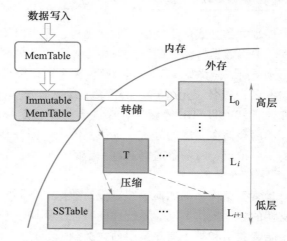

图 15.1　LSM-tree 键值对存储系统的数据组织方式（以 LevelDB 为例）

15.2.2　文档数据库

　　文档数据库用于管理各种各样的文档，主要是文本形式。IBM 的 Lotus Notes 是一款传统的文档数据库。这里介绍一种 NoSQL 的文档数据库。

1. 数据模型和操作

文档数据库一般以键值对数据模型进行数据建模，每个文档是一个<key, value>列表，每个 value 还可以是一个<key, value>列表，形成循环嵌套的结构。由于数据的循环嵌套结构特点，编程负担落在程序员身上，应用程序有可能变得不容易理解和维护。所以，在建模方面需要掌握好灵活性和复杂性之间的平衡。在文档数据库里，可以维护文档的不同历史版本。

在具体实现上，一般采用 JSON（JavaScript object notation）或者类似于 JSON 的格式。JSON 是一种轻量级的、基于文本且独立于语言的数据交换格式，类似于 XML。但是它比 XML 更轻巧，是 XML 数据交换格式的一个替代方案。

这里举一个 JSON 文档格式的例子，假设有两个学生对象，有学号、姓名、性别、出生日期、籍贯、入学成绩、手机号等属性，使用 JSON 进行表示的具体形式如下所示。

```
{
    student：
        {
            sno："20201121",
            sname："Wang Ziyi",
            ssex：male,
            sbirthday：2003-08-15,
            sprovince："Guang Dong",              /*籍贯(所在省)*/
            sentrance_exam_grade：688,
            sphone_number：{phone1:13901117777, phone2:19301118888}
        }
    student：
        {
            sno："20201122",
            sname："Li Li",
            ssex:female,
            sbirthday：2003-08-20,
            sprovince："Guang Xi",
            sentrance_exam_grade：690,
            sphone_number：{phone1:13902227777}
        }
}
```

可以看到，JSON 是一种自描述的结构，能够表达信息的层次关系，它给予数据库设计者极大的灵活性以对数据进行建模。

对数据的操作主要包括通过 key 值提取相应的 value，以及根据 Key 值对 Value 进行修改等。当然，当 value 本身是一个<key,value>列表时，需要进一步精细的存取控制。

2. MongoDB 数据库

MongoDB 数据库是一款分布式文档数据库，它针对大数据量、高并发访问性、弱一致性要求的应用而设计。MongoDB 数据库支持极大的扩展能力，在高负载的情况下，可以通过添加更多的节点来保证系统的查询性能和吞吐能力。

MongoDB 数据库支持自动分片，但是数据库的内部架构对应用程序是不可见的。对应用程序而言，它访问的是一个单机的 MongoDB 数据库服务器还是一个集群，是没有区别的。

MongoDB 数据库的分片机制可以创建一个包含多个节点的集群，然后将数据库分片，分散在集群中，每个分片维护整个数据集合的一个子集。

MongoDB 数据库的分布式体系结构如图 15.2 所示。构建一个 MongoDB 数据库集群需要三个重要的组件，即分片服务器、配置服务器和路由服务器。

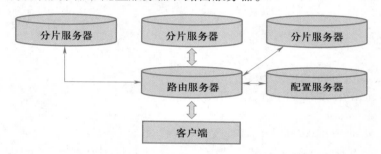

图 15.2   MongoDB 数据库的分布式体系结构

（1）分片服务器

每个分片服务器运行一个数据库实例（mongod），它存储实际的数据块。整个数据集被划分成若干个分片，每个分片包含若干个数据块，这些数据块存储在不同的分片服务器中。

在实际应用中，为了保证系统的可靠性，一个分片服务器可由几台机器组成一个副本集来承担，防止因主节点的单点故障而导致整个系统崩溃。

（2）配置服务器

配置服务器运行一个独立的 mongod 进程，它保存整个集群和各个数据分片的元信息，如各个分片包含了哪些数据等。

（3）路由服务器

路由服务器运行一个独立的 mongos 进程。客户端连接到路由服务器，路由服务器完成路由功能。路由服务器扮演了客户端应用程序和分片集群之间的接口，使得整个集群看起来是一个单一的数据库。

路由服务器本身不保存数据，它启动时从配置服务器加载集群的元信息到缓存中，并将客户端的请求转发给保存数据的分片服务器，等待各分片服务器返回结果后进行聚合，然后返回客户端。

（4）MongoDB 数据库的特点和应用

MongoDB 数据库是模式自由的（schema free），也就是存储在 MongoDB 数据库中的文件无须事先定义其结构模式。如果有需要，可以把不同结构、不同类型的文档保存到 MongoDB 数据库中。

文档被划分成组，存储在数据库中。一个文档分组称为一个集合（collection）。每个集合在数据库中有一个唯一的标识，它可以包含无限数目的文档。集合的概念可以对应到关系数据库的表格，而文档则可以对应到关系数据库的一条记录。在这里无须为集合定义任何模式。MongoDB 数据库采用键值对数据模型进行建模，键用于唯一标识一个文档，为字符串类型，而值则可以是任何格式的文件类型。

存储在集合中的文档存储成键值对的形式。MongoDB 数据库还支持二进制的 JSON 形式（BSON）。BSON 在 JSON 基础上增加了"byte array"数据类型，使得二进制的存储不需要转换成 BASE64 编码后再存为 JSON 格式，大大减少了计算开销以及数据大小。通过 BSON 可以把音频、图像、视频等多媒体数据保存到 MongoDB 数据库中。

MongoDB 数据库支持增加、删除、修改、简单查询等数据操作以及动态查询。可以在复杂属性上建立索引，当查询包含该属性的条件时，可以利用索引加快查询。MongoDB 数据库提供 Ruby、Python、Java、C++、PHP 等语言的编程接口，方便用户使用这些语言编写客户端程序对 MongoDB 数据库进行操作。为了支持业务的持续性，MongoDB 数据库通过复制技术实现节点的故障恢复。

虽然 MongoDB 数据库功能强大，但是它并不能完全替代传统的关系数据库管理系统，因为它缺乏联机事务处理能力。MongoDB 数据库主要应用于大规模、低价值的数据存储和处理场合。比如，欧洲原子能中心使用 MongoDB 数据库来存储大型强子对撞机实验的部分数据。

15.2.3　图数据库

图是一种常用的数据结构，由顶点的有穷非空集合以及顶点之间边的集合组成。现实中很多应用场景的数据都可以用图来进行建模，例如社交网络、交通路网、知识图谱、家族图谱等。图数据库除了存储用户数据外，还存储用户之间的各种联系，如好友、同事、同学等联系。

如果图中所有顶点和边各自属于同一类型，则该图称为同构图，否则称为异构图。

图数据库是指面向图数据模型的数据库。需要注意的是，相对于关系模型，图数据模型的说法存在争议，特别是其中的图代数（对应于关系代数）以及完整性约束仍然在研究中。进入21 世纪，随着语义网的发展以及社交网络、知识图谱等大图数据在互联网应用中的普及，应用需求的驱动使得图数据管理的相关研究成为热点。然而，值得探讨的是，与成熟的关系数据管理系统相比，许多图数据库产品虽然提出了各自的数据模型和查询语言，但仍然缺乏统一的图数据模型和查询语言。为了方便理解，本章引入图数据模型这一概念。

1. 图数据结构

目前，图数据库中常用的图数据结构主要包括标签图和属性图两大类。这里介绍属性图。

定义 15.1　属性图可表示为一个 7 元组 $(V, E, L, A, T, \lambda, \sigma)$，其中

① V 是一组顶点的集合。

② E 是一组边的集合。

③ L 是一组标签的集合。

④ A 是一组属性的集合。

⑤ T 是一组属性值的集合。

⑥ λ 是一个从顶点 V、边 E 到标签 L 的映射函数，即 λ 函数可以为 V 中的每一个顶点和 E 中的每一条边产生一个或多个标签。形式化地，$\forall v \in V$，$\lambda(v) \subseteq L$ 为顶点 v 的标签；类似地，$\forall e \in E$，$\lambda(e) \subseteq L$ 为边 e 的标签。

⑦ σ 是一个为图中顶点和边产生从属性到属性值的映射函数。形式化地，$\forall v \in V$，$\forall a \in A$，$\exists t \in T$，$\sigma(v, a) = t$。其中，如果属性 a 不被顶点 v 所包含，则属性值 t 为空；否则，t 为顶点 v 中属性 a 对应的属性值。类似地，$\forall e \in E$，$\forall a \in A$，$\exists t \in T$，$\sigma(e, a) = t$。其中，如果属性 a 不被边 e 所包含，则属性值 t 为空，否则，t 为边 e 中属性 a 对应的属性值。

图 15.3 给出了学生 Student、课程 Course 及其之间联系的属性图示例。

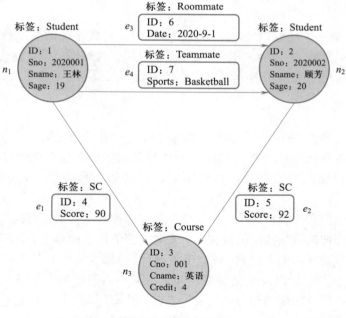

图 15.3　属性图示例

其中，

① $V = \{n_1, n_2, n_3\}$，表示图中包含的顶点。

② $E = \{e_1, e_2, e_3, e_4\}$，表示图中包含的边。

③ $L = \{\text{Student}, \text{Course}, \text{SC}, \text{Roommate}, \text{Teammate}\}$，表示图中包含的标签。

④ $A = \{\text{ID}, \text{Sno}, \text{Sname}, \text{Sage}, \text{Cno}, \text{Cname}, \text{Credit}, \text{Score}, \text{Date}, \text{Sports}\}$，表示图中包含的属性。

⑤ $T = \{1, 2, 3, 4, 5, 6, 7, 2020001, 2020002, 001, 王林, 顾芳, 19, 20, 英语, 90, 92, 4, 2020-9-1, \text{Basketball}\}$，表示图中包含的属性值。

⑥ $\lambda(n_1) = \lambda(n_2) = \text{Student}$，$\lambda(n_3) = \text{Course}$，$\lambda(e_1) = \lambda(e_2) = \text{SC}$，$\lambda(e_3) = \text{Roomate}$，$\lambda(e_4) = \text{Teammate}$，表示每个顶点或边所对应的标签。例如顶点 n_1、n_2 的标签为 Student，对应于关系表 Student 中的两条记录。

⑦ $\sigma(n_1, \text{ID}) = 1$，$\sigma(n_1, \text{Sno}) = 2020001$，$\sigma(n_1, \text{Sname}) = 王林$，$\sigma(n_1, \text{Sage}) = 19$；$\sigma(n_2, \text{ID}) = 2$，$\sigma(n_2, \text{Sno}) = 2020002$，$\sigma(n_2, \text{Sname}) = 顾芳$，$\sigma(n_2, \text{Sage}) = 20$；$\sigma(n_3, \text{ID}) = 3$，$\sigma(n_3, \text{Cno}) = 001$，$\sigma(n_3, \text{Cname}) = 英语$，$\sigma(n_3, \text{Credit}) = 4$；$\sigma(e_1, \text{ID}) = 4$，$\sigma(e_1, \text{Score}) = 90$；$\sigma(e_2, \text{ID}) = 5$，$\sigma(e_2, \text{Score}) = 92$；$\sigma(e_3, \text{ID}) = 6$，$\sigma(e_3, \text{Date}) = 2020-9-1$；$\sigma(e_4, \text{ID}) = 7$，$\sigma(e_4, \text{Sports}) = \text{Basketball}$。$\sigma$ 函数描述了每个顶点或每条边所对应的属性及其属性值集合。以顶点 n_1 为例，σ 函数给出了 n_1 包含 4 个属性 ID、Sno、Sname 和 Sage，对应的属性值分别为 1、20200001、王林和 19。

在属性图中，标签类似于关系数据库中的关系模式，标签的实例（顶点或边）类似于关系模式中的记录。顶点或边所包含的 ID 属性实际上是其在系统中的唯一标识，隐含于创建过程中。为了叙述上的方便，图 15.3 显式地给出了顶点和边的 ID。

2. 图的操作与查询语言

根据对现有主流图数据库、图的应用以及相关文献的调研，我们把图的操作分为以下三类：

① 图匹配。在图数据中找到满足查询条件的匹配图，例如针对标签图 RDF 三元组的 SPARQL 查询，针对标签图、属性图的图同构与子图同构等，都归属于图匹配操作。

② 图导航。图的路径查询，包括图中任意两个或多个顶点之间的路径可达查询、最短路径查询、带有限制条件的路径可达查询和最短路径查询等。

③ 图与关系的复合操作。融合关系模型的特有操作（包括投影、选择、连接等）和集合操作（包括并、交、差、笛卡儿积等）到图匹配和图导航中，增强图操作的表达能力。

结构化查询语言 SQL 是关系数据库的标准查询语言。大部分关系数据库管理系统使用标准 SQL 或其扩展，这使得 SQL 成为过去数十年用户群中应用最广泛、发展最成熟的数据库查询语言。当借助关系数据库来管理图数据时，可以使用 SQL 及其扩展语言来实现图的操作。然而，更普遍的做法是设计专门的图数据库及其类 SQL 查询语言来支持图的操作。专门的图查询语言包括面向标签图查询的 SPARQL、面向属性图查询的 Cypher 和 Gremlin 语言。

3. 图数据库 Neo4J

Neo4J 是一个 NoSQL 图数据库管理系统。它采用属性图作为图数据模型，存储原生的图数据并提供高效的图算法，能够以相同的速度遍历顶点与边。在关系数据库管理系统中，当使用主码查找某条元组时，通常使用 $B+$ 树索引获取该条元组所存储的物理地址，然后根据物理地址读取该条元组；而在 Neo4J 中，由于其特殊的存储结构设计，每个顶点维护其相邻的顶点和边的物理地址，这样在访问邻居时无须通过索引，而是直接使用其物理地址。因此，Neo4J 中顶点遍历速度与图的大小无关，通过某个顶点访问其邻居顶点或边的时间复杂度为 $O(1)$。

Neo4J 具有完全的事务管理功能，全面支持 ACID 特性。Neo4J 有两个版本：社区版和商业版。社区版是开源并且免费的，可以支持包含数十亿顶点/边/属性的图，缺点是只能单机使用。商业版与社区版相比，其核心没有太多变化，但支持分布式环境。Neo4J 从 2010 年推出至今被广泛应用于社交网络、推荐引擎、地理数据、物流管理等领域，取得了良好的效果。

Neo4J 简单易用，提供了 API 供 Java、Python、Ruby、PHP、.NET、Node.js 等语言使用。Neo4J 也提供了类似 SQL 的查询语言 CQL(Cypher query language)用于存取数据。实际应用中更多采用 Cypher 语言完成对数据库的增加、删除、修改和查询操作，因为 Cypher 语言的语法更接近于业务逻辑的内涵。常用的 Cypher 语言命令如表 15.3 所示。

表 15.3　常用的 Cypher 语言命令

序号	Cypher 语言命令	说明
1	CREATE	创建节点、联系和属性
2	MATCH	检索有关节点、联系和属性
3	RETURN	返回查询结果
4	WHERE	提供查询条件过滤
5	DELETE	删除节点和联系
6	REMOVE	删除节点和联系的属性
7	ORDER BY	排序检索数据
8	SET	添加或更新标签

以查找学生"王林"的选课信息为例，输出其选修的课程名称及成绩。Cypher 语句如下：

```
MATCH(n:Student)-[e:SC]->(c:Course) WHERE n.Sname='王林'
       RETURN c.Cname, e.Score;
```

说明：Cypher 语言使用括号()来表示顶点，使用中括号[]来表示联系，使用大括号{}来表示属性。像 SQL 一样，Cypher 语言提供了 WHERE 子句来进行条件查询，以过滤出通过 MATCH 子句所限定的顶点或联系集合中符合条件的数据。RETURN 子句主要用于返回顶点或联系的属性。

15.2.4 时序数据库

时间序列数据是近年来越来越重要的一种数据类型。例如，在云原生应用中，每个微服务占用的 CPU、内存资源及响应请求的耗时等随时间的变化形成多条时间序列数据；在工业物联网应用中，机械设备的发动机转速、发电量、温度等信息随时间的变化也形成多条时间序列。上述这些场景中产生的数据都是**用来描述一个对象在时间维度上变化的量，这类数据被称为时间序列数据，简称时序数据**。时序数据具有高通量写入的特性，应用层往往要求数据库具有每秒百万点甚至千万点的写入吞吐能力，管理 TB 级甚至 PB 级的冷/热数据（基于数据访问频度，将数据分为冷数据和热数据），同时还要支持面向时间维度的分组聚合（即多时间分辨率的数据降采样，所谓**降采样指的是降低信号采样频率**，比如把秒级数据汇总为分钟级数据）等操作，这对传统关系数据库管理系统的性能和查询功能提出了挑战[8]。

1. 时序数据模型与操作

一个时序数据库是指多条时间序列形成的集合，其中每条时序可表示为一个序列 ID 和一系列按时间排序的数据点集合：$<tsid, \{<time, value>\}>$。在不同实现中，序列 ID（tsid）的表现形式不一，有的以一组<标签，标签值>表示一个序列 ID，有的以一个字符串或长整型表示一个序列 ID；time 一般指时间戳，以毫秒或纳秒为单位；value 可以是数值、布尔值、字符串甚至较大的数组对象，但在现在的时序数据库中，其值仍以数值、布尔值、字符串居多。

以一个新能源汽车管理平台应用为例。在该应用中，每辆新能源汽车是一个产生时序数据的实体，且一辆汽车拥有速度、油耗等多种度量指标，不同车辆可以度量的指标也不尽相同（例如同一型号的汽车，某些加装了胎压监测，某些则未安装）。在该应用中，车辆的唯一标识码（即车架号 VIN）与度量指标（如速度、油耗、胎压等）形成唯一的序列 ID。如车架号为 LFV5001 的汽车的速度序列，车架号为 LFV5001 的汽车的胎压序列等。在实际应用中，为了便于品牌管理，还可能对汽车实体按品牌分组，形成形如"红旗品牌的车架号为 LFV5001 的汽车的速度"序列。可以看出，在该应用中，时序数据的模式可被表示为如下所示的树形结构。除省略的序列外，该结构表示了 3 辆汽车上共计 7 条序列 ID。

> app. Hongqi. LVF5001. speed
> app. Hongqi. LVF5001. fuel
> app. Hongqi. LVF5001. pressure
> app. Hongqi. LVF5002. speed
> app. Hongqi. LVF5002. pressure
> app. Hongqi. LVF5003. speed
> app. Hongqi. LVF5003. pressure

进一步，假设速度、油耗需要用浮点数表示，而胎压只需用整数表示，则还需给上述序列增加数据类型定义。在某些时序数据库系统中，序列的元信息不仅包括序列 ID、数据类型，还可能包括静态属性名、标签、频率、编码方法等其他辅助信息。

现有时序数据库由于其数据模型不完全遵从关系模型，因此往往采用类 SQL 或 API 的交互方式。其中，时序数据的典型数据写操作可分为若干类，如表 15.4 所示。

表 15.4　时序数据的典型数据写操作

写操作	含义	说明
insertPoint(entity,metric,time,value)	向一条序列写入一个数据点	entity 如 Hongqi. LVF5001，metric 如速度、胎压，二者共同形成序列 ID
insertRecord(entity,metric[ ],time,value[ ])	向同一实体的多个度量写入同一时刻的数据	实际应用中，同一实体的多个度量值可能是被同时监测得到的
insertTablet(entity,metric,time[ ],value[ ])	向一条序列写入一个时间段的数据点	实际应用中，同一实体的数据可能是在监测到一段时间的值后批量向数据库写入的

上述接口分别覆盖了写一个点、写一行(将一个实体同一时刻的多个度量的值理解为一行数据)和写一(时间)段。在不同的时序数据库系统中可能会对上述写操作接口进行扩展，形成覆盖更丰富的接口。例如，向不同实体的多个度量写入数据。

上述接口的类 SQL 表述一般也比较自然，例如第二个接口在时序数据库管理系统 Apache IoTDB[9] 中可表示为

insert into root. app. Hongqi. LVF5003(time, speed, pressure) values(now( ), 1.0, 2);

时序数据库的典型查询操作包括：

① 访问某个时刻或某个时间段的一条序列的数据(往往不包含值过滤，但一些时序数据库也支持值过滤)。

② 访问某个时刻或某个时间段的多条序列的数据。

③ 在上述①、②的基础上，不返回原始值，而是返回聚集值(如平均值)。

④ 将一个序列的数据进行降采样：将数据在时间维度上划分成固定长度的时间窗口，在每个窗口内求聚集值，并返回最终结果。

⑤ 将多个序列按某种条件汇聚成一条序列。

其中，查询操作②往往还具有隐式含义——将这些序列的数据按照时间戳进行对齐。不妨用关系数据库来做类比，假设序列 1、序列 2 分别是一个关系表，则所谓的按时间戳进行对齐，即指在查询语句中默认包含了"序列 1 JOIN 序列 2 ON timestamp"。因此，在多数时序数据库管理系统中做多序列同时查询的代价是比较高的(需要做 JOIN 操作)。

查询操作④在许多时序数据库管理系统中采用 GROUP BY 来表示。例如，如果想知道 LVF5003 每小时的平均车速，则查询语句形如：

SELECT avg(speed) FROM root. app. Hongqi. LVF5003 GROUP BY(1h);

因此，查询操作④又可称为按时间分组。

查询操作⑤一般被表述为 GROUP BY TAG/LEVEL，即在用标签描述时序数据模型的系统中称作 GROUP BY TAG，在以树形结构描述时序数据模型的系统中称作 GROUP BY LEVEL。例如，查询红旗汽车的平均油耗的查询语句形如：

SELECT avg(fuel) FROM root. app GROUP BY LEVEL=2；

2. 原生时序数据库管理系统 Apache IoTDB

原生时序数据库管理系统是指那些从数据的物理文件布局到存储、查询引擎都是为时序数据专门研发的系统，其典型代表是 Apache IoTDB[9] 和 InfluxDB。

以 Apache IoTDB 为例，不同于传统行式存储，Apache IoTDB 采用了列式文件结构作为数据文件格式，称为 TsFile，用于高效压缩存储以及快速数据访问。TsFile 文件结构如图 15.4 所示。

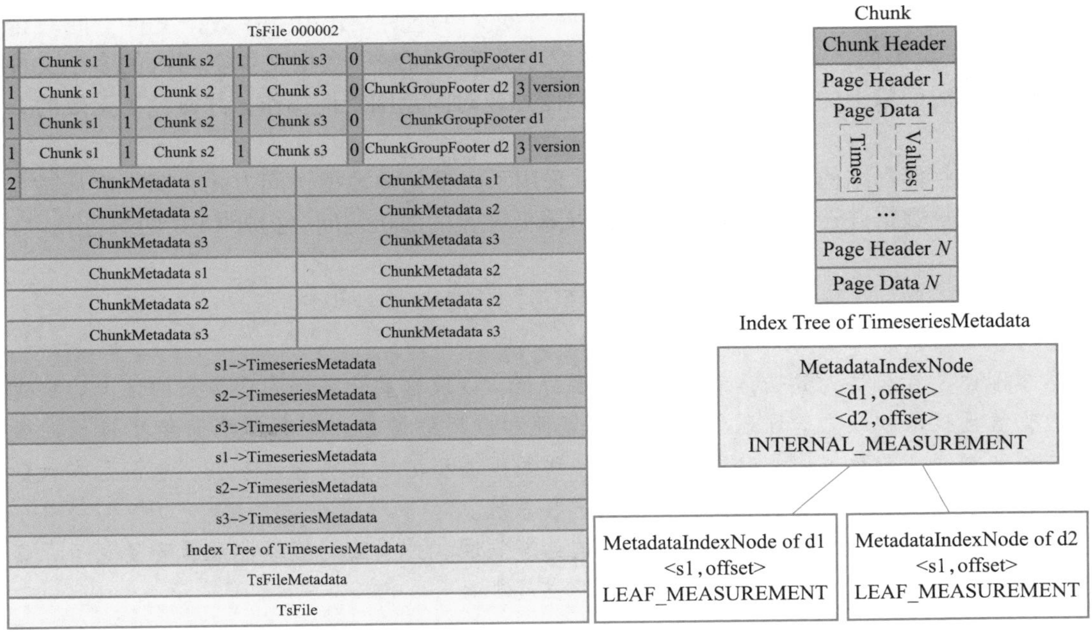

图 15.4 TsFile 文件结构

TsFile 包含数据区和索引区两部分。在数据区，单个数据序列形成多个数据块（Chunk），相关序列的多数据块形成数据组（Chunk Group）。每个数据块又进一步根据操作系统读取磁盘的粒度被划分为多个数据页（Page Data）。每个数据页独立调用二阶差分、自适应长度等时序编码和 Snappy 等通用压缩算法，成为最小的操作单元。

为了加速数据访问，每个数据页、数据块中又设计了数据段头信息（Page Header、Chunk

Header)，用于记录该数据页(块)的统计信息，如时间范围、值范围等。

在索引区，TsFile 引入了"数据组—数据块"两级多层索引结构(MetadataIndexNode 结构)，替代其他列式文件格式的一维数组查找表结构，将数据块定位时间复杂度由 $O(n)$ 降至 $O(\log n)$。

这种存储结构充分考虑了时序数据的读写特点。例如，由于用户在进行时序数据查询时，往往同时访问若干条序列进行协同分析，若这些序列处于同一数据组内，则无须过多的磁头跳转。又如，以时序数据管理中重要的降采样查询(例如，获取某条序列过去 15 分钟内每分钟的平均值)为例，通过读取数据页头信息中的 SUM 和点数两个统计信息即可计算出该数据页的平均值，无须读取原始数据。因此，通过读取若干数据页头信息和少部分原始数据即可得到用户希望的降采样结果。

此外，IoTDB 采用了 NoSQL 数据库常见的日志结构合并(LSM)[10]进行多数据文件的整理。但是与传统的 LSM 不同，由于时序数据整体上服从数据的时间戳不断递增的特点，IoTDB 中的 LSM 由两部分构成：顺序数据文件空间和乱序数据文件空间。其中乱序数据文件空间与传统 LSM 中的 L_0 层级类似，文件间的数据不存在偏序关系；而顺序数据文件空间内的多个文件则保持了数据在时间戳上的偏序关系，从而大幅度加速时间范围查询操作，并避免了无效的 LSM 写放大。

基于列式存储的结构，IoTDB 的查询引擎采用了向量化的数据访问方式，即一次从磁盘中读取一个数据块数据并迭代式地遍历数据，以降低磁盘的随机访问，提升 CPU 的执行效率。

本 章 小 结

本章阐述了什么是大数据，大数据的重要特征，以及这些特征给人们带来的巨大的挑战。

数据管理技术和数据管理系统是大数据管理和应用的基础。本章简要介绍了键值对数据库、文档数据库、图数据库和时序数据库等多种数据类型的大数据管理系统。它们是在大数据管理和处理领域涌现的具有代表性的前沿技术和系统。

非关系数据管理技术在数据存储和管理的诸多领域和关系数据管理技术展开了竞争，多种数据管理系统和相关技术在竞争中相互借鉴、发展和融合。

习 题 15

1. 什么是大数据，请简述大数据的基本特征。
2. 请简述键值对数据库的特点(数据模型和主要操作)和典型系统。
3. 请简述文档数据库的特点(数据模型和主要操作)和典型系统。
4. 请简述图数据库的特点(数据模型和主要操作)和典型系统。
5. 请简述时序数据库的特点(数据模型和主要操作)和典型系统。

参考文献 15

［1］LOHR S. The age of big data［N］. The New York Times, 2012-2-11.

［2］MANYIKA J, CHUI M, BROWN B, et al. Big data: the next frontier for innovation, competition, and productivity［R］. McKinsey Global Institute, 2011.

［3］申德荣, 于戈, 王习特, 等. 支持大数据管理的 NoSQL 系统研究综述［J］. 软件学报, 2013, 24(08): 1786-1803.

［4］PRENTICE S, GENOVESE Y. Pattern-based strategy: getting value from big data［R］. Gartner Research, 2011.

［5］李国杰. 大数据研究的科学价值［J］. 中国计算机学会通讯, 2012, 8(9): 8-15.

［6］MATSUNOBU Y, DONG S Y, LEE H. MyRocks: LSM-Tree database storage engine serving facebook's social graph ［C］. Proceedings of the VLDB Endowment, 2020, 13(12): 3217-3230.

［7］HUANG D X, LIU Q, CUI Q, et al. TiDB: a raft-based HTAP database［C］. Proceedings of VLDB Endowment. 2020, 13(12): 3072-3084.

［8］JENSEN S K, PEDERSEN T B, THOMSEN C. Time series management systems: a survey［J］. IEEE Transactions on Knowledge and Data Engineering, 2017, 29(11): 2581-2600.

［9］WANG C, HUANG X D, QIAO J L, et al. Apache IoTDB: time-series database for internet of things［C］. Proceedings of VLDB Endowment, 2020, 13(12): 2901-2904.

［10］LUO C, CAREY M J. LSM-based storage techniques: a survey［J］. VLDB Journal, 2020, 29(1): 393-418.

［11］周晓方, 陆嘉恒, 李翠平, 等. 从数据管理视角看大数据挑战［J］. 计算机学会通讯, 2012, 8(9): 16-20.

［12］王珊, 王会举, 覃雄派, 等. 架构大数据: 挑战、现状与展望［J］. 计算机学报, 2011, 34(10): 1741-1752.

［13］覃雄派, 王会举, 杜小勇, 等. 大数据分析——RDBMS 与 MapReduce 的竞争与共生［J］. 软件学报, 2012, 23(1): 32-45.

［14］覃雄派, 王会举, 李芙蓉, 等. 数据管理技术的新格局［J］. 软件学报, 2013, 24(2): 175-197.

［15］程学旗, 靳小龙, 王元卓, 等. 大数据系统和分析技术综述. 软件学报, 2014, 25(9): 1889-1908.

［16］A community white paper developed by leading researchers across the United States. Challenges and opportunities with big data［R］, 2012. (译文节选: 李翠平, 王敏峰. 大数据的挑战和机遇［J］. 科研信息化技术与应用, 2013, 4(1): 12-18)

第 16 章 \ 数据仓库与联机分析处理

数据库系统中存在着两类不同的数据处理工作：操作型处理和分析型处理，也称作联机事务处理（OLTP）和联机分析处理（OLAP）。本章首先介绍传统数据仓库与联机分析处理技术，在此基础上介绍大数据时代新型数据仓库与混合事务分析处理（HTAP）技术。

操作型处理也叫事务处理，是指对数据库联机的日常操作，通常是对一个或一组记录的查询和修改，如火车售票系统、银行通存通兑系统、税务征收管理系统等。这些系统要求快速响应用户请求，对数据的安全性、完整性以及事务处理吞吐量要求很高。

分析型处理是指对数据的查询和分析操作，通常是对海量的历史数据进行查询和分析，如金融风险预测预警系统、证券股市违规分析系统等。这些系统要访问的数据量非常大，查询和分析的操作十分复杂。

OLTP 和 OLAP 两者之间的差异，使得传统的数据库技术不能同时满足两类数据的处理要求。因此，20 世纪 80 年代数据仓库（DW）技术就应运而生了。数据仓库的建立将操作型处理和分析型处理区分开来。传统的数据库系统为操作型处理服务，数据仓库为分析型处理服务，二者各司其职，泾渭分明。越来越多的企业认识到数据仓库能够带来效益，逐步在原有数据库基础之上建立起了自己的数据仓库系统[1]。

16.1 数据仓库技术

数据仓库和数据库只有一字之差，似乎是一样的概念，但实际则不然。数据仓库是为了构建新的分析处理环境而出现的一种数据存储和组织技术。由于分析处理和事务处理具有极不相同的性质，因而两者对数据也有着不同的要求。W. H. Inmon 在其所著的 *Building the Data Warehouse*[2] 一书中列出了操作型数据与分析型数据之间的区别，具体如表 16.1 所示。

基于操作型数据和分析型数据之间的区别，Inmon 给出了数据仓库的定义：数据仓库是一个用以更好地支持企业（或组织）决策分析处理的面向主题的、集成的、不可更新的、随时间不断变化的数据集合。数据仓库本质上和数据库一样，是长期储存在计算机内的有组织、可共享的数据集合。

表 16.1　操作型数据与分析型数据的区别

操作型数据	分析型数据
细节的	综合的或提炼的
在存取瞬间是准确的	代表过去的数据
可更新	不可更新
操作需求事先可知道	操作需求事先不知道
生命周期符合系统开发生命周期 （system development life cycle，SDLC）	完全不同的生命周期
对 ACID 特性中的数据一致性要求高	对数据一致性要求宽松
一个时刻操作一个元组	一个时刻操作一个集合
事务驱动	分析驱动
面向事务处理，要求响应速度快	面向分析处理
一次操作数据量小	一次操作数据量大
支持日常操作	支持管理决策需求

1. 数据仓库的基本特征

数据仓库中的数据具有以下 4 个基本特征，这也是数据仓库和数据库主要的区别。

（1）主题与面向主题

数据仓库中的数据是面向主题进行组织的。主题是一个抽象的概念，是在较高层次上对企业信息系统中的数据综合、归类并进行分析利用的抽象；在逻辑意义上，它对应企业中某一宏观分析领域所涉及的分析对象。例如对一家商场而言，概括分析领域的对象，应有的主题包括供应商、商品、顾客等。面向主题的数据组织方式是根据分析要求将数据组织成一个完备的分析领域，即主题域。

主题是一个在较高层次上对数据的抽象，这使得面向主题的数据组织可以独立于数据的处理逻辑，因而可以在这种数据环境上方便地开发新的分析型应用。同时，这种独立性也是建设企业全局数据库所要求的，所以面向主题不仅适用于分析型数据环境的数据组织方式，同时也适用于建设企业全局数据库的组织。

（2）数据仓库是集成的

前面已经讲到，操作型数据与分析型数据之间差别甚大，数据仓库的数据是从原有的分散的数据库数据中抽取来的，因此数据在进入数据仓库之前必然要经过加工与集成，统一与综合。这一步实际上是数据仓库建设中最关键、最复杂的一步。

首先要统一原始数据中所有矛盾之处，如字段的同名异义、异名同义，单位不统一，字长不一致等。然后将原始数据结构做一个从面向应用到面向主题的大转变，还要进行数据综合和计算。数据仓库中的数据综合工作可以在抽取数据时完成，也可以在进入数据仓库以后进行综合时完成。

（3）数据仓库是不可更新的

数据仓库主要供决策分析之用，所涉及的数据操作主要是数据查询，一般情况下并不进行修改操作。数据仓库存储的是相当长一段时间内的历史数据，是不同时点数据库快照的集合，以及基于这些快照进行统计、综合和重组的导出数据，不是联机处理的数据。联机事务处理数据库中的数据经过 ECTL 过程存储在数据仓库中，数据一旦存放到数据仓库中就不可再更新了。

（4）数据仓库是随时间变化的

数据仓库中的数据不可更新，是指数据仓库的用户进行分析处理时是不进行数据更新操作的，但并不是说在数据仓库的整个生存周期中数据集合是不变的。

数据仓库的数据是随时间的变化不断变化的，这一特征表现在以下三个方面：

① 数据仓库随时间变化不断增加新的数据内容。

② 数据仓库随时间变化不断删去旧的数据内容。

③ 数据仓库中包含大量的综合数据，这些综合数据中很多与时间有关。例如数据按照某一时间段进行综合，或隔一定的时间片进行采样等，这些数据就会随时间的变化不断地进行重新综合。因此，数据仓库中数据的标识码都包含时间项，以标明数据的历史时期。

2. 数据仓库中的数据组织

数据仓库中的数据分为多个级别：早期细节级、当前细节级、轻度综合级和高度综合级，其数据组织结构如图 16.1 所示。元数据经过 ECTL 过程进入数据仓库，首先进入当前细节级，根据具体的分析处理需求再进行综合，进而成为轻度综合级和高度综合级。随着时间的推移，早期的数据将转入早期细节级。

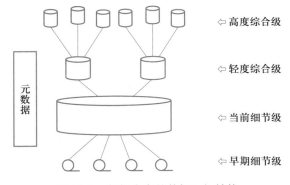

图 16.1　数据仓库的数据组织结构

由于数据仓库的主要应用是分析处理，绝大部分查询都针对综合数据，因而多重级别的数据组织可以大大提高联机分析的效率。不同级别的数据可以存储在不同的存储设备上。例如，可以将综合级别高的数据存储在快速设备甚至放在内存中，这样对于绝大多数查询分析而言其系统性能将大大提高；而综合级别低的数据则可存储在磁盘阵列、光盘组或磁带上。

3. 数据仓库系统的体系结构

数据仓库系统的体系结构如图 16.2 所示，主要由数据仓库的后台工具、数据仓库（DW）与数据仓库服务器、联机分析处理（OLAP）服务器和前台工具组成。

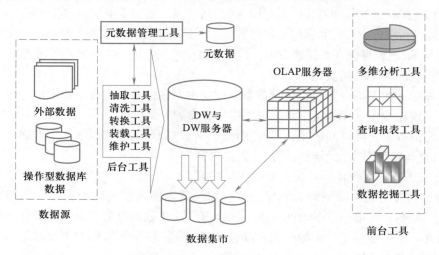

图 16.2　数据仓库系统的体系结构

数据仓库的后台工具包括数据抽取、清洗、转换、装载和维护（maintenance）等工具，简称 ECTL/ETL 工具。

数据仓库服务器相当于数据库管理系统，它负责数据仓库中数据的存储管理和数据存取，并给联机分析处理服务器和前台工具提供存取接口（如 SQL 查询接口）。数据仓库服务器目前一般是关系数据库管理系统或扩展的关系数据库管理系统，即由传统数据库厂商对数据库管理系统加以扩展修改，使它能更好地支持数据仓库的功能。

联机分析处理服务器为前台工具和用户提供多维数据视图。用户不必关心它的分析数据（即多维数据）到底存储在什么地方以及是怎么存储的。

前台工具包括查询报表工具、多维分析工具、数据挖掘工具和分析结果可视化工具等。

16.2　联机分析处理技术

联机分析处理是以海量数据为基础的复杂分析技术。联机分析处理支持各级管理决策人员从不同的角度，快速灵活地对数据仓库中的数据进行复杂查询和多维分析处理，辅助各级管理人员进行正确决策，提高企业的竞争力。

1. 多维数据模型

多维数据模型是数据分析时用户的数据视图，是面向分析的数据模型，用于为分析人员提供多种观察的视角和面向分析的操作。

多维数据模型的数据结构可以用一个多维数组来表示，即（维 1，维 2，…，维 n，度量值）。例如，图 16.3 所示的电器商品销售数据是按时间、地区、电器商品种类，加上度量"销售额"组成的一个三维数组（时间，地区，电器商品种类，销售额）。三维数组可以用一个立方体来直观地表示。一般地，多维数组用多维方体（cube）来表示，也称为超立方体。

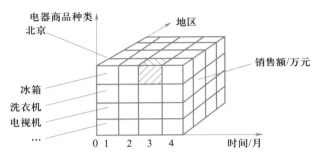

图 16.3　多维数据模型示例（电器商品销售数据）

2. 多维分析操作

常用的联机分析处理多维分析操作有切片（slice）、切块（dice）、旋转（pivot）、向上综合（roll-up）、向下钻取（drill-down）等。通过这些操作，用户能从多角度和多侧面观察数据、剖析数据，从而深入了解包含在数据中的信息与内涵。

3. 联机分析处理的实现方式

联机分析处理服务器透明地为分析软件和用户提供多维数据视图，实现对多维数据的存储、索引、查询和优化等功能。联机分析处理服务器一般按照多维数据模型的不同实现方式，分为 MOLAP 结构、ROLAP 结构、HOLAP 结构等多种结构。

MOLAP 结构直接以多维方体来组织数据，以多维数组来存储数据，支持直接对多维数据的各种操作。人们也常常称这种按照多维方体来组织和存储的数据结构为多维数据库（multi-dimensional database，MDDB）。

ROLAP 结构用关系数据库管理系统或扩展的关系数据库管理系统来管理多维数据，用关系表来组织和存储多维数据。同时，它将多维方体上的操作映射为标准的关系操作。

ROLAP 将多维方体结构划分为两类表，一类是事实表（fact table），另一类是维表（dimension table）。事实表用来描述和存储多维方体的度量值及各个维的码值，维表用来描述维信息。ROLAP 用关系数据库的二维表来表示事实表和维表，也就是说，ROLAP 用星型模式和雪花模式来表示多维数据模型。

星型模式（star schema）通常由一个中心表（事实表）和一组维表组成。如图 16.4 所示，该星型模式示例的中心是销售事实表，其周围的维表有时间维表、顾客维表、销售员维表、制造商维表和产品维表。事实表一般很大，维表一般较小。

将星型模式中的维表按层次进一步细化，就形成了雪花模式。例如，对于图 16.4 所示的星型模式，顾客维表可以按所在地区位置分类聚集；时间维表则可以有两类层次——日、月，日、星期；制造商维表可以按工厂及工厂所在地区分层等。如图 16.5 所示，在星型维表的角上又出现了分支，这样变形的星型模式被称为**雪花模式**（snowflake schema）。

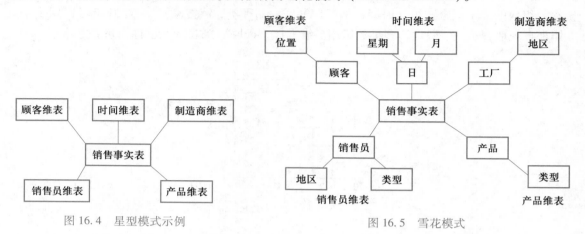

图 16.4　星型模式示例　　　　　　　图 16.5　雪花模式

HOLAP（hybrid OLAP）则是 MOLAP 和 ROLAP 的混合结构。

近年来，出现了越来越多的大规模实时分析应用，如实时库存/定价、移动应用推荐、欺诈检测、风险分析、物联网等。这些应用要求数据仓库管理系统不仅能够对最新的数据做出实时的分析，也要能够快速处理并发的事务，其中一些应用甚至要求将分析查询作为事务处理的一部分。这类既具有分析处理特点又具有事务处理特点的特殊类型数据处理应用，即第 14 章已提到的混合事务分析处理（HTAP）。

16.3　混合事务分析处理技术

随着大规模实时分析应用的需求增多，如何在大数据集上进行混合事务分析处理引起了学术界和工业界的共同兴趣。人们也把混合事务分析处理称为混合负载型数据库，其核心思想是通过一套数据库软件，通过同一个 SQL 接口在同一份数据上既支持事务交易负载，又支持分析负载。

人们从不同的角度提出了若干种混合事务分析处理解决方案，根据不同的应用可将其分为两大类：单引擎解决方案和多引擎解决方案。

1. 单引擎解决方案

传统的关系数据库管理系统（如 DB2、Oracle、SQL Server 等）采用同一个引擎来同时支持事务型和分析型应用负载。这类系统主要采取行存储的方式，其缺点是对分析型负载的查询处理效率比较低。

为了同时提高事务型和分析型应用负载的处理效率，研究人员探索了**行列混合存储**的方式。一些系统开始设计时采用的是适合分析处理的列存储格式，后来为了支持事务型处理增加了行存储格式。例如，SAP 公司的 HANA 系统或 Oracle 公司的 TimesTen 系统，最初主要为了提高分析型工作负载的查询性能而针对内存列存储格式进行了优化，后来为了支持 ACID 事务又增加了行存储，当处理事务型查询时则采用行存储的方式来进行数据访问。

也有一些系统一开始设计时采用的是适合事务处理的行存储格式，后来为了支持分析型处理而增加了列存储格式。例如，MemSQL 系统最初专门针对可扩展的内存事务处理设计了存储引擎，内存中以行格式存储数据，后来又增加了对分析型处理的支持，当数据写入磁盘时将其转换为列格式，以便更快地进行分析。类似地，为了支持混合事务分析处理负载，IBM dashDB 系统也由传统的行存储格式转向了行列混合存储格式。

另外，也有一些研究人员从一开始就致力于构建一个可以根据负载类型对存储格式进行**自适应调整**的系统，比如卡内基·梅隆大学新推出的 Peloton 系统即提供了自适应的行列混合存储格式，能够根据所请求的负载类型在运行时动态改变数据的存储格式。

以上这些系统在进行事务处理和分析处理时，都需要在行存储和列存储之间进行数据格式的转换。这些转换的存在会影响分析处理的实时性，在进行分析处理时用到的数据有可能不是最新的。

2. 多引擎解决方案

多引擎解决方案通过将不同的系统耦合在一起，来完成针对大数据环境下混合事务分析处理负载的支持功能。通常有两种方式：联机事务处理+联机分析处理方式和联机事务处理+NoSQL 方式。

联机事务处理+联机分析处理方式将一个联机事务处理系统和一个联机分析处理系统松散地耦合在一起。应用程序负责维护混合架构。联机事务处理系统中的操作型数据通过标准的 ETL 工具抽取到联机分析处理系统。这种做法目前比较普遍。应用程序使用传统的联机事务处理数据库来处理事务性工作负载，而分析型数据则被整理到基于 HDFS 的 Parquet 或 ORC 文件中，用于进行分析查询。因此，在联机分析处理系统中可以查询的数据和联机事务处理系统中可以看到的数据之间存在延迟。

联机事务处理+NoSQL 方式将一个联机事务处理系统和一个 NoSQL 大数据分析系统松散地耦合在一起。例如在 SAP HANA Vora 系统中，事务处理通过 HANA 执行，而分析请求由 Spark SQL 处理。还有一些最近开发的数据库管理引擎也采取了类似的方式，例如 SnappyData 系统用事务引擎 GemFire 进行联机事务处理，而用 Spark 进行联机分析处理。也有一些现代应用程序利用键值存储系统，如用 HBase 和 Cassandra 来存储实时操作型数据，以进行快速更新操作；而用 SQL-on-Hadoop 系统来处理分析型数据，完成大规模分析型查询。

以上介绍的几种解决方案都只能说在某种程度上实现了针对混合事务分析处理的支持。当事务型和分析型请求被分别发送到系统中时，现有的解决方案确实提供了一个较合适的平台来支持它们，然而还没有一个解决方案能够真正支持在同一个事务中高效地既处理事务请求也处理分析请求。为了全面支持混合事务分析处理，系统应允许不仅在接收或更新数据的事务提交后再进行分析，而且能将分析作为事务请求的一部分进行提交，从而完成对最新数据的分析。

此外，当前大多数混合事务分析处理解决方案使用多个组件来提供所有需要的功能，而这些不同的组件通常由不同的人群维护。因此，如何保持这些组件的兼容性并为最终用户提供单一的系统界面是一项具有挑战性的任务。

16.4　大数据时代的新型数据仓库

随着大数据时代的来临，数据仓库对于企业决策的支持作用越来越大。由此，数据仓库也成为各大厂商看重并着力发展的业务领域。IBM、Oracle、Teradata 等厂商纷纷采用各种软硬件技术（如大规模并行处理、列存储等），将其产品扩展到 PB 级数据量。另外，新兴的互联网企业也在尝试利用一些新技术（如 MapReduce）开发能支持大规模非结构化数据处理的数据仓库解决方案，如 Facebook 在 Hadoop 基础上开发出 Hive 系统，用来分析点击流和日志文件。

1. 系统需求的变化

和传统的数据仓库相比，大数据时代数据仓库系统面临的需求发生了如下一些变化。

（1）数据规模急增

数据仓库中的数据量由 TB 级升至 PB 乃至 ZB 级，并仍在持续爆炸式增长。互联网数据中心（IDC）发布的数据显示，2016 年全球数据存量达 16 ZB，2020 年达到 44 ZB，2025 年将高达 160 ZB。

（2）数据类型多样

除了结构化数据之外，大数据时代的数据仓库还必须能够处理大量的半结构化和非结构化数据。数据类型的多样化源于媒介类型的极大丰富。社交网站、在线视频、数码摄像、移动通信、电子商务、遥感卫星等，每天都在源源不断地产生着各种各样的数据。

（3）决策分析复杂

大数据时代，决策分析逐渐由常规分析转向深度分析。数据分析日益成为企业利润必不可少的支撑点。根据 TDWI（The Data Warehousing Institute）对大数据分析的报告，企业已不满足于对现有数据的分析和监测，更期望能对未来趋势有更多的分析和预测，以增强企业竞争力。这些分析操作包括诸如移动平均线分析、数据关联关系分析、回归分析、what-if 分析等复杂统计分析，统称为**深度分析**。

（4）负载种类混合

前面提到，数据仓库的创建将操作型处理和分析型处理区分开来。但随着当代数据分析业务对实时性的要求越来越高，事务型处理和分析型处理之间的界限开始逐渐变得模糊。一些大规模实时分析应用，如实时定价、新闻推荐、风险控制等，对混合类型负载（HTAP）进行支持的需求越来越旺盛。这类应用希望系统既能支持分析型处理负载，也能同时支持事务型处理负载，同时为了提高系统性能，需要系统能根据负载的特征进行有针对性的动态存储优化。

（5）底层硬件变化

近年来新硬件技术的发展使计算机处理能力得以提升，多核处理器和众核处理器提供了强大的并行处理能力，大内存提供了高性能计算和存储能力，高速网络更好地优化了网络延迟。由于数据量的迅速增加，数据库/数据仓库的规模随之快速增大，从而导致其成本的急剧上升。出于成本的考虑，越来越多的企业将应用由高端服务器转向由中低端硬件构成的大规模机群平台。

2. 传统数据仓库所面临的问题

通过上面的论述可以发现，在大数据时代，系统的需求已经发生了根本性的改变。如果继续沿用图 16.2 所示的抽取+存储+分析的**分层计算模式**，将会存在如下问题。

（1）数据移动代价过高

在图 16.2 所示的数据仓库系统的体系结构中，在数据源层和分析层之间引入了一个数据仓库存储管理层，虽然可以提升数据质量并针对查询进行优化，但也付出了较大的数据迁移代价和执行时的连接代价：数据首先通过复杂且耗时的 ETL 过程存储到数据仓库中，在联机分析处理服务器中转化为星型模式或者雪花模式；执行分析时，又通过连接方式将数据从联机分析处理服务器的存储系统中取出。这些代价在 TB 级数据量时也许可以接受，但面对大数据，其执行时间至少会增长几个数量级。更为重要的是，对于大量实时分析应用，这种数据移动的计算模式是不可取的。另一方面，大多数数据仓库不具备事务处理能力，对于事务隔离级别有需求的业务场景也是很难接受的。

（2）不能快速适应变化

传统的数据仓库假设主题是较少变化的，其应对变化的方式是对数据源到前台展现整个流程中的每个部分进行修改，然后再重新加载数据，重新综合计算数据，导致其适应变化的周期较长。这种模式比较适合对数据质量和查询性能要求较高而不太计较预处理代价的场合。但在大数据时代，数据分析处在变化的业务环境中，这种模式将难以适应新的需求。另一方面，传统数据仓库主要支持分析型负载，其主要涉及读操作，较少涉及写和更新操作。大数据时代的数据仓库则需要同时支持分析型和事务型两种不同类型的负载，既涉及读操作，也涉及写和更新操作。因此，如何根据负载的不同类型特征设计不同的数据存储格式，并根据负载类型的切换进行快速及时的适应性调整，以保证系统处理的性能是非常关键的。

因此，在大数据时代，海量数据与系统的数据处理能力之间产生了一个鸿沟，一边是至少PB 级的数据量，另一边是面向传统数据分析能力设计的数据仓库和各种数据分析工具。如果这些系统或工具发展缓慢，这个鸿沟将会随着数据量的持续爆炸式增长而逐步拉大。虽然传统数据仓库可以采用舍弃不重要数据或者建立数据集市的方式来缓解此问题，但毕竟只是权宜之策，并非系统级解决方案；而且舍弃的数据在未来可能会重新使用，以发掘更大的价值。

3. 大数据时代的新型数据仓库

为了应对大数据时代系统在数据量、数据类型、决策分析复杂度、负载种类和底层硬件环境等方面的变化，以较低的成本高效地支持大数据分析，新型的数据仓库解决方案需具备表 16.2 所示的几个重要特性。

表 16.2   新型数据仓库解决方案需具备的特性

特性	简要说明
高度可扩展性	横向大规模可扩展，大规模并行处理
高性能	快速响应复杂查询与分析
高度容错性	查询失败时，只需重做部分工作
支持异构环境	对硬件平台一致性要求不高，适应能力强
支持混合负载	能够同时支持 OLTP 和 OLAP
较低的分析延迟	业务需求变化时，能快速反应
易用且开放的接口	既能方便查询，又能处理复杂分析
较低的成本	较高的性价比
向下兼容性	支持传统的 OLTP/OLAP/DM 等工具

满足上述特性的数据仓库解决方案可以有多种形式，每一种方案都有其优缺点，但其基本思想都是将传统结构化数据处理和新型大数据处理集成到一个统一的异构平台中，即共存的策略。

一种典型的新型数据仓库体系结构如图 16.6 所示。在这种体系结构中，Hadoop、NoSQL 等大数据处理平台和现有的基于关系数据库管理系统的数据仓库平台通过**连接器软件**组合在一起，两种平台之间的数据通过连接器进行交换，连接器发挥着类似于 JDBC 的作用。

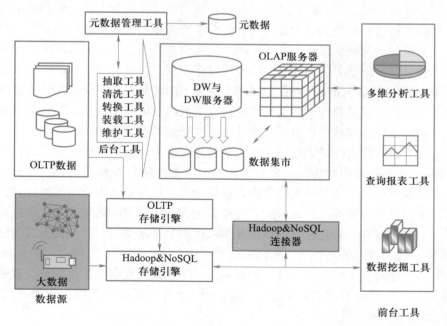

图 16.6   大数据时代的新型数据仓库体系结构

目前，大部分关系数据库、商务智能工具、NoSQL 等软件开发商都提供了自己开发的 Hadoop & NoSQL 连接器。由于其所处的特殊位置，连接器的性能（主要是传输数据的带宽）也经常会成为系统的瓶颈。

另外，为支持混合型负载，Hadoop 或 NoSQL 等大数据处理平台也可以和现有的事务处理存储引擎一起构成松散耦合的混合负载处理引擎。通过分离数据副本同时支持两种不同的负载，当服务事务处理负载时选择在分析处理存储引擎中进行行式存储，当服务分析处理负载时选择在 Hadoop 或 NoSQL 中进行列式或键值对存储；而对于终端用户来说，暴露统一的查询接口。当然，这样一来，如何在这两种数据副本之间保持数据同步将成为一个非常关键的问题。

需要说明的是，对于大数据时代的数据分析处理来说，数据挖掘技术是非常重要的。但限于篇幅，本章没有进行讲解。有兴趣的读者可以参考文献［5］和文献［6］中第三篇的内容。

本 章 小 结

本章介绍了传统数据仓库和联机分析处理技术，并在此基础上介绍了大数据时代的新型数据仓库和混合事务分析处理技术。通过学习本章内容，主要应掌握以下几点：

① 了解数据仓库对数据库发展的贡献是将操作型处理和分析型处理区分开来，使得不同类型的数据处理在不同的数据环境中进行。由于分析处理和事务处理具有极不相同的性质，因而存放在数据库中的操作型数据与存放在数据仓库中的分析型数据是不同的。

② 重点掌握数据仓库数据的 4 个基本特征，即面向主题的、集成的、不可更新的、随时间不断变化的。了解数据仓库中数据的组织方法和数据仓库系统的体系结构。

③ 了解联机分析处理技术中的多维数据模型、多维分析操作和多维分析处理实现方式。多维分析方法从多个不同的视角对多维数据进行分析、比较，分析活动从以前的方法驱动转向了数据驱动，分析方法和数据结构实现了分离。

④ 了解混合事务分析处理技术解决方案主要有单引擎解决方案和多引擎解决方案。前者采用同一个引擎来同时支持事务型和分析型两种类型的负载，后者通过将不同的系统耦合在一起来完成针对大数据环境下的混合事务分析处理负载的支持功能，可以是联机事务处理+联机分析处理方式或联机事务处理+NoSQL 方式。

⑤ 了解在大数据时代系统面临的需求在数据量、数据类型、决策分析复杂度、负载种类和底层硬件环境等方面发生了巨大变化。为了应对这些变化，新型数据仓库通常采用共存的策略，即将传统结构化数据处理和新型大数据处理集成到一个统一的异构平台中。

习　题　16

1. 数据仓库的 4 个基本特征是什么?

2. 操作型数据和分析型数据的主要区别是什么?

3. 在基于关系数据库的联机分析处理实现中, 举例说明如何利用关系数据库的二维表来表达多维概念。

4. 什么是混合事务分析处理? 现有的解决方案有哪些?

5. 大数据时代传统的数据仓库系统面临哪些问题? 如何应对这些挑战?

参考文献 16

[1] 王珊, 等. 数据仓库技术与联机分析处理 [M]. 北京: 科学出版社, 1998.

文献[1]全面系统地讲解了数据仓库的概念、技术和数据仓库系统的建设方法, 介绍了以数据仓库为基础的联机分析处理技术及其应用实例。

[2] INMON W H. Building the data warehouse[M]. 4th ed. Wiley, 2005.

[3] INMON W H, et al. 数据仓库管理[M]. 王天佑, 译. 北京: 电子工业出版社, 2000.

[4] IMHOFF C, GALEMMO N, GEIGER J G. 数据仓库设计[M]. 于戈, 鲍玉斌, 王大玲, 等, 译. 北京: 机械工业出版社, 2004.

[5] HAN J W, KAMBER M. Data mining: concepts and techniques[M], 3rd ed. Morgan Kaufmann, 2011.

本书译本: HAN J W, KAMBER M. 数据挖掘: 概念与技术[M]. 原书第 3 版. 范明, 孟小峰, 等, 译. 北京: 机械工业出版社, 2012.

[6] 李翠平, 王珊, 李盛恩. 数据仓库与数据分析教程[M]. 2 版. 北京: 高等教育出版社, 2021.

本书分为数据仓库篇、联机分析处理篇、数据挖掘篇和大数据技术篇, 系统地讲解了数据仓库、数据分析和数据挖掘的基本概念、基本原理和方法。

[7] KRISHNAN K. Data warehousing in the age of big data[M]. Morgan Kaufmann, 2013.

[8] ECKERSON W. TDWI Checklist report: big data analytics[R]. TDWI Research, 2010.

[9] 王会举. 大规模可扩展的数据仓库关键技术研究[D]. 北京: 中国人民大学, 2012.

[10] 肖艳芹. 基于内存的 what-if 分析技术研究[D]. 北京: 中国人民大学, 2009.

[11] FARBER F, MAY N, LEHNER W, et al. The SAP HANA database-an architecture overview. IEEE DE-Bull, 2012, 35(1): 28-33.

[12] MOZAFARI B, RAMNARAYAN J, MENON S, et al. SnappyData: a unified cluster for streaming, transactions and interactice analytics[C]. Proceedings of the 8th Biennial Conference on Innovative Data Systems Research, 2017.

[13] ÖZCAN F, TIAN Y Y, TÖZÜN P. Hybrid transactional/analytical processing: a survey[C]. Proceedings of the 2017 ACM International Conference on Management of Data, 2017: 1771-1775

[14] ARULRAJ J, PAVLO A, MENON P. Bridging the archipelago between row-stores and column-stores for hybrid workloads[C]. Proceedings of the 2016 International Conference on Management of Data(SIGMOD'16), 2016: 583-598.

［15］KEMPER A, NEUMANN T. HyPer: a hybrid OLTP&OLAP main memory database system based on virtual memory snapshots［C］. Proceedings of the 2011 IEEE 27th International Conference on Data Engineering, 2011: 195-206.

［16］GRUND M, KRÜGER J, PLATTNER H, et al. HYRISE: a main memory hybrid storage engine［C］. Proceedings of the VLDB Endowment, 2010, 4(2): 105-116.

［17］LANG H, MÜHLBAUER T, FUNKE F, et al. Data blocks: hybrid OLTP and OLAP on compressed storage using both vectorization and compilation［C］. Proceedings of the 2016 International Conference on Management of Data (SIGMOD '16), 2016: 311-326.

［18］HUANG D X, LIU Q, CUI Q, et al. TiDB: a raft-based HTAP database［C］. Proceedings of VLDB Endowment. 2020, 13(12): 3072-3084.

第 17 章 　内存数据库系统

随着硬件技术的飞速发展，内存数据库正成为当前数据库的主流技术，在高性能事务处理和高性能分析处理领域发挥着重要的作用。从数据库技术的发展路线来看，存储器与处理器技术的升级推动数据库实现了从磁盘数据库到内存数据库（IMDB）的技术升级，而存储设备与处理器的硬件特性也成为新型数据库存储引擎和查询引擎设计的重要因素。

第 14 章 14.3.2 小节已初步介绍了内存数据库的概念，本章将在其基础上简要介绍与内存数据库密切相关的硬件技术及发展趋势、内存数据库主要的实现技术，以及内存数据库的几种实现方案，使读者对新硬件时代数据库技术的发展有初步的了解。

17.1 　内存数据库概述

内存数据库是系统将内存作为主存储设备的数据库系统。内存数据库的数据组织、存储访问模型和查询处理模型都是针对内存特性而优化设计的，内存数据被处理器直接访问，磁盘只是作为后备存储设备使用，并不作为系统优化设计的重点。

传统的磁盘数据库（disk resident database，DRDB）使用磁盘作为主要的数据存储设备，使用内存缓冲区作为磁盘数据的高速缓存，以提高查询处理性能。磁盘数据库的数据组织、存储和访问模型及处理模型都是面向磁盘访问特性而设计的，磁盘数据通过缓冲区被 CPU 间接访问，缓冲区的效率是查询处理性能的重要影响因素。

图 17.1 为磁盘数据库与内存数据库的对比[1]。在磁盘数据库中，数据库的基础数据结构，如表、索引、临时文件等都存储在磁盘中。数据存储结构面向磁盘存储结构而设计，数据库的查询优化技术以提高磁盘数据的 I/O 访问性能为中心。因此，在磁盘数据库中，磁盘 I/O 是最重要的性能瓶颈，缓冲区管理是提高查询处理性能的重要技术。通过缓冲区管理优化技术提高频繁访问数据在缓冲区中的命中率，降低 I/O 延迟。

与磁盘数据库相对，内存数据库的数据文件，如表、索引、临时文件等全部驻留于内存，其数据文件的组织采用面向内存访问特点而优化的数据结构，与磁盘数据库基于 I/O 优化的 page-slot 结构有较大的差异。由于内存数据库默认数据驻留于内存，因此不需要磁盘数据库的

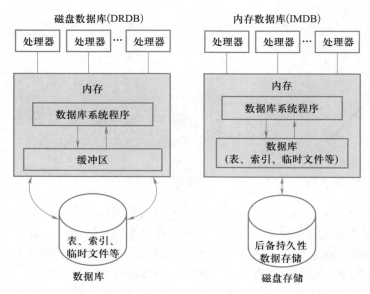

图 17.1   磁盘数据库和内存数据库对比

缓冲区管理机制，数据库系统程序直接访问内存数据结构，能够更加有效地提高数据访问效率。内存数据库的查询优化技术以内存数据访问、Cache 优化、多核并行优化等为核心。

磁盘数据库的缓冲区是磁盘数据在内存的副本，采用与磁盘存储一致的基于 page-slot 的数据结构，当内存足够将全部磁盘数据缓存在缓冲区时，数据访问只是相当于在内存盘（RAM disk）上的访问。内存数据库采用面向内存访问特点的数据组织结构，其数据访问性能仍然优于全部缓存模式下的磁盘数据库。它并不是简单地将磁盘数据全部缓冲到内存，而是面向内存存储访问特点和多核处理器并行计算特点进行全面优化设计的新的数据库系统，需要对传统的数据库理论和实现技术进行全面升级或重新设计。

内存数据库消除了磁盘数据库中巨大的 I/O 代价。同时，数据的存储和访问算法以内存访问特性为基础，实现处理器对数据的直接访问，在算法和代码效率上高于以磁盘 I/O 为基础的磁盘数据库。在内存数据库中，使用针对内存特性进行优化的 B+树索引[2]、T 树索引[3] 和哈希索引、面向 Cache 优化的查询处理算法[4] 和多种面向连接操作的优化技术[5]，进一步优化了内存数据库的性能。因此，与数据全部缓存到内存的磁盘数据库相比，内存数据库的性能仍然超出数倍。

由于内存是易失性存储介质，因此内存数据库与磁盘数据库相比，在事务的 ACID 特性上能够满足 ACI 特性，但 D 特性的满足需要借助特殊的硬件设备、系统设计和实现机制。例如：

① 日志。内存数据库需要在事务提交前将日志写到可靠存储设备上，可靠存储设备的访问性能将影响内存数据库的性能。

② 检查点。检查点周期性地将内存数据记录到磁盘上，在发生系统故障并进行恢复时能

够还原某一时刻的数据，需要和日志配合使用来保证数据的一致性。

③ 非易失性存储器（NVM）日志存储。内存数据库使用一些新兴的高性能非易失性存储器作为低延迟日志存储设备，以提高事务处理性能，包括闪存（flash memory）、相变存储器（phase change memory，PCM）①、非易失性（non-volatile）磁性随机存取存储器（magnetic random access memory，MRAM）、3D XPoint 非易失性内存等。

④ 高可用性（high availability）技术。使用数据库复制技术，采用主-备双机内存数据库服务器，在发生故障时数据库系统能够自动在数据库副本之间进行切换，实现不间断服务，提高数据库可靠性。

内存数据库一般用于对实时响应性要求较高的高端应用领域，如电信、金融等领域的核心事务处理。内存数据库既可以作为独立的高性能数据库来处理核心业务，也可以作为磁盘数据库的高速缓存，加速磁盘数据库中热数据集的处理性能。在后一种应用模式中，需要对数据库的模式进行优化，划分出热数据集和冷数据集，由内存数据库和磁盘数据库来分别处理，在两个数据库之间通过数据迁移技术实现底层数据的融合。

将内存数据库运行在大内存、多级 Cache 和多核硬件环境下，还可以有效解决计算密集型的联机分析处理应用的性能瓶颈。这类分析型内存数据库需要重点解决的问题包括存储模型优化技术、查询处理模型优化技术、轻量压缩技术、Cache 优化技术、多核并行查询处理优化技术、Cache 分区优化技术等。根据分析型数据的特点，分析型内存数据库一般采用列存储技术和轻量数据压缩技术来提高内存存储效率和访问效率，在连接操作中优化内存带宽和 Cache 性能。

随着内存集成度提高、容量增大和成本降低，高性能内存事务处理和分析处理将成为实现实时数据处理的关键技术。近年来的发展趋势是将二者融合在一个统一的内存数据库框架之内[6,7]，为用户提供统一的事务处理与分析处理平台。

17.2 新硬件技术推动内存数据库技术发展

随着新型处理器和存储器技术的发展，计算机的存储层次增多，各存储层次之间在容量、成本、性能等方面差异显著。为充分发挥新硬件的性能优势，内存数据库针对这种结构上的物理差异研究设计了内存数据库的实现和优化技术，从而使算法能够更好地利用存储高层的性能优势和低层的成本优势，提高查询处理性能。

本节概要介绍与内存数据库实现技术密切相关的硬件技术。通过对硬件存储访问及计算特性的分析，理解内存数据库如何通过软硬件一体化设计与优化技术来提高查询处理性能。

17.2.1 多核处理器

多核处理器是指在一块处理器中集成两个以上完整的核心（core），它提供了片内并行处理能

---

① 《计算机科学技术名词》第 3 版中译为 phase change random access memory。

力。多核处理器性能的主要影响因素包括核心处理能力、多级 Cache 结构、内存访问性能等。

现代处理器支持单指令多数据流（SIMD）指令集以向量为单位执行数据处理（如 Intel AVX-512 支持的 SIMD 向量长度为 512 位），使用单条指令对整个向量进行操作。内存数据库广泛利用现代处理器的 SIMD 向量处理技术提高数据处理性能。通过片内集成技术，多核处理器还具有强大的多线程并行处理能力。内存数据库在算法设计中充分考虑现代处理器的指令级并行、SIMD 数据级并行和多核多线程任务级并行处理能力，通过优化设计的并行处理算法提高查询处理性能。

由于处理器和内存性能之间存在较大的差距并呈现逐渐扩大的趋势，处理器通常采用多级 Cache 机制优化数据访问的局部性，提高内存数据访问性能。Cache 容量自上而下增大，访问延迟也依次增大。在内存数据库底层算法的优化设计中，提高数据的 Cache 访问局部性是一项重要的优化技术。

多路处理器通常采用非均匀存储器访问（NUMA）架构，与处理器直接相连的是本地内存，通过处理器间的 QPI 通道可以访问远程内存，每个处理器访问本地内存的延迟低于访问远程内存。在内存数据库的算法设计中，除了需要优化数据在核心内的 Cache 访问局部性之外，还需要优化处理器本地内存访问的局部性，减少跨 NUMA 节点的高延迟内存访问。

多核处理器是内存数据库的基础平台，内存数据库在底层算法设计与优化技术上需要结合多核处理器的硬件特性，通过循环展开、预取、单指令多数据流、并发多线程等技术提高查询时的并行处理能力；同时需要面向多级 Cache 结构，通过优化内存数据访问的数据结构和算法设计提高查询处理时的 Cache 访问局部性，通过高速 Cache 加速内存访问性能，提高内存数据库查询处理的综合性能。

17.2.2　图形处理器

随着图形处理器（GPU）对复杂运算的支持以及可编程性和功能的扩展，GPU 在单精度浮点处理能力和存储器带宽性能上已大大超过 CPU。

CPU 是通用处理器，需要处理复杂的指令和逻辑控制。CPU 主频速度与内存速度之间巨大的访问延迟差异，使其必须依赖大容量缓存来减少内存访问延迟。因此在 CPU 芯片内只集成了较少的算术逻辑运算单元 ALU，而将大量的晶体管用于支持大容量缓存。

GPU 的流多处理器（streaming multiprocessor，SM）内部由大量核心组成。从 GPU 硬件的发展趋势来看，GPU 核心数量增长较快，Cache 容量逐渐增大，核心处理能力不断增强，设备之间的通信能力与性能不断提升，显存容量持续增长。基于 CPU-GPU 的异构计算平台是当前主流的高性能计算平台架构，也是高性能内存数据库的新平台，为内存数据库提供了更加强大的 GPU 加速能力。

近年来，通用图形处理器（general purpose graphic processing unit，GPGPU）以其强大的并行计算性能成为高性能计算的新平台，在 GPGPU 上实现数据库技术[8,9]也成为高性能数据库的一个研究方向。GPU 数据库通常采用 CPU-GPU 的异构并行结构，即 CPU 负责逻辑性较强的事务处理和流程控制，GPU 负责大量数据的关系操作。数据库中基础的关系操作，如选择、投影、连接、聚集、排序、索引等操作均已在 GPU 上实现，在 CPU-GPU 混合平台上创建的代价模型辅助数据库在两种平台之间分配不同的关系操作。GPU 数据库将 GPU 作为数据库的加速引擎，为数据库提供一些计算密集型操作的计算加速。随着 GPU 内存容量和内存带宽性能的不断增长，基于 GPU 内存的数据库技术可以提供更高的查询处理性能，在高实时性分析处理领域发挥越来越大的作用。GPU 数据库已成为高性能数据库的代表性技术，尤其在大数据实时分析处理领域得到广泛的关注。

17.2.3　新型非易失性内存

典型的计算机存储层次由内存（以动态随机存取存储器 DRAM 为代表的易失性存储器）和存储器（包括磁盘和固态盘）组成，内存支持字节级访问粒度，而存储器基于较大的数据块访问。

基于 3D XPoint 技术的 Intel Optane DC 是一种非易失性存储技术，它支持内存与存储器两种类型，一种是非易失性内存 Optane DC PM，另一种是基于 Optane DC 技术的固态盘（SSD）。

Optane DC PM 与 DRAM 相比容量更大，但读/写性能低于 DRAM，在应用中既可以作为大容量内存使用，也可以作为 DRAM 之外独立的非易失性存储设备使用。Optane DC PM 改变了传统存储层次的角色，DRAM 缓存热数据，而 Optane DC PM 作为持久存储的温数据层，提供接近 DRAM 性能的持久性内存存储访问能力，也弥补了内存数据库在 ACID 特性中对持久性 D 支持能力的缺失。

基于 Optane DC 技术的 SSD 与 SSD、磁盘一起构成新的存储层。非易失性内存的大容量和相对于 DRAM 的低成本也进一步降低了内存数据库的存储成本，推动内存数据库成为大数据、低成本、高性能的数据管理和分析处理平台。

新型非易失性内存的出现，改变了传统内存易失性的基本假设，为实现以内存为中心的统一存储结构与存储引擎提供了可能，对内存数据库技术的发展有着重要的推动作用。

随着 Optane DC PM 的推出，数据库厂商已开始研发基于非易失性内存的数据库实现技术。但非易失性内存相对于传统 DRAM 在读/写性能上的差距以及 DRAM-非易失性内存混合存储架构，还需要通过定制化的优化技术才能更好地发挥其性能。另一方面，非易失性内存在产品化方面存在一定的不确定性，但对内存数据库而言，非易失性内存是提高内存数据库性价比的重要技术支持。

17.3　内存数据库的若干关键实现技术

通用的内存数据库管理系统要为用户提供 SQL 接口，具有内存存储管理、面向内存的查询处理和优化等基本模块，还应提供传统磁盘数据库管理系统的功能，如多用户的并发控制、事务管理和访问控制，能够保证数据库的完整性和安全性，在内存数据库出现故障时能够对系统进行恢复，等等。

内存数据库的性能受硬件特性影响较大，需要研究基于新的硬件体系结构下的实现技术。

下面简要介绍内存数据库中的若干关键技术。

17.3.1　数据存储

内存数据库将全部数据和临时工作数据集驻留在内存，采用面向内存优化访问的存储结构，以优化 CPU 访问和高速缓存(Cache)。

图 17.2 和图 17.3 显示了一个关系表 ORDER 使用磁盘行存储(page-slot)结构和内存列存储结构的示意图。

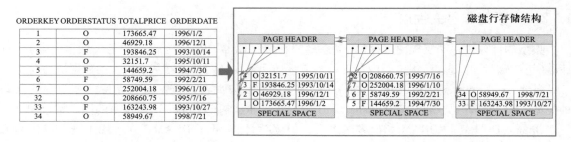

图 17.2　磁盘行存储结构

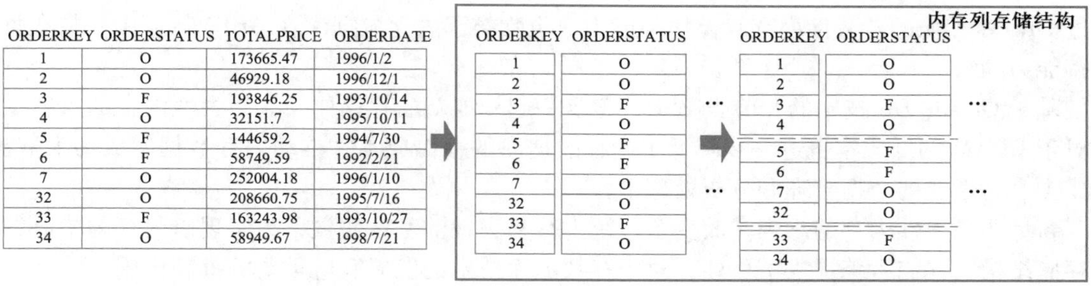

图 17.3　内存列存储结构

在图 17.2 中，磁盘数据库采用适应磁盘 I/O 访问的 page-slot 结构，记录以 slot 结构存储在磁盘页面中，记录通过块号和块内偏移地址进行定位，页面之间创建链表结构。数据库访问时将磁盘页面调入内存缓冲区，记录通过块号和偏移地址来进行查找。

在图 17.3 中，ORDER 表中的数据按列存储，记录可以通过内存指针或列偏移地址直接访问。内存列存储结构适用于数据仓库应用中的分析处理。

进一步地，内存列存储表中的记录可以按一定规则划分为行组，行组内采用列存储，行组内的列可以独立进行压缩。当记录存储为独立的列时，在记录增加时需要重新分配内存空间以容纳新的记录，采用行组结构则可以通过动态增加的行组结构存储新增的记录。

在内存-磁盘(或 SSD)硬件结构中，内存数据库的表、索引等数据结构在内存中采用适合内存访问的结构存储，但还需要存储在磁盘或 SSD 等外部设备上以获得持久数据存储能力，当系统重启时，数据需要从磁盘或 SSD 加载为内存数据结构。

17.3.2 查询处理及优化

内存数据库消除了传统数据库的磁盘 I/O 代价，其代价主要是 CPU 执行代价。CPU 执行代价主要体现在代码执行效率和 Cache 访问效率两个方面。行处理模型、列处理模型、向量化查询处理模型和实时编译查询处理模型是其中比较有代表性的几种查询处理技术，分别从内存访问效率、代码执行效率、Cache 访问效率等方面优化查询处理性能。

传统的查询处理模型是基于行存储结构的迭代处理模型，查询引擎基于语法树迭代解析每条记录以完成查询处理过程。图 17.4 显示了查询 Price * Quantity * (1-Tax) 表达式的不同查询处理模型。

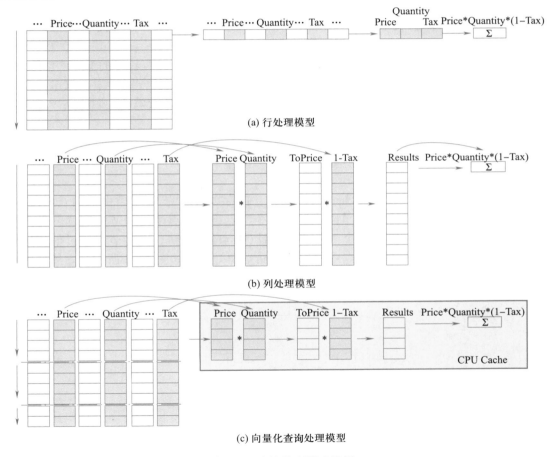

(a) 行处理模型

(b) 列处理模型

(c) 向量化查询处理模型

图 17.4 查询处理模型示例

如图 17.4(a) 所示，行处理模型需要查询引擎迭代访问每一条记录，为每一条记录查询关系的元数据，解析查询属性偏移地址并访问查询相关的属性，计算并累加查询表达式。在行处理模型中，重复执行的记录迭代解析及相应的函数调用执行代价较高。

如图 17.4(b)所示，列处理模型[10]一次解析并处理整个列，如执行列 Price 和列 Quantity 中所有记录的乘积操作，将中间结果记录在 ToPrice 临时列中。然后再将 ToPrice 列与 Tax 列执行 ToPrice * (1−Tax)计算，将列计算结果存储在中间结果列 Results 列中，最后通过对 Results 列中记录的累加计算出查询结果。列处理模型一次解析和函数调用处理全部的列数据，执行代价被大量记录分摊。但一次一列的处理模式需要较大的临时列暂存中间结果数据，产生较大的内存空间消耗和访问代价。

如图 17.4(c)所示，向量化查询处理模型基于 Cache 大小将列数据水平划分为适当大小的向量(如 1 024 个数据作为一个向量)，查询引擎以向量为单位执行查询处理任务，记录的解析和函数调用代价被向量中的数据分摊，而且向量化的中间结果列存储于低延迟的 Cache 中，既具有列处理模型较高的执行效率，又消除了列处理模型中间结果暂存的内存代价，实现了 Cache 内的查询处理，提高了查询处理性能。

向量化查询处理模型是当前内存数据库的代表性优化技术，具有较好的 Cache 访问效率。随着编译器技术的发展，现代数据库应用实时编译技术[11]将查询任务编译为高效执行的机器码或中间级字节码，最小化记录解析与函数调用代价，提高代码执行效率。因此实时编译技术也是现代内存数据库代表性的优化技术。

内存数据库在底层算法实现方面大多采用 hardware-conscious(硬件敏感)的算法设计，基于硬件特性来设计算法与优化技术。这里简单介绍几种典型的内存优化技术。

1. Cache-conscious B+树索引(CSB+树)

内存数据访问的最小单位是 cache line(64 B)，内存数据库的 B+树索引采用 cache line 大小的节点存储键值，同一层的索引节点设置为一个节点组，节点组内的节点连续分配内存地址，从而使父节点可以只保存第一个下级节点指针(节点组指针)，其他节点通过偏移地址计算获得其内存地址，以节省索引节点中的地址存储空间开销。如图 17.5 所示，虚线框内为节点组，箭头为指向第一个节点的地址指针。

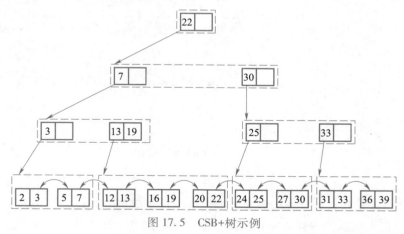

图 17.5   CSB+树示例

2. Radix 分区哈希连接

这种方法通过 Radix 分区技术减少 R 表和 S 表在分区过程中所产生的 Cache 失效和 TLB 失效。如图 17.6 所示，在分区阶段，采用 TLB 缓存优化的多趟分区方法将 R 表和 S 表按相同的 Radix 分区算法划分为较小的分区；在构建哈希表阶段，各分区上独立创建适合 Cache 大小的哈希表；在哈希探测阶段，S 表分区探测 R 表分区哈希表，完成连接操作。基于分区的哈希连接操作在分区阶段需要较大的空间和时间代价，但分区后的哈希连接能够满足哈希表小于 Cache 容量的要求，使得在哈希探测阶段获得较好的性能。

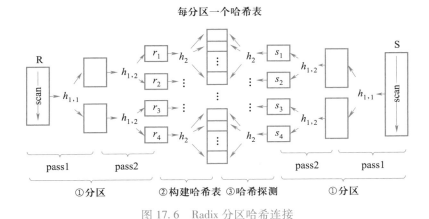

图 17.6　Radix 分区哈希连接

3. 排序合并连接

排序合并连接(sort-merge join)是数据库的一种主要的连接算法。内存数据库的排序合并算法设计需要考虑不同硬件层面上的优化技术，如面向向量寄存器的 SIMD 排序算法，in-cache 排序算法等。图 17.7 所示的 NUMA-aware 排序合并连接算法[12]过程优化了基于不同 NUMA 节点内存之间的排序合并连接算法。

在阶段 1，R 表在 NUMA 节点内执行局部排序操作，通过 SIMD 排序及 in-cache 排序优化本地节点排序性能。在阶段 2，NUMA 节点间执行归并算法，将排序后的数据分布在不同的 NUMA 节点上。在阶段 3~4，S 表执行相同的过程，将其按相同的排序合并规则在 NUMA 节点中划分排序数据。在阶段 5，各 NUMA 节点执行本地排序后 R 表和 S 表分区上的归并连接操作，最后合并 NUMA 节点间的连接结果。

总之，内存数据库在算法实现和优化技术上面向现代多核处理器的硬件特性做了深入的优化工作，如面向 SIMD 的算法实现、面向多线程的并行优化技术、面向多级 Cache 的优化技术等，以最大化发挥硬件效率，提高查询处理性能。

随着 GPU、FPGA、Phi 等硬件加速器技术的成熟与应用的普及，面向 GPU[13]、FPGA[14]、Phi[15]的内存数据库硬件加速技术成为新的发展趋势。硬件加速器更为强大的并行计算能力，为内存数据库提供了更高性能的查询加速引擎。

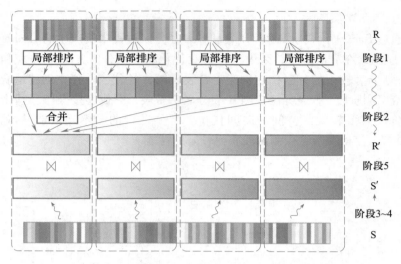

图 17.7   NUMA-aware 排序合并连接算法过程

17.3.3   并发与恢复

1. 并发控制

内存数据库与磁盘数据库的并发控制机制类似，但在细节上存在一定差异。由于数据存储在内存中，内存数据库中的事务执行时间一般较短，因此持锁时间也较短，系统中冲突较少，所以可以采用以下方法减少锁的开销：采用较大的封锁粒度（如表级锁）、采用乐观加锁方式、减少锁的类型、将锁信息存储在数据本身。

对于内存数据来说，封锁产生的 CPU 代价会对性能产生严重的影响，特别是对于工作负载主要由短小事务构成的联机事务处理应用场合，每个事务要求极短的响应时间，在几十毫秒甚至微秒之内完成。针对此问题，S. Blott 等提出了接近串行的并发控制协议。该协议的特点是：写事务在整个数据库上施加互斥锁（mutex），通过时间戳和互斥锁在事务的提交记录没有到达磁盘之前允许新事务开始，并且保证任何提交的读事务不会读到未提交的数据。无锁数据结构（lock-free data structure）也是内存数据库的一项优化技术，通过原子级操作实现无锁并发控制，提高内存数据库的并发查询处理性能。

并发控制会带来一些系统代价，如 CPU 代价、存储代价等，影响系统性能。而内存数据库对性能要求非常高，所以利用内存优势并结合应用需求，在保证事务 ACID 特性的同时尽量减少并发控制对性能的影响，是内存数据库需要进一步研究的问题。

并发查询处理需要解决的问题还包括不同查询任务并发执行时如何高效地解决访问冲突，如联机事务处理与联机分析处理负载混合执行时的并发访问控制问题。Hyper 提出了基于操作系统 snapshot 机制的联机事务处理和联机分析处理混合负载并发执行技术，通过操作系统级的 snapshot 隔离联机事务处理更新数据和联机分析处理只读查询数据，支持不同类型查询任务的并发执行。

2. 恢复机制

由于 DRAM 内存的脆弱性和易失性，内存数据库中的数据容易被破坏和丢失，所以内存数据库数据需要在磁盘等非易失性存储介质中进行备份，并且在对数据更新时将日志写到非易失性存储介质中。

在内存数据库中，如果在事务提交时将日志写入磁盘，则由于写日志所产生的磁盘 I/O 会延长事务的处理时间，降低内存数据库的性能。所以，将日志写在何处以及何时将日志写入磁盘，在内存数据库中是一个非常重要的问题。一些研究者提出了预提交、组提交等方法来降低日志 I/O 的代价，并提出使用 PCM、flash memory 等非易失性内存存储日志的方法。首先将日志存储在非易失性内存中，然后提交事务，再异步地把日志写入磁盘。内存数据库的索引构建非常快，一些内存数据库并不记录索引更新的 redo 日志，而将 undo 日志保存在内存中，系统恢复时直接重建索引结构。一些内存数据库通过只记 redo 日志的方式降低日志代价，通过周期性的检查点技术保证未提交事务数据不写入磁盘，在系统恢复时加载检查点并重做 redo 日志。也可以通过记录的多版本机制消除记录的原地更新（in-place update），未提交事务的记录版本最终被垃圾清理进程清除。

在发生系统崩溃时，如何从备份和日志中恢复数据也是内存数据库重要的性能指标。为了能够尽快地恢复系统的使用，一般可通过两步来恢复数据：首先恢复热点数据，即执行事务所必需的数据，然后在后台恢复其他非热点数据。另外，也可根据数据在磁盘上的存储顺序、优先级（是否为热点数据）以及访问频率等参数来确定数据的装载顺序。为了提高内存数据库的恢复性能，一些内存数据库采用了多核并行恢复技术，该技术需要将数据和日志进行分区，以保证分区的日志仅与分区的数据相关，每个核心可以并行地执行相应数据与日志上的恢复任务。

17.4　内存数据库的几种实现方案

针对不同的应用目标，内存数据库有不同的实现方案。本节介绍三种主要的方案：混合的内存加速引擎、独立的内存数据库系统和 GPU 数据库。

17.4.1　混合的内存加速引擎

这种方案是在传统数据库的磁盘处理引擎基础上，通过集成内存数据处理引擎技术来提升数据库的实时处理能力。当前的发展趋势是混合双/多引擎结构数据库，图 17.8 为几种产品示例。

图 17.8(a) 为 Oracle 公司推出的支持两种存储格式的内存数据库产品 Oracle Database In-Memory，其行存储结构用于加速内存联机事务处理负载、列存储结构用于加速内存联机分析处理负载。列存储引擎是完全内存列存储结构，应用 SIMD、向量化处理、数据压缩、存储索

引等内存优化技术，并可以扩展到 RAC 集群提供 Scale-Out 能力和高可用性。

图 17.8(b)为 IBM 公司推出的面向商业智能查询负载的加速引擎 IBM BLU Acceleration。它采用内存列存储和改进的数据压缩技术、面向硬件特性的并行查询优化等技术加速分析处理性能。BLU Acceleration 与 DB2 构成双引擎，传统数据库引擎采用磁盘行存储表结构，提供事务处理能力；BLU Acceleration 引擎面向列存储，提供高性能分析处理能力。

图 17.8(c)为 Microsoft 公司的 SQL Server 产品结构。SQL Server 在传统磁盘行存储引擎的基础上增加了 Hekaton 内存行存储引擎，以加速联机事务处理性能；还增加了列存储索引，以加速联机分析处理性能。列存储索引可用于内存基本表，支持 $B+$ 树索引及数据同步更新，通过 SIMD 优化及批量处理技术提高查询性能。SQL Server 2019 CTP 2.1 支持基于 Intel Optane DC PMEM 非易失性内存的 Hybrid Buffer Pool 技术，通过直接对非易失性内存中数据的访问，消除数据从磁盘向 DRAM 缓冲区加载的代价。

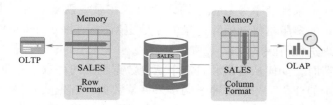

(a) Oracle Database In-Memory

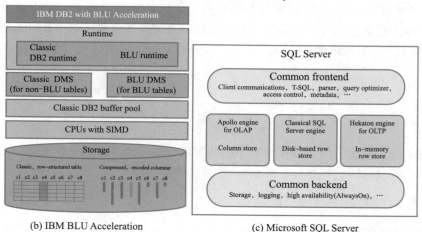

(b) IBM BLU Acceleration   (c) Microsoft SQL Server

图 17.8　混合双/多引擎结构数据库产品示例

随着大内存、多核处理器逐渐成为主流的计算平台，传统的关系数据库系统正经历着从磁盘数据库到内存数据库的升级。内存计算的高性能进一步提高了实时分析处理能力，推动了事务处理与分析处理的融合技术，提高了分析处理的数据实时性。

17.4.2 独立的内存数据库系统

这种方案对应独立设计的内存数据库系统，代表性的数据库系统包括 SAP HANA、Vector（VectorWise）、VoltDB 等。

SAP HANA 内存数据库是一个集成事务处理与分析处理负载于一体的高性能内存数据库系统。其列存储引擎通过面向多核处理器、SIMD 指令、Cache、数据压缩和大内存的优化技术最大化数据库内核的并行处理能力，事务处理引擎采用适合事务处理的存储结构，数据库支持在操作数据上同时执行事务处理与分析处理任务。HANA 通过列存储数据压缩技术提高内存利用率，事务处理数据则采用简单的数据压缩方式，通过主存储和 delta 列存储两种存储模型分别优化 OLTP 与 OLAP 负载。当前，有研究将 NVRAM 作为内存数据库的新型非易失性存储，利用其大容量、低成本、接近内存访问性能的特点进一步提高内存数据库的性价比，提高内存数据库在重启时的数据加载性能。

Vector（VectorWise）是荷兰 CWI 研究院在 MonetDB/X100 的基础上于 2008 年推出的商业化内存分析型数据库产品，通过与 INGRES 数据库结合，由 Action 公司于 2010 年推出 VectorWise 1.0 版本。该数据库的顶层采用 INGRES 架构，提供数据库管理、数据库连接、查询解析和基于代价的优化模型等功能，查询执行引擎和存储引擎采用 MonetDB/X100 模块，以列存储、CPU 效率高的轻量数据压缩、向量处理、多核并行处理等技术提高性能。在 VectorWise 1.0 分析数据库中具有 Hadoop 集成功能，由 Hadoop MapReduce 提供海量数据处理功能，并由 VectorWise 提供高性能大数据 SQL 引擎。

VoltDB 是一个基于 SN 架构，支持完全 ACID 特性的内存数据库。VoltDB 使用水平扩展技术增加 SN 集群中数据库的节点数量，将数据和数据上的处理相结合，分布在 CPU 核上作为虚拟节点。每个单线程分区作为一个自治的查询处理单元，消除并发控制代价。分区透明地在多个节点中进行分布，节点故障时自动由复制节点接替其处理任务。VoltDB 采用快照技术实现持久性，快照是数据库在一个时间点完整的数据库复制，保存在磁盘上。VoltDB 将事务处理作为编译的存储过程调用，查询被分配到节点控制器串行执行，通过基于 CPU 核的分区机制最大化并行事务处理能力，以满足高通量事务处理需求。

17.4.3 GPU 数据库

随着 GPU 处理器技术的发展，以 NVIDIA GPGPU 为代表的加速器集成了大量的计算核心，通过 GPU 的高并发线程提供强大的并行数据访问和计算能力。GPU 处理器技术的发展为提升数据库性能提供了硬件支持，GPU 既可以加速传统的磁盘数据库系统，也可以作为全新的内存数据库的加速引擎。

PG-Strom 是磁盘数据库 PostgreSQL 的 GPU 加速引擎，它通过 GPU 代码生成器为 SQL 查询任务创建 GPU 上的执行代码，通过 GPU 强大的并行处理能力加速查询处理。PG-Strom 支持查询中 SCAN、JOIN、GROUP BY 等操作在 GPU 端的执行，还支持 SSD-to-GPU 模式的 GPU

直接存储访问技术。

OmniSci(MapD)是一个基于 GPU 和 CPU 混合架构的内存数据库,包含内存数据库模式的 CPU 版本与加速模式的 GPU 版本。OmniSci 通过将用户查询编译为 CPU 和 GPU 上执行的机器码提高查询性能,通过向量化查询执行和 GPU 代码优化技术提高查询执行性能。查询执行时,CPU 负责查询解析,与 GPU 计算并行执行。

传统数据库的基础硬件假设正在发生变化,非易失性内存成为大容量、低成本、高性能的新内存,改变传统数据库面向易失性内存而设计的日志、缓存、恢复等机制;硬件加速器成为高性能计算(high performance computing,HPC)的主流平台,也将成为高性能数据库的计算平台,面向 GPU 架构及 CPU-GPU 异构计算平台的数据库也成为一个新的技术发展趋势。

17.5 内存数据库前沿技术与展望

硬件技术的发展为内存数据库提供了硬件基础,以 GPU、FPGA 为代表的异构计算体系结构的发展成为高性能计算平台的主流技术。

从存储技术的发展来看,大内存已成为高性能计算的主流配置,非易失性内存 NVRAM 已进入产品化阶段,高性能多层堆叠 SSD 缩小了传统内存与外部存储之间的性能差距,RDMA、NVLink(GPU 架构)等数据传输通信技术降低了网络访问延迟,异构存储提供了基于性能、成本的不同组合方案。

传统的数据库基于同构硬件架构而设计。异构硬件架构需要数据库扩展对不同硬件的支持,将数据库的存储引擎及查询引擎与异构硬件进行优化匹配,为用户提供满足不同性能与成本需求的解决方案。

1. 面向千核处理器的内存数据库技术

随着 ARM 处理器成为 TOP 500 新型高性能计算平台,基于 ARM 处理器的千核处理器计算平台成为新的高性能内存数据库硬件平台。与 X86 处理器相比,ARM 处理器的核心集成度更高,基于多路处理器的千核计算平台为高性能内存数据库提供了更加强大的并行计算能力,也需要数据库在千核并行处理技术上对传统的并发控制和查询处理进行优化,以更好地发挥 ARM 处理器的并行计算能力。数据库传统的并发控制技术在千核处理器平台上不能自动适应,更高的并发度甚至可能降低事务处理的整体性能,需要根据千核处理器的硬件特征优化并行控制算法,也需要对传统的并发控制算法进行深入评估,确定最优并行度。另一方面,千核处理器在分析处理负载中提供了更强大的并行计算能力,但需要通过面向 NUMA 结构优化多核并行算法性能,最大化千核并行计算性能。

2. 面向异构内存的内存数据库技术

NVRAM 的出现使内存成为持久存储设备,补足了内存数据库在事务处理 ACID 特性中长期缺失的 D 特性,从而使内存数据库成为真正意义上的完整数据库系统。NVRAM 具有内存的访问特性,但其物理结构决定了它在内存访问延迟、带宽等性能上与 DRAM 存在差距,在优化访问方式上也有所差异，不能从当前的内存数据库架构直接升级，需要面向 DRAM-NVRAM 的异构内存特性而优化设计内存数据库存储和查询引擎，将较小的但数据访问频繁的数据或中间数据存储于 DRAM，而将较大的、数据访问延迟要求低的数据存储于 NVRAM，优化两种不同容量、不同访问性能、不同成本的混合内存上的综合查询性能。当前，在 NVRAM 数据库技术研究中，基于混合内存的存储优化、索引优化、查询优化等是主要的研究方向，主要的优化策略是尽量减少 NVRAM 在读、写、访问粒度上相对 DRAM 的较大延迟，通过 DRAM 优化 NVRAM 上的存储访问性能。

3. 面向 GPU-GPU 异构计算平台的内存数据库技术

GPU 与 FPGA 作为硬件加速器可以显著提升特定的计算性能，基于硬件加速器的异构计算平台为高性能数据库提供了硬件基础。其中 GPU 数据库发展最为成熟，已有一系列 GPU 数据库产品成为新一代高性能数据库的代表性技术。从数据库引擎实现技术来看，GPU 数据库有两条主要的技术路线。

（1）GPU 内存数据库

随着 GPU 技术的发展，更多核心、更大显存容量、更高数据通道性能（NVLink 或 PCIe 4.0/5.0）、多卡集成能力等特性，使 GPU 成为新的内存数据库平台，提供对一定规模数据集（基于数据压缩和多卡扩展存储容量）的高性能查询处理能力，从而获得远超过基于 CPU 和 DRAM 的内存数据库查询处理性能。

GPU 数据库是完全面向 GPU 特定的硬件架构而设计的数据库系统，通过实时编译的 cuda 代码生成技术和面向 GPU 存储结构的优化技术提高查询算子性能，在 TBps 级显存带宽性能的支持下提供支持百亿记录的毫秒级查询响应性能。

（2）GPU 加速引擎

GPU 加速引擎技术面向较大数据集的查询处理任务，通过将适合 GPU（而不适合 CPU）的计算密集型负载分配给 GPU 以达到提高查询算子性能的目标。当前，CPU 与 GPU 之间的 PCIe 通道带宽性能显著低于内存带宽和 GPU 显存带宽，成为 GPU 加速技术最主要的性能瓶颈。除数据压缩、传输优化、计算与数据传输流水并行等优化技术之外，提高 GPU 计算的数据局部性也是重要的优化方法，即从查询负载中分离出数据量小、计算量大、计算输出结果小的计算密集型负载并提高计算的局部性是一个有效的解决方案。从当前 GPU 数据库实现技术来看，面向关系操作算子的 GPU 加速技术因实时数据传输代价而降低了整体性能加速收益，因此定制适合 GPU 本地计算的操作算子是 GPU 加速技术的基础。

在 GPU 数据库的研究中，一方面需要根据 GPU 不同于 CPU 的硬件结构特点定制和优化 GPU 上的查询算法性能，另一方面需要根据 GPU 显存容量优化 CPU-GPU 混合存储模型，优化 CPU 与 GPU 间低速 PCIe 通道的数据传输代价。

4. HTAP 数据库引擎技术

传统的磁盘数据库受磁盘 I/O 带宽的影响而性能较低，需要将事务处理与执行时间较长的分析处理划分为独立的事务处理系统和分析处理系统，分别采用不同存储模型的查询优化方法。内存数据库极大地提升了事务处理系统和分析处理系统的性能，尤其使分析处理系统不依赖于存储和计算成本较高的物化视图、索引等机制，支持实时分析处理。内存数据库性能的提升推动了混合事务分析处理技术的发展，即将事务处理系统与分析处理系统集成在一个数据库引擎内，实现实时的事务与分析处理。混合事务分析处理面对两种不同特征的负载处理，需要在存储模型和查询处理两方面实现融合与资源分配。

当前的混合事务分析处理技术主要体现在存储模型融合技术上，通常在数据库内部采用适合事务处理的行存储和适合分析处理的列存储混合引擎，通过一定的优化机制，实现内部行存储数据向列存储数据的迁移和存储结构转换。混合事务分析处理系统实现了事务处理引擎与分析处理引擎在数据库系统内部的集成，由数据库系统自动完成事务处理与分析处理任务以及行列存储转换，为用户提供统一的数据库平台。在分布式系统中，一种代表性的混合事务分析处理技术是：利用多个数据副本和日志更新策略保持事务处理副本与分析处理副本的一致性，通过不同副本的并行处理保证事务处理与分析处理负载同时具有较高的性能。

混合存储引擎技术解决了事务处理系统与分析处理系统在数据存储模型上的统一，在高负载应用场景下，分析处理负载需要占用大量处理器资源执行长程查询处理（long-term query），短事务处理需要与分析处理竞争处理器资源，降低了查询响应时间。异构计算平台为混合事务分析处理提供了新的解决方案，集成的高性能硬件加速器适用于分析处理负载执行，从而为异构计算平台上的混合事务分析处理系统释放处理器资源用于事务处理，使事务处理和分析处理负载在处理器资源上最大化隔离，减少两种负载对处理器资源的争用，提高两种负载各自的处理性能。当前 GPU 数据库通常作为独立的联机分析处理数据库引擎，主要处理数据仓库负载，未来将成为新型的混合事务分析处理计算平台，实现内存事务处理与 GPU 分析处理的集成与融合，为用户提供统一的数据库应用平台。

本 章 小 结

大容量内存、非易失性内存、闪存、多核 CPU、众核处理器、高性能网络传输等硬件技术的发展，为内存数据库提供了良好的平台。虽然内存价格相对于传统的磁盘仍然很高，但内存数据库的软件结构相对更简单，代码执行效率更高，不需要复杂的索引、物化视图等传统的数据库调优技术，具有更好的性价比。

内存事务处理数据库的软件技术比较成熟，已大量应用于金融、电信等实时响应性能要求较高的应用领域，成为企业核心业务事务处理的解决方案。随着内存硬件价格的不断下降，内存分析处理数据库成为内存计算新的技术增长点，一些商业内存数据库近年来取得了巨大的市场份额，传统数据库厂商 Oracle、IBM 和 Microsoft 等分别推出了内存数据库产品及解决方案，新兴的内存数据库产品 SAP HANA 及 VectorWise 等也迅速被高端数据库应用所采纳。应用案例表明，即使是一些大型企业，其核心分析数据也能够完全存储于内存或内存数据库集群中以支持高性能分析处理。

当前的服务器已能够支持 TB 级内存，在数据压缩技术的支持下，内存数据库平台能够支持数倍甚至数十倍于物理内存的大数据处理任务，成为大数据应用的有效解决方案。随着新硬件技术的不断发展，内存数据库技术也将随之而不断发展。非易失性内存技术的成熟进一步为内存数据库技术的发展提供了硬件基础，推动内存数据库成为大数据实时分析处理的重要平台。新型处理器技术的发展推动高性能计算平台走向异构化，如何在异构计算平台上进一步提高内存数据库的性能和处理能力是未来的一个重要研究方向。

限于篇幅，本章许多技术仅作概要论述，感兴趣的读者可以阅读本章列出的参考文献。

<h1 style="text-align:center">习　题　17</h1>

1. 内存数据库和磁盘数据库有什么区别？
2. 磁盘数据库与内存数据库各适用于哪些应用场景？
3. 试述内存列存储模型的结构特点、在联机事务处理与联机分析处理应用场景中行存结构和列存储结构的优缺点，分析存储模型与应用模式的关系。
4. 假设订单表 ORDERS 包含 16 个 INT 类型（4 B）的数据列，表中记录为 10 亿条，分别采用磁盘行存储结构和内存列存储结构。假设磁盘访问带宽为 100 MBps，内存带宽为 200 GBps。查询需要扫描表中的任意 3 个数据列，试估算在两种不同存储结构下的表扫描时间。
5. 试述内存数据库和硬件的相关性。多核 CPU、GPU、非易失性存储器等新硬件对内存数据库的设计有哪些影响，带来哪些性能收益？
6. 以内存哈希连接算法为例，试述在多核 CPU 平台和 GPU 平台如何根据硬件特性进行优化设计。

<h1 style="text-align:center">参考文献 17</h1>

［1］张延松，王珊．内存数据库技术与实现［M］．北京：高等教育出版社，2016.

［2］RAO J，ROSS K A．Making B+ trees cache conscious in main memory［C］．Proceedings of the 2000 ACM SIGMOD International Conference on Management of Data，2000：475-486.

［3］LEE I H，SHIM J，LEE S G，et al．CST-trees：cache sensitive T-trees［C］．Proceeding of the 12th International Conference on Database Systems for Advanced Applications（DASFAA 2007），2007：398-409.

［4］MANEGOLD S，BONCZ P．NES N，et al．Cache-conscious radix-decluster projections［C］．Proceedings of the 30th International Conference on Very Large Data Base，2004，30：684-695.

［5］BALKESEN C，TEUBNER J，ALONSO G，et al．Main-memory hash joins on multi-core CPUs：Tuning to the underlying hardware［C］．Proceedings of the 29th IEEE International Conference on Data Engineering，2013：362-373.

［6］KEMPER A，NEUMANN T，FINIS J，et al．Transaction processing in the hybrid OLTP&OLAP main-memory database system HyPer［J］．IEEE Data Engineering Bulletin，2013，36（2）：41-47.

［7］SIKKA V，FÄRBER F，LEHNER W，et al．Efficient transaction processing in SAP HANA database：the end of a column store myth［C］．Proceedings of the 2012 ACM SIGMOD International Conference on Management of Data，

2012：731-742.

　[8] HE B S, LU M, YANG K, et al. Relational query coprocessing on graphics processors[J]. ACM Transactions on Database Systems, 2009, 34(4)：1-39.

　[9] HE B S, Yu J X. High-throughput transaction executions on graphics processors[C]. Proceedings of the VLDB Endowment, 2011, 4(5)：314-325.

　[10] ZUKOWSKI M, BONCZ P A, NES N, et al. MonetDB/X100 -a DBMS in the CPU cache[J]. IEEE Data Engineering Bulletin, 2005, 28(2)：17-22.

　[11] NEUMANN T, LEIS V, et al. Compiling database qqueries into machine code[J]. IEEE Data Engineering Bulletin, 2014, 37(1)：3-11.

　[12] BALKESEN C, ALONSO G, TEUBNER J, et al. Multi-core, main-memory joins：sort vs. hash revisited [C]. Proceedings of the VLDB Endowment, 2013, 7(1)：85-96.

　[13] AREFYEVA I, BRONESKE D, CAMPERO G, et al. Memory management strategies in CPU/GPU database systems：a survey[C]. International Conference：Beyond Databases, Architectures and Structures(BDAS'18), 2018：128-142.

　[14] HALSTEAD R J, ABSALYAMOV I, NAJJAR W A, et al. FPGA-based multithreading for in-memory hash joins[C]. Proceedings of the 7th Biennial Conference on Innovative Data Systems Research(CIDR'15), 2015.

　[15] CHENG X T, HE B, S LU M, et al. Efficient query processing on many-core architectures：a case study with Intel Xeon Phi processor[C]. Proceedings of the 2016 International Conference on Management of Data, 2016：2081-2084.

　[16] ABADI D, AILAMAKI A, ANDERSEN D, et al. The seattle report on database research[J]. ACM SIGMOD Record, 2019, 48(4)：44-53.

　[17] SHANBHAG A, MADDEN S, YU X Y. A study of the fundamental performance characteristics of GPUs and CPUs for database analytics[C]. Proceedings of the 2020 ACM SIGMOD International Conference on Management of Data(SIGMOD'20), 2020：1617-1632.

　[18] YU X Y, YOUILL M, WOICIK M, et al. PushdownDB：accelerating a DBMS using S3 computation[C]. Proceedings of the 2020 IEEE 36th International Conference on Data Engineering (ICDE), 2020：1802-1805.

　[19] LU Y, YU X Y, CAO L, et al. Aria：a fast and practical deterministic OLTP database[C]. Proceedings of the VLDB Endowment, 2020, 13(12)：2047-2060.

　[20] LU B T, HAO X P, WANG T Z, et al. Dash：scalable hashing on persistent memory[C]. Proceedings of VLDB Endowment. 2020, 13(8)：1147-1161.

　[21] HAO X P, LERSCH L, WANG T Z, et al. PiBench online：interactive benchmarking of persistent memory indexes[C]. Proceedings of VLDB Endowment, 2020, 13(12)：2817-2820.

　[22] HE Y J, LU J C, WANG T Z. CoroBase：coroutine-oriented main-memory database engine[Z]. 2020, CoRR abs/2010. 15981.

　[23] LIU J H, CHEN S M, WANG L J. LB+Trees：optimizing persistent index performance on 3DXPoint memory [C]. Proceedings of VLDB Endowment, 2020, 13(7)：1078-1090.

第 18 章 \ 区块链与数据库

本章简要而系统地介绍区块链技术，主要包括区块链的概念与工作原理、区块链的发展进程、区块链系统的技术架构与关键技术、区块链与数据库的对比与融合等。

区块链是数据块的链接列表，是存储数据的一种新型数据结构。直观地看，它构成了数据更新的日志。

本章的目的不仅仅在于介绍区块链技术，而是**力求从数据库视角出发，将区块链技术和数据库技术相结合，使其能够相互借鉴**。在数据库系统中能够借鉴和应用区块链的去中心化技术、去信任理念和防篡改技术，使数据库应用更加安全可靠。同时，区块链能够从数据库查询优化和存储管理等技术中得到启发，进一步扩展其查询功能，提高事务处理效率，使得区块链的应用更加广泛深入。

18.1　区块链的概念与工作原理

区块链概念诞生至今仅十多年，目前已发展成为时下技术热点之一。区块链作为一种新型的分布式数据存储与处理系统，已成为数据库领域重要的研究和应用方向。

2016 年 12 月，区块链首次作为战略性前沿技术写入《"十三五"国家信息化规划》，我国将区块链定位为核心技术自主创新的重要突破口。

本章内容参考了中国信息通信研究院（China Academy of Information and Communications Technology，CAICT，简称中国信通院）与可信区块链推进计划（Trusted Blockchain Initiatives，TBI）发布的若干版本白皮书[1~3]，以及国内外相关文献与专家报告等。

区块链诞生时日毕竟尚短，技术成熟度有限。除比特币（Bitcoin）和以太坊（Ethereum）以外，区块链技术目前还缺乏大型应用实例的支撑，其标准体系尚未完备搭建，很多提法尚处于探讨研究阶段。本章内容和观点需要随着区块链技术和应用的不断发展进行修正和完善。

互联网是一场革命，它解决了信息的高效和廉价传输，但是它也带来了新问题，因为在网络上复制、传播、篡改一条信息的成本几乎为零，网络信息的可信度大打折扣。在货币领域，尽管电子货币带给人类极大便利，但目前的电子货币还必须依赖大量的第三方中介机构才能实现电子货币流通，这就引入了中心化的风险，也提升了交易成本。

那么，既然已经有了全球范围内高效可靠的互联网信息传输通道，是否可以建立一个与之匹配的高效可靠的价值传输系统呢？区块链即基于此思考而产生。

2008 年 11 月，一位化名中本聪(Satoshi Nakamoto)的密码学专家发表了论文 *Bitcoin：a Peer-to-Peer Electronic Cash System*[4]，文中描述了一种完全去中心化的数字货币，而区块链作为其底层技术从此开始进入公众视野。

18.1.1　区块链的定义

顾名思义，区块链就是区块的链接，这是一种链式的数据结构，如图 18.1 所示。

图 18.1　区块链结构示例

图 18.1 中，区块按照生成的时序串联而成，每个区块保存前一区块的"指针"，即前一区块内容的哈希值。区块内容一经生成通常不能再修改或删除，从而确保了可追溯性。所有网络节点存储完整的区块链副本。

下面给出**区块链的定义**。

区块链(blockchain) 是借助密码学保护内容的自增长的串接交易记录列表，又称区块。每一个区块包含了前一个区块的哈希值、本区块的时间戳以及交易数据，这样的设计使得区块内容具有难以篡改的特性。区块链能让多方有效记录交易，且可永久查验此交易。

狭义地讲， 区块链是一种按照时间顺序将数据区块连接组合成的链式数据结构，是以密码学方式保证的不可篡改和不可伪造的分布式账本。

广义地讲， 区块链技术是利用块链式数据结构来存储与验证数据、利用分布式共识算法来更新数据、利用密码学方式保证数据传输和访问的安全、利用由程序代码组成的智能合约来操作数据的一种全新的分布式基础架构与计算方式。

维基百科给出的定义为：区块链是一个去中心化的分布式数据库，它维护不断增长的记录列表，能够阻止篡改和修改。

需要说明的是，人们从不同的角度来定义区块链，因此其定义有多种。

就广义的区块链概念而言，包括如下一些关键技术特征。

① 点对点(P2P)通信。无中心，或者称为去中心化。

② 分布式数据存储。利用区块链存储数据，网络中所有发布节点共同信任、存储和维护数据，也可称为一种分散式/分布式数据库。

③ 带时间戳的链式区块结构。数据以时序封装成区块，区块串接成链条，不可篡改。

④ 共识(consensus)机制。节点拥有平等的记账权，利用共识算法保证数据在不同节点的

一致性。

⑤ 密码技术。在数据存储和传输环节，采用哈希加密、非对称加密、数字签名等技术来保证数据传输和访问的安全。

⑥ 智能合约。所有对数据的更改都需要通过智能合约完成，保证业务逻辑规则的自动化履行，且使得多方共同遵循的规则以公开透明的方式执行。

上述技术特征中，第③、④、⑥项特征是区块链理论的主要创新点，或者说区块链理论赋予了它们新的内涵。

区块链技术并非一种单纯的新技术，而是利用已有的成熟技术，赋予一定内涵和外延的限制或扩展，进行独创性的组合和创新，使之成为一种新的技术体系或新型应用模式。

18.1.2　区块的数据结构

本节以比特币区块为例介绍区块的数据结构。其他区块链系统中区块的数据结构有所不同，但大都与比特币区块类似。若不额外说明，本小节中的"区块"指比特币系统中的区块。

区块的数据结构如表 18.1 所示。

表 18.1　区块的数据结构

域	描述	大小/B
Magic No	常数，当前值为 0xD9B4BEF9。用来区分区块类型	4
BlockSize	当前区块大小，以字节为单位	4
BlockHeader	区块头，包含 6 个值	80
Transaction Counter	区块包含的交易数量，正整数	1—9
Transactions	区块包含的交易	由交易数量和交易内容决定

区块头的数据结构如表 18.2 所示。

表 18.2　区块头的数据结构

域	目的	更新机制	大小/B
Version	区块版本号	更新软件时更改	4
hashPrevBlock	根据前一区块头计算得到的 256 位哈希值	当创建新区块时生成	32
hashMerkleRoot	根据当前区块包含的所有交易计算的 256 位哈希值	每次增加一条交易到区块中，更改该值	32
Timestamp	当前时间戳	实时更新	4
Bits	难度系数，当前目标值	当调整难度系数时更新	4
Nonce	随机数，32 位整数	算力竞赛	4

图 18.2 给出了区块的内部结构示意图。

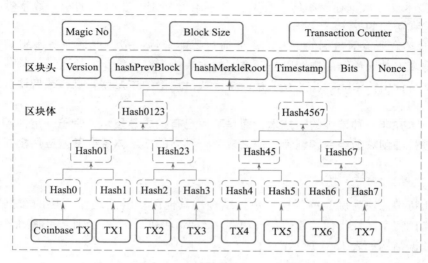

图 18.2　区块的内部结构示意图

比特币系统中，每个区块大小是 1 MB，每条交易信息为 1~2 KB，所以一个区块可以存储数百上千条交易记录。

区块头记录本区块的元信息，主要包括版本号（Version）、父区块的哈希值（hashPrevBlock）、Merkle 根（hashMerkleRoot）、时间戳（Timestamp）、难度系数（Bits）、随机数（Nonce）。

区块体记录交易数据，一个区块体中可记录前一时间段内发生的多条交易信息。

下面对区块头的部分属性予以解释。

1. 父区块的哈希值

属性字段 hashPrevBlock 中存有父区块头的哈希值，这个值就相当于是指向父区块的指针。通过它，不同时间产生的区块就连接成了一条链。

2. Merkle 根

属性字段 hashMerkleRoot 存储的是本区块体中全部交易数据进行哈希计算所得到的最终哈希值。

具体计算过程如图 18.2 中区块体的虚线部分所示。对区块体中所有的交易信息，分别按预设的哈希算法计算各交易的哈希值，然后将相邻的两个哈希值两两配对进行字符串拼接，再进行连续两次哈希运算生成一个新的哈希值；循环这个过程就形成了一个由哈希值组成的二分叉 Merkle 树，最终会形成一个根，这个根节点的哈希值就是全部交易数据的哈希值，称为"hashMerkleRoot"，记录于区块头中。

注：除根节点外，二叉 Merkle 树其余节点的数据一般不会进行物理存储，图中用虚线表示。

3. 难度系数和随机数

这两个属性字段分别用来证明产出区块的工作难度及工作量。所谓比特币的"挖矿"就是和这两个数值的设计密切相关的。18.1.3 小节介绍区块链工作原理时将做进一步说明。

上面介绍了区块的数据结构，接下来分析如何基于这样的数据结构来**避免区块被篡改**。

每生成一个新区块，需要计算出这个新区块的哈希值（通过对区块头信息执行双重哈希运算得到）。

区块生成后，按照一定的协议机制追加到已存在的最长的那条区块链的末端，并通知网络中其他节点进行数据同步。

区块链系统会生成和存储一张包括区块链中所有区块的哈希索引表，记录每一区块的哈希值及所在的物理存储位置。因此，通过区块的哈希值可以定位查询一个特定的区块。

区块体数据信息的任何变化都会影响到 Merkle 根，而 Merkle 根的任何变化也会影响到区块的哈希值。如果篡改者仅篡改数据，那么该区块的自身验证就无法通过；如果篡改者试图在篡改数据的同时将 Merkle 根、本区块索引也进行同步篡改，将会造成与网络中其余节点的数据副本不一致，也会与区块链后续的子孙节点的父区块指针信息发生矛盾。换言之，要想理想化地完成一次篡改，需要控制网络中大多数[①]节点才可以做到，这几乎是不可能的。

18.1.3　区块链的工作机制

1. 区块链系统的分布式网络架构

区块链系统部署在一个分布式架构网络中，如图 18.3 所示，这就是一个去中心化的 P2P 分布式网络架构。任何计算机设备都可以加入网络成为一个节点，节点之间都是平等的，没有服务器和客户端之分，或者可以说任何节点既是客户端，也是服务器。

图 18.3　区块链系统的分布式网络架构

任何节点安装一个相应软件就可以接入相应的区块链[②]。节点加入区块链系统后，搜索发现邻居节点，传递 P2P 信息，下载区块进行验证和本地存储。

区块链系统中的任一节点可以保存全量的区块链数据，称为**全节点**；也可以只下载和保存区块头信息，称为**轻节点**。

---

① 根据区块链协议的不同，"大多数"的含义也有所区别。例如对于比特币系统，"大多数"意味着过半数节点；而对于使用实用性拜占庭容错（PBFT）协议的联盟链系统，"大多数"意味着网络中 2/3 以上的节点。

② 对于联盟链或私有链，还需要身份授权。

2. 区块链的工作机制

区块链包含多种模式,各种模式基本的工作机制是一致的。如图18.4所示,用户提交的请求(如某笔交易指令)发送给区块链网络中多个节点,所有收到请求的节点(如图中的节点1和节点2)均须先验证请求的合法性(如图中步骤①),如请求的签名是否正确等。接下来,某个节点(如图中的节点1)将自己所收到的多个请求进行排序,按某种格式打包为一个新的区块,并发送给网络中其他节点(如图中步骤②)。网络中所有节点遵循某个共识协议来决定是否接受这个新的区块。在共识协议过程中,将包含对区块内容合法性的检验,例如是否按规定的格式进行打包。最后,所有达成共识的节点执行区块中的交易并提交(如图中步骤③),存储新的区块,并更新本地状态数据库。

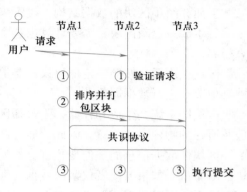

图 18.4 区块链的工作机制

3. 区块链的共识协议

区块链按准入机制可分为公有链、联盟链和私有链三大类(18.2.2小节将详细介绍),这里简单介绍公有链和联盟链的共识协议。私有链的共识协议与联盟链类似,不再赘述。

公有链的共识协议即所谓的"挖矿"过程。以比特币系统为例,连入比特币体系的节点时刻进行着高强度的计算(即**"挖矿"或"采矿"**),其目的是找到一个满足预设不等式的数字。当某个节点得到一个满足预设目标要求的计算结果时,该节点即具备了打包区块的权利(如图18.4的节点1)。同时,该节点还将获得一定数量的比特币奖励。该节点将自己的计算结果(Nonce)、奖励给自己的交易(即图18.2中的Coinbase TX)和收到的所有其他交易打包为一个区块,并发送给其他节点。网络中所有节点在收到该区块时将验证计算结果的正确性及区块内容的合法性,如果检验通过则接受这个新的区块。

因为存在共识过程和数据同步过程,所以区块的诞生就不能太频繁。按照中本聪的设计思路,全网平均每10分钟新生成一个区块,即1个小时诞生6个新区块。这种区块产出速度是通过难度系数(Bits)来调整的。

由于联盟链有身份准入限制,其共识机制不需要挖矿,而是通过投票来完成。以PBFT协议为例,网络中的节点轮流担任打包区块的职责,当新的区块被广播到网络中时,所有节点验证区块内容的合法性,并投票决定是否接受此区块。每个节点的投票都会被广播给网络中所有其他节点,而只有收到绝对多数(2/3以上)的投票时,才认为投票成功。通过这样的机制,可以避免网络中可能存在的少量恶意节点的干扰,实现所谓的"拜占庭容错"。

综上所述,区块链是一种去中心化的开放透明的分布式账本数据库。

① 不同于传统关系数据库以多个二维表来存储数据,区块链是以区块的链式串接进行存储的,一条区块链就是一个数据库或者是数据库的日志。

② 不同于传统的数据库系统，区块链系统没有数据库管理员。

③ 不同于传统的分布式数据库，在满足本地自治和分布透明的区块链系统中，每个节点都可以参与和维护全部的账本数据，没有主次之分。

区块链是一个按时序将交易数据区块串联而成的数据刻录机。所有的交易数据一经生成即可查询和追溯，但不能修改和删除。即数据库的增加、删除、修改、查询 4 种数据操作减少为增加和查询两种操作。

区块链是一个利用密码学原理确保隐私安全、传输安全及权责明晰的可信数据库/数据集合。

区块链引入共识机制，能为不可信环境建立信任关系提供支撑。

区块链引入智能合约，为区块链结合人工智能推动业务创新铺垫了广阔前景。

4. 区块链与比特币

区块链技术支撑起了比特币系统，但区块链不等于比特币。比特币系统的多年实践结果表明区块链技术模式是可行的，所以我国才会大力倡导加快区块链的研究和应用落地。

但是，比特币只是个人为假想设计出的业务系统，其业务逻辑也很简单，而实际生活中的业务体系大多已非常复杂，因此应参照吸收比特币中体现的区块链机制原理，并结合各行业的实际情况进行针对性的完善和创新，加快区块链的研究和应用落地，而非照搬比特币的技术原理。

18.1.4 区块链适用的应用场景

通过对区块链的概念和工作原理介绍，可以看出区块链适用的应用场景有如下特征。

① **对数据的真实有效性以及不可伪造、难以篡改有较高的需求。**绝大多数应用领域都要求数据真实有效，但是在信息化实践中可能会出现在理论上无法同时完美地满足诸多需求的问题。所以，对于不同场景的业务需求也是分级别的，如果数据真实、不可伪造的需求是第一位的，那么选择区块链模式就是恰当的。

② **存在多主体写入数据的需求。**例如，现实生活中主体 A 和主体 B 发生一笔业务交易，双方通过发票的报销联和存根联各自进行财务记账，从电子化视角看就是同一笔数据流水被两个主体重复记了账。采用区块链技术，理论上就可以实现区块链模式下的记账系统，即业务交易发生后主体 A 或主体 B 都可以发起记账行为，但无论是 A 记账、B 记账，还是其他节点进行了记账，都只需要也只能记一次账，其余节点同步账务数据即可。所以，区块链技术可以高效改进旧的业务流程(省略了对账过程)，并实现数据的安全一致性。

③ **适用在一种不可信的环境中建立基于数学的信任关系。**例如，互联网世界的两个匿名主体能够在无中心节点的背景下进行虚拟货币买卖，其前提就是区块链在技术层面保证了系统的数据可信(密码算法、数字签名、时间戳)、结果可信(智能合约等)和历史可信(链式结构、时间戳)。因此，区块链提供了一种"机器中介"。

反过来说，假设是在存在一定信任关系的环境中建设应用系统呢？如果存在一定信任度的环境，那么在信息系统规划设计时就可以舍弃一部分区块链技术的安全要求，以换取系统性能的提升，允许中心或半中心化节点的存在，于是联盟链和私有链就诞生了。

目前区块链技术还存在不太适合的应用场景，简单举例如下。

① 区块链不太适合业务交易高频发生、并发速度要求高的应用。由于需要具备拜占庭容错的能力，区块链系统中数据的写入需要经过系统中所有节点共识，且需要签名和验证环节，这些额外开销导致区块链系统的整体性能远远低于中心化系统。

② 区块链不太适合对实时查询要求高的业务。这是因为从业务发生到区块生成、共识通过、区块上链、节点同步是有一定时间延迟的。对于实时查询，就可能查不到正确的结果。

③ 区块链不太适合业务规则复杂且多变的应用。基于分布式架构的区块链系统，其升级成本相对高昂。特别是数据不允许修改，但因为业务规则频繁变化需要进行升级，数据的可追溯性就难以保证。

以税务应用为例，税收业务逻辑非常复杂，数据表单庞大繁杂且多变，加上我国处于税制改革期，税收业务就整体而言无法迁移到目前的区块链技术架构。目前在深圳等部分地区开展的区块链发票业务也只限于电子发票开具和报销，以联盟链形式落地。

可以看到，区块链的优点主要包括：广泛平等参与性，低成本（无须借助高成本的中心节点，而是充分利用开放的分布资源），开放性（如代码开源），可扩展性（易于增加新节点新功能），可伸缩性（节点个数和区块个数任意扩展），以及公开透明（多方遵守的业务规则以智能合约形式执行，避免暗箱操作）。

区块链的缺点主要包括：吞吐量问题（当区块链网络规模超大时，性能瓶颈尤为明显），性能问题（如写数据的延迟，即数据写入需要在分布式网络中经过共识完成），整体资源消耗问题（共识机制、消息发送、数据验证、副本存储同步等需要耗费大量网络和计算资源）等。

总之，在不可信的竞争环境中，作为一种低成本建立信任的新型计算范式和协作模式，区块链凭借其独有的信任建立机制，将会改变诸多行业的应用场景和运行规则，是未来发展数字经济、构建新型信任体系不可或缺的技术之一。

18.2 区块链的发展进程

自 2008 年底中本聪发表论文和 2009 年初比特币问世，区块链在十余年中经历了三次理念跃升，其应用从金融领域开始向各行各业进行渗透。区块链的架构也从公有链派生出了联盟链、私有链以及混合链等，最近几年公有链和联盟链有加速融合的趋势。

18.2.1 区块链发展的三个阶段

区块链技术的本质就是建立信任的新型数据管理和数据处理平台/工具，其发展可以分为三个阶段。

1. 第一阶段：数字货币应用

2009年1月比特币问世，区块链技术初次得到关注。这一时期仅有比特币系统，仅限于数字货币，没有技术框架，且不能进行定制化开发。

在比特币之后，莱特币(Litecoin)、零币(Zcash)、点点币(PPcoin)等多种数字货币相继涌现。其间区块链只是用于加密数字货币系统的记账功能，因此被认为是分布式账本。

2. 第二阶段：引入智能合约，助力金融领域应用开发

随着数字货币受到广泛关注，人们开始将区块链技术应用到金融领域，为区块链系统引入"智能合约"技术。

2015年7月，Vitalik Buterin发布了以太坊Frontier网络。以太坊提供了丰富的API和接口，能让任何人在区块链上实现智能合约并快速开发出各种各样的区块链应用。据统计，目前在以太坊上活跃的去中心化应用(decentralized application，DAPP，也称分布式应用)近400个。为了保证应用性能，以太坊优化了共识机制，实现了在12s左右产出一个区块。

智能合约本质上就是运行在区块链上的程序。区块链上的转账操作或一般意义上的数据操作均须通过事先确定的所有参与人认可的智能合约来完成。因此，智能合约也可以看作是一种通过计算机语言实现的，以信息化方式传播、验证和执行的数字化合约。智能合约技术对区块链的功能进行了拓展，使区块链不再仅仅是分布式账本，而是分布式的存储与计算平台。

3. 第三阶段：全面渗透助力社会治理，私有链和联盟链出现

随着区块链技术的进一步发展，其开放透明、去中心化、不可篡改等特征在其他领域也逐步受到重视。区块链应用从金融领域逐渐扩展到仲裁、公证、域名、审计、医疗、邮件、投票、签证、物流等众多社会领域，为实现社会治理提供了新的理念和模式，这就是"**区块链3.0**"，也被称为"社会化编程技术框架"。同时，区别于比特币和以太坊为代表的公有链技术平台，又陆续诞生了以R3 Corda为代表的私有链技术平台和以Hyperledger Fabric为代表的联盟链平台。

除此以外，人们还试图将区块链技术应用到物联网中，实现人与人、人与机器的万物互联。

18.2.2 公有链、联盟链及私有链

按照区块链的定义，区块链是去中心化的，所有节点平等参与记账，网络是开放的。但如果僵硬坚守这一教条，可能区块链技术就不会有这十余年的快速发展，因为除了数字货币，大型复杂的业务场景很难直接通过公有链平台进行落地。

前已提及，基于网络节点的准入机制不同，区块链的部署逐渐发展为多种模式。按照准入机制(从访问和管理权限方面考量)，可以分为公有链(public blockchain)、联盟链(consortium blockchain)和私有链(private blockchain)三大类。其中，联盟链和私有链又合称为许可链(permissioned blockchain)，公有链又称为非许可链(permissionless blockchain)。

1. 公有链

典型代表如比特币、企业操作系统（enterprise operating system，EOS）、以太坊等。

公有链是完全开放的真正意义上的去中心的区块链，任何个体都可以参与系统维护工作；任何个体或者团体都可以在公有链发送交易，且交易能够获得该区块链的有效确认。每个人都可以竞争记账权。

公有链具有如下特点：

① 完全开源。系统的运行规则完全透明，系统完全开源。

② 完全匿名。系统中的任何节点之间无须彼此信任，所有节点无须公开身份，节点的隐私和匿名受到保护。

2. 联盟链

典型代表如 Fabric、Ripple、FISCO BCOS 等。

某个群体或组织内部使用的区块链需要预先竞争选举出部分节点作为记账角色，区块的生成由所有预选记账人共同决定，其他非预选出的节点可以交易，但是没有记账权。

例如，Ripple 为属于联盟成员的银行类金融机构提供跨境支付服务，目标是取代 SWIFT 跨境转账平台，打造全球统一的网络金融传输协议。

3. 私有链

典型代表如前面提到的 R3 Corda。

私有链只是使用区块链技术作为底层记账技术，记账权归私人或私人机构所有，不对外开放。也就是说，私有链是写入权限在一个组织手里，读取权限可能会被限制的区块链。

公有链、联盟链、私有链的主要特征对比可参见表 18.3 所示。

表 18.3　公有链、联盟链、私有链的主要特征对比

主要特征	公有链	联盟链	私有链
网络结构	完全去中心化	部分去中心化	（多）可信中心
节点规模	无控制	有限	有限
加入机制	无限制	授权	授权
数据访问	任意节点	内部节点	内部节点
共识机制	工作量证明	PBFT 共识协议	Paxos 共识协议，RAFT 共识协议
激励机制	代币激励	无	无
代码开放	开源	定向开源	不开源

私有链和联盟链弱化了公开程度和去中心化理念。但是，不同于比特币等数字货币系统，就商业应用而言，性能效率往往是考量一个应用系统能否落地的首要因素。因此，在近年来的商业应用实践中，联盟链的部署模式占据了相当比例，而且采用多层应用架构将联盟链和公有

链两种模式进行融合成为主流倾向。

目前全球范围内已有许多区块链系统（平台/项目），下面仅列举几个为例。

① **Hyperledger Fabric**。Linux 基金会 2018 年成立了超级账本（hyperledger）项目，这是一个旨在提高跨行业区块链技术的开源全球合作项目，吸收金融、银行、物联网、供应链、制造和科技产业的领导者参与。其下属的主要框架项目除 Fabric 以外，还有 Sawtooth Lake（锯齿湖）、Iroha、Burrow、Indy 等项目。

② **Ethereum**（以太坊）。以太坊是一个基于区块链技术的去中心化应用平台，它允许任何人在平台中建立和使用通过区块链技术运行的去中心化应用。以太坊被认为是**区块链 2.0 时代的代表性产品**，其创始人 Vitalik Buterin 于 2013 年底发布以太坊白皮书，标志该项目正式启动。2015 年 7 月以太坊发布第一个版本 Frontier 网络，以太坊主网正式上线。2016 年以太坊发布第二个版本 Homestead。2017 年 10 月以太坊发布第三个版本 Metropolis 的 Byzantium 部分。至此，以太坊已发展成为区块链世界最重要的一个平台，大量的去中心化应用基于以太坊来开发。与比特币不同的是，以太坊是可编程的区块链，它提供了一套图灵完备的脚本语言。

③ **Quorum**。Quorum 是 J. P. Morgan 集团开发的基于以太坊的联盟链，用来向用户提供企业级分布式账本和智能合约开发，适用于高速交易和高吞吐量处理联盟链间私有交易的应用场景。其主要设计目的是解决区块链技术在金融及其他行业应用的特殊挑战。Quorum 的设计思想是尽量使用以太坊现有的技术，而不是重新研发一条全新的链。相比以太坊，Quorum 使用了 RAFT 共识算法，增加了隐私性设置，对网络和节点进行了权限管理。

④ **Corda**。Corda 是由 R3CEV 公司推出的一款开源的分布式账本平台，用来记录、管理和同步协议和交换价值。它借鉴了区块链的部分特性，例如 UTXO 模型以及智能合约，但它又不同于区块链，并非所有业务都适合使用这种平台，其面向的是银行与银行之间或银行与其商业用户之间的互操作场景。

18.3 区块链系统的技术架构与关键技术

中国信通院联合多家企业牵头实施的"**可信区块链推进计划**"正在加紧制定区块链的技术标准，该计划发布的区块链白皮书中定义了区块链系统的技术架构及关键技术。

18.3.1 区块链系统的技术架构

"可信区块链推进计划"将区块链系统的功能架构抽象封装为基础设施层、基础组件层、账本层、共识层、智能合约层、接口层、应用层、操作运维层、系统管理层等层次，如图 18.5 所示。

1. 基础设施层

基础设施层为上层提供物理资源和计算驱动，包括网络资源、存储资源和计算资源等，是区块链系统的基础支持。

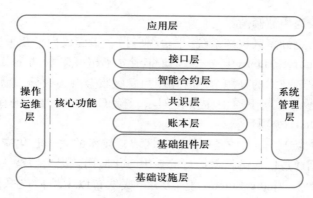

图 18.5   区块链系统功能架构抽象示意图

2. 基础组件层

基础组件层为区块链系统网络提供通信机制、数据库和密码库，负责完成区块链系统网络中信息的记录、验证和传播。具体而言，主要包含网络发现、数据收发、密码库、数据存储和消息通知等模块。

3. 账本层

账本层负责交易的收集、打包成块、合法性验证以及将验证通过的区块上链。该层将上一个区块的签名嵌入下一个区块组成块链式数据结构，使数据完整性和真实性得到保障，这正是区块链系统防篡改、可追溯特性的来源。

为了应对区块链交易数据不断增长造成的性能压力，账本数据也将遇到归档问题。对于冷数据，区块链系统通过归档功能将其下线，这样数据存储量就能减少。当然，这样处理后，区块链的可追溯性特征就被弱化了。不过区块链系统会设置一类"档案节点"，该节点始终保存全链的数据。

为了加强对账本数据的并发访问能力，区块链系统从单链模式逐步走向多链模式，多链协同作业，但这样处理后必须有完善的跨链协议。

4. 共识层

共识层负责协调保证全网各节点数据记录的一致性。区块链系统中的每个节点都可能拥有记账权，但各节点的交易池由于网络延迟等各种问题存在一定的差异，整个网络中就会存在各种大同小异的账本。因此，如何在保证节点记账权利的基础上做到全网共用一个账本成为共识算法的关键设计点。

5. 智能合约层

智能合约类似于 SQL 数据库的存储过程和触发器，遵守 ECA(事件-条件-动作)规则，即当 E 发生时，若满足 C，则驱动执行 A。

智能合约层负责将区块链系统的业务逻辑以代码的形式实现、编译并部署，完成既定规则的条件触发和自动执行，最大限度地减少人工干预。智能合约的操作对象大多为数字资产，数据上链后难以修改。触发条件强使得智能合约的使用具有高价值和高风险，如何规避风险并发挥价值是当前智能合约大范围应用的难点。

智能合约的编程语言有 C++、Java、Solidity、GO、Python、Bitcoin Script 等。

6. 接口层

接口层主要用于完成功能模块的封装，为应用层提供简洁的调用方式。

应用层通过调用远程过程调用接口（RPC）与其他节点进行通信，通过调用软件开发工具包（SDK）对本地账本数据进行访问、写入等操作。

7. 系统管理层

系统管理层主要包含权限管理和节点管理两类功能。

权限管理是区块链技术的关键部分，用于控制用户有权访问的数据和功能。权限管理可以分散实现，也可以通过访问控制集中实现。

节点管理的核心是节点标识的识别，通常使用以下技术实现：

① CA 认证。集中式颁发 CA 证书给系统中的各种应用程序，身份和权限管理由这些证书进行认证和确认。

② PKI（public key infrastructure，公钥基础设施）认证。由 PKI 地址确认身份。

③ 第三方身份验证。身份由第三方提供的认证信息确认。

8. 操作运维层

操作运维层负责区块链系统的日常运维工作，包含日志库、监视库、管理库和扩展库等。在统一的架构之下，各主流平台根据自身需求及定位的不同，其区块链体系中存储模块、数据模型、数据结构、编程语言、沙盒环境的选择亦存在差异，给区块链平台的操作运维带来较大的挑战。

9. 应用层

应用层作为最终呈现给用户的部分，其主要作用是调用智能合约层的接口，适配区块链的各类应用场景，为用户提供各种服务和应用。

由于区块链具有数据确权属性以及价值网络特征，目前产品应用中很多工作都可以交由底层的区块链平台处理。在开发区块链应用的过程中，前期工作须非常慎重，应合理选择去中心化的公有链、高效的联盟链或安全的私有链作为底层架构，以确保在设计阶段核心算法无致命错误。因此，合理封装底层区块链技术，提供一站式区块链开发平台将是应用层发展的必然趋势，即区块链即服务（blockchain as a service，BaaS）。

同时，跨链技术的成熟可以使应用层选择系统架构时增加一定的灵活性。

18.3.2　区块链技术的难点

因为比特币，区块链技术在全球形成了技术研究热潮，但目前大规模商业应用落地还比较困难。除了人才因素、法律监管因素外，从技术角度归纳，区块链尚存在以下主要"痛点"：

① 应用开发门槛太高，技术储备不足。

② 底层性能无法支持高并发。

③ 跨链通信问题。

区块链业界有这样一个观点：无论技术如何完善，区块链系统不可能同时完备满足"去中心化、安全、高效低能"的目标，简称**"不可能三角"**。

1. 去中心化

去中心化要求节点平等、自由进出，那么节点中有"好人"也有"恶意者"；节点有网络环境良好的，也有网络环境不稳定的；节点有正常工作的，也有发生意外故障的。同时，区块链的基本原理决定了账本数据一旦生成就不可删不可改，那么共识机制如何设计才能合理且安全高效呢？

2. 安全

分布式网络中的节点越多，账本副本也就越多，系统也就越安全，一部分节点的故障或恶意无法对系统的安全可靠性造成本质影响。但是，节点越多也意味着达成共识需要的时间周期越长久。同时，随着业务的不断增长，区块链会"越长越高"，网络节点的存储开销压力会越来越大，查询遍历完整区块链的性能效率也会越来越差。

3. 效率

站在效率的角度，共识机制要尽量灵活，共识算法要尽量简明；区块链不能生长无节制，否则查询很难；实际的复杂业务系统中交易吞吐量都非常大，因为广播交易寻求共识将会造成区块链系统性能低下。那么如何设计才能尽量提升其吞吐量以满足高并发要求呢？

这些都是当下区块链研发中面临的难点。

18.4　区块链与数据库

人们期望在数据库系统中能够借鉴和应用区块链的去中心化技术、去信任理念和技术，从而使数据库应用更加安全可靠。

18.4.1　区块链与数据库的对比

区块链从其本质而言，其目的就是存储和管理数据，这与数据库的定位是一致的。与关系数据库管理系统相同的是，区块链中存储的也是结构化的数据。值得注意的是，区块链中的数据有两种形态：在区块中存储的是针对数据的操作，相当于日志数据；而区块链的每个节点会维护本地的状态数据库，通常是键值对模式。不管是在区块中，还是在状态数据库中，数据都是有结构的。此外，区块链也向上层应用提供了统一的数据处理接口，所有应用程序均可通过智能合约来增加新的数据，通过面向键值对模式的语法来查询数据。

然而，区块链和传统的关系数据库管理系统还是存在较大的差异。表 18.4 所示为二者在设计目标、功能以及架构方面的对比。

表 18.4　区块链与数据库的对比

对比项	区块链系统	关系数据库管理系统
设计目标	更强调安全	更强调性能，如响应时间、吞吐量等
	容忍任意类型错误	容忍宕机错误
功能	智能合约	SQL
	键值对模式	关系模式
	支持增加和查询，不支持删除和更改	支持增、删、改、查
	不支持事务并发	支持事务并发
架构	每个节点存储完整副本	每个节点存储部分数据
	无中心节点	有中心节点

1. 设计目标上的差异

从设计目标来看，大部分区块链系统首先考虑的是安全问题，例如"双花"攻击、分叉等，而并不将性能作为最重要的考量因素。这是因为区块链系统大多面对开放的网络环境，系统中可能存在恶意节点，因此安全是其最关心的指标。而关系数据库管理系统中虽然安全也是重要的指标，但关系数据库管理系统面向比较封闭的运行环境，其安全威胁相对容易控制和处理，因此系统功能、性能指标(如响应时间和吞吐量)通常更为重要。

区块链系统在设计时需要考虑面临恶意节点的威胁，容忍任意类型的错误。关系数据库管理系统的安全性是保护数据库以防止不合法使用所造成的数据泄露、篡改或破坏。目前已颁布了一系列信息安全标准，采用身份鉴别、入侵检测、存取控制、审计、数据加密存储和加密传输等技术手段提高数据库的安全性；关系数据库管理系统容忍宕机错误的影响，使用数据库恢复技术加以弥补。

2. 功能上的差异

从功能上看，区块链系统支持智能合约，即图灵完备的程序语言，因此除了存储功能之外，还可以看作是分布式的计算环境。关系数据库管理系统则只支持运行 SQL 脚本。区块链中的数据基本以键值对模式存储在状态数据库中，关系数据库管理系统中的数据则采用关系模式。区块链系统支持对数据的增加和查询操作，但不能更改或删除。关系数据库管理系统则支持增、删、改、查操作。区块链系统要求所有事务串行执行，不支持事务的并发，关系数据库管理系统则支持事务并发。

3. 架构上的差异

从架构来看，区块链系统中的每个节点存储完整的数据副本，而分布式关系数据库管理系统中的每个节点只存储部分数据。区块链系统没有中心节点，分布式关系数据库管理系统有中心节点。

18.4.2   区块链与数据库的融合

区块链可以看成是一个特殊的数据库，与关系数据库管理系统存在明显的区别。近年来涌现出不少研究工作，一方面希望将数据库的技术运用到区块链中，提高其事务处理效率、增强查询处理能力等；另一方面也希望在关系数据库管理系统中引入区块链的技术，实现防篡改、可信共享等功能。本节将对这些工作予以简单介绍。

1. 将数据库技术应用到区块链中

区块链系统最初的设计目标主要是实现安全可靠的转账，对系统性能要求不高。但随着区块链从加密数字货币中独立出来，应用到物流溯源、政府治理、支付等领域，区块链系统性能逐渐跟不上应用的需求。例如，比特币系统的平均吞吐量在每秒 7 笔交易，远低于现有的支付系统（如微信或支付宝）。为了提升区块链系统的性能，研究者将数据库的典型技术，如分片、索引以及并发技术等引入区块链。

（1）分片技术的引入

分片是分布式数据库的重要技术，其思想是将数据按应用需求分为多个子集，存放于不同的服务器，以提高处理效率，实现水平扩展。在传统区块链系统中所有节点构成一个大的网络，每一个事务的处理都需要经过网络中所有节点的共识。当系统规模增大时，网络传输能力就成为系统瓶颈。仿照数据库分片的思想，研究者提出，将整个区块链网络分为多个片（shard），每个片负责不同的事务，从而提高系统整体的吞吐量。如图 18.6 所示，区块链网络被分为 A、B、C 三个片，每个片由多台服务器组成。

图 18.6   分片区块链系统架构[14]

（2）并发技术的引入

目前主流服务器都有多个核，具备强大的并行计算能力，通过并行处理多个事务来提高系统的吞吐能力。关系数据库管理系统的一项核心功能是事务并发控制。在传统区块链中所有事务是串行处理的，不能充分利用并行处理能力。如果能在区块链中允许事务并发，将有助于提升系统性能。然而，在区块链中的并发面临新的挑战，区块链系统要求每个服务器都要执行所有的事务，且按相同的顺序，因此关系数据库管理系统的并发控制方法不能直接用于区块链中。现有的研究工作多采用软件事务存储技术（software transactional memory，STM）或数据库多版本并发控制（MVCC）方法来解决这一问题。

（3）索引技术的引入

区块中存储的数据实际上是日志数据，但与数据库日志又不完全相同。区块链系统常常需要对区块进行扫描，以查找特定数据。当区块数量庞大时，扫描区块就会带来昂贵的系统开销。为解决这一问题，研究者设计了针对区块数据的索引，通过改造传统的索引结构（如 B 树）实现对区块数据的快速定位。此外，由于区块链中的交易数据不再更改，且以块为单位进行存储，因此不少区块链系统中也采用 Bloom Filter 结构来实现对数据的索引。

2. 融合区块链特征的新型数据库

随着区块链技术的兴起，人们也在尝试将区块链技术引入数据库，赋予数据库新的能力，如数据不可篡改、高可靠数据库，以及数据的可信共享等。

区块链最引人注目的特征就是其不可篡改的特性，这与数字签名技术和区块的结构密切相关。研究者尝试在数据库中引入类似的数据结构，并结合数字签名技术，使得数据不能被随意更改，代表性系统是 BigchainDB。

还有 ChainSQL 系统，它将数据库的操作日志存储于区块链中，而将数据存储于关系数据库，如 SQLite3、MySQL 或 PostgreSQL 中。这样可以根据区块链里的日志记录将数据库表恢复到任意时刻点，实现了高可靠的数据库。

近年来，数据可信共享在政府治理等领域引起了人们的关注，如何让数据库支持可信共享成为新的研究问题，即共享数据库（sharing database）。与传统的数据管理系统不同，共享数据库的系统形态将是多样的，对于不同的应用提供不同的功能，且需要具备数据可信共享的能力。数字签名、操作可回溯以及去中心架构都可能被运用到共享数据库中。

区块链与数据库的融合刚刚起步，需要技术创新，更需要有实际应用背景和需求的支撑。

本 章 小 结

本章讲解了什么是区块链，区块链的数据结构、工作机制、发展历史、系统功能架构、关键技术及最新发展趋向等。

我们看到，区块链技术并非是一种单纯的新技术，而是利用已有的成熟技术，赋予一定内涵和外延的限制，进行独创性的组合和创新，使之成为一种新的技术体系和新型应用模式。

自 2008 年底中本聪发表论文和 2009 年初比特币问世以来，区块链技术已经成为当前的技术热点之一。区块链作为一种新型的分布式数据存储与处理系统，也成为数据库领域重要的研究和应用方向。

数据库领域的许多研究人员正努力把区块链技术和数据库技术结合起来，一方面在数据库系统中借鉴区块链的去中心化技术、去信任理念和防篡改技术，使数据库应用更加安全可靠；另一方面在区块链中参考数据库查询优化和存储管理技术，扩展区块链的查询功能，提高区块链的事务处理效率，使区块链技术能够在行业应用场景中更快落地。总体来看，区块链技术目前还缺乏大型应用实例的支撑，其标准体系也有待完备搭建。

习　题　18

1. 什么是区块链？
2. 就广义的区块链概念而言，有哪些关键技术特征？
3. 简述区块链的数据结构。
4. 试述区块链的工作机制。
5. 区块链和比特币有什么关系？
6. 什么是公有链、联盟链、私有链？请简述它们各自的主要特征。
7. 区块链和数据库有什么区别，又有什么联系？

参考文献 18

［1］中国信息通信研究院，可信区块链推进计划．区块链白皮书（2018 年）［R］，2018.

［2］中国信息通信研究院，可信区块链推进计划．区块链白皮书（2019 年）［R］，2019.

［3］可信区块链推进计划，区块链即服务平台 BaaS 白皮书（1.0 版）［R］，2019.

［4］Satoshi Nakamoto. Bitcoin：a peer-to-peer electronic cash system［EB］，2008.（中本聪．比特币：一种点对点的电子货币系统，2008 年 11 月）

［5］腾讯研究院．2019 腾讯区块链白皮书：服务实体经济，打造价值互联网的信任基石［R］，2019.

［6］杨保华，陈昌．区块链：原理、设计与应用［M］．北京：机械工业出版社，2017.

［7］王璞巍，杨航天，孟佶，等．面向合同的智能合约的形式化定义及参考实现［J］．软件学报，2019，30（9）：2608−2619.

［8］焦通，申德荣，聂铁铮，等．区块链数据库：一种可查询且防篡改的数据库［J］．软件学报，2019，30（9）：2671−2685.

［9］于戈，聂铁铮，李晓华，等．区块链系统中的分布式数据管理技术——挑战与展望［J］．计算机学报，2021，44（1）.

［10］通证通研究院．扩容，解决区块链的阿喀琉斯之踵——区块链技术引卷之二［R］．通证通研究院 FENBUSHI DIGITAL，2018.

［11］扩容区块链：分片技术分析［EB］．企鹅号-火箭资本，2018−12−13.

［12］Alburtams.区块链的跨链技术简介［EB］.CSDN，2018−05−02.

［13］DANG H, DINH T T A, LOGHIN D, et al. Towards scaling blockchain systems via sharding［C］. Proceedings of the 2019 International Conference on Management of Data（SIGMOD '19），2019：123−140.

［14］MCCONAGHY T, MARQUES R, MÜLLER A, et al. BigchainDB：a scable blockchain database［EB］，2016−06−08.

［15］Beijing PeerSafe Technology Company Limited. White paper for blockchain database application platform［R］，2017.

［16］钱卫宁，金澈清，邵奇峰，等．区块链与分享型数据库［J］．大数据．2018，4（01）.

［17］DICKERSON T, GAZZILLO P, HERLIHY M, et al. Adding concurrency to smart contracts［C］. Proceedings of the ACM Symposium on Principles of Distributed Computing（PODC'17），2017：303−312.

附录 "高校本科教务管理"信息系统的 E-R 图和关系模式

本书用一个教师和学生熟悉的实例——**"高校本科教务管理"**信息系统把基础篇、设计与应用开发篇和系统篇中的知识点讲解和设计样例贯穿起来。这里对该信息系统的 E-R 图和关系模式进行简要介绍。

1. "高校本科教务管理"信息系统的基本 E-R 图

第 7 章中抽象出"学生选课管理""学生学籍管理"和"教师教学管理"三个子系统,设计了三个分 E-R 图,这三个分 E-R 图集成为**"高校本科教务管理"信息系统的基本 E-R 图**,即总 E-R 图(参见图 f-1)。

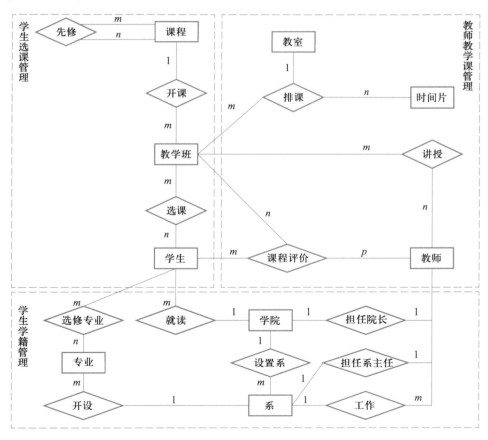

图 f-1 "高校本科教务管理"信息系统的基本 E-R 图

2. "高校本科教务管理"信息系统的 E-R 图中各实体和联系的属性图

"高校本科教务管理"信息系统的 E-R 图中各实体和联系的属性图如图 f-2 所示。

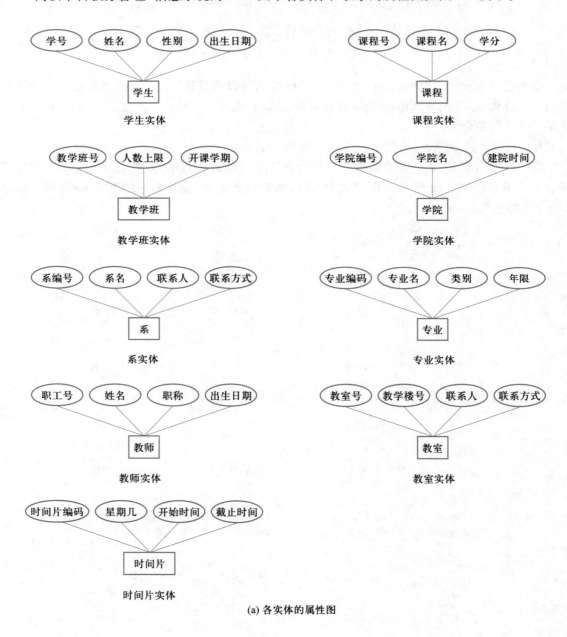

(a) 各实体的属性图

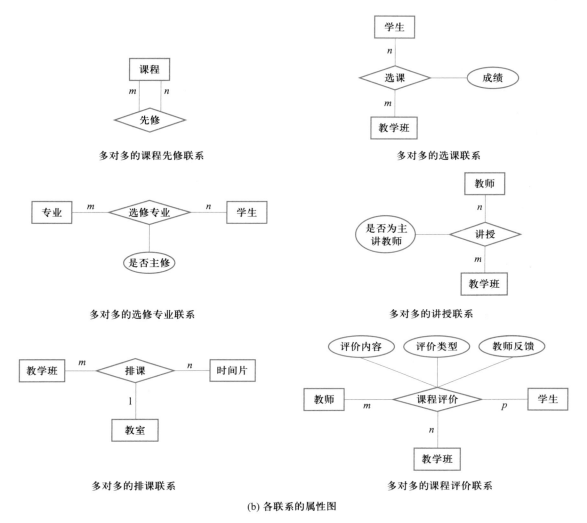

多对多的课程先修联系

多对多的选课联系

多对多的选修专业联系

多对多的讲授联系

多对多的排课联系

多对多的课程评价联系

(b) 各联系的属性图

图 f-2 "高校本科教务管理"信息系统的 E-R 图中各实体和联系的属性图

3. "高校本科教务管理"信息系统的关系模式及部分示例数据

（1）学生表

Student（Sno，Sname，Ssex，Sbirthdate，SHno）　　／＊由学生实体转换过来＊／

学生（学号，姓名，性别，出生日期，所在学院）／＊对应的中文命名＊／

说明：学号是该关系模式的主码。因为学生实体和学院实体之间存在 $n:1$ 就读联系，该联系可以与 n 端对应的学生关系模式合并，即把学院实体的主码 SHno 合并进来，属性名为"所在学院"。

示例元组如下：

学号 Sno	姓名 Sname	性别 Ssex	出生日期 Sbirthdate	所在学院 SHno
20180001	李勇	男	2000-3-8	160
20180002	刘晨	女	1999-9-1	160
20180003	王敏	女	2001-8-1	160
20180004	张立	男	2000-1-8	160
20180005	陈新奇	男	2001-11-1	160
20180006	赵明	男	2000-6-12	160
20180007	王佳佳	女	2001-12-7	160

（2）课程表

Course(<u>Cno</u>,Cname,Ccredit)　　　/*由课程实体转换过来*/

课程(<u>课程号</u>,课程名,学分)　　　/*对应的中文命名*/

示例元组如下：

课程号 Cno	课程名 Cname	学分 Ccredit
81001	程序设计基础与 C 语言	4
81002	数据结构	4
81003	数据库系统概论	4
81004	信息系统概论	4
81005	操作系统	4
81006	Python 语言	3
81007	离散数学	4
81008	大数据技术概论	4

（3）教学班表

TeachingClass(<u>TCno</u>,Capacity,Semester,Cno)　　　/*由教学班实体转换过来*/

教学班(<u>教学班号</u>,人数上限,开课学期,课程号)　　　/*对应的中文命名*/

说明：因为教学班实体和课程实体之间存在 $n:1$ 开课联系，该联系可以与 n 端对应的关系模式合并，即把课程实体的主码课程号 Cno 合并到教学班表中。

在实际的教学过程中，一门课程可以开设多个教学班，每个教学班可以设置不同的选课人数上限。根据招生情况，同一门课程在每个学期开课的日期和选课人数上限可以不一样。

示例元组如下：

教学班号 TCno	人数上限 Capacity	开课学期 Semester	课程号 Cno
81001-01	40	20192	81001
81001-02	30	20192	81001
81002-01	50	20201	81002
81002-02	40	20201	81002
81003-01	50	20202	81003
81003-01	50	20202	81003

（4）学院表

School(SHno,SHname,SHfounddate,Dean)　　/*由学院实体转换过来*/
学院表(学院编号,学院名,建院时间,院长)　/*对应的中文命名*/

说明：该关系模式已包含了联系"担任院长"所对应的关系模式。学院编号属性是学院关系模式的主码，院长属性参照关系模式教师的主码职工号。

示例元组如下：

学院编号 SHno	学院名 Shname	建院时间 SHfounddate	院长 Dean
160	信息学院	1979	19950018
161	环境学院	1981	19910101

（5）系表

Department(Dno,Dname,Dcontact,Dtel,Director,SHno)　　/*由系实体转换过来*/
系表(系编号,系名,联系人,联系方式,系主任,所在学院)/*对应的中文命名*/

说明：该关系模式已包含了联系"担任系主任"所对应的关系模式，和联系"设置系"所对应的关系模式。系编号是该关系模式的主码，系主任参照关系模式教师的主码职工号，所在学院参照关系模式学院的主码学院编号。

示例元组如下：

系编号 Dno	系名 Dname	联系人 Dcontact	联系方式 Dtel	系主任 Director	所在学院 SHno
160001	计算机系	张峰	62511101	19950018	160
160002	信息系	李莉	62511102	20050121	160
161001	环境科学系	王鑫	62512201	19910101	161

（6）专业表

Major(<u>Mno</u>,Mname,Mtype,MDuration,Dno)　　　/＊由专业实体转换过来＊/
专业表(<u>专业编码</u>,专业名,类别,年限,开设系)　　/＊对应的中文命名＊/

说明：该关系模式已包含了联系"开设"所对应的关系模式。专业编码是该关系模式的主码，开设系参照关系模式系的主码系编号。

示例元组如下：

专业编码 Mno	专业名 Mname	类别 Mtype	年限 MDuration	开设系 Dno
080901	计算机科学与技术	工学	4	16001
080904K	信息安全	工学	4	16001
080902	软件工程	工学	4	16001
120102	信息管理与信息系统	管理学	4	16002
080910T	数据科学与大数据技术	工学	4	16001

（7）教师表

Teacher(<u>Tno</u>,Tname,Ttitle,Tbirthdate,Dno)　　　/＊由教师实体转换过来＊/
教师(<u>职工号</u>,姓名,职称,出生日期,所在系)　　/＊对应的中文命名＊/

说明：该关系模式已包含了联系"工作"所对应的关系模式。职工号是该关系模式的主码，所在系参照关系模式系的主码系编号。

示例元组如下：

职工号 Tno	姓名 Tname	职称 Ttitle	出生日期 Tbirthdate	所在系 Dno
19950018	姜山	教授	1968-5-1	160001
20050121	张铭	副教授	1978-9-12	160001
20170011	卢露	讲师	1985-10-1	160002
19910101	李淑华	教授	1963-1-19	161001

（8）教室表

Classroom（CRno，CRbuilding，CRcontact，CRtel） ／＊由教室实体转换过来＊／
教室（教室号，教学楼号，联系人，联系方式） ／＊对应的中文命名＊／

示例元组如下：

教室号 CRno	教学楼号 CRbuilding	联系人 CRcontact	联系方式 CRtel
00303101	教三楼三层 101	王晨	15801043781
00302212	教三楼二层 212	王晨	15801043781
00104003	教一楼四层 003	刘秀	13810917862

（9）时间片表

TimeSlice（TSno，TSdayoftheweek，TSstarttime，TSendtime） ／＊由时间片实体转换过来＊／
时间片表（时间片编码，星期几，开始时间，截止时间） ／＊对应的中文命名＊／

示例元组如下：

时间片编码 TSno	星期几 TSdayoftheweek	开始时间 TSstarttime	截止时间 TSendtime
1-1-2	星期一	8：00	9：30
1-3-4	星期一	10：00	11：30
1-5-6	星期一	12：00	13：30
1-7-8	星期一	14：00	15：30
1-9-10	星期一	16：00	17：30
1-11-12	星期一	18：00	19：30
1-13-14	星期一	20：00	21：30
…	…	…	…
7-7-8	星期日	14：00	15：30
7-9-10	星期日	16：00	17：30
7-11-12	星期日	18：00	19：30
7-13-14	星期日	20：00	21：30

（10）课程先修课表

PreCourse（Cno，Cpno） ／＊由课程之间的多对多联系转换过来＊／
课程先修课（课程号，先修课号） ／＊对应的中文命名＊／

说明：课程号和先修课号都参照关系模式课程的主码课程号。

示例元组如下：

课程号 Cno	先修课号 Cpno
81001	
81002	81001
81003	81002
81003	81005
81004	81003
81005	81001
81006	81002
81007	
81008	81003

（11）学生选课表

SC(Sno,TCno,Grade)　　　　　/*由学生选课联系转换过来*/

学生选课(学号,教学班号,成绩)　　/*对应的中文命名*/

说明：该关系模式的主码为学号和教学班号，学号参照学生关系模式的主码学号，教学班号参照教学班关系模式的主码教学班号。

示例元组如下：

学号 Sno	教学班号 Tcno	成绩 Grade
20180001	81001-01	85
20180001	81002-01	96
20180001	81003-01	87
20180002	81001-02	80
20180002	81002-01	98
20180002	81003-02	71
20180003	81001-01	81
20180003	81002-02	76
20180004	81001-02	56
20180004	81002-02	97
20180005	81003-01	68

（12）选修专业表

  MajorIn(Sno, Mno, isPrimaryMajor)   /* 由选修专业联系转换过来 */

  选修专业(学号,专业编码,是否主修)   /* 对应的中文命名 */

  说明：学号和专业编码构成了该关系模式的主码，学号参照学生关系模式的主码学号，专业编码参照关系模式专业的主码专业编码。

  示例元组如下：

学号 Sno	专业编码 Mno	是否主修 isPrimaryMajor
20180001	080904K	Yes
20180001	120102	No
20180002	080901	Yes
20180003	080901	Yes
20180004	080901	Yes
20180005	120102	Yes
20180005	080910T	No
20180006	080910T	Yes
20180007	080910T	Yes

（13）排课表

  Schedule(TCno, TSno, CRno)   /* 由排课联系转换过来 */

  排课表(教学班号,时间片编码,教室号)   /* 对应的中文命名 */

  说明：教学班号和时间片编码构成了排课关系模式的主码，其中，教学班号、时间片编码、教室号分别参照关系模式教学班的主码教学班号、关系模式时间片的主码时间片编码和关系模式教室的主码教室号。

  示例元组如下：

教学班号 TCno	时间片编码 TSno	教室号 CRno
81001-01	1-1-2	00303101
81001-01	3-3-4	00303101
81001-02	1-1-2	00302212
81001-02	3-3-4	00302212

续表

教学班号 TCno	时间片编码 TSno	教室号 CRno
81002-01	1-3-4	00303101
81002-02	1-3-4	00302212
81003-01	2-7-8	00303101
81003-02	2-7-8	00302212

（14）讲授表

　　Teaching(<u>Tno</u>,<u>TCno</u>,isLeading)　　　　　　／＊由讲授联系转换过来＊／
　　讲授表(<u>职工号</u>,<u>教学班号</u>,主讲教师)　　　　　／＊对应的中文命名＊／

　　说明：职工号和教学班号构成了讲授关系模式的主码，其中职工号参照教师关系模式的主码职工号，教学班号参照教学班关系模式的主码教学班号。

　　示例元组如下：

职工号 Tno	教学班号 TCno	主讲教师 isLeading
19950018	81001-01	是
20050121	81001-01	否
19910101	81001-02	是

（15）课程评价表

　　ClassAssess(<u>Sno</u>,<u>Tno</u>,<u>TCno</u>,Assess,CAtype,Feedback)　／＊由课程评价联系转换过来＊／
　　课程评价表(<u>学号</u>,<u>职工号</u>,<u>教学班号</u>,意见内容,意见类型,教师反馈)

　　说明：(学号，职工号，教学班号)构成了课程评价关系模式的主码，其中学号、职工号、教学班号分别参照关系模式学生的主码学号、关系模式教师的主码职工号、关系模式教学班的主码教学班号。

　　示例元组如下：

学号 Sno	职工号 Tno	教学班号 TCno	意见内容 Assess	意见类型 CAtype	教师反馈 Feedback
20180001	19950018	81001-01	作业难度比较合适	正面	感谢肯定
20180003	19950018	81001-01	老师和助教也很耐心	正面	感谢肯定
20180002	19910101	81001-02	实验框架较为复杂	负面	根据同学们的建议，简化框架

4. 几点说明

① 遵循由浅入深、循序渐进的原则,本书在第 1 章讲解学生选课 E-R 图时比较简明,只包含 2 个实体,一个多对多联系(见图 f-3,即第 1 章图 1.8)。相应的语义是:学生实体中,一个学生只主修一个专业;课程实体中,一门课程最多存在一门直接先修课。

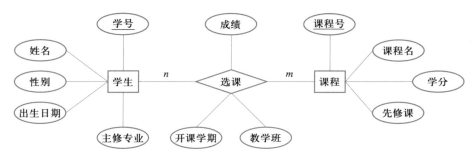

图 f-3　学生选课 E-R 图示例(第 1 章图 1.8)

学生选课模式中包括三个表:
- 学生表 Student(<u>Sno</u>,Sname,Ssex,Sbirthdate,Smajor)
- 课程表 Course(<u>Cno</u>,Cname,Ccredit,Cpno)
- 学生选课表 SC(<u>Sno,Cno</u>,Grade,Semester,Teachingclass)

第 3 章关系数据库标准语言 SQL、第 9 章关系数据库存储管理、第 10 章关系查询处理和查询优化中的示例均基于此学生选课关系模式。

② 本书在第 7 章讲解数据库设计时,按照目前高校本科教务管理的实际情况逐步引入新的实体,增加了实体之间的联系。相应的,原来的学生选课 E-R 图和关系模式也发生了变化。

- 学生实体的变化

现在的学生表是 Student(<u>Sno</u>,Sname,Ssex,Sbirthdate,SHno)。对比原来的模式,去掉了主修专业 Smajor,增加了所属学院 SHno 属性。

去掉主修专业是因为一个学生可以选修多个专业,**学生和专业之间具有多对多的联系**。这种多对多联系转换为"选修专业"关系模式,该模式维护了每个学生选修专业的信息,因此,删除了学生表中的"主修专业"属性。

为什么增加所属学院"SHno"属性?从学籍管理上,一个学生只能属于一个学院。因此,可以把所在学院作为学生实体的一个属性,以表达这种隶属关系。

- 课程实体的变化

在实际教学中一门课程可以有多门直接先修课,例如,"数据库系统概论(81003)"课程的直接先修课可以为"数据结构(81002)"课程和"操作系统(81005)"课程。

也就是说课程之间存在着多对多的先修课联系,因此需要**将课程实体中的先修课属性升级为"课程先修课"实体**。该实体有两个属性,一个是课程号,一个是先修课号,它们都参照课程实体的主码课程号。因此在课程实体中无须再设置先修课号。

"课程先修课"实体对应的关系模式是 PreCourse($\underline{Cno}$, $\underline{Cpno}$)，该表维护了每门课程的所有先修课信息。现在的课程表模式也修改为 Course($\underline{Cno}$, Cname, Ccredit)。

● 学生选课联系的变化

学生选课中的教学班属性和开课学期属性升级为教学班实体，教学班实体所对应的关系模式是 TeachingClass($\underline{TCno}$, Capacity, Semester, Cno)。

"学生选课"现在是学生实体与教学班实体之间多对多的联系，因此第 1 章中的学生选课表 SC($\underline{Sno}$, $\underline{Cno}$, Grade, Semester, Teachingclass) 修改为当前的 SC($\underline{Sno}$, $\underline{TCno}$, Grade)。知道学生选课的教学班号 $\underline{TCno}$，也就知道了该学生在哪个学期选修了哪门课程。